ÉLÉMENTS

DE GÉOLOGIE

PURE ET APPLIQUÉE.

IMPRIMERIE DE A. HENRY, rue Gît-le-Cœur, 8.

ÉLÉMENTS

DE GÉOLOGIE

PURE ET APPLIQUÉE,

OU

RÉSUMÉ D'UN COURS DE GÉOLOGIE DESCRIPTIVE, SPÉCULATIVE,
INDUSTRIELLE ET COMPARATIVE,

PAR

A. RIVIÈRE,

Professeur de sciences physiques de l'Université et de géologie à l'Athénée royal de
Paris, membre ou correspondant de diverses sociétés savantes, nationales
et étrangères, etc.

PARIS,

MÉQUIGNON-MARVIS PÈRE ET FILS,

LIBRAIRES-ÉDITEURS,

RUE DU JARDINET, 13.

—

1839.

DE GÉOLOGIE

PARIS

AVANT-PROPOS.

Plusieurs excellents traités de géologie ayant été publiés en différentes langues, il pourrait paraître audacieux d'en écrire un nouveau, s'il n'était point reconnu que tous ces traités s'adressent uniquement à certaines classes de la société, par leur étendue, ou leur spécialité, ou même par leur prix élevé. Or, les personnes qui voulaient étudier la géologie d'une manière assez complète, en peu de temps et à peu de frais, demandaient un livre qui remplît la lacune laissée par nos devanciers. Chargé de l'enseignement de la géologie à l'Athénée royal de Paris, nous nous sommes rendu aux sollicitations bienveillantes qui nous ont été adressées, en livrant au public le résumé de nos leçons professées dans cet établissement, où, depuis 1784, la plupart de nos illustrations scientifiques et littéraires ont fait, tour à tour, entendre leur parole. Nous n'avons point la prétention de vouloir nous mettre en parallèle avec des célébrités : ici notre seul but a été de les prendre pour exemple, et de les suivre de loin dans cette noble carrière.

Il y aurait aussi de la témérité à croire que la publication de ce livre remplira totalement l'objet qu'on en attend, car un pareil livre n'est pas facile à exécuter; il exigerait, d'ailleurs, beaucoup de temps. Néanmoins, avec les ressources que nous avons trouvées dans les travaux des autres, et le grand nombre de nos planches, qui ont été dessinées en partie par nous-même, afin d'obtenir plus de fidélité pour la reproduction de nos idées, nous espérons que cet abrégé de géologie rendra quelques services.

Puisque notre œuvre est un simple résumé, il nous a été impossible de citer les livres dans lesquels nous avons puisé; mais nous dirons ici que nous avons fait de nombreux emprunts à plusieurs ouvrages, notamment au *Manuel du géologue voyageur* de M. A. Boué, et aux *Traités de géologie* de MM. d'Aubuisson et Burat, d'Omalius d'Halloy, de La Bèche, Lyell et Huot. Nous ajouterons, en outre, que parfois même, nous avons rapporté presque textuellement les expressions des auteurs, afin de nous rapprocher davantage de la vérité. Au reste, comme les livres sont en général copiés les uns sur les autres d'une manière plus ou moins déguisée, il devient rarement facile à un écrivain consciencieux, de reconnaître la propriété de tel ou tel savant, et, par conséquent, de rendre publiquement justice à chacun.

Dans tous les cas, si notre ouvrage est accueilli avec bienveillance par le public éclairé, qui comprend toute la difficulté de faire actuellement un abrégé de géologie, et qui juge avec bonne foi, nous en serons redevable, en grande partie, aux savants dont nous avons consulté les travaux.

Certains géologues nous reprocheront probablement de nous être trop peu inquiété des plans de nos devanciers, et d'avoir changé leurs cadres et leurs noms ; n'importe, car notre âge et les sujets variés de nos études nous ont placé entre deux écoles, celle qui s'en va et celle qui n'est pas encore. Dès lors, les personnes qui désirent que la science progresse nous sauront gré d'être allé en avant, et d'avoir mis un peu de logique dans un livre de géologie. Néanmoins, nous n'ignorons point tout ce que ces éléments présenteront de défectueux : écrits d'un premier jet, ils ne pourront devenir satisfaisants qu'avec le temps, les conseils et d'autres documents. Dieu veuille que nos essais soient encouragés ! alors nous serons amplement dédommagé de nos peines, et nous aurons la force de corriger une œuvre écrite dans le but de faciliter l'étude de la géologie.

Avant d'entrer en matière, il est indispensable que les idées du lecteur soient fixées sur différentes expressions dont nous ferons usage plus tard, et sur le rang que doit occuper la géologie parmi les autres sciences; nous allons donc donner quelques explications à cet égard.

Le mot nature a été pris souvent dans des acceptions très-diverses : on s'en est servi pour désigner, tantôt les qualités essentielles des corps, tantôt la collection des êtres qui composent l'univers, tantôt, enfin, les lois qui les régissent; et c'est dans ce dernier sens que l'on a coutume de personnifier la nature. Pour nous (1), à l'imitation de certains philosophes, le mot nature signifiera généralement ce qui est, c'est-à-dire l'ensemble de toutes les choses matérielles et immatérielles qui ont été, de celles qui sont, et de celles qui seront dans l'univers. Dès lors, la nature forme un tout illimité aux yeux de l'homme, et dont toutes les parties s'harmonisent avec un merveilleux incompréhensible ici-bas; en d'autres termes, c'est un cercle dont les rayons sont infinis, et dont le centre se trouve partout. Aussi, chaque élément que conçoit l'imagination dans cet ensemble, est-il réuni à ses voisins par des nuances insensibles.

Pour obéir à une loi inhérente à son existence, l'homme doué d'une intelligence a

(1) *Voyez* la seconde édition de notre *Introduction à l'étude des Sciences physiques ou naturelles*, brochure in-8°.

voulu connaître la nature au moyen de ses facultés. Or, c'est à cette connaissance ou étude plus ou moins complète de la nature, qu'il a donné le nom de science.

Un fait ou phénomène est un événement dont nous pouvons percevoir l'existence d'une manière simple, exacte et complète. Un phénomène est donc pour nous le résultat évident d'une action quelconque.

Une cause est le principe auquel le fait obéit en s'accomplissant. Ainsi le fait se trouve nécessairement subordonné à la cause, ou, en d'autres termes, il en est la conséquence.

L'explication consiste à traduire la loi, c'est-à-dire la relation qui existe entre la cause et l'effet. On nomme théorie l'explication d'un certain nombre de faits, ou bien l'ensemble des lois qui se rapportent à un ordre quelconque de phénomènes.

On entend par idées empiriques toutes les conceptions hypothétiques qui viennent de prime abord à l'esprit de l'homme, lorsqu'il veut étudier la nature. Ce sont des considérations spéculatives qui, pour ne pas mener dans une mauvaise voie, doivent être dirigées par l'observation.

Par la méthode d'observation, nous étudions les phénomènes tels qu'ils se présentent à nous ; par la méthode d'expérience, nous les dégageons de tout ce qui les cache, ou bien nous les reproduisons ; et par la méthode d'analogie, nous tirons des inductions plus ou moins probables sur la similitude des causes, d'après la similitude des faits, et réciproquement.

Enfin, on dit qu'on emploie la méthode mathématique lorsque, après avoir trouvé des lois par une autre méthode et lorsqu'elles peuvent être traduites en nombre, on y applique l'analyse mathématique qui donne toutes les conséquences dérivant de ces lois supposées réelles. Quand de tels résultats sont conformes aux faits fournis par l'expérience et l'observation, on en conclut l'exactitude des lois sur lesquelles l'analyse s'est appuyée.

Au moyen du procédé synthétique, on descend de la généralité aux détails, en d'autres termes, on étudie à priori. Au moyen du procédé analytique, on remonte au contraire des détails à la généralité, c'est-à-dire qu'on étudie à posteriori. Quelquefois dans certaines sciences on a donné à ces deux procédés de la méthode logique des significations qui paraissent inverses ; au reste, dans la rigueur, ils n'existent jamais séparés. Ainsi, pour résoudre une question de quelque ordre que ce soit, il faut mettre en œuvre la synthèse et l'analyse, car elles ne sont point deux méthodes distinctes, mais bien deux opérations qui ne forment qu'une seule méthode. D'après cela, les résultats obtenus par l'un de ces deux procédés, pour être regardés comme exacts, doivent être vérifiés par l'autre ; ou, ce qui revient au même, une question quelconque n'est traitée et résolue d'une manière sûre et complète que lorsqu'elle a été étudiée à priori et à posteriori.

Pour arriver à la connaissance des lois de la nature, l'homme est obligé de multiplier ses moyens d'investigation ; ainsi les méthodes et les idées empiriques dont nous venons de parler, lui servent tour à tour d'auxiliaires : de là l'impossibilité d'un procédé unique et général.

Tout phénomène appréciable et distinct a un commencement et une fin; l'intervalle qui sépare ces deux époques est la durée, qui se passe dans le temps. Indépendamment des phénomènes du monde extérieur, la succession et la continuité de nos pensées nous fournit une notion du temps. Nous concevons donc le temps comme une durée continue, ou comme une série dont les termes se succèdent sans interruption; en un mot, le temps est l'infini en durée.

Après avoir fait abstraction par la pensée de tous les corps qui sont dans l'univers, on aura l'idée du vide universel ou bien de l'espace infini. Une partie plus ou moins grande de l'espace infini est l'espace limité.

L'étendue absolue est l'espace infini occupé par la matière, tandis que l'étendue relative est une partie plus ou moins grande de l'étendue absolue. Tous les corps, quelque petits qu'ils soient, sont étendus.

On appelle matière tout ce qui affecte directement nos sens.

Les faits s'accomplissent donc d'après des lois, dans le temps, dans l'espace et sur la matière.

Dans toute étude, l'intelligence limitée de l'homme adopte une classification à l'égard des ordres de causes, de faits et de lois qui lui sont perceptibles, et cette classification, cette méthode varie selon les conceptions plus ou moins perfectionnées de chacun. Comme les autres, dès nos débuts dans l'étude, nous nous sommes nécessairement occupé de taxonomie, afin de coordonner nos idées; mais plus nous avons travaillé, plus nous avons reconnu que les sciences étaient invariablement liées par un système d'unité inhérent à la nature; qu'ainsi, il était impossible d'établir une suite de divisions et de limites rigoureuses, et, par conséquent, une classification en même temps réelle et rationnelle. Néanmoins, comme il est au-dessus de l'esprit humain d'embrasser à la fois toute la science de la nature, surtout, sans point de départ déterminé, sans lieux de repos fixes et sans fin perceptible, on est obligé de tracer, dans l'étendue des sciences, des divisions et des limites qui permettent ensuite de les aborder facilement.

Il existe beaucoup de classifications des

sciences ; plusieurs sont ingénieuses et très-commodes pour l'étude, mais aucune, nous le répétons, ne saurait être naturelle. Quoi qu'il en soit, afin de fixer notre esprit, nous adopterons les grandes divisions suivantes.

Nous partageons la science de la nature, en sciences noologiques et en sciences cosmologiques.

Dans les premières, nous comprenons toutes celles qui sont particulièrement relatives aux productions de l'imagination humaine ; telles sont la littérature, les beaux-arts, etc. ; et dans les secondes, toutes celles qui traitent spécialement de ce qui existe sans la coopération de l'homme. En effet, l'homme observe les phénomènes, il cherche à s'en rendre raison, il les calcule, il en découvre les lois, il en tire des conséquences propres à ses besoins, ou pour satisfaire sa curiosité ; mais il n'en est point l'auteur, il n'a rien réglé et tout marcherait sans lui.

Ainsi, les sciences mathématiques et les sciences physiques ou naturelles, se placeront dans les sciences cosmologiques, et ici, d'après les vues précédentes, les mathématiques, l'astronomie, la physique, la chimie, la minéralogie, la phytologie et la zoologie serviront d'éléments à la géologie qui, par cela même, pourra être regardée comme la plus complexe de toutes les sciences naturelles, et qui, devenant le résumé de la plupart au moins, sinon de toutes les sciences cosmologiques, formera le dernier échelon de celles-ci.

Nous sommes loin de prétendre que cette manière d'envisager les sciences, et qu'un pareil ordre soient de la meilleure logique; mais, puisqu'il importe de s'appuyer sur quelque base, nous avons dû établir les données conventionnelles d'où nous partions.

INTRODUCTION.

Les idées géologiques sont aussi anciennes
que l'homme intellectuel, car indépendamment
des effets de la foudre, des tremblements de
terre, des éruptions volcaniques, des inondations, etc., une foule d'autres phénomènes, plus
ou moins imposants, qui se passaient sur le
globe, la variété des objets qui se manifestaient
à l'homme, le fait même de son existence ont
nécessairement dû le porter à observer attentivement ces phénomènes, à les comparer, et
enfin à rechercher leurs causes. Dès lors lui
sont venues des idées géologiques de plus en plus
complètes, mais nous ignorons entièrement si,
dans l'antiquité, il y a eu une suite de faits bien
constatés, de principes formulés et coordonnés
de manière à constituer un ensemble de doctrines, c'est-à-dire une véritable science géolo-

gique. Nous pouvons affirmer seulement que
nous trouvons des traces de connaissances géologiques dans une multitude d'écrits de nos devanciers, et même, au milieu des traditions qui
se perdent dans la nuit des temps, et qui, néanmoins, nous dévoilent les plus hautes pensées
philosophiques.

Chez les anciens, nous voyons se coordonner
un système tout entier à l'égard des révolutions
de notre planète. Ainsi, Moïse, dans son su-
blime livre nous a conservé les traditions des
patriarches ou des savants qui l'ont précédé. Dans
la Génèse il nous montre six états par lesquels
le globe est passé, et ces états sont divisés en six
jours ou époques (1). Les Étrusques représen-
taient six mille ans par de semblables époques.
Les Arabes, qui ont tant d'affinité avec les Juifs,
comptaient par jours au lieu de compter par
époques ; mais, comme pour ceux de Moïse, on
ignore leur durée. Chez les Indiens, de telles
époques comprennent des millions d'années. Ils
disent que chacun de leurs âges a fini par un
déluge ; ils en admettent au moins trois. D'ailleurs ils auraient été universels, et suivant eux
Dieu opéra une nouvelle création ; ce qui s'ac-
corderait encore avec la narration d'Hésiode,
dans son poëme des œuvres et des jours. Au reste,

____

(1) Le mot hébreu יום (iom), signifie jour, durée, époque, etc ;
voyez la Géogénie.

les philosophes de l'antiquité, tel que Platon, croyaient aux irruptions des mers. Aristote dit aussi que les eaux ont changé plusieurs fois de lits. Bélus, législateur assyrien, paraît avoir admis que la terre se trouve périodiquement dans un état de conflagration universelle et dans celui d'une inondation générale ; cette opinion n'est point en opposition avec les phénomènes que nous offre la science. Mais ce qu'il y a de remarquable, c'est qu'on peut voir des idées en rapport avec la théorie, des soulévements des montagnes dans les écrits de quelques prophétes hébreux. D'ailleurs, le poète Lucrèce semble avoir deviné l'état primitif de la terre, lorsqu'il peint notre globe d'abord couvert d'eau, puis se crevassant pour donner naissance à des vallées, et soulevant sa croûte pour former les montagnes. De plus, les philosophes de l'antiquité connaissaient l'existence des fossiles, et ils ont très-bien conclu de ce fait que les continents avaient été produits par les mers, comme le prouvent les paroles qu'Ovide a mises dans la bouche de Pythagore :

Vidi factas ex æquore terras,
Et procul a pelago conchæ jacuêre marinæ.

Ainsi, que Moïse ait puisé sa science chez les égyptiens ou non, que ceux-ci aient emprunté leurs systémes aux Indiens, aux Chinois, ou à

d'autres peuples qui ont vécu à une époque plus
ou moins éloignée de la nôtre, ou bien que le
contraire ait eu lieu, peu importe, puisqu'il nous
est impossible de débrouiller l'histoire primitive
des sciences. Mais il paraît évident que dans
l'antiquité on a possédé des connaissances géologiques plus complètes que nous ne le supposons communément; ce qu'il y a de positif,
c'est que les idées générales qui sont parvenues jusqu'à nous, sans être dénaturées, s'accordent avec les connaissances actuelles toutes
les fois qu'on laisse les détails de côté.

Dans tous les cas, quoique les sciences géologiques aient été importées de l'Égypte en
Grèce, et qu'elles aient été cultivées successivement par les philosophes grecs, latins, arabes, etc., quelques idées seulement ont traversé
le temps de la barbarie qui a séparé l'époque où
les sciences florissaient en Orient de celle qu'on
a nomméeavec raison la renaissance; il est même
vrai de dire que pour nous l'ère géologique n'a
commencé qu'au xvi° siècle, si l'on en excepte
certains principes généraux déjà trouvés par divers astronomes, physiciens ou naturalistes. Au
reste, on peut affirmer que la géognosie, ou la
description des terrains, a pris naissance à
l'école de Werner, et que la palæontologie, ou
la science des fossiles, ne date réellement que
des travaux de Cuvier. Enfin, la géologie n'a

acquis un développement considérable que depuis un petit nombre d'années : Aussi, est-il maintenant devenu difficile à un géologue de se tenir complétement au courant des progrès de cette science.

Il serait hors de notre cadre de retracer les principaux travaux des savants depuis Thalès de Milet jusqu'aux géologues de ce jour; nous renverrons donc le lecteur à d'autres ouvrages publiés sur un sujet aussi intéressant, car ils dévoilent souvent des faits ou des idées théoriques données longtemps après comme des découvertes.

La géologie présente, pour ainsi dire, des avantages matériels à l'homme établi en société. D'ailleurs, non seulement elle résume en elle toutes les sciences physiques ou naturelles, mais encore elle doit être l'introduction nécessaire à l'histoire des peuples, et, de plus, elle s'unit aux sciences politiques, morales et religieuses, aux spéculations industrielles et commerciales, aux travaux agricoles, aux observations hygiéniques, etc., etc. Aussi la géologie est-elle évidemment aujourd'hui la première des sciences philosophiques; elle paraît être à notre siècle ce qu'était du temps d'Aristote et de Platon la philosophie universelle. Dès lors, nulle étude n'est plus attrayante que celle de la géologie; nulle autre n'embrasse plus de faits et ne les classe dans un cadre plus large et plus conforme à la nature. La géologie tend donc plus que toute autre science à agrandir nos idées ; plus que toute autre aussi elle nous démontre la beauté de l'histoire de la nature, car ici tout est grand, tout est dans une harmonie et dans un ordre merveilleux. En un mot, la moindre page de cette histoire excite l'intérêt du vrai philosophe et commande son admiration. Or, le géologue qui retrace les révolutions de notre globe, qui cherche à pénétrer les mystères de sa formation, devenant l'historien de la nature, ne peut certainement remplir ici bas un rôle qui élève plus son esprit et qui le rapproche davantage de la puissance éternelle !

Actuellement l'impulsion est donnée : de toutes parts on s'occupe avec ardeur de la géologie. D'ailleurs, qu'on se rappelle quel a été, chez tous les peuples, le sujet des méditations des plus brillants génies qui aient honoré l'espèce humaine. Quels ont été, en effet, les objets des principales recherches de Fo-hi, de Moïse, de Loa-tseu, de Thalès, de Zénon, de Pythagore, d'Aristote, de Platon, de Pline, de Copernic, de Ptolémée, de Newton, de Linnée, de Descartes, de Leibnitz, de Buffon, de Laplace, de Bergman, d'Herschell, de Lavoisier, de Cuvier, d'Ampère, etc., et vers quel but se dirigent aussi les travaux des fortes têtes de nos jours.

Il est donc évident, d'après ces vérités, que la géologie recevra par la suite un développement qui ne restera pas au-dessous des progrés des autres sciences tributaires, et qu'elle sera toujours regardée comme la première des connaissances humaines.

[illegible]

[illegible]
[illegible]
[illegible]
[illegible]
[illegible]

ÉLÉMENTS
DE GÉOLOGIE.

LIVRE PREMIER.

CONSIDÉRATIONS GÉNÉRALES.

Le but de la *géologie*, dans l'acception la plus large de cette science, est de tracer l'histoire du globe terrestre depuis son origine jusqu'à l'époque actuelle, et même de prévoir ce qu'il pourra devenir. En d'autres termes, d'écrire les propriétés du globe pris dans son ensemble ; expliquer la série des phénomènes qui se sont passés, depuis son origine, à sa surface, dans sa masse et dans son atmosphère ; caractériser les différentes parties qui le constituent ; reconnaître les générations de végétaux et d'animaux qui ont existé dans les eaux et sur les terres ; indiquer la place qu'occupe chaque espèce de matières utiles ; étudier les influences des divers états de notre planète sur les êtres organisés ; enfin, dans l'hypothèse de la continuation des mêmes lois, entrevoir la destinée qui lui est réservée : voilà le vaste champ des explorations des géologues qui souvent encore rattachent à leur science la *cosmogonie*, c'est-à-dire l'histoire des mondes. D'après cela, la géologie serait le corollaire général de la plupart des connaissances humaines, ou bien une science qui dominerait toutes les autres, et autour de laquelle celles-ci viendraient se grouper. Sous un tel point de vue, la géologie serait donc immense et semblable à *la philosophie naturelle* ou *universelle* d'Aristote ; mais, comme son domaine paraît élastique, chaque géologue en limite l'étendue suivant ses conceptions, ses connaissances et sa volonté. Quoi qu'il en soit, selon nous, il y a quatre manières d'envisager la géologie ; car on peut étudier la terre dans des buts descriptif, spéculatif, industriel et comparatif ; ce qui constitue alors la *géographie*, la *géogénie*, la *géotechnie*, et la science que nous nommons *géosynontonomie* (1). Enfin, plusieurs auteurs regardent les mots géologie et *géognosie* comme synonymes ; d'autres ne comprennent dans la géognosie que la partie tout à fait positive de la géologie ; mais il nous

____

(1) De νόμος, loi, γῆ, terre, πρὸς par rapport, ἂν, εἶναι, être.

semble convenable d'entendre uniquement par géognosie la description des terrains (1).

Il serait difficile de désigner la science avec laquelle la géologie n'a pas de relations plus ou moins immédiates. Tout le monde connaît les secours que prêtent à la géologie les mathématiques, l'astronomie, la physique, la chimie, la minéralogie, la phytologie et la zoologie ; par la suite on verra aussi les lumières que se fournissent tour à tour la géologie, la médecine, l'agriculture, l'histoire, etc., etc. Ainsi, quel que soit l'objet d'une science, on lui trouvera toujours des rapports plus ou moins immédiats avec la géologie. Pour être géologue complet, il faudrait donc posséder toutes les autres sciences : Or, un tel homme serait dans le langage vulgaire un véritable phénomène. De sorte qu'on doit, avant d'étudier la géologie, se borner à acquérir des connaissances sérieuses sur les mathématiques (en y comprenant les lois de la mécanique et les méthodes de la géodésie), l'astronomie, la physique, la chimie, la minéralogie, la phytologie et la zoologie. Non-seulement il faut travailler dans le cabinet et aller lire soi-même dans le grand livre de la nature, mais il faut encore se faire théoricien et expérimentateur. Dans

(1) Nous pensons qu'il n'est pas besoin de faire voir que les expressions de géographie physique, botanique, politique, etc., sont très-vicieuses, et qu'il est à regretter que divers savants recommandables emploient un langage si peu philosophique.

tous les cas, il convient de regarder sans cesse
l'art de généraliser comme étant une chose trés-
importante et d'autant plus importante que le
sujet est plus complexe. En résumé, du savoir, un
bon coup-d'œil et un esprit philosophique sont
les éléments indispensables pour un géologue.
D'ailleurs, on ne doit pas oublier que la multiplicité des faits et leurs détails ont embrouillé
et perdu certains savants, tandis que les idées
systématiques en ont souvent égaré d'autres.

Nous regrettons que le but d'un semblable ouvrage ne laisse pas la liberté d'entrer ici dans
diverses considérations sur la géologie philosophique, et que la manière dont on envisage habituellement l'étude de la nature nous impose
la nécessité d'omettre plus tard certaines réflexions sur la métaphysique de la science; car
si, dans notre ère scientifique, on reproche aux
anciens d'avoir cherché les lois et les causes a
priori, et de ne s'être pas assez rendus esclaves
des faits, il est à craindre que nous ne tombions
nous-mêmes dans l'extrême opposé, la plupart des
observateurs actuels se bornant à enregistrer des
faits souvent mal constatés, et qu'au lieu d'un véritable corps de théorie, il ne résulte de cette
multiplicité d'observations que confusion dans
l'ensemble des principes déduits. Au reste, si à
notre époque quelques hommes s'écartent de
l'ornière tracée, c'est sans doute parce qu'ils sont

persuadés que le rôle de l'esprit humain ne doit pas se limiter à l'observation des faits.

D'après Agricola, les puits de mines les plus profonds seraient à Kuttenberg en Bohême ; ils auraient été creusés jusqu'à 1,000 mètres environ au-dessous de la surface du sol ; mais on ignore la position de ces puits, ainsi que la hauteur de leur orifice au-dessus de la mer, et, par conséquent, la différence de niveau entre leur fond et la surface de la mer. Les travaux des mines de Freyberg n'ont jamais atteint une profondeur de plus de 600 mètres ; ceux qui y sont maintenant ouverts ne vont qu'à 444 mètres, et leur extrémité inférieure ne descend pas à plus de 30 mètres au-dessous du niveau de la mer. Au Hartz, les travaux n'ont pas dépassé 600 mètres ; aujourd'hui à Clausthal, comme à Andreasberg, on ne les trouve qu'à 500 mètres ; et dans ces trois localités ils n'atteignent point le niveau de la mer. Mais dans les houillères peu éloignées de l'Océan nous verrons de plus grandes profondeurs réelles ; car à Quimper, le puits de la vallée de Cuzon, a 150 mètres au-dessous du niveau de la mer ; à Witehaven dans le Cumberland, on a exécuté des travaux qui s'avancent à 1,000 mètres sous la mer, et qui sont à plus de 200 mètres au-dessous de son lit ; aux mines d'Anzin, près de Valenciennes, on en a conduit jusqu'à 350 mètres au-dessous de la surface de la Manche. Des auteurs prétendent que, dans les mines de Namur, des puits ont été creusés jusqu'à 700 mètres; cependant une telle assertion ne paraît pas être bien digne de foi, et rien ne démontre que nous soyons arrivés à 400 mètres au-dessous du niveau des mers : peut-être ira-t-on plus bas au moyen du trou de sonde qu'on pratique dans ce moment à l'abattoir de Grenelle.

Les hauteurs auxquelles nous sommes parvenus au-dessus du même niveau sont bien plus considérables. En effet, Saussure, sur la cime du Mont-Blanc, était à 4,775 mètres d'élévation, et M. de Humboldt est monté sur le Cimboraço, dans le Pérou, jusqu'à 5,900 mètres.

Si toute l'enveloppe solide du globe était massive, c'est-à-dire composée d'un seul ensemble, ou bien si les couches qui la forment en partie, étaient horizontales, on aurait l'épaisseur de la portion qui nous en est connue, par la différence de niveau entre le point le plus profond auquel on serait parvenu dans l'intérieur de la terre, et le point le plus élevé qu'on aurait atteint sur les montagnes. Dès lors la plus grande différence de niveau parcourue par l'homme, serait 5,900 + 400 mètres ou 6,300 mètres, c'est-à-dire environ la 0,004 partie du rayon de la terre; mais il faut observer que les couches que nous voyons, étant ordinairement inclinées, la hauteur verticale à laquelle on s'élève, ne représente pas l'épaisseur de l'ensemble des couches du terrain correspondant à l'élévation, cette épaisseur devant être prise perpendiculairement.

Aussi, nous pouvons affirmer que l'épaisseur de la partie du globe reconnue directement par les géologues n'est pas la millième partie du rayon terrestre. Outre cela, comme on estime à $\frac{1}{8}$ de la surface des continents les régions qui ont été explorées géologiquement, et à $\frac{1}{25}$ seulement celles sur lesquelles on possède des documents un peu satisfaisants, on voit que les données premières, ou les observations directes du géologue, sont très-restreintes. Cependant avec ce petit nombre d'éléments et les lumières que fournissent les autres sciences à la géologie, il est possible d'arriver à des conséquences générales sur la constitution du globe, conséquences qui forment véritablement la base de cette belle et vaste branche des connaissances humaines. Au reste, la nature a écrit les principaux traits de son histoire avec des caractères qu'il nous est souvent impossible de ne pas apercevoir.

Il y a deux points de départ pour l'étude de la géologie : ou bien on peut partir de phénomènes corpusculaires, et, dans ce cas, on commence par la minéralogie ; ou bien on peut partir de conceptions plus vastes, et alors on débute par l'astronomie. Or, comme il devient plus facile d'apprécier des phénomènes qui se présentent sur une large échelle, que de connaître la complexité de ceux qui se produisent en miniature, il est plus rationel de descendre des grands phénomènes aux petits, et par conséquent il vaut mieux exposer d'abord des faits astronomiques pour étudier la géologie.

LIVRE SECOND.

GÉOGRAPHIE.

CHAPITRE PREMIER.

Généralités.

L'univers, illimité pour l'intelligence humaine, est parsemé d'astres groupés entre eux par systèmes d'ordres de plus en plus élevés. Dans ce magnifique ensemble, notre nébuleuse (pl. 1, fig. 1) n'est qu'une tache au milieu d'une infinité de taches ; notre soleil n'est qu'une étoile perdue au milieu des étoiles de cette nébuleuse ; et parmi les planètes qui circulent autour du soleil , notre terre se trouve là (pl. 1, fig. 2), s'échauffant aux rayons d'un corps qui est 1400000 fois plus grand qu'elle , et dont le volume égale 600 fois celui de toutes les planètes réunies.

La terre forme donc une masse tout-à-fait isolée dans l'espace et qui tourne sur elle-même d'un mouvement régulier, autour d'un axe idéal , en complétant chaque jour une révolution. Pendant ce temps elle se meut encore dans l'espace en décrivant chaque année, autour du soleil, une ellipse qui est son orbite. Mais ce mouvement de translation n'altère en rien le mouvement de rotation ; il produit seulement l'alternative des saisons, l'axe de la terre étant penché de 23° à 24° sur le plan de l'orbite et se promenant parallèlement à lui-même.

Le soleil, toutes les planètes prises ensemble et leurs satellites composent le système solaire, au milieu duquel des comètes apparaissent de temps à autre, ainsi que le montre la figure 2 de la planche 1. Dans ce système, la terre occupe la troisième place à partir du soleil, dont elle est éloignée de 34856000 lieues environ. Mais les limites de notre système ne sont rien encore relativement à l'intervalle qui sépare le soleil des étoiles ! Ces astres lumineux par eux-mêmes et qui sont sans doute aussi les centres de systèmes planétaires, se trouvent tellement éloignés de nous qu'il a été impossible aux astronomes d'en apprécier les distances.

Un observateur qui regarde la voûte céleste, surtout pendant la nuit, époque où l'on aperçoit une immense quantité d'astres que la lumière du soleil empêche de voir pendant le jour, remarquera que cette voûte paraît animée d'un mouvement de rotation ; il verra également qu'il arrive successivement de nouveaux astres qui semblent sortir de la terre et qui s'élèvent ensuite à une hauteur plus ou moins considérable pour redescendre du côté opposé, où ils paraissent se cacher sous la terre. S'il renouvelle l'observation le lendemain, il reverra les mêmes astres renouveler les mêmes phénomènes à-peu-près aux mêmes moments. Cette apparition et cette disparition d'un astre sont ce qu'on appelle son lever et son coucher ; elles nous portent à croire que la voûte céleste tourne autour de la terre. Mais en réfléchissant que, lorsque nous sommes dans un bateau qui descend une rivière, nous sommes tentés de nous croire en repos, tandis que les bords de la rivière nous semblent en mouvement, nous nous demandons si la même illusion n'a pas lieu dans le cas où nous observons les astres ; et aussitôt nous sentons que le mouvement diurne de la terre explique le mouvement apparent de la voûte céleste d'une manière beaucoup plus simple qu'en faisant voyager tous les astres autour de notre globe, et en les assujettissant à lui, qui n'est réellement qu'un point perdu dans l'espace. Si nous examinons encore plus attentivement la voûte céleste, nous remarquerons que les étoiles conservent leurs positions relatives, et que le soleil, les planètes et leurs satellites occupent différentes places relatives entre eux et par rapport aux étoiles ; d'où nous conclurons que ces astres sont doués de mouvements particuliers et indépendants du mouvement général de la voûte, ou, en d'autres termes, indé-

pendamment de l'illusion occasionnée par le
mouvement de rotation de la terre sur son axe.
On profite de cette ressemblance du ciel avec
une voûte, ainsi que de la manière dont les astres
se projettent sur une pareille voûte et des courbes
que leurs mouvements apparents y décrivent
pour l'étude des mouvements réels des astres er-
rants (planètes, satellites et comètes), et pour
déterminer la position de ceux qui paraissent
fixes (étoiles, soleil). A cet effet, on suppose que
la terre est enveloppée dans une sphère concave
dont le centre est celui de la terre, et qui a
pour axe le prolongement de la ligne sur laquelle la terre exécute son mouvement diurne.
Les deux points où cet axe est censé atteindre
la sphère, sont appelés *pôles célestes* ou *pôles du
monde*; on les distingue en pôle *boréal* ou *arctique*, et en pôle *austral* ou *antarctique*. Le premier se trouve devant, et le second derrière un
observateur qui aurait à sa droite le côté de la
sphère où se lèvent les astres, côté nommé *est,
orient* ou *levant*, et à sa gauche, le côté où les
astres se couchent, et qu'on appelle *ouest, occident* ou *couchant*. En face de l'observateur se présente le *nord* ou le *septentrion*, et, à l'opposite,
le *sud* ou le *midi*. L'est, l'ouest, le nord et le
sud forment les quatre *points cardinaux*.

Le grand cercle dont toutes les parties sont situées à une égale distance de chacun des pôles,

s'appelle *équateur céleste*. Les petits cercles que les étoiles semblent décrire parallèlement sont nommés *parallèles*. Le grand cercle que paraît décrire le soleil dans son mouvement annuel, et qui coupe obliquement l'équateur, est désigné par le nom d'*écliptique*. Les deux parallèles qui passent aux points où l'écliptique est le plus éloignée de l'équateur, s'appellent les *tropiques* : celui du nord est le tropique du *cancer*, et celui du sud est le tropique du *capricorne*. On nomme *cercles polaires* deux autres parallèles passant par les points de la sphère où aboutit l'axe de l'écliptique. Le point du ciel où atteindrait la ligne verticale élevée d'un lieu, est le *zénith* de ce lieu, tandis que le *nadir* est le point opposé. On appelle *horizon* un grand cercle perpendiculaire à la verticale du lieu où l'on se trouve. Enfin, le *méridien* est un grand cercle qui passe par le zénith et par les deux pôles, de sorte qu'il divise en deux parties égales les cercles ou arcs de cercles que semblent décrire les astres sur la *sphère céleste*. Il y a autant de méridiens qu'il existe de points différents sur la circonférence de l'équateur.

La sphère céleste ayant le même centre que notre planète, on voit que, les plans des grands cercles de la sphère céleste passant par le centre de la terre, les points où ces plans coupent la surface du globe y décrivent aussi des circon-

férences de grands cercles correspondants à ceux
de la sphère céleste. On peut également considérer
les petits cercles de cette sphère comme les bases
de cônes qui ont leurs sommets au centre de la
terre, et alors les points où ces cônes coupent la
surface du globe, décrivent sur celle-ci des circon-
férences de cercles, qui ont les mêmes positions
relatives que ceux de la sphère céleste. On transporte ainsi sur la *sphère terrestre* l'équateur, l'é-
cliptique, les tropiques, les méridiens, etc.

L'ensemble de notre planète, au premier coup
d'œil, offre à l'observateur trois parties : Un noyau
solide sur lequel s'étend plus ou moins une
couche liquide et par-dessus tout une enveloppe
gazeuse ; la première de ces parties est désignée
par le nom de *terres*, la seconde par celui d'*eaux*
et la troisième par celui d'*atmosphère*.

Tandis que la hauteur de l'atmosphère est es-
timée entre 5 et 10 myriamètres, les eaux couvrent les $\frac{3}{4}$ de la surface du globe. Ainsi, en prenant 1 pour la surface du globe, les 0,734 sont
occupés par les mers, et les 0,266 seulement
par les terres, ou bien la surface du globe
étant

de. . . . . 5098857 myriamètres carrés,
Celle des terres de. . 3742563,
Celle des mers est de 1356294.

Un grand nombre de phénomènes avaient dé-

puis longtemps indiqué que la terre était ronde :
Les navigateurs qui, en allant toujours dans la
même direction, se retrouvaient au point d'où
ils étaient partis, et qui avaient fait, de cette
manière, le tour de la terre, prouvèrent une
telle vérité. Comme la sphère est le plus simple
des corps ronds, on crut d'abord que le globe
était parfaitement sphérique (pl. 1, fig. 3.) Néanmoins, s'il avait été primitivement fluide, ainsi
que plusieurs circonstances pouvaient le faire
présumer, son mouvement de rotation aurait dû
altérer sa sphéricité ; et, en donnant une plus
grande force centrifuge aux parties situées vers
l'équateur, il aurait dû renfler le globe dans cette
région et par conséquent l'aplatir aux pôles.
Aussi toutes les observations astronomiques et
géodésiques ont conduit à conclure que la terre
est un sphéroïde de révolution et semblable à
celui que produirait une masse fluide, si elle
était douée d'un mouvement de rotation dans
l'espace.

On a diversement estimé la valeur de l'aplatissement aux pôles P, P', (pl. 1, fig. 4), ou la
différence entre le diamètre PP' de la terre pris
d'un pôle à l'autre, et son diamètre EE' à l'é-
quateur ; au reste, on admet généralement que
le rapport de l'axe polaire au diamètre équatorial
est $\frac{304}{305}$. Ainsi l'aplatissement aux pôles étant
considéré comme $\frac{1}{305}$, on a :

Rayon à l'équateur. =   6376851 mètres,
Rayon aux pôles. . =   6355943 mètres,
Surface de la terre. =   5098857 myriam. carrés,
Volume de la terre. = 1082634000 myriam. cubes.

Suivant Maskelyne, Playfair et Cavendish, la densité moyenne de la terre serait environ 5 fois plus grande que celle de l'eau distillée, et, par conséquent, presque double de celle de l'écorce de notre globe. Par d'autres moyens, Laplace a trouvé 4,55 pour densité moyenne, celle de la surface étant 1. Baily dit qu'elle est 3,9326 fois plus grande que celle du soleil, et 2,75 plus grande que celle de l'eau. Enfin, d'autres savants ont obtenu des nombres plus ou moins différents; mais il paraît résulter que la densité de l'intérieur de la terre surpasse celle de la surface, et que la densité moyenne du sphéroïde entier est environ 5 fois plus grande que celle de l'eau distillée.

Comme on a souvent besoin d'indiquer avec précision la position d'un lieu sur la terre, on la détermine au moyen de la *longitude* et de la *latitude* de ce lieu. La latitude d'un lieu est sa distance à l'équateur, ou, ce qui est la même chose, la distance de l'équateur au parallèle sur lequel le lieu est situé : on mesure cette distance au moyen d'un méridien. La latitude ne donnant que la position du parallèle sur lequel le lieu est placé, il faut, pour connaître la situation de ce dernier, déterminer encore le point qu'il occupe sur ce parallèle : à cet effet, on choisit un méridien fixe. Dès lors les méridiens qui passent par les divers points d'un même parallèle seront plus ou moins éloignés du méridien fixe, et il suffira de déterminer la distance du méridien du lieu au méridien fixe pour obtenir la position de ce lieu sur le parallèle. Or, cette distance, comptée en degrés sur l'équateur, est la longitude du lieu. Enfin, la longitude et la latitude ne suffisent pas pour connaître complétement la position d'un point de la surface de terre, car il faut encore avoir la *hauteur* de ce point au-dessus du niveau moyen des mers. Une pareille hauteur s'obtient par des nivellements ou bien avec le baromètre. Dans tous les cas, on voit que la connaissance exacte de la position d'un point sur la surface du globe, nécessite des opérations géodésiques très-délicates, et dont il convient d'avoir une grande habitude.

Les tropiques et les cercles polaires divisent la sphère terrestre en cinq *zones* parallèles. La première, comprise entre le pôle boréal et le cercle polaire, est appelée *zone glaciale boréale;* la seconde, comprise entre le cercle polaire boréal et le tropique du cancer, est la *zone tempérée boréale;* la troisième, comprise entre les deux tropiques, est nommée *zone torride;* la quatrième, comprise entre le tropique du capricorne et le cercle polaire austral, est appelée *zone tempérée australe;* enfin, la cinquième, comprise entre le cercle polaire austral et le pôle, est la *zone glaciale australe.*

D'après ce qui précède, on voit que d'une manière générale, la description de l'atmosphère, des eaux et des terres constitue la géographie. De là découlent naturellement trois divisions : l'*aérographie*, l'*hydrographie* et l'*oryctographie* (1), tel est l'ordre que nous suivrons dans ce livre.

(1) On donna le nom d'oryctographie à l'étude des fossiles, lorsque la connaissance des restes organisés sur lesquels on écrivait peu philosophiquement, ne méritait pas encore le nom de science. Ce mot est depuis longtemps tombé en désuétude ; cependant nous avons cru qu'il serait utile d'appeler oryctographie, la réunion de l'orographie et de la géognosie, et cela avec d'autant plus de raison, qu'on nommait autrefois oryctologie la science qui traitait des minéraux, des roches et des fossiles.

CHAPITRE SECOND.

Aérographie.

L'atmosphère forme une enveloppe sphéroïdale et concentrique avec le sphéroïde terrestre ; mais la différence proportionnelle de son axe avec le diamètre qui passe par son équateur, est plus grande que dans le sphéroïde terrestre, parce que l'échauffement de celui-ci étant beaucoup plus considérable dans les environs de son équateur que dans les autres parties de sa surface, il s'y produit un courant ascendant. L'atmosphère n'est point un corps homogène, elle est composée de plusieurs substances mêlées ensemble, très-rarement dans un état de combinaison. Ainsi elle est formée de l'*air* et de toutes les substances qui, à la température et sous la pression ordinaires, sont susceptibles de se conserver à l'état de gaz. Le volume de l'atmosphère sensible est égal à $\frac{1}{29}$ de celui de la terre, et son poids à $\frac{1}{43000}$ de celui de la terre.

L'air est invisible, mais cette propriété tient à sa transparence et à sa grande division ; car il faut croire que l'air est bleu par réfraction, et qu'il donne lieu à la couleur bleue que nous présente le ciel lorsqu'il n'y a pas de nuages ; tandis qu'il paraît rouge par réflexion, quand les astres sont dans le voisinage de l'horizon. L'air est extrêmement élastique ; on peut le comprimer à tel point que les instruments les plus forts n'aient plus la puissance de le retenir, sans qu'il perde pour cela son élasticité et sa forme de gaz.

L'air est composé de gaz azote, de gaz oxygène, de gaz acide carbonique et de vapeur d'eau. Ces matières se trouvent dans un simple état de mélange et non dans un véritable état de combinaison, et dans des proportions qui ne sont pas absolument fixes, du moins à l'égard de l'acide carbonique et de la vapeur d'eau. L'azote et l'oxygène y existent toujours à peu près dans le rapport de 0,79 à 0,21 en poids, ou de 4 volumes d'azote et de 1 volume d'oxygène, proportions qu'on rencontre à la surface de la terre aussi bien qu'aux élévations les plus considérables que l'homme ait atteintes, et dans les contrées les plus chaudes comme dans les plus froides. Néanmoins, l'oxygène de l'air étant absorbé par la combustion et la respiration, on sent que la proportion énoncée ci-dessus doit se trouver modifiée dans les lieux où ces phénomènes se sont exercés sans que l'air ait eu le temps de se renouveler. Mais il faut qu'il y ait dans la nature une tendance à rétablir la composition normale de l'air, car, malgré cette absorption de l'oxygène, et malgré les émanations de gaz étrangers qui se répandent continuellement dans l'atmosphère, la proportion d'azote et d'oxygène citée plus haut se rétablit toujours, ce qui annonce qu'on peut considérer ces deux corps comme formant les éléments essentiels de l'air. D'un autre côté, les variations qu'éprouvent les proportions d'acide carbonique et de vapeur d'eau indiquent que ces deux matières doivent être regardées comme principes accidentels. Du reste, à la surface de la terre et à la température de 10°, l'air est ordinairement composé, en poids, de 0,756 d'azote, de 0,233 d'oxygène, de 0,010 de vapeur d'eau et de 0,001 d'acide carbonique. La quantité de ce dernier corps est quelquefois plus considérable dans les lieux bas et resserrés, mais elle diminue promptement à mesure qu'on s'élève dans l'atmosphère; enfin, elle paraît être plus grande en été qu'en hiver.

L'air est également très-raréfiable, et à la température de 0°, il pèse 13 décigrammes pour chaque décimètre cube, c'est-à-dire 770 fois moins que l'eau distillée. Or, sous nos latitudes moyennes, l'atmosphère, au niveau de la mer, faisant équilibre à une colonne de mercure de 762 millimètres, et l'air pesant 10440 fois moins que le mercure, on pourrait en conclure que la hauteur de l'atmosphère serait de

7955 mètres, si sa densité était toujours la même.
Mais l'air étant un corps soumis, comme les autres, aux lois de la pesanteur, sa densité diminue à mesure qu'on s'éloigne de la surface de
la terre, en sorte que l'atmosphère s'étend à une
hauteur bien plus grande. On n'a point, jusqu'à
présent, de moyens pour calculer d'une manière exacte l'étendue de l'atmosphère ; cependant, l'étude des réfractions du soleil a fait
connaître que cet astre devient visible le matin,
ou qu'il cesse d'être visible le soir, lorsqu'il est
à 18° au-dessous de l'horizon, ce qui semblerait
annoncer que la hauteur de l'atmosphère est de
7 à 9 myriamètres ; d'autres considérations
portent à admettre une épaisseur moins considérable. Quoi qu'il en soit, il paraît que l'atmosphère, au lieu de finir insensiblement, s'arrête
d'une manière tranchée à sa partie supérieure.

L'air jouit de la propriété d'entretenir la combustion et la respiration, mais seulement dans
la proportion de l'oxygène qu'il renferme, ces
propriétés cessant après l'absorption de l'oxygène.
Il paraît être insipide, néanmoins il est probable que cet effet résulte de ce que nos organes
y sont continuellement plongés ; car les cris des
nouveaux nés et les douleurs occasionnées par
les plaies ouvertes, semblent annoncer que l'air
exerce une action très-vive sur les organes qui
ne sont point habitués à son contact. L'air

manifeste sa présence, surtout quand il est en mouvement, ou, lorsque étant en repos, c'est notre corps, ou tout autre objet, qui se meut avec vitesse. Dans l'un et l'autre cas, l'air résiste, mais bien moins que les liquides et les solides. La force impulsive de l'air est, comme on le sait, mise à profit dans les arts pour faire mouvoir des machines, pour naviguer, etc.

La quantité de vapeur d'eau varie davantage et diffère selon la température, les saisons et la situation plus ou moins humide des lieux. Dans les zones tempérées, elle est souvent de 0,055 à 0,017 en été, tandis qu'en hiver elle n'est habituellement que de 0,005 à 0,007 ; dans la zone torride, elle forme fréquemment plus des 0,030 de l'air ; elle diminue à mesure qu'on s'élève dans l'atmosphère.

L'air en mouvement évident porte généralement le nom de *vent*, qu'on spécifie en indiquant le point de l'horizon d'où il vient. On distingue d'après leur vitesse, leur action, leur nature, etc., les vents *ordinaires*, les vents *alisés*, les *brises*, les *moussons*, les *tempêtes* et les *ouragans*.

On est dans l'habitude d'établir à l'égard des vents 32 directions particulières, ou : 2 *rumbs de vents*, qui sont figurés dans la r e *des vents*.

Les vents se propagent par impulsion et par aspiration. On aura une idée de cette distinction, en examinant le phénomène du soufflet, où l'air qui sort par la base est poussé en avant , au lieu que celui qui le remplace est aspiré dans l'intérieur du soufflet.

L'étendue des vents dans le sens de la surface sur laquelle un vent se développe , est quelquefois très-considérable, et on verra bientôt quelle immense région occupent les vents alisés. Quant à leur étendue en hauteur , on est rarement à même de pouvoir l'observer; cependant, lorsqu'on gravit une haute montagne, on traverse souvent des espaces dans lesquels régnent des vents de directions diverses; et on voit fréquemment la fumée des volcans élevés se diriger dans un sens différent de la direction du vent qui souffle au pied de la montagne. Il est donc probable que les vents n'ont pas ordinairement une très-grande hauteur.

Les vents considérés sous le rapport de leur durée, peuvent être divisés en *vents constants, vents périodiques* et *vents variables*. Les premiers, ou les vents alisés, régnent constamment dans presque toutes les parties de l'Océan Atlantique et de l'Océan Pacifique comprises entre les tropiques ; leur direction moyenne est de l'est à l'ouest ; mais ils prennent une inclinaison vers le nord dans l'hémisphère boréal, et vers le sud dans l'hémisphère austral. Entre ces deux directions , il existe une limite où l'on rencontre le plus souvent des calmes entremêlés de violents orages.

Or , la limite dont nous parlons ne se trouve
pas précisément à l'équateur , car elle s'étend
de 2° à 5° de latitude nord. Les vents périodiques les plus remarquables sont les moussons;
ils soufflent durant six mois dans une direction
et ensuite durant six mois dans la direction
opposée; d'ailleurs, le changement d'une mous-
son à l'autre s'effectue graduellement, quoiqu'il
soit accompagné de tempêtes et d'ouragans. On
doit aussi ranger parmi les vents périodiques la
brise de terre et la *brise de mer*, qui se font sentir
dans le voisinage des côtes , surtout dans la zone
torride. La première , qui se dirige de la mer
vers l'intérieur des terres, règne pendant le jour,
et la seconde , qui se manifeste pendant la nuit ,
a lieu en sens contraire.

On désigne , par la dénomination de vents
variables , ceux qui ne rentrent point dans les
deux catégories précédentes ; les uns sont *dominants*, soit pendant toute l'année , soit pendant
certaines saisons, au lieu que d'autres sont plus
ou moins *momentanés*.

Il y a beaucoup de variations dans l'intensité
des vents, depuis celui qui parcourt 1800 mètres
par heure et qui est à peine sensible , jusqu'à
l'ouragan qui fait un trajet de 162000 mètres par
heure , qui renverse les édifices et déracine les
arbres.

Le nom de tempête n'est pas employé pour in-

diquer un vent moins violent que l'ouragan, car
souvent on entend par ouragans des mouvements
d'air violents et de courte durée, et par tempêtes ceux qui se font sentir pendant plus longtemps. D'un autre côté, on appelle fréquemment
ouragans des mouvements d'air qui se passent
sur la terre, et tempêtes ceux qui ont lieu sur
les mers. Les ouragans sont généralement moins
rares et plus violents dans la zone torride que
dans la zone tempérée, et il paraît qu'ils ne se
manifestent point dans les zones glaciales, où,
cependant, les tempêtes sont assez fréquentes.

Les vents doivent sans doute leur origine à
la réunion de plusieurs des forces qui agissent
sur l'atmosphère; mais il y a tout lieu de croire
que c'est dans les effets du calorique qu'il faut
voir la principale cause; car on peut assimiler
les vents aux cours d'eau qui cherchent à se
mettre en équilibre et à remplir tout espace vide,
ou plutôt dans lequel se trouve un fluide
moins dense; or, on sait que le calorique est la
force le plus généralement employée pour diminuer la densité des corps. Dans tous les cas,
l'origine des vents alisés s'explique d'une manière satisfaisante par la combinaison de l'action
de la chaleur solaire avec le mouvement de la
terre; celle des brises existe dans la propriété
que possèdent les terres de s'échauffer pendant
le jour plus que les eaux, et de se refroidir pen-

dant la nuit plus aussi que ces dernières. Au reste, on sent également que les montagnes, la forme des terres et des mers, etc., exercent une grande influence sur les vents qui, de leur côté, produisent des modifications dans le climat d'un lieu.

L'atmosphère doit avoir, comme la mer, un mouvement de flux et de reflux occasionné par l'attraction combinée de la lune et du soleil ; mais sa densité étant bien moindre que celle des eaux, ces mouvements sont beaucoup moins importants ; aussi leurs effets sont-ils inappréciables.

Les observations barométriques peuvent conduire à la solution de plusieurs problèmes intéressants ; mais sans méthode bien conçue et sans procédés abrégés, on ferait beaucoup d'opérations qui deviendraient inutiles. Supposons qu'on observe le baromètre d'heure en heure, on aura la hauteur barométrique moyenne du jour, en ajoutant les 24 observations du jour et en divisant leur somme par 24 ; ensuite on obtiendra la hauteur barométrique moyenne du mois, en ajoutant les hauteurs moyennes de tous les jours du mois et en divisant leur somme par le nombre de jours du mois ; puis on aura la hauteur barométrique moyenne de l'année, en ajoutant les hauteurs moyennes de tous les jours de l'année et en divisant leur somme par le nombre de jours de l'année ; enfin, on obtiendra la *hau-*

teur barométrique moyenne d'un lieu, en ajoutant les hauteurs moyennes d'un assez grand nombre d'années et en divisant leur somme par le nombre d'années. Mais on a reconnu qu'on pouvait abréger considérablement le nombre d'observations, et que, dans nos contrées, il suffisait d'observer le baromètre quatre fois par jour : à 9 heures du matin, à midi, à 3 heures après midi et à 9 heures du soir. L'observation de midi donne la hauteur moyenne du jour, et par suite la hauteur moyenne du mois, celles de l'année et du lieu ; les trois autres observations servent à déterminer les *variations horaires*. A l'Observatoire de Paris on a trouvé 756 millimètres pour la hauteur barométrique moyenne de ce point ; dès lors 761,50 millimètres expriment la hauteur barométrique moyenne au niveau de nos mers.

On note aussi chaque jour le minimum et le maximum de la hauteur du baromètre, c'est-à-dire *les limites des oscillations extrêmes*. On prend ensuite la moyenne de tous les minima et de tous les maxima, soit pendant un mois, soit pendant l'année, etc. Or, on a trouvé que le baromètre est d'autant plus variable qu'on approche davantage des pôles, et qu'en général le baromètre descend plus au-dessous de la moyenne qu'il ne monte au-dessus.

Si l'on observe le baromètre dans les pays situés entre les tropiques, on voit qu'il monte et descend périodiquement deux fois en 24 heures. Le baromètre est à son

Minimum du matin, —0,49ᵐᵐ, à 4 heures 13 minutes,
Maximum du matin, 1,46, à 9 heures 23 minutes,
Minimum du soir, —1,09, à 4 heures 8 minutes,
Maximum du soir, 0,35, à 10 heures 23 minutes.

Ainsi, la différence entre le maximum du matin et le minimum du soir, ou la *grande période*, est de 2,55 mi limètres, au lieu que la différence entre le minimum du matin et le maximum du soir est seulement de 0,84 millimètres. Ces variations diurnes du baromètre s'affaiblissent à mesure qu'on avance vers les pôles : on ne les retrouve plus que dans les moyennes de 15 jours ou même d'un mois, et elles cessent complétement au delà de 60° de latitude nord. Les heures des maxima et des minima dans nos climats, varient aussi avec les saisons. Le maximum du matin arrive entre 7 et 8 heures pendant l'été, et entre 9 et 10 heures pendant l'hiver; le maximum du soir tombe entre 4 et 5 heures durant la première saison, et entre 2 et 3 heures durant la seconde. On a aussi remarqué que le baromètre éprouve les plus fortes variations en hiver et les plus faibles en été; cette différence est surtout frappante dans les régions polaires.

L'influence des vents et de la pluie sur le baromètre est depuis longtemps connue, mais les observations faites jusqu'ici n'indiquent pas d'une manière sensible l'action attractive du soleil et de la lune sur l'atmosphère. Le changement de pression dans l'atmosphère produit une rupture d'équilibre, et, par conséquent, des agitations plus ou moins fortes; ainsi l'abaissement de la colonne barométrique est un indice de mauvais temps.

On sait qu'à une température donnée, un espace limité n'admet qu'une quantité limitée de vapeur, et qu'aussitôt qu'on diminue l'espace ou la température, la vapeur se condense et nous apparaît sous différents états. D'après cela, on peut généralement concevoir la formation de la *pluie*, en considérant que, si deux masses d'air, étant saturées de vapeur et à des températures inégales, viennent à se mêler, l'espace sera sursaturé et laissera précipiter une partie de l'eau qu'il contient. La précipitation est d'autant plus considérable, que la température est plus élevée : voilà pourquoi, dans les pays les plus chauds et pendant les saisons les plus chaudes, il pleut en très-grande abondance.

L'explication précédente suppose l'existence de courants d'air. On a remarqué, en effet, que la pluie est rare sous une direction constante du vent, mais qu'il pleut fréquemment par un changement de vent; et qu'ensuite, sous les tropiques, la saison pluvieuse arrive au moment où le soleil approche du zénith, c'est-à-dire à l'époque de la plus grande variation des vents. D'ailleurs, il est rare aussi que, dans nos climats, il pleuve sans changement de vent, et, réciproquement, que le changement de vent n'entraîne point la formation de la pluie.

Il y a des étendues considérables de pays où il ne pleut presque jamais : telles sont les contrées placées dans l'intérieur des continents, et privées de montagnes. Celles-ci contribuent, en effet, au mélange des différentes couches d'air ; elles attirent les nuages et les forcent, pour ainsi dire, à y verser leurs eaux. A égalité de latitude, la quantité de pluie qui tombe dans un pays est modifiée par la localité, l'étendue, la forme, la végétation, etc., de ce pays.

La quantité de pluie varie avec la latitude ; elle est plus grande à l'équateur que dans les climats tempérés, et plus grande dans ces derniers que près des pôles. Cependant, il pleut généralement moins souvent vers l'équateur que dans les zones tempérées. On a observé que, sous nos climats, à 45° de latitude, la couche de pluie qui tombe annuellement est de 8 décimètres, tandis qu'à l'équateur elle atteint 3 mètres environ. Au surplus, il y a d'énormes différences pour des lieux situés à la même latitude ; ces différences résultent principalement du voisinage des mers et de la direction ordinaire des vents, car la quantité de pluie est habituellement plus grande sur les côtes que dans l'intérieur des continents. En général aussi, la quantité de pluie est supérieure pendant les saisons chaudes ; mais en Europe, il existe des pays où les pluies d'automne sont plus abondantes que celles d'été, ce sont les contrées voisines de la Méditerranée et de l'Océan atlantique.

On trouve encore des différences dans les quantités de pluie obtenues à diverses hauteurs. Ainsi l'épaisseur de la couche d'eau qui tombe annuellement dans la cour de l'Observatoire de Paris est de 56 centimètres, tandis qu'elle n'atteint que 50 centimètres sur la terrasse construite à 28 mètres au-dessus du sol ; mais on observe tout le contraire à Genève, où il tombe moitié moins d'eau qu'au Mont-Saint-Bernard qui est plus élevé de 2,000 mètres.

On donne le nom de *bruine* à une pluie extrêmement fine, celui d'*averse* à une pluie très-abondante, et celui d'*ondée* à une pluie qui dure peu de temps et qui ne tombe que sur une petite étendue à la fois.

Les *brouillards* sont, en général, une suite du refroidissement nocturne de l'atmosphère. L'air, par son refroidissement, se trouvant sursaturé, une partie de la vapeur, qu'il renferme, se précipite et forme un *nuage*. La figure des nuages varie suivant les saisons, les mois, l'époque de la lune, les heures du jour, et surtout d'après la latitude. L'étendue et la hauteur des plaines,

les grands végétaux qui les couvrent, le voisinage
des montagnes, celui des mers, influent également sur la forme des nuages. Leur vitesse et
leur direction est subordonnée à celle du vent,
et principalement aux groupes de montagnes
qui semblent parfois les attirer, d'autres fois les
repousser, ou bien qui paraissent être le centre
même où ils prennent naissance, où ils se développent suivant les variations de température
dans le voisinage de ces terres élevées. Les lacs,
les rivières, etc., présentent souvent aussi des
brouillards. Le soir, les brouillards se répandent partout, et le matin ils se montrent habituellement au-dessus des rivières et des lacs. Les *bru-
mes* recouvrent fréquemment les mers polaires,
et ne sont pas bien expliquées. Le *serein* est une
pluie fine qui tombe sans qu'il y ait de nuages
dans l'atmosphère; elle se produit ordinairement en été et au coucher du soleil. La vapeur,
au moment où elle se précipite de l'air, se transforme en une multitude de petites sphères qu'on
a désignées sous le nom de vésicules. Ces sphères seraient creuses suivant certains physiciens,
et pleines suivant d'autres.

Il y a encore des brouillards plus rares, dont
la cause n'est pas bien connue, et qui ont reçu le
nom de *brouillards secs*. Ils paraissent être formés
d'exhalaisons plus ou moins odorantes et diversement colorées.

La *trombe* est ordinairement une colonne d'eau conique , qui tourne sur elle-même avec une vitesse prodigieuse ; tantôt elle semble sortir du sein de la mer (pl. 1 , fig. 5) , et s'élève jusqu'aux nuages ; tantôt elle descend des nuages jusqu'à terre , en produisant des effets d'autant plus terribles que sa vitesse est plus grande.

La *rosée* n'est qu'un dépôt de la vapeur d'eau atmosphérique, qui se forme pendant la nuit sur les corps très-refroidis. Lorsque le ciel est serein , le sol se trouve en communication de rayonnement avec les espaces planétaires , dont la température est de — 60° environ. Dans cette situation , la surface de la terre perd en chaleur beaucoup plus qu'elle ne gagne , et son pouvoir émissif étant très-considérable , le refroidissement, qui en résulte, fait de rapides progrès. L'air, qui a aussi rayonné, mais moins que les matières terreuses, végétales , etc. , étant en contact avec le sol déjà très-refroidi , la température de la partie atmosphérique qui repose immédiatement sur la surface de la terre , s'abaisse par communication directe ; puis la vapeur de cette couche d'air arrive à son maximum de densité , se liquéfie et se dépose en gouttelettes sur la plupart des corps qu'elle rencontre. La quantité de rosée qui se forme dépend donc de la pureté du ciel ; elle devient plus abondante encore , si l'air est légèrement agité , car alors différentes couches se mettent tour-à-tour en contact avec le sol; il ne faudrait pas cependant qu'il fît un vent fort, parce que le contact de l'air et de la surface de la terre trop souvent renouvelé, empêcherait celle-ci de se refroidir suffisamment. La présence des nuages s'oppose à la production de la rosée; en effet, les nuages interceptent et renvoient les rayons calorifiques du sol qui iraient se perdre dans les espaces planétaires. Il suffira donc d'arbitrer la surface de la terre pour qu'il ne s'y dépose nullement de rosée. Toutes choses étant égales d'ailleurs, les métaux sont moins couverts de rosée que les plantes, et ces dernières moins que la terre végétale; car le rayonnement, et par suite le refroidissement de ces substances, se trouvent rangés dans le même ordre.

Le *givre*, ou *gelée blanche*, est une rosée gelée sur place. On voit rarement le givre en été, mais il se produit habituellement pendant les fraîches matinées du printemps et de l'automne, et quelquefois aussi en hiver. Le givre est formé de petits cristaux de glace délicatement posés les uns à côté des autres. Cette masse floconneuse est généralement située sur la face supérieure des tiges et des feuilles des végétaux, c'est-à-dire sur les parties des plantes tournées vers le ciel, et qui se sont le plus refroidies par le rayonnement. Dans nos climats, le givre se produit

toujours sur place ; mais dans les régions polaires, il arrive que, par un temps serein, la vapeur se transforme en une gelée blanche qui est
poussée par les vents comme une fumée s'at-
tachant aux corps qu'elle rencontre, en donnant lieu à une croûte épaisse, hérissée de longues fibres dirigées en sens contraire du vent.

S'il vient à pleuvoir un peu quand la température du sol se trouve au-dessous de 0°, la
pluie se congèle à la surface de tous les corps, et
y forme un enduit de glace unie et transparente
qu'on désigne sous le nom de *verglas*. Il faut,
pour qu'il se produise du verglas, que la pluie
ne soit pas suffisante pour mouiller les corps ;
la chaleur qu'elle communiquerait pouvant élever au-dessus du point de congélation de l'eau
les parties qu'elle mouillerait.

La *neige* provient de gouttes d'eau gelées dans
les hautes régions de l'atmosphère ou durant
leur chute. Les petits cristaux de glace qui en
résultent se groupent en flocons légers. Il se
forme des étoiles à six rayons, si la cristallisation s'opère au milieu d'un air calme, tandis
qu'on ne recueille que des flocons irréguliers
dans un air agité. La neige, en raison de sa
chûte lente, a le temps de prendre la température des couches d'air qu'elle traverse :
aussi arrive-t-elle à terre ayant sensiblement
la température de la couche inférieure de l'air.

De même qu'un nuage pluvieux donne constamment de la pluie à quelques centaines de mètres au-dessous de lui ; de même les nuages neigeux donneront quelques flocons qui ne parviendront pas jusqu'au niveau du sol. Les flocons qui tombent sur les montagnes doivent être, et sont, en effet, plus petits que ceux qui atteignent le niveau des plaines. Plus un lieu est voisin des pôles, ou plus il est élevé, plus il y neige. Ainsi, quoiqu'il ne tombe jamais de neige dans les plaines de la zone torride, il en tombe néanmoins sur les montagnes de cette région.

On a observé sur les hautes montagnes de nos contrées et dans les régions polaires une sorte de *neige rouge* contenant de très-petits champignons, dont on a fait une espèce sous le nom de uredo nivalis. Au Saint-Bernard, cette neige rouge est permanente comme les autres neiges perpétuelles.

La neige n'est pas toujours en flocons amincis et légers ; parfois elle se dispose en petites pelottes, ou réunions de cristaux plus ou moins serrés et entrelacés : dans ce cas, on l'appelle *grésil*. Sous nos climats, le grésil tombe ordinairement à l'entrée du printemps.

On nomme *grêle* la chûte de globules de glace compacte plus ou moins gros, appelés grêlons, et qui tombent de l'atmosphère. On distingue deux espèces de grêle : l'une résulte des gouttes de pluie gelées par le froid des hautes régions, et se manifeste habituellement dans les contrées polaires ; tandis que l'autre, qui est particulière aux zones tempérées, se forme au milieu de circonstances extraordinaires et cause souvent de grands désastres. En général, elle tombe pendant la saison la plus chaude, à la suite d'un refroidissement subit, opéré dans la région des nuages, et assez considérable pour se faire même sentir jusqu'à la surface de la terre. Dans ce cas, les vents soufflent avec violence et changent fréquemment de direction. On voit les nuages arriver de tous les points de l'atmosphère, s'accumuler et donner lieu bientôt à une immense masse nuageuse qui produit une obscurité effrayante ; puis on entend dans les airs un bruissement particulier qui, peu après, est suivi de la chûte des grêlons. Celle-ci dure un très-court laps de temps, quoique la quantité des grêlons soit parfois si grande qu'ils recouvrent le sol d'une couche de plusieurs centimètres d'épaisseur. Ce terrible météore précède habituellement les pluies d'orage ; il les accompagne aussi, mais il ne les suit presque jamais, surtout quand les pluies ont une certaine durée. La grosseur ordinaire des grêlons est celle d'une très-petite noisette ; au reste, ils acquièrent quelquefois des dimensions énormes. Leur forme est très-variable ; néanmoins on peut dire qu'elle est en général sphérique, anguleuse ou irrégulière. On trouve souvent un noyau central blanc et poreux, environné de couches concentriques d'une glace transparente ou d'un blanc opaque, ou bien alternativement transparente et opaque.

Il est très-rare qu'il tombe de la grêle dans la zone torride, et, quand il en tombe, c'est uniquement sur les montagnes et même à de très-grandes hauteurs.

On a proposé beaucoup d'explications du phénomène de la grêle; mais jusqu'à présent il n'en est point qui satisfasse complétement. Celle de Volta est même plus ingénieuse que rigoureuse; elle consiste à supposer que les grêlons élémentaires sont ballottés entre deux nuages chargés d'électricités différentes, et qu'en rencontrant sur leur passage la vapeur aqueuse contenue dans l'air, ils la condensent et peuvent ainsi s'accroître par la succession des couches.

Une multitude de circonstances font varier la température à la surface de la terre et dans l'atmosphère; dès lors, on a en chaque point d'observation un maximum et un minimum, c'est-à-dire deux limites entre les diverses températures qu'on obtient pendant un certain laps de temps. On trouve les *températures moyennes* d'un jour, d'un mois, d'une année, et, par suite, celle d'un lieu, de la même manière qu'on détermine les hauteurs barométriques moyennes.

Ainsi , pour obtenir la température moyenne
d'un jour, il suffira de faire trois observations :
la première , au lever du soleil ; la seconde , à
2 heures après midi , et la troisième , au coucher du soleil. A Paris on a trouvé 10°,6 pour
la température moyenne annuelle. La température moyenne de l'année augmente à mesure
qu'on s'approche de l'équateur, et diminue quand
on s'avance vers le pôle , toutes choses étant
égales d'ailleurs ; mais cette moyenne est loin
d'être la même à tous les points d'un même parallèle. En Amérique, par exemple , à la latitude
moyenne, ou de 45°, la température est environ
de 5° moindre qu'en France ; elle diminue aussi
à mesure qu'on se dirige vers l'Asie ; de sorte que
ce sont les pays situés à l'occident de l'Europe
et en Afrique , qui , à égalité de latitude , jouissent des températures moyennes les plus élevées. On peut porter à 28° la température
moyenne des contrées équatoriales au niveau de
la mer, et à — 16° celle des régions polaires. On
a observé de plus que l'hémisphère boréal, à parité
de latitude, est doué d'une température moyenne
supérieure à celle de l'hémisphère austral. Si le
voisinage des mers , celui des montagnes , la nature et la couleur du terrain, l'inclinaison du sol,
la direction des vents dominants , la différence de
niveau et de végétation , ainsi qu'une foule d'autres influences locales ou accidentelles , ne ve-

naient pas détruire l'uniformité de température
des points situés à la même latitude, il s'ensuivrait que tous les lieux qui se trouvent sur un
même parallèle à l'équateur, auraient une température moyenne égale. Mais les choses ne se
présentent pas de cette manière; c'est pourquoi
on a nommé *lignes isothermes*, des lignes qui passent par les points jouissant d'une même température moyenne. De telles lignes ne sont pas parallèles entre elles et décrivent sur le globe des
courbes irrégulières qui s'écartent plus ou moins
des parallèles à l'équateur.

On aurait une idée incomplète de la température d'un lieu, si l'on ne considérait que la température moyenne de l'année, car on conçoit
qu'une même quantité de chaleur annuelle puisse
être très-inégalement répartie entre les diverses
saisons. De là, l'idée des *lignes isothères*, ou d'é-
gal été, et des *lignes isochimènes*, ou d'égal hiver.
Ces lignes s'écartent encore plus des parallèles
à l'équateur que les lignes isothermes.

Les *climats* sont *tempérés* aux latitudes moyennes, très-chauds dans les régions équatoriales,
et très-froids dans les contrées polaires. En com-
parant ces trois zones, relativement à leurs températures, on envisage des pays situés à peu près
au niveau de la mer; car le Mont-Blanc qui se
trouve à la latitude moyenne, et le Cimboraço
à une latitude équatoriale, sont couronnés de

neiges perpétuelles. Outre la diversité dans les températures moyennes des régions dont nous venons de parler, il importe encore de distinguer les climats où les variations de chaleur sont faibles, des climats où les variations sont très-grandes. Ces derniers sont nommés *climats excessifs*, et règnent en général dans l'intérieur des continents, tandis que les climats plus réguliers se rencontrent dans le voisinage des mers, et surtout dans les îles placées au milieu de l'Océan. La température de l'air s'abaisse à mesure qu'on s'élève, et la température du fond des mers, même des mers polaires, couvertes d'énormes glaçons, est de 4° à peu près.

On estime à — 60° environ la température des espaces dans lesquels se meuvent la terre, les autres planètes et leurs satellites (1) ; en sorte que notre globe jouirait de cette température, s'il n'avait deux autres sources de chaleur. La première est celle du soleil qui réchauffe constamment la surface de la terre, et la seconde est celle de l'intérieur du globe qui, du reste, n'influe actuellement sur celle de la surface que pour moins de $\frac{1}{30}$ de degré. La quantité de chaleur que nous verse le soleil varie avec la lati-

(1) M. Poisson a été conduit à un résultat différent ; il pense que l'espace dans lequel la terre se trouve actuellement plongée est approximativement de — 13° ; mais nous devons admettre ici le nombre le plus généralement adopté.

tude, mais elle ne varie pas sensiblement avec
la profondeur de la croûte terrestre. A Paris,
la température moyenne est de 10°,6 , c'est-
à-dire qu'elle surpasse de 70°,6 celle des espaces
planétaires; l'effet du soleil est donc de 70°,6
pour Paris. Par la même raison, la température
moyenne de l'équateur étant de 28° à peu près,
on a 88° pour l'effet solaire ; et la température
moyenne des pôles devant être de —16° environ,
on obtient 44° pour l'effet solaire. Dès lors la
chaleur solaire est deux fois plus grande à l'équateur qu'aux pôles, quoique le calcul apprenne
que la quantité de chaleur répandue par le soleil
aux pôles n'est pas la moitié de celle que cet
astre verse à l'équateur. Une telle anomalie provient du mouvement de l'air et des eaux de la
mer, d'où résultent des mélanges continuels qui
effacent une partie de la différence entre ces
températures extrêmes , et qui rendent inégales
les températures des lieux situés à la même latitude. Au-dessous de la surface de la terre, il
se produit des variations diurnes et annuelles :
les premières se font sentir à des profondeurs
19 fois plus grandes que les dernières , et si les
variations annuelles sont inappréciables à 19
mètres de profondeur , les variations diurnes
sont insensibles à 1 mètre. Enfin , à 20 mètres
environ , la température est invariable , et elle

équivaut, à peu de chose près, à la température
moyenne de la surface.

La température d'un lieu, pendant une année, n'est pas nécessairement semblable à celle
d'une autre année; mais ces variations se font
par oscillation, c'est-à-dire qu'en général, une
ou plusieurs années plus chaudes sont suivies
par une ou plusieurs années plus froides; et,
depuis qu'on fait des observations comparables,
la température ne paraît pas avoir marché, soit
vers le refroidissement, soit vers l'échauffement.
On admet aussi, d'après les documents historiques, que la température de l'atmosphère n'a
pas éprouvé de changements généraux depuis
2000 ans; car, si les monuments historiques
semblent annoncer que certaines contrées ont
été douées de températures différentes de leurs
températures actuelles, ces différences s'expliquent aisément par les défrichements, les des-
séchements et les autres changements que les
travaux de l'homme ont fait subir à ces pays.
On peut donc regarder comme démontré que,
dans l'état actuel des choses, il y a sensiblement
équilibre entre la chaleur que l'action du soleil
développe à la surface de la terre et celle qui se
perd continuellement; mais on verra plus loin
qu'il n'en a pas toujours été ainsi, et que tout
annonce qu'il y a eu une époque où l'atmos-

phère était beaucoup plus chaude qu'elle ne l'est actuellement.

La lumière du *jour* est celle qui nous arrive du soleil, soit directement, soit par des réflections irrégulières sur les couches d'air atmosphérique, sur les nuages et sur la surface du globe ou sur les corps qui s'y trouvent. Durant la nuit, nous ne recevons plus que la lumière des étoiles et celle que nous réfléchissent la lune et les planètes : au reste, il n'y a jamais *obscurité* complète sur la terre. Chaque point de la zone torride a deux fois par an le soleil à son zénith, tandis que le soleil n'est jamais au zénith des autres zones. Mais cet astre paraît toutes les 24 heures sur l'horizon d'un point quelconque des deux zones tempérées ; au lieu que, dans les zones glaciales, il y a une période pendant laquelle le soleil ne se montre pas toutes les 24 heures à l'horizon. De plus, comme cette période va sans cesse en augmentant, il doit y avoir un intervalle de 6 mois pendant lequel le soleil est constamment visible, et un autre, encore de 6 mois, pendant lequel il est invisible, sauf les effets de la réfraction qui semble être plus considérable au pôle que partout ailleurs. On nomme *aurore* la lumière qui précède le lever du soleil, et *crépuscule* celle qui suit le coucher de cet astre. Enfin, le bleu du ciel ne paraît être dû qu'à la couleur de l'air vu en grand volume, ainsi que nous l'avons déjà dit.

On appelle *arc-en-ciel* (pl. I , fig. 6) un ou plusieurs arcs et qui se dessinent sur des nuages représentant sept bandes respectivement colorées par chacune des sept couleurs du spectre solaire, exposés aux rayons du soleil, venant du côté où se trouve l'observateur. Deux conditions, la présence du soleil à moins de 54° sur l'horizon et la résolution d'un nuage en pluie, sont indispensables pour la formation de ce météore. On aperçoit presque toujours deux arcs , et rarement un troisième. Les phénomènes de l'arc-en-ciel sont dus à la décomposition des rayons du soleil, qui traversent les gouttes d'eau disséminées dans l'atmosphère.

On donne le nom de *couronnes* à deux ou trois petits anneaux colorés, contigus entre eux et au soleil qui en est le centre commun. Ces anneaux sont rouges à l'extérieur, et ils sont produits par la diffraction de la lumière solaire autour de gouttelettes d'eau. Les *halos* (pl. I, fig. 7) sont des anneaux colorés intérieurement en rouge , et qui se forment autour du soleil comme centre. Ils sont dus à la réfraction maxima des rayons solaires, qui ont traversé des faces inclinées de cristaux de glace. On désigne sous le nom de *parhélies* ou *faux soleils* (pl. I, fig. 7), des phénomènes qui apparaissent autour du soleil et qui reproduisent l'image de cet astre. Si le phénomène est relatif à la lune, on a alors un *parasélène*. L'*anthélie* est un faux soleil qui se montre au point de l'horizon diamétralement opposé au soleil, et sur le cercle horizontal. Dans les régions polaires, le soleil se lève souvent avec une *trainée lumineuse*, placée au-dessus. Quelquefois cette trainée verticale est accompagnée d'une seconde trainée horizontale, s'étendant à droite et à gauche du soleil : tel est le phénomène appelé *croix*.

On désigne sous le nom de *lumière zodiacale* une faible lumière qu'on aperçoit dans le voisinage du soleil un peu après le coucher, et quelquefois avant le lever de cet astre. La couleur de la lumière zodiacale est blanche et n'intercepte point la vue des étoiles qui se trouvent au delà. Sa figure est celle d'une demi-lentille regardée de profil, et dont la base s'appuie sur l'équateur solaire ; d'ailleurs, sa longueur est parfois telle qu'elle paraît sous-tendre un angle de plus de 90°. Tout semble annoncer que cette lumière est très-éloignée de l'atmosphère de la terre ; quoi qu'il en soit, on ignore sa véritable cause.

On donne le nom de *feu Saint-Elme* à des aigrettes lumineuses qui, dans les temps orageux, paraissent à l'extrémité d'objets élevés et terminés en pointes : connaissant le pouvoir des pointes sur l'électricité atmosphérique, on expliquera aisément le phénomène. Les *feux follets* sont des lumières semblables à des flammes qui voltigent dans l'air à une petite distance du sol ; on en

attribue la cause à la combustion de certains gaz.
Enfin, on concevra, plus ou moins facilement,
d'autres phénomènes lumineux connus sous les
noms d'*étoiles filantes*, de *bolides*, de *phosphorescence*, etc. Au reste, nous parlerons dans la
géogénie de plusieurs de ces phénomènes.

Le *mirage* consiste dans une *illusion* d'optique,
qui fait voir, en certaines circonstances, les dou-
bles images des objets. Ainsi, dans des plaines
(pl. I, fig. 8) où l'on n'aperçoit autour de soi que la
terre, des villages et des arbres ne présentant rien
de particulier, lorsque le sol est échauffé par les
rayons solaires, le terrain paraît terminé à une
petite distance par une inondation générale. Les
villages qui se trouvent au delà semblent être
des îles situées au milieu d'un grand lac, et sous
chaque objet on voit son image renversée. Parmi
les phénomènes qui appartiennent au mirage,
nous citerons encore celui d'objets qui, dans
l'état ordinaire, sont invisibles de certains lieux,
parce que la vue est interceptée par une colline
ou par tout autre obstacle, et qu'on aperçoit
néanmoins de ces mêmes lieux durant une journée chaude. Les effets du mirage s'expliquent au
moyen des lois de la réfraction de la lumière.

L'*aurore polaire* (pl. I, fig. 9), ordinairement
nommée *aurore boréale*, consiste en une lumière
qui, dans nos contrées, paraît habituellement vers
le pôle boréal, 3 ou 4 heures, et même moins, après

le coucher du soleil. Ce phénomène offre beaucoup
de variations dans ses détails ; cependant, il commence en général par une espèce de nuage en forme de segment de cercle dont la corde est formée
par l'horizon. Le segment est quelquefois bordé
d'arcs concentriques, et lance des jets de lumière
plus ou moins vifs, qui se renouvellent parfois avec
tant de rapidité que tout le segment semble être
en mouvement. Ces jets de lumière paraissent
tendre dans la même direction que la ligne d'inclinaison de l'aiguille magnétique, et sont souvent surmontés d'une espèce de couronne en-
flammée ; ils deviennent ensuite plus rares,
finissent par cesser tout-à-fait ; puis la lumière
semble se contracter vers le nord, et bientôt on
ne remarque plus rien. Différentes explications
ont été proposées relativement à l'aurore boréale,
mais aucune ne satisfait jusqu'à présent ; néanmoins, on croit généralement qu'il y a une liaison intime entre les causes de l'aurore boréale et
celles du magnétisme terrestre.

On a tenté beaucoup d'explications sur l'o-
rigine de l'électricité atmosphérique. Les uns en
ont cherché la source dans l'évaporation de l'eau,
dans la végétation, dans les compressions et di-
latations de l'air, dans le frottement de ce fluide
élastique contre le sol, etc. ; d'autres ont considéré la terre comme une vaste pile voltaïque, ou

bien comme un immense appareil thermo-élec-
trique, etc.

Au surplus, on admet généralement qu'en vertu
de toutes les actions qui se passent dans l'intérieur du globe et à sa surface, diverses portions
de sa masse prennent un excès d'électricité positive, et d'autres portions un excès d'électricité
négative. Dans cet état de choses, l'électricité
se porte à la surface de la terre pour se répandre
dans l'atmosphère. Il y a alors équilibre électrique entre chaque partie du sol et la partie correspondante de l'atmosphère. Or, bientôt il arrive
quelque perturbation dans les causes qui développent l'électricité, et celle-ci se dispose ou tend
à se disposer d'une autre manière. Un pareil
changement s'effectue assez promptement dans
l'intérieur du globe, en raison de la conductibilité des matières qui le composent ; mais, dans
l'atmosphère, l'électricité ne peut se déplacer
aussi vite, parce que l'air est mauvais conducteur. Cet air paraît alors électrisé et son électricité fait effort pour rentrer dans le sol. Une
telle rentrée s'exécute sans secousse, si l'atmosphère est saturée de vapeurs ; mais si, comme
il arrive presque toujours et principalement en
été, les couches d'air inférieures sont très-éloignées de leur point de saturation, l'électricité
atmosphérique restera dans la région des nuages,

où elle se disposera en couches parallèles au niveau de la mer et d'autant plus intenses que l'air sera plus humide. C'est au moment où cette communication entre le ciel et la terre s'établit qu'apparaissent des étincelles ou des jets électriques à l'extrémité de tous les objets pointus et surtout des tiges métalliques ; quelquefois même une lueur électrique couvre une assez grande étendue de terrain.

L'électricité atmosphérique est constamment positive, lorsque le temps est calme et serein ; mais elle varie en intensité, soit pendant le jour, soit d'une saison à l'autre. Durant le jour elle éprouve aussi deux fluctuations qu'on observe toute l'année, et qui sont d'autant plus marquées que le ciel se montre plus serein et le temps plus calme. Quand le ciel paraît couvert, on ne trouve que des traces légères de ces variations, dont l'étendue est au reste deux fois plus grande en été qu'en hiver.

L'eau qui tombe sous forme de pluie, de neige, de grésil ou de grêle, à l'exception des pluies très-faibles, est toujours sensiblement électrisée, et plus fortement qu'elle ne le serait dans la couche d'air qui touche le sol. L'air et l'eau atmosphérique, soit liquide, soit congelée, manifestent plus d'électricité en été qu'en hiver. La pluie se montre plus souvent électrisée positivement que négativement, tandis que le contraire a lieu pour la neige.

L'*éclair* n'est qu'une étincelle électrique, au moyen de laquelle l'électricité se distribue d'une manière nouvelle entre l'atmosphère et la masse solide et liquide du globe; il décrit généralement une ligne en zigzag, et quelquefois une ligne courbe ou composée d'une infinité de droites. Il arrive que sa longueur est très-considérable, car on a vu des éclairs qui avaient une lieue de longueur. Il faut peut-être considérer un éclair, non comme une seule étincelle électrique, mais bien comme une série d'étincelles dont la première provoquerait toutes les autres. En effet, les nuages et les diverses couches de l'atmosphère étant en équilibre électrique, si une décharge s'opère dans un seul point, l'équilibre de tout le système sera rompu, et il en naîtra une nouvelle distribution d'électricité à la faveur de plusieurs décharges par cascade. Dans cette hypothèse, chaque partie rectiligne se composerait d'autant d'étincelles élémentaires qu'elle présente de zigzags. De là résulterait aussi l'explication des coups redoublés de la foudre; puisque chaque étincelle produisant un bruit, la réunion de tous ces bruits formerait le bruit général du *tonnerre*.

La lumière et l'électricité se propagent avec une rapidité extrême, tandis que le son ne parcourt que 340 mètres par seconde. On verra donc en même temps toutes les portions de l'éclair, au lieu que les détonnations parties de points diversement éloignés arriveront successivement aux oreilles de l'observateur, et en général les dernières détonnations se feront entendre avant les premières. Le roulement ou les battements successifs pourront être uniformes, ou croissant, ou bien diminuant en intensité, selon la distance des points où se produiront les décharges électriques et les quantités absolues d'électricité ainsi manifestée.

La *foudre* tombe de préférence sur les lieux élevés et sur les corps les meilleurs conducteurs, et cela en raison des attractions de l'électricité atmosphérique sur l'électricité contraire du sol.

Il n'y a personne qui ignore les ravages produits par ce terrible météore. Il tue les hommes et les animaux, il consume les arbres et tous les végétaux, il incendie et renverse les habitations, il fond ou réduit en poussière les métaux, les substances minérales, en un mot tous les objets qu'il trouve sur son passage. Ordinairement la foudre répand aussi une odeur sulfureuse; mais cette odeur provient des matières plus ou moins imperceptibles, entraînées par le courant électrique, et dont une partie se dépose à l'entrée et à la sortie des corps qu'il traverse.

Les *orages* (pl. I, fig. 10), caractérisés par la foudre, sont plus fréquents et plus terribles entre les tropiques que dans les régions tempérées. La foudre ne gronde pas seulement lorsqu'il pleut, lorsqu'il grêle ; des éclairs se succédant presque sans interruption et le roulement continuel du tonnerre, sont les accompagnements habituels des tempêtes, des ouragans et des trombes.

Ordinairement la foudre descend des nuages ; mais il y a aussi des foudres dont les effets indiquent un mouvement de bas en haut et qui, par cette raison, ont été nommées *foudres ascendantes*.

Quand un nuage électrisé vient à se décharger par une de ses extrémités, l'autre extrémité, qui tenait comme en arrêt l'électricité contraire du sol, cesse d'agir, et cette dernière rentre violemment dans l'intérieur de la terre en produisant une commotion qui peut tuer les êtres vivants : tel est le phénomène qu'on appelle *choc en retour*.

L'électricité atmosphérique n'est redoutable que lorsqu'une grande quantité d'électricité peut circuler à la faveur des nuages ; car, lorsque le ciel est serein, on voit, sur la fin des jours d'été, apparaître des éclairs nommés *éclairs de chaleur*, et qui probablement ont aussi lieu pendant la journée.

Le passage de l'éclair produit toujours une petite quantité d'acide azotique qui se combine avec d'autres substances répandues aussi dans l'atmosphère.

CHAPITRE TROISIÈME.

Hydrographie.

L'eau est le liquide répandu avec tant d'abondance sur toutes les parties de la croûte du globe. Dans la nature, l'eau ne se trouve jamais à l'état de pureté parfaite, car sans compter les matières qu'elle dissout ou qu'elle tient en suspension, elle renferme toujours une certaine quantité d'air, environ $\frac{1}{25}$ de son volume à 10° de température et sous la pression ordinaire de l'atmosphère. On chasse cet air en faisant bouillir l'eau ou bien en la soumettant à l'action de la machine pneumatique. Mais la composition de l'air n'est pas la même dans l'eau et dans l'atmosphère, puisque l'oxigène entre pour $\frac{1}{3}$ dans celui de l'eau. Au reste, pour purifier l'eau on la distille ; après quoi elle est transparente, inodore et insipide.

L'eau est un protoxide d'hydrogène ; elle est formée en poids de 88,29 d'oxigène et de 11,71 d'hydrogène, ou bien en volume, de 1 d'oxigène et de 2 d'hydrogène, c'est-à-dire qu'on a $H^2 O$ pour formule atomique de l'eau.

Le litre d'eau pure, qui contient un décimètre

cube de ce liquide, pèse un kilogramme. Il faut que la glace à 0° de température absorbe 75° de calorique pour devenir liquide, ou une quantité de calorique telle qu'elle suffirait pour qu'un volume égal d'eau s'élevât de 0° à 75°. L'eau tenue en ébullition pendant aussi longtemps qu'on voudra dans un vaisseau ouvert, ne peut acquérir la moindre augmentation de chaleur au delà de son point d'ébullition, c'est-à-dire de 100°; quand elle est parvenue à cette limite, la vapeur absorbe la chaleur et l'entraîne à mesure qu'il s'en développe. Mais la continuation de la chaleur, jointe à une pression additionnelle, peuvent augmenter considérablement l'expansibilité et la température de la vapeur. Au surplus, c'est en raison de la grande quantité de chaleur qu'exige la conversion des liquides en vapeur, que l'évaporation produit du froid.

L'eau existe sous quatre états : 1° à l'état solide ; 2° à l'état liquide ; 3° à l'état de vapeur ; 4° à l'état de mélange, et même de combinaison avec d'autres corps. On divise habituellement l'eau en *eau douce,* en *eau salée* et en *eau minérale.*

L'eau douce comprend l'eau de pluie, celle de neige, de fontaine, de puits, de rivière, de beaucoup de marais, de certaines glaces, etc. L'eau de pluie et l'eau de neige sont les plus pures. Celles des fontaines et des puits sont presque toujours chargées de substances étran-

gères, notamment d'acide carbonique, de carbonate et de sulfate de chaux, dont la quantité
varie selon les lieux et la nature du sol. Les eaux
de rivières contiennent plus souvent des matières en suspension, soit terreuses, soit organiques, qui troublent fréquemment leur limpi-
dité. Celles des marais sont ordinairement chargées de débris organiques, qui leur donnent une
teinte particulière et des propriétés délétères.

L'eau salée doit son nom à la saveur que lui
communique le chlorure de sodium, ou sel marin, qui s'y trouve en dissolution. Elle comprend
l'eau de mer, de plusieurs marais et de certaines
glaces, ainsi que celle de diverses sources. La
composition de l'eau de mer n'est pas la même
dans tous les lieux, et sa densité varie aussi.
C'est une des substances les plus abondantes à
la surface du globe, puisqu'elle remplit toutes
les mers, ainsi que la plupart des lacs qui n'ont
pas de débouchés. L'eau des sources salées se
rapproche beaucoup de celle des mers.

On distingue les eaux minérales en eaux *salines*, *acidules* et *sulfureuses*. On les divise aussi
en eaux *froides* et *chaudes* ou *thermales*, suivant
que leur température est semblable ou supérieure à la température ordinaire.

La superficie du globe se divise en grandes masses de terre qu'on nomme *continents*, C (pl. II), et
en grands bassins remplis d'eau, M, qu'on appelle

mers. Outre cela, de même que des terres paraissent isolées au milieu des mers, de même des eaux se trouvent aussi disséminées dans les terres.

Toutes les mers réunies ne constituent à proprement parler, qu'une seule mer (voy. la planche II) ; les grandes échancrures qui morcellent les continents et qui forment les méditerranées, ne sont en quelque sorte que des golfes. Mais, pour plus de facilité, on divise toute cette *masse océanienne* en plusieurs *océans*; et ceux-ci en différentes mers. Quoi qu'il en soit, l'hémisphère austral en contient 1,6 fois plus que l'hémisphère boréal.

L'*Océan glacial arctique* s'étend depuis le pôle jusqu'au cercle polaire ; il est situé entre l'Asie, l'Europe et l'Amérique, mais une de ses dépendances se prolonge dans le nord du dernier continent, et au sud du cercle polaire.

L'*Océan atlantique* est situé entre l'Amérique, l'Europe et l'Afrique ; il s'étend depuis le cercle polaire arctique jusqu'au cap Horn.

L'*Océan indien* est borné au nord par l'Asie, à l'ouest par l'Afrique, et à l'est par la presqu'île de Malacca, les îles de la Sonde et la Nouvelle-Hollande.

L'*Océan pacifique* va du nord au sud, depuis le cercle polaire arctique jusqu'au cercle polaire antarctique. Il est limité d'un côté par l'Asie, les îles de la Sonde et la Nouvelle-Hollande, et de l'autre, par l'Amérique ; mais au delà le cap Horn il fait le tour du globe.

Enfin, l'*Océan glacial antarctique* s'étend depuis le cercle polaire de ce nom jusqu'au pôle.

Il n'existe qu'un seul exemple de mer tout-à-fait isolée : il est fourni par la mer Caspienne ; car on a souvent donné le nom de mer à des réservoirs d'eau qui ne sont réellement que de grands lacs.

Lorsque les eaux qui pénètrent dans l'intérieur des terres y occupent des espaces trop peu étendus pour être appelés mers, ces espaces sont nommés *golfes*, G (pl. II); et, quand les golfes sont assez petits, on les désigne sous le nom de *baies*, B ; puis viennent les *anses*, les *cirques*, et enfin les *rades* et les *ports*. Une portion de mer resserrée entre des terres, et servant de communication avec d'autres parties de mer plus larges, est appelée *détroit*, D, *canal* ou *passe* selon les dimensions qu'elle présente.

Un *cap*, K, ou *promontoire* est une pointe de terre qui s'avance au milieu des eaux ; tandis qu'une *île*, I, qui prend le nom d'*îlot* lorsqu'elle est très-petite, est environnée d'eau de tous côtés ; enfin une réunion d'îles ou d'îlots est un *archipel*, A.

Une étendue de terre assez considérable qui, tenant à un continent par une partie plus étroite, s'avance au milieu de la mer, reçoit le nom de *péninsule* ou de *presqu'île*, P. On appelle *isthme*, J, la langue de terre qui unit la péninsule ou la presqu'île à la terre principale dont elle dépend ;

cependant on accorde encore le même nom à une terre étroite qui joint deux portions d'un continent ou de deux continents différents.

Lorsque des parties de terre qui s'élèvent au milieu des eaux sont trop petites pour être appelées îles, îlots, ou lorsque, sans être tout-à-fait à découvert, elles approchent assez de la surface pour gêner la navigation, on leur donne le nom de *bancs*, si elles sont formées de matières meubles sur lesquelles les embarcations pourraient échouer, et celui d'*écueils* ou de *récifs*, si elles sont formées de matières cohérentes sur lesquelles les embarcations pourraient se briser. Cependant les écueils sont plus particulièrement des rochers isolés au milieu des eaux, et les récifs des espèces de bandes qui se trouvent le long des terres, auxquelles ils tiennent ou bien dont ils ne sont séparés que par de petits bras de mer.

Les amas d'eau entourés de toute part, et n'ayant pas de communication avec la mer, ont reçu le nom de *lacs*, L. Il en est qui n'ont point d'écoulement et ne sont point alimentés par des eaux courantes; mais ils n'offrent jamais une étendue considérable : ce ne sont en quelque sorte que de grands *étangs*. D'autres possèdent un écoulement sans néanmoins recevoir aucune eau courante. Ils sont alimentés par des sources placées au-dessous du niveau des eaux, ou par des filets d'eau presque invisibles, qui descendent des terrains d'alentour. On trouve des rivières et même de grands fleuves qui ont de semblables lacs pour sources. Au reste, ces lacs sont ordinairement situés à une élévation assez considérable au-dessus du niveau de l'Océan. Il en est d'autres qui reçoivent et émettent des eaux courantes; ils sont assimilés par cette circonstance à des bassins alimentés au moyen des eaux qui les entourent. Quelquefois une ou plusieurs rivières importantes y aboutissent, et il se produit un cours d'eau qui prend le nom de la plus grande. On voit encore des lacs qui reçoivent des cours d'eau souvent très-considérables, et qui cependant, ne paraissent pas avoir d'écoulement. Enfin, on a proposé de nommer *pénélacs* des amas d'eau qui aboutissent à une mer par un canal.

On emploie généralement la dénomination de *marais* afin de désigner des étendues de terrains couvertes d'une assez petite quantité d'eau (pl. 1, fig. 14) pour que la végétation puisse s'y développer. Il y a des marais qui sont quelquefois immenses; dans tous les cas on les distingue ordinairement en *marais mouillés*, et en *marais desséchés* ou *cultivés*, ou bien aussi en *marais marins*, *salants*, *fluvio-marins*, *lacustres*, etc. Par l'inspection de la figure 12 on aura une idée des *bossis* des marais mouillés, tandis que la figure 13 représente ce qu'on appelle généralement un *marécage*. La plupart des *savanes* de l'Amérique méridionale ne sont que de vastes plaines marécageuses.

Si l'eau qui tombe des nuages est en petite quantité, elle humecte seulement le sol qui la reçoit, et l'évaporation la reporte dans l'atmosphère. Mais si la pluie, la neige, etc., sont abondantes ou continues, l'eau filtre à travers les terrains meubles ou perméables, et elle descend dans l'intérieur de la terre, jusqu'à ce qu'elle rencontre une roche imperméable; alors elle glisse dessus, elle en suit les sinuosités qui, semblables à des gouttières, la ramènent à la surface du globe : telle est l'origine des *sources*, des *fontaines*, etc. Les filets d'eau produits par les sources ordinaires se réunissent d'abord en *ruisseaux*, puis en *rivières*, et finalement en *fleuves* (1).

Les eaux, en coulant à travers les masses minérales de l'écorce du globe, s'y chargent de diverses substances qu'elles portent avec elles quand elles sourdent à la surface du sol. En général, celles qui sortent des terrains anciens ou sablonneux sont limpides et pures; mais celles

---

(1) La source d'une rivière devient la plupart du temps une expression véritablement illusoire, car non-seulement l'usage a quelquefois assigné, en dépit de la nature, un lieu pour la source d'une rivière, mais encore il est souvent impossible au géographe de dire où une rivière a réellement son origine. Toutes les personnes qui ont voyagé dans les montagnes comprendront aisément la vérité de cette assertion.

qui ont traversé des montagnes calcaires, et surtout des montagnes gypseuses, sont chargées d'une
quantité plus ou moins grande de carbonate et
de sulfate de chaux qui les rend peu agréables à
boire et impropres à certains usages. Il en est
à peu près de même de celles qui ont séjourné
dans des terrains de transport, où des substances pyriteuses, animales et végétales ont
donné lieu à la formation de quelques matières
solubles. Les eaux qui ont traversé des roches
imprégnées de semblables matières, et qui en
contiennent une quantité notable, indépendamment du carbonate et du sulfate de chaux,
sont les eaux minérales. Les fleuves n'étant
que la réunion d'un grand nombre de sources,
doivent contenir les mêmes substances; mais
celles-ci y étant étendues d'une grande quantité
d'eau, elles y sont à peine sensibles. Les eaux
courantes se chargent, surtout dans les temps de
crue, de matières terreuses, qu'elles déposent
ensuite, sous forme de limon, dans les lieux où
leur vitesse se ralentit.

Parfois les couches qui retiennent les eaux,
ayant une forme concave, présentent de grands
enfoncements dans lesquels les filtrations se
rassemblent; elles y restent et produisent
comme des réservoirs souterrains, où plonge
encore la partie du terrain perméable qui est au-

dessus. Le niveau de ces eaux stagnantes, s'élevant par l'effet des filtrations toujours affluentes,
finit par trouver une issue qui conduit au jour
le trop plein du réservoir; et il se forme ainsi
une source. C'est aussi dans de pareils réservoirs
ou lacs souterrains qu'aboutissent nos puits.

Les sources ne sont d'autres fois qu'un produit indirect de la filtration des eaux pluviales,
telles que celles du Loiret; elles jaillissent au
milieu d'un terrain entièrement plat, et ne proviennent que de la filtration des eaux de la Loire,
qui coule à une lieue de distance. Quand les eaux
pluviales tombent sur une roche directement
ou non, elles s'y enfoncent, en suivant ses fissures et ses fentes, jusqu'à ce que la roche de-
vienne entièrement compacte ou imperméable.
A ce moment toutes celles qui sont descendues
par des fissures en communication se réunissent
et suivent la plus inférieure des fentes qui peuvent les conduire au jour; d'où il résulte que,
dans les roches peu fendillées, ou dont les fentes
ne pénètrent qu'à une petite profondeur, les
sources seront en grand nombre, mais peu abondantes. Tel est le cas des terrains anciens et
principalement des terrains granitiques : les eaux
y sourdent de tous côtés, elles y sont pures et
limpides, mais rarement en filets volumineux.
Si, au contraire, les roches sont perméables à

l'eau et présentent des fissures qui atteignent de grandes profondeurs, comme dans les calcaires des terrains crétaciques et oolitiques, alors les eaux pluviales y descendent très-souvent bien au-dessous du niveau des vallées voisines; elles s'y rassemblent et forment de grands réservoirs souterrains. Les énormes grottes que ces roches contiennent leur fourniront un emplacement convenable : ce sera la plus basse des fissures aboutissant à ces cavités qui aménera au dehors le trop plein du réservoir, et qui donnera lieu à une source dont la force sera en quelque sorte proportionnelle à l'étendue superficielle du réservoir, ou plutôt à celle du sol qui y envoie ses eaux. D'après cela, les sources seront peu nombreuses dans de pareils terrains, des vallées entières ou des espaces de plusieurs lieues carrées en seront dépourvus; mais celles qu'on y trouvera seront souvent remarquables par leur volume : en effet, les sources qui sont célèbres par la prodigieuse quantité de leurs eaux sortent de montagnes calcaires.

Dans de pareilles montagnes, ces diverses dispositions de grottes et de leurs communications donnent lieu parfois au phénomène des *fontaines intermittentes*. Si le canal par lequel l'eau sort du réservoir souterrain est courbé en forme de siphon, et verse plus d'eau qu'il n'en arrive dans le bassin, après qu'il aura vidé toute celle qui serait entre le niveau de sa convexité et le point où il aboutit dans le réservoir, l'écoulement cessera, et il ne reprendra que lorsque l'eau, recevant continuellement le produit des filtrations, sera de nouveau parvenue à la hauteur de la convexité du siphon. Tel est le cas de la fontaine de Fontes-Borbe située dans le département de l'Ariége.

En général les sources sont, toutes choses étant égales d'ailleurs, plus abondantes dans les montagnes que dans les plaines, et cette différence peut provenir des trois causes suivantes. 1° Il pleut davantage sur les pays montagneux, car, lorsque l'atmosphère commence à se troubler, c'est ordinairement autour des cimes des montagnes que les premiers nuages se forment et s'accumulent. Le fait de la plus grande quantité d'eau qui tombe sur les lieux élevés est aussi confirmé par l'expérience directe. 2° Il y a vraisemblablement sur les sommets des montagnes une plus grande précipitation invisible de vapeurs. Les arbres, les plantes, les mousses qui y végètent, ne peuvent manquer de contribuer à y favoriser la formation des sources. Outre leur action sur la condensation des vapeurs suspendues dans l'air, la fraîcheur qu'ils répandent autour d'eux et l'obstacle qu'ils opposent aux rayons du soleil, qui atteignent difficilement le sol ainsi recouvert, empêchent ou du moins diminuent considérablement l'évaporation des eaux tombées sur ces lieux; ils les contraignent au contraire à s'y enfoncer et à produire des sources. La diminution des eaux de sources, dans certaines contrées, paraît être due principalement au défrichement. 3° Les glaces et les neiges qui couronnent les hautes montagnes fournissent un aliment continuel à beaucoup de sources qui sortent de leurs pieds même durant les plus grandes sécheresses; et c'est précisément à l'époque des plus fortes chaleurs, lorsque les autres sources diminuent, que celles-ci augmentent et contribuent de cette manière à maintenir la force des grands cours d'eau.

On voit donc, d'après les considérations précédentes, que la forme, la végétation des montagnes, leur élévation au-dessus du sol environnant, en général leur imperméabilité plus grande que celle des terrains des plaines, leurs pentes rapides, leurs fendillements, leurs couches inclinées, etc., contribuent à faire bientôt reparaître au jour les eaux qui sont tombées sur les contrées élevées, et par conséquent à y rendre les sources plus nombreuses que dans les régions basses.

L'existence de véritables courants d'eau qui se meuvent, soit dans les couches sédimentaires perméables, soit dans les fissures d'un terrain imperméable, est un fait connu de temps immémorial et dans beaucoup de pays ; pour citer un exemple, nous pouvons rappeler ces puissantes nappes d'eau qu'on rencontre dans la France septentrionale et dans la Belgique, et qui, dans ces localités, rendent difficile l'exploitation du terrain houiller. D'ailleurs, sans creuser des puits, ne voit-on pas les sources de nos fleuves sortir subitement du sein des masses minérales, parfois sous des volumes puissants, comme les sources de Vaucluse ? Ne connaît-on pas aussi, au milieu des terrains stratifiés, des lacs tels que celui de Zirknitz, en Carniole, dans lesquels vivent des animaux, comme dans les lacs de la surface du globe ? Les courants d'eau ont souvent la faculté de remonter et de prendre un niveau plus élevé que celui de leur gisement dans l'intérieur de l'enveloppe terrestre où ils se meuvent, quand on vient à les atteindre par un puits ou par un trou de sonde. Quelquefois cette force d'ascension est assez considérable pour qu'ils s'épanchent à la surface du sol, et qu'ils soient même susceptibles d'être élevés à des hauteurs encore plus grandes au moyen de tuyaux. Un tel phénomène constitue les fontaines jaillissantes connues sous les noms de *fontaines artésiennes*, de *puits artésiens*, etc. ; voyez à cet égard la géotechnie

On nomme *torrent* un courant d'eau impétueux et rapide, qui naît tout-à-coup à la suite des pluies d'orages, ou de la fonte des neiges, et qui dure plus ou moins longtemps. C'est principalement dans les pays montagneux que les torrents se forment. Les torrents et les ruisseaux donnent naissance à des chûtes appelées *cascades*; tandis que les rivières et les fleuves produisent des *sauts* et des *cataractes* (pl. 1, fig. 14). Lorsque la route que suit une rivière n'est point interrompue par une falaise brusque, mais seulement par un plan incliné, et lorsqu'en même temps son lit est resserré par des rochers, il y a ce qu'on appelle un *rapide*, c'est-à-dire un courant tellement fort qu'il est impossible aux bateaux de le refouler.

La réunion de deux cours d'eau est nommée *confluent;* au lieu qu'un cours d'eau qui se réunit à un autre et qui perd son nom pour prendre celui de l'autre est un *affluent* de ce dernier. Le point où un cours d'eau se jette dans une mer, dans un lac ou dans un étang, s'appelle *embouchure*; et lorsque le cours d'eau se divise en plusieurs *bras* vers son embouchure, celle-ci porte le nom de *bouches*.

Nous pouvons dire dès à présent que les *lits* des fleuves sont les parties les plus basses des grandes fentes dues aux mêmes révolutions qui ont produit les montagnes, car il n'aurait jamais été possible à un fleuve de s'ouvrir, uniquement par sa propre force, une route à travers des roches solides comme celles qui bordent le Haut-Rhin, s'il n'en eût trouvé l'ébauche devant lui. Mais les eaux courantes ont formé et forment chaque jour des alluvions sur leurs bords ; elles entraînent des pierres plus ou moins volumineuses, selon qu'elles sont plus ou moins près de leur origine ; au lieu que vers leur embouchure elles accumulent des amas de débris arénacés ou caillouteux, appelés *atterissements*. Ainsi leurs lits s'exhaussent souvent dans les plaines, et deviennent plus profonds dans les montagnes. Au reste, ces changements, quoique répétés pendant un grand laps de temps, façonnent seulement les bords des lits des rivières et ne les créent pas.

Quelques rivières n'ont point d'écoulement, soit que le terrain, ayant peu de pente, ne leur donne pas une assez grande force d'impulsion, soit que des sables leur opposent une grande résistance. Plusieurs fleuves sont sujets à des crues périodiques, produites par des pluies également périodiques et qui tombent dans les régions situées entre les deux tropiques. Hors de la zone torride, la périodicité des débordements des rivières est uniquement due à la fonte des neiges et à la quantité de pluies tombées sur les montagnes. On connaît aussi des rivières qui se perdent sous terre ; ce phénomène provient, la plupart du temps, de l'existence de cavités souterraines. D'autres s'infiltrent dans des terrains sablonneux et marécageux, d'où elles sortent plus abondantes.

Un *delta* n'est rien autre chose qu'une terre basse d'attérissement qui se trouve à l'embouchure de certains fleuves.

Un grand nombre de fleuves forment à leur embouchure des amas de sables sillonnés par de profondes tranchées, qui changent de profondeur et de direction chaque jour, principalement à l'époque des syzygies. Ces dépôts, les uns mobiles, les autres immobiles, sont connus sous le nom de *barres de sable*; tandis qu'on appelle *barre d'eau*, la vague qui semble partir de la surface de la mer et qui remonte le courant d'un fleuve avec une étonnante rapidité.

Les mouvements qui se passent dans les mers, peuvent se diviser en mouvements constants et en mouvements accidentels, selon qu'ils doivent leur origine à des causes permanentes qui agissent d'une manière constante sur le globe, ou à des causes passagères qui ne se renouvellent que dans certaines circonstances. Parmi les premiers on distingue principalement ceux connus sous les noms de *marées* et de *courants*.

La marée est un mouvement qui porte les eaux de l'Océan à s'élever vers les côtes pendant environ 6 heures, et à redescendre pendant 6 autres heures. Le mouvement d'ascension s'appelle *flux* et celui de descente *reflux*; puis on dit qu'il y a *mer pleine* au moment où l'eau est à son maximum d'élévation, et *mer basse* au moment où elle atteint sa hauteur minima. La durée, l'époque et la puissance des marées sont sujettes à beaucoup de variations. En général, on compte que deux marées complètes embrassent un intervalle de 24′,50′,28″, ce temps est égal à celui qui s'écoule entre deux passages de la lune à un même méridien : aussi le moment de la mer pleine correspond-il, à peu près, à ceux du passage de la lune au méridien du lieu et au méridien opposé. Dans un endroit quelconque la marée est généralement plus forte à mesure que la lune approche de la terre, c'est-à-dire lorsqu'elle est à son périgée, et plus faible, quand elle s'en éloigne, c'est-à-dire lorsqu'elle est à son apogée ; d'où il résulte qu'on peut calculer, d'après les mouvements de la lune, les principales circonstances de la marée dans une même localité.

Une pareille coïncidence des mouvements de la marée avec ceux de la lune est une preuve incontestable que ce phénomène est dû à l'action attractive de la lune sur les eaux. Le soleil exerce aussi une influence à cet égard, car les marées augmentent davantage lors des équinoxes, et deviennent plus fortes aux époques des nouvelles et pleines lunes, ou, en d'autres termes, quand le soleil et la lune sont en conjonction et en opposition.

Les faits généraux que nous venons d'indiquer

sont sujets à beaucoup de variations, qui s'expliquent au reste par les circonstances locales.
C'est ainsi que le moment de la mer pleine arrivera après le passage de la lune au méridien,
lorsque le mouvement commun des eaux se trouvera arrêté par des obstacles placés sur le trajet.
C'est ainsi que, dans un immense océan, comme
celui qui baigne l'île d'Otahiti, la puissance de
la marée ne sera que de 3 décimètres, tandis
qu'elle sera de 15 et même de 22 mètres à Saint-
Malo et dans la baie de Fundy, où les eaux sont
refoulées entre les côtes qui forment une espèce d'entonnoir. C'est ainsi encore que la marée paraîtra à peu près insensible dans des mers
intérieures, telles que la Baltique et la Méditerranée, qui, ne communiquant avec l'Océan que
pa des détroits très-resserrés, ne ressentent point
l'influence de ses mouvements.

Outre les mouvements en sens opposé du flux
et du reflux, on observe que certaines parties
de la mer se meuvent d'une manière presque
constante dans une direction déterminée, tandis
que d'autres contiguës sont en repos ou sont
mues dans une direction quelquefois opposée.
Ces mouvements qui s'appellent des courants,
ressemblent à des fleuves qui coulent avec plus
ou moins de vitesse au milieu des mers. Le plus
étendu et en même temps le plus constant est
celui qu'on nomme *courant équatorial*, et qui im-

prime à presque toutes les mers de la zone torride un mouvement général dans la direction de
l'est à l'ouest.

D'autres *courants généraux* qu'on appelle
courants polaires, ont lieu des pôles vers les mers
équatoriales. Ils paraissent être dus à ce que,
l'évaporation étant plus forte sous la zone torride que sous les zones glaciales et tempérées,
il s'opère des pôles vers l'équateur un mouvement constant des eaux pour réparer les effets de
cette perte.

D'un autre côté, comme plus les molécules,
placées à la surface de la terre, approchent des
pôles, moins la circonférence qu'elles décrivent
dans le mouvement diurne est considérable, il en
résulte que ces molécules, en avançant vers l'é-
quateur, sont toujours, pendant un certain
temps, animées d'une vitesse de rotation moindre que celle que comporte la position où elles
se trouvent ; de sorte que de telles molécules
semblent être poussées dans un sens contraire
à celui de la marche de la terre, c'est-à-dire de
l'est à l'ouest. D'après cela on voit que le grand
courant équatorial aurait une cause analogue à
celle des vents alisés, qui règnent ordinairement dans la zone torride. Peut-être aussi ces
vents, qui soufflent dans la même direction que
le courant équatorial, contribuent-ils à produire
le dernier phénomène ? Au surplus, on sent que la

marche de ces courants généraux subit des déviations plus ou moins fortes, occasionnées par les obstacles contre lesquels ils viennent frapper. En effet, lorsque les eaux rencontrent des terres découvertes et des fonds élevés, au lieu d'obéir à l'impulsion dont elles étaient animées, elles prennent d'autres directions selon la nature des obstacles, et peuvent être repoussées dans un sens contraire à celui qui les caractérisait primitivement. On voit donc la possibilité de rencontrer un courant dirigé de l'ouest à l'est, qui serait une simple modification du courant équatorial. Ces directions déviées sont, de leur côté, dans le cas d'être compliquées par d'autres causes, et dès lors on conçoit que les mouvements généraux de l'est à l'ouest et du pôle à l'équateur peuvent donner naissance à des *courants partiels* qui varient à l'infini.

On appelle *contre-courants* ou *remous* des courants qui marchent dans un sens opposé à un autre courant qui se trouve à côté, soit que le contre-courant résulte de la rencontre de deux courants ayant des directions différentes, soit qu'il provienne d'un même courant repoussé, en tout ou en partie, dans un sens contraire à son trajet primitif. Quelquefois les courants reviennent sur eux-mêmes en tournoyant : ce phénomène, très-dangereux pour les embarcations qui s'y laisseraient attirer, est nommé *tournant d'eau.*

Il y a des courants dont l'origine paraît être tout-à-fait indépendante du courant équatorial et du courant polaire, tel est celui qui traverse le détroit de Constantinople, et qui semble avoir pour cause l'écoulement dans la Méditerranée du trop plein de la mer Noire, recevant de ses affluents plus d'eau que l'évaporation n'en enlève. Aussi, considère-t-on ce courant comme une continuation du cours des fleuves qui traversent la mer Noire pour se rendre dans la Méditerranée. Mais un des courants partiels les plus remarquables est celui qui sert à la traversée entre l'Europe et l'Amérique, car on estime à 1800 myriamètres la longueur du trajet parcouru par ce courant, et à 2 ans 10 mois le temps que l'eau emploie pour le faire.

On a observé également que, dans un même lieu, les eaux de la mer n'étaient point animées des mêmes mouvements à diverses profondeurs, mais que la partie supérieure pouvait couler dans un sens, tandis que la partie inférieure était stationnaire ou allait dans un sens différent.

Les mouvements accidentels doivent principalement leur origine à des phénomènes météoriques ou à des vibrations du sol. Or, de tels mouvements sont souvent dans le cas de modifier plus ou moins les courants permanents, car lorsque la direction des vents impétueux, par exemple, coïncide avec une époque de haute marée, il en

résulte quelquefois des ondulations et des in-
vasions de la mer sur les terres.

On ne doit donc pas confondre, avec les courants, des phénomènes que présente la surface
des mers ou de toute autre grande masse d'eau,
et qu'on désigne sous les noms d'*ondes*, de *vagues*
et de *lames*. Ce sont des mouvements presque
toujours dus aux vents qui agitent l'atmosphère. Le zéphyr ride la surface des eaux; un
vent léger produit quelques ondulations, qui deviennent des ondes par un vent plus fort; elles
se changent en vagues écumantes pendant une
tempête, et forment des lames larges et profondes, lorsque ces vagues ne rencontrent aucun
obstacle dans leur développement, et que les
vents soufflent longtemps dans la même direction. La hauteur des vagues et des lames, la
manière dont elles se déploient et dont elles se
brisent, leur vitesse et leur étendue dépendent
de la profondeur de la mer, de la largeur du bassin, ainsi que de la force du vent.

Les eaux solides sont *permanentes* ou *temporaires*; ces dernières consistent dans les neiges
qui tombent sur les terres et dans les glaces qui
se forment sur les eaux pendant les temps froids,
et qui fondent durant les moments les plus
chauds; les autres comprennent les neiges et
les *glaces* qui résistent à la chaleur de l'été.
Les *neiges perpétuelles* se remarquent, en

général , partout où la température moyenne est de—3° à—4°; dès lors on sent qu'elles ne peuvent existér sous la zone torride qu'à une assez grande élévation qui doit diminuer à mesure qu'on s'approche des pôles. Suivant M. de Humboldt , la limite ordinaire des neiges perpétuelles sous l'équateur est à 4800 mètres; mais les limites sous les divers degrés de latitudes présentent encore plus d'irrégularités que les lignes isothermes avec lesquelles elles ont d'ailleurs beaucoup de rapports. Au reste , on a été porté à croire qu'elles sont moins élevées dans l'hémisphère austral que dans l'autre.

Les neiges perpétuelles sont parfois situées de manière qu'elles se ramollissent et s'imprègnent d'eau pendant les journées chaudes, et reprennent de la solidité pendant la nuit ; ce qui les transforme en glace et donne naissance à d'énormes amas qu'on appelle *glaciers* (pl. 1 , fig. 15.) Lorsque ces amas sont placés au-dessus d'une vallée , leur propre poids leur imprime un mouvement lent vers le bas de la vallée , et ils se prolongent bien au-dessous des limites des neiges perpétuelles , sans que , vu leur grande masse , la chaleur de l'été puisse les faire rentrer dans ces limites ; de sorte qu'on y aperçoit des murs de glace qui sont pour ainsi dire ombragés par une brillante végétation.

Les glaciers, vus de loin, se reconnaissent à

leur couleur azurée et transparente, à leur coupe
nette et tranchée, aux fentes à vives arêtes qui
les divisent ; ils remplissent les hautes vallées
des grandes chaînes de montagnes, et couvrent
leurs pentes toutes les fois que l'inclinaison
n'est pas trop forte, et que la neige a pu s'y
arrêter. Leur grandeur diffère suivant les localités ; dans les Alpes comme dans les Pyrénées, il y en a de plusieurs lieues d'étendue.
Leur aspect varie à l'infini, quelquefois c'est une
surface unie, doucement inclinée vers la base ;
d'autres fois elle est inégale, raboteuse, et sillonnée de fentes profondes et dangereuses, qui
font entendre, en se formant, un bruit semblable à celui du tonnerre. Ces détonations, assez
fréquentes, rompent le silence de pareilles soli-
tudes, et portent la terreur et l'effroi dans l'âme
du voyageur. La surface des glaciers ressemble
souvent à celle de la mer agitée par la tempête,
ou bien elle présente des monticules, des collines, des pyramides ou des flèches élancées
dans les airs comme les clochers gothiques de
nos églises.

Les glaciers se fondent constamment par leur
partie inférieure, et se renouvellent par leur
partie supérieure. A l'épaisseur, à la transparence, à la porosité des couches dont ils sont
formés, on reconnaît celles des hivers les plus
froids, des étés les plus chauds, des années les

plus douces. Les glaciers augmentent pendant l'hiver et le printemps; ils diminuent pendant l'été et le commencement de l'automne.

Enfin, vers le milieu des zones tempérées les mers commencent à présenter dans certaines saisons des glaces flottantes qui sont amenées des hautes latitudes par les courants, et des glaces temporaires qui se forment le long des côtes pendant les hivers rigoureux. La quantité et la durée de ces glaces vont toujours en augmentant à mesure qu'on s'avance vers les pôles; et il est un terme où on ne rencontre plus que des glaces fixes. Les limites des glaces fixes sont très-variables et ont été très-incomplétement déterminées; au reste, elles sont moins éloignées dans l'hémisphère austral que dans l'hémisphère boréal. Néanmoins, ni l'un ni l'autre, quoique visités depuis longtemps par des pêcheurs européens et par plusieurs savants navigateurs, ne sont pas encore bien connus.

Les régions polaires, privées pendant plusieurs mois de la lumière du soleil, ou n'en recevant que des rayons obliques aux autres époques de l'année, ne connaissent point cette chaleur bienfaisante qui vivifie tout sous les autres latitudes. L'absence du calorique y développe ces champs immenses de glace dont le navigateur s'approche, et qu'il lui est impossible de arcourir. Les glaces polaires forment deux

vastes coupoles qui semblent couronner les deux
extrémités de l'axe terrestre. Leurs bords augmentent pendant l'hiver, se fondent ou se brisent pendant l'été, et leurs débris, aussi nombreux qu'étendus, flottant sur la surface des
mers hyperboréennes, sont portés vers les
zones tempérées par les courants polaires. Beaucoup parviennent jusqu'au 50ᵉ degré de latitude; ils disparaissent en général vers le 40ᵉ
degré.

Les glaces polaires se présentent sous la forme
de champs, de masses ou bancs, de protubérances et de montagnes. On nomme *champ de
glace* une surface continue de glace dont on ne
peut apercevoir les limites du sommet d'un vaisseau. Il s'élève de 1 à 2 mètres au-dessus de la
surface de l'eau, et s'enfonce d'environ 7 mètres
au-dessous. Il a quelquefois 50 lieues de longueur sur 25 de largeur, et produit, en se bri-
sant, ces *bancs de glaces* flottantes, entraînés
par les courants, et qui souvent se touchent tous
par leurs bords.

La glace la plus forte et la plus épaisse ne
saurait résister aux mouvements des vagues; la
glace mince plie et ne se rompt pas. Les champs
de glace se forment partout où la mer offre une
grande étendue. Entraînés par les courants, ils
tournent quelquefois sur eux-mêmes avec une
vitesse de plusieurs lieues par heure. S'ils se

rencontrent lorsqu'ils possèdent des directions contraires, le choc est terrible; le plus grand, le plus épais brise le moins fort, se fraie un passage au milieu des débris qui s'élèvent les uns au-dessus des autres à plus de 10 mètres de hauteur. C'est à ces élévations, à ces protubérances que les glaces polaires doivent leur aspect bizarre et singulier (pl. 1, fig. 16). Malheur au vaisseau qui est exposé au choc de telles masses : un instant suffit pour le détruire, et l'équipage retiré sur des bancs de glaces flottantes y trouve la mort, après avoir souffert tout ce que la faim et le froid ont de plus horrible.

Les *montagnes de glace* se forment sur les îles ou les continents; elles bouchent l'ouverture des vallées, et présentent communément une surface carrée et perpendiculaire du côté de l'Océan; elles s'enfoncent dans les terres à des distances indéterminées. Ces glaces se brisent, tombent dans la mer, et donnent naissance aux montagnes de glaces flottantes de 50 à 60 mètres de hauteur aux environs du Spitzberg, et de plus de 200 mètres dans la mer de Baffin. Leur surface est unie ou hérissée de pics qui s'élèvent quelquefois à plus de 40 mètres.

Ces montagnes sont d'un grand secours pour les navigateurs; ils y trouvent un abri contre les vents et les courants. Il est néanmoins dangereux d'y amarrer des vaisseaux; elles sont si bien équilibrées, qu'un léger accident suffit pour les faire tourner et pour engloutir le bâtiment.

Les glaces polaires sont formées ou par l'eau salée ou par l'eau douce : les premières sont blanches, poreuses, opaques ou d'une transparence verdâtre, plus légères, moins dures que les secondes, et donnent de l'eau un peu saumâtre en se fondant; la glace d'eau douce a un aspect noirâtre, une belle couleur verte et une transparence parfaite quand on la retire de l'eau.

Le voisinage des terres n'influe en aucune manière sur la formation des glaces polaires. La glace tend sans cesse à se briser, même durant un temps calme, comme si une force répulsive agissait entre les différentes masses qui la composent; le dégel aide ou produit cette séparation; le vent ou le froid réunit les blocs épars en masses plus ou moins considérables; les vaisseaux sont soumis à leur mouvement, qui se dirige toujours vers le sud ou le sud-ouest.

Les régions boréales, complétement enveloppées de glaces polaires, sont remarquables par l'absence des nuages, la pureté du ciel et la rareté des tempêtes. Cependant, il paraît impossible de parvenir jusqu'au pôle; aucun voyageur n'a encore dépassé le 82e degré de latitude, et les dernières expéditions n'ont servi qu'à prouver l'existence d'un bras de mer constamment fermé par les glaces, entre l'Amérique et le Groenland, mais impraticable, du moins jusqu'à ce moment. Cependant, d'après les rapports récents d'un baleinier, il paraîtrait que vers la région du pôle austral il y aurait, au delà de la ceinture de glace, une mer tranquille, jouissant d'une température assez douce et entourant de grandes étendues de terres.

On donne le nom de *moraines* à des dépôts qui se trouvent au pied des glaciers et qui sont comme les *éboulis*, composés de fragments plus ou moins gros de roches analogues à celles qui environnent les glaciers. Enfin, du sommet de ces masses neigeuses qui couvrent les points culminants des hautes montagnes se détache à certaines époques une chétive boule de neige ; celle-ci, dans sa course rapide se grossit, entraîne une seconde boule ; les deux réunies en poussent plusieurs autres ; et bientôt leurs masses croissent en volume comme en vitesse, se précipitent avec la rapidité de la bombe, au fond de la vallée, en renversant dans leur chûte terrible les arbres, les rochers et les habitations : tels sont (pl. X, fig. 1) les résultats des *avalanches* ou *lavanges*.

Les parties de terre qui avoisinent les mers sont nommées *côtes* ; lorsqu'une côte se termine par des escarpements, on l'appelle *falaise* (pl. 1,

fig. 17 et 18, F est la falaise et M la mer);
tandis qu'on désigne sous le nom de *plage* la
pente douce qui forme la séparation des terres
et des mers (pl. III, fig. 1 et 2, P est la plage et M
la mer); enfin on distingue encore des *plages
de rochers*, des *plages de galets*, des *plages de
sable* et des *plages de vase*.

De même, les parties de terre qui bordent les
cours d'eau sont appelées *rives* et se distinguent
en rive droite et rive gauche, en assimilant,
pour l'application de ces deux mots, le cours
d'eau à une personne qui suivrait le courant.
Quand le bord du cours d'eau est escarpé, on
lui donne le nom de *berge*, tandis qu'on appelle *talus* celui qui présente une pente douce.

Enfin, on nomme *bassin* la surface plus ou
moins grande de terrains dont les eaux finissent
par se réunir en un même canal, qui les conduit dans un réservoir commun. (Voyez l'orographie.)

Les navigateurs ont reconnu qu'à 150 mètres
environ la température des eaux marines paraît
dépendre de celle de la surface, et qu'en général
elle s'en écarte peu. Au-dessous de 600 mètres,
le changement de température devient presque
inappréciable et semble tendre vers une limite
voisine de 4°. On croit que le refroidissement progressif des couches sous-marines est dû à l'action des courants, qui transportent sans cesse

les eaux des pôles vers les régions équatoriales ;
cette action se fait principalement sentir à de
grandes profondeurs, et pourrait résulter de l'é-
vaporation des eaux des mers de la zone torride,
qui sont remplacées par celles des latitudes
élevées. La température de l'air n'est pas la
même à la surface des mers qu'à la surface des
terres : l'air en contact avec les mers éloignées des continents, présente moins de variations dans sa température que celui qui touche les terres. Or, on a remarqué que, sous la
zone torride les eaux superficielles sont douées
d'une température supérieure à celle de l'air ;
mais que l'inverse a lieu à mesure qu'on approche des pôles.

Les expériences faites dans diverses régions
du globe, prouvent, relativement aux zones torride et tempérées, que les eaux de la mer et des
lacs sont plus chaudes à leur surface que dans
leur profondeur, et qu'à mesure qu'on s'avance
vers les pôles, on obtient des résultats contraires.
Néanmoins de telles expériences exigent une si
grande précision et sont sujettes à tant d'erreurs,
qu'il n'est pas étonnant que des observateurs
également habiles aient trouvé dans les mêmes
parages des nombres différents.

Sauf quelques exceptions qui tiennent probablement à des circonstances accidentelles, on
peut admettre qu'à la température de 3° à 4°

l'eau est à son maximum de densité ; qu'ensuite cette densité diminue par une augmentation ou par une perte de chaleur, et qu'enfin l'eau à la température de 3° à 4° occupe la région la plus basse.

Quant à la température des fleuves, des rivières, etc., on conçoit que, par rapport à une foule de causes accidentelles, elle doit souvent et considérablement varier.

Sous le nom de phosphorescence de la mer, on a confondu des phénomènes lumineux qui sont réellement d'ordres différents. La posphorescence de la mer est ordinairement une lumière que celle-ci répand à certaines époques de l'année et qui est due à de petits animaux, plus nombreux dans les mers équatoriales que dans les régions froides et tempérées, et dont la phosphorescence est aussi naturelle que celle de plusieurs insectes. Dès lors, ce phénomène, qui est presque nul dans le nord et peu brillant dans les zones tempérées, présente entre les tropiques et dans leur voisinage un spectacle dans toute sa majesté. Le vaisseau trace un sillon de feu sur la plaine liquide ; chacun de ses balancements fait jaillir des torrents de lumière. Les eaux, aussi loin que la vue peut s'étendre, semblent le disputer au ciel étoilé par le nombre et l'éclat des corps étincelants qu'elles renferment. Les uns, comme les étoiles fixes, paraissent immobiles; les autres, semblables aux comètes, errant dans l'espace, ou aux étoiles volantes, parcourent l'étendue de la masse liquide. Tout est animé, tout s'agite dans ce vaste ensemble. De temps en temps le mouvement cesse, il s'apaise, et l'obscurité la plus profonde succède à cette brillante scène; mais bientôt les masses lumineuses reprennent leur éclat; elles se multiplient, se dispersent, se réunissent, et ne forment alors qu'une vaste plaine de feu aussi effrayante par son étendue qu'admirable par sa beauté. Si les vents agitent les flots, le spectacle est plus varié; les vagues lumineuses s'élèvent, roulent et se brisent en écume brillant des mille nuances de l'arc-en-ciel. La lune ternit à peine l'éclat de ce phénomène; mais le soleil équatorial dissipant presque subitement les ombres de la nuit, semble éteindre les lueurs des corps phosphoriques; ils s'évanouissent devant l'astre du jour pour reparaître la nuit suivante. Ce phénomène varie suivant la latitude, l'état de l'atmosphère, la direction des vents, celle des courants, etc.

D'autres fois on aperçoit des lueurs plus ou moins vives, et qui sont dues tantôt à la décomposition de plantes et d'animaux, tantôt au choc des vagues entre elles, ou contre des corps étrangers, tels que les rivages de la mer, tantôt enfin à des phénomènes électriques.

L'eau liquide prise en grande masse est colorée : la mer nous en fournit un exemple. Comme celle de l'air, sa couleur est due à la réflection des rayons lumineux. Lorsque la lumière agit seule sur le liquide et réciproquement, la couleur des eaux marines est un bleu verdâtre foncé, quelquefois presque indigo ; mais, si d'autres causes, telles que la présence d'une grande quantité d'animaux, quelque petits qu'on les suppose, si des prairies flottantes de plantes marines, des bancs de mollusques ou de polypiers, des roches madréporiques ou d'une matière particulière, enfin, si le voisinage de certains fleuves, dont les eaux charrient un limon très-coloré, confondent leur puissance réfléchissante avec celle de l'eau de la mer, la couleur de cette dernière offrira différentes nuances, suivant la nature des corps qui absorberont ou réfléchiront la lumière.

La lumière du soleil pénètre-t-elle jusque dans les plus grandes profondeurs des mers ? Si l'on ne considérait que l'homme et la faiblesse de ses organes, il deviendrait facile de répondre à une pareille question, et on dirait que les rayons solaires ne parviennent qu'à une profondeur de 300 mètres, au plus. Mais des êtres vivent dans les abîmes de l'Océan, tout le prouve. Les hydrophytes de 1000 mètres de longueur et au-delà, les roches madréporiques qui s'é-

lèvent verticalement du fond de la mer dans les
parages où la sonde reste flottante, le corail ordinaire qu'on pêche à plus de 300 mètres au-
dessous de la surface des eaux, enfin les débris
d'êtres inconnus que les volcans, les tremblements de terre, les tempêtes arrachent du fond
de la mer et jettent sur le rivage, nous démontrent chaque jour que les eaux sont habitées
jusque dans les régions les plus inférieures.
D'après de semblables faits, on doit dire que la
lumière n'est pas nécessaire à l'existence des
êtres organisés, ou bien que des rayons lumineux pénétrant jusqu'au fond des mers, quel
qu'il soit, il n'y règne pas une obscurité absolue. Ces rayons sont inappréciables par nos organes; cependant la lueur qu'ils répandent
suffit pour des plantes, pour des animaux dont
les sensations sont peut-être aussi parfaites que
celles des polypes susceptibles de palper la lumière par toute la surface de leurs corps.

Le niveau des grandes mers est généralement
le même partout, et suit la courbure du sphéroïde terrestre : c'est l'effet naturel de la pesanteur et de la pression, égale en tous sens
qu'exercent entre elles les molécules d'un fluide.
Mais les méditerranées, qui ne sont que de grands
golfes, et qui communiquent avec l'Océan seulement par certaines issues, peuvent être à un
niveau plus élevé, même jusqu'à 9 mètres.

Ces différences de niveau sont probablement dues à l'accumulation des eaux poussées dans de semblables golfes, comme dans un cul-de-sac, par le mouvement général de la mer de l'est à l'ouest. Néanmoins il y a des méditerranées où le niveau des eaux change avec les saisons : la Baltique et la mer Noire, par exemple, s'enflent au printemps par suite de la quantité d'eau que les grands fleuves leur apportent; d'autres fois l'influence des vents produit le même effet. D'après M. de Humboldt, on sait que l'Océan pacifique est de 7 mètres plus élevé que l'Atlantique, et de 6 mètres au moins plus bas que le golfe du Mexique. Les vents alisés chassant les eaux de l'Atlantique dans le golfe du Mexique, élèvent le niveau de ce dernier au-dessus de celui du grand Océan; en outre, les mêmes vents poussant vers l'orient les eaux du grand Océan, doivent les porter, près des côtes occidentales de l'Amérique, au-dessus de l'Atlantique. Mais, à l'égard de la mer Caspienne, on dit qu'elle se trouve à 30^m, 50, environ au-dessous du niveau de la mer Noire; cette différence doit être vraisemblablement attribuée à plusieurs causes, peut-être à un affaissement du sol sur l'emplacement qu'occupe la mer Caspienne, et peut-être aussi à une diminution des eaux, qui paraissent avoir eu une bien plus grande étendue; car tout prouve que la mer d'Aral en faisait jadis partie, et qu'alors elle couvrait les terrains qui se redressent à l'entour.

La masse océanienne actuelle paraît être dans un état stationnaire ; son niveau ne s'élève et ne s'abaisse que par des circonstances locales et temporaires, et son volume en général ne semble point changer aussi. Cependant divers savants ont pensé que l'Océan devait tendre, en élevant son fond, à diminuer sa masse. Or, si l'on tient compte de toutes les causes qui peuvent contribuer à produire ce résultat, telles que les attérissements formés par les fleuves à leur embouchure, les éboulements des côtes escarpées, l'accumulation continuelle des mollusques, des polypiers et de tous les animaux marins, l'accroissement de nombreux végétaux qui se trouvent au fond des mers, etc., on comprendra que, depuis 2000 ans seulement qu'on a des points de comparaison, ces changements sont presque insensibles, ainsi que l'a prouvé M. Hoff par un calcul très-simple.

Auprès des côtes formées de falaises escarpées, la mer s'enfonce rapidement à une profondeur considérable ; tandis que, dans le voisinage des côtes basses, la couche d'eau augmente graduellement. A l'aide de nos instruments nous ne pouvons trouver le fond dans certaines parties de l'Océan ; mais il est probable que la

profondeur des mers atteint à peine 4000 mètres. Au reste, Laplace a démontré, par l'influence que le soleil et la lune exercent sur notre
planète, que cette profondeur ne dépassait pas
8000 mètres.

CHAPITRE QUATRIÈME.

Oryctographie.

___

PREMIÈRE PARTIE.

Orographie.

On reconnaît, par l'inspection d'un sphéroïde figuratif, que les terres sont groupées autour du pôle boréal, qu'elles se terminent généralement en pointes vers le pôle austral, et qu'il y en a 3,33 plus dans l'hémisphère nord que dans l'émisphère sud. On voit aussi que la direction générale des terres diffère entièrement dans les deux continents ; car le nouveau s'étend presque d'un pôle à l'autre, au lieu que l'ancien se prolonge principalement dans un sens à peu près parallèle à l'équateur ; la partie méridionale de l'Afrique forme une seule exception.

La terre ne présente point une surface unie et régulière, elle est au contraire couverte d'aspérités qui, à la vérité, comparées à son rayon, sont réellement insensibles. En effet, la plus haute montagne est le Javahir, A (pl. III, fig. 3), qui a 7821 mètres au-dessus du niveau moyen de l'Océan, N N ; or comme on porte ordinairement à 2000 ou 3000, et tout au plus à 4000 mètres la profondeur, NP, extrême des mers, $7821^m + 4000^m$ ou 11821^m, qui exprime la distance, AP, du point le plus élevé, A, au point le plus bas, P, de la surface de la partie solide du globe, donne au maximum l'épaisseur de la plus grande aspérité de cette surface. De sorte que, 6366397 mètres étant le rayon moyen du sphéroïde, $\frac{11821}{6366397} = 0,001$ de mètre est le rapport de l'épaisseur de la plus grande aspérité au rayon moyen.

On a comparé les aspérités qui couvrent la surface du globe aux rugosités que présente une orange, mais d'après le calcul précédent cette comparaison est réellement exagérée. Au surplus, on aura une idée à peu près exacte des aspérités de la surface de la terre en jetant les yeux sur une coquille d'œuf.

On appelle *montagnes* les parties de l'écorce du globe qui se dessinent en relief, et *dépressions* celles qui se dessinent en creux (pl. III, fig. 4 et 5). Une montagne est donc une gibbosité qui s'élève à la surface de la terre; mais ce nom ne convient qu'aux aspérités considérables; les autres ne méritent que la dénomination de *collines*; ou bien, si elles sont isolées, on dit qu'elles sont des *monticules*, *des éminences*, *des buttes*, etc., selon leur élévation. Au reste, il n'y a pas de règles fixes pour l'application de ces mots : on les emploie souvent dans un sens relatif plutôt qu'absolu ; car telle aspérité qu'on appellera montagne dans un pays de plaines, passerait à peine pour une éminence dans une contrée montagneuse. Cependant les géographes ne donnent ordinairement le nom de montagnes qu'à des élévations qui ont au moins 300 mètres.

L'espace sur lequel repose une montagne en est la *base* ; tandis que la partie inférieure, qui commence à s'élever au-dessus du sol environnant en est le *pied*.

On nomme *flancs* d'une montagne les côtés plus ou moins inclinés ; et on les appelle *escarpements*, lorsqu'ils sont presque verticaux. Dans tous les cas les points où les pentes cessent sont les *extrémités* ; et le point le plus élevé est désigné par les noms de *sommet*, de *crête*, de *cime* ou de *faîte*. Mais quand le sommet d'une montagne se termine par une surface plane, cette surface est appelée *plateau* ; au lieu que le sommet est nommé *aiguille*, lorsqu'il présente une pointe aiguë. Il y a plusieurs sortes de plateaux ; les moins étendus sont ordinairement ceux qu'on trouve au sommet des montagnes ou de leurs chaînes. En général les grands plateaux s'abaissent par terrasses vers les plaines qui s'étendent à leurs pieds, tandis que les plateaux les moins élevés sont souvent sillonnés par de profondes crevasses, servant de lits à des cours d'eau considérables, qui ressemblent alors à des vallées au milieu des montagnes. Si le profil d'une montagne offre des contours arrondis, ses pentes sont dites des *croupes.*

Enfin les formes variées que présentent les montagnes, leur ont fait donner des noms en rapport avec ces formes. Ainsi les sommets arrondis des Vosges ont été appelés *ballons*, et ceux de l'Auvergne, *dômes*; les sommets tronqués et à pentes très-inclinées sont quelquefois nommés *tours*; et en dernier lieu ils reçoivent les dénominations de *corne*, de *dent*, de *pic* ou de *puy* suivant le faciès qu'ils offrent de prime-abord.

Les aspérités dont nous venons de parler, et qui, au premier aspect, paraissent tout-à-fait irrégulières, possèdent une certaine symétrie et ne sont pas le résultat du hasard, mais bien de causes dont on peut quelquefois traduire les lois. Ainsi les montagnes sont plutôt des masses elliptiques que des cônes; elles ne sont pas toujours isolées, car elles forment ordinairement des groupes allongés, et se liant plus ou moins entre eux.

Une *chaîne* est une réunion de montagnes qui change parfois de nom, lorsqu'elle occupe une grande étendue : elle peut être isolée, comme elle peut faire partie d'un groupe. Un *groupe* résulte de la réunion de plusieurs chaînes qui se prolongent dans diverses directions, et un *système* se compose de plusieurs groupes liés entre eux, quelles que soient leur étendue et leur élévation.

On nomme *axe* d'une chaîne la ligne imaginaire qui la traverse dans toute sa longueur ; de plus, dans une chaîne on distingue, comme dans une montagne isolée, le *pied*, la *crête* et les *flancs* ou *versants*. La crête se compose de l'ensemble des sommets de toute la chaîne ; elle détermine la ligne de partage des eaux qui descendent des deux côtés de la chaîne. Mais on réserve le nom de *cimes* ou de *faîtes* aux protubérances qui s'élèvent sur les diverses parties d'une chaîne ; d'ailleurs, elles ne se trouvent pas toujours sur la crête. Plus les chaînes sont élevées, plus leurs faîtes offrent d'irrégularités et présentent d'aspects variés.

Les chaînes de montagnes possèdent quelquefois une direction constante sur toute leur étendue ; mais souvent elles en changent brusquement. Néanmoins, au milieu de ces irrégularités, on reconnaît que les principales chaînes ont fréquemment une direction analogue à celle des terres dans lesquelles elles se trouvent, et cela est facile à concevoir, lorsqu'on observe que les terres basses ne sont généralement que des chaînes de montagnes par rapport au fond des mers.

La largeur des chaînes de montagnes est aussi
très-variable, et on voit parfois une même
chaîne, après avoir été extrêmement large dans
un lieu, se rétrécir dans un autre pour s'élargir
de nouveau un peu plus loin.

Les chaînes de montagnes présentent encore
plus d'anomalies dans leur hauteur que dans leur
direction et leur largeur ; car, quoiqu'elles se
composent ordinairement d'élévations inégales,
on voit souvent une chaîne interrompue par
une région basse ou par une portion de mer,
au delà de laquelle elle reparaît avec les mêmes
caractères.

Les chaînes de montagnes n'offrent quelquefois qu'une seule ligne d'élévations, mais le plus
communément elles se composent de plusieurs
chaînons placés les uns à côté des autres. Il est
rare aussi qu'il n'en sorte pas des *rameaux*, qui se
détachent de la chaîne principale et prennent diverses directions. Dans une chaîne ou dans un rameau de montagnes, dont le sommet, au lieu de correspondre à un plateau, forme une simple crête,
celle-ci est ordinairement dentelée ; les parties
les plus élevées sont nommées *cols* : ils servent
dans les pays de hautes montagnes pour commu-
niquer d'un côté du faîte avec l'autre côté opposé.

On appelle versants, les parties de la chaîne
qui s'étendent de chaque côté du faîte ; mais on
ne doit pas prendre ces dénominations dans un

sens rigoureux, car il arrive bien rarement, peut-être jamais, que les points les plus élevés d'une chaîne de montagnes soient susceptibles d'être réunis par une ligne non interrompue; souvent même les points culminants se trouvent plus ou moins éloignés de la ligne que la disposition générale du sol doit faire regarder comme le faîte. On ne doit donc voir dans la division en versants qu'un moyen de distinguer l'ensemble des pentes et des rameaux situés à la droite et à la gauche d'une ligne idéale, formant la séparation des parties de la chaîne qui tendent à s'abaisser d'un côté, de celles qui tendent à s'abaisser du côté opposé. Mais les versants d'une chaîne de montagnes sont rarement uniformes, et il est même à remarquer que, si une chaîne de montagnes présente un versant étroit avec des escarpements, le versant opposé est très-large et composé de pentes beaucoup plus douces, ou mieux de chaînons et de rameaux dont l'élévation devient successivement moindre, et qui finissent par des collines et des éminences, se perdant tout-à-fait dans la plaine, ou qui se lient avec les dépendances d'une autre chaîne. Or, ces rangées de collines, qui se trouvent en avant d'une chaîne de montagnes, sont appelées *contreforts*.

En général, on croit que le propre des versants est de distribuer les eaux dans les plaines;

mais cette opinion est loin d'être exacte, car un même cours d'eau passe souvent d'un versant à l'autre.

Les systèmes de montagnes ont évidemment contribué à la forme que présentent les continents, les péninsules et les îles : telle est du moins la conséquence qu'on doit tirer de ce fait général, que les systèmes de montagnes traversent les continents dans leur plus grande longueur, et que les péninsules et les îles sont traversées dans le même sens par une chaîne de montagnes.

Les montagnes tendent sans cesse, par l'action des agents atmosphériques, à accroître leur base aux dépens de leurs sommets. La dureté, la solidité, la forme, la composition, etc. des roches qui constituent les montagnes, doivent donc avoir une grande influence sur le genre de modification que les agents atmosphériques ont pu leur faire éprouver. En effet, des roches étant plus destructibles que d'autres, les montagnes qui en sont composées offriront des talus plus ou moins rapides, des contours plus ou moins abruptes, plus ou moins arrondis. Ainsi, à la vue d'une montagne il deviendra possible d'entrevoir, par son faciès, sa composition et même son âge.

On aurait une bien fausse idée de la surface du globe, en ne considérant que les montagnes, car d'après M. de Humboldt, elles n'occupent guère que $\frac{1}{100}$ de la superficie des terres, et encore on en trouve peu de très-élevées. De plus, la hauteur qu'atteindraient les terres, si elles étaient nivelées, serait entre 100 et 150 mètres. Enfin l'élévation moyenne de toutes les montagnes étant de 30 mètres environ au-dessus de l'Océan, si, par la pensée, on démolissait toutes les montagnes pour combler les vallées, les mers, etc., et pour niveler la surface du globe, cette dernière, après une pareille opération, s'élèverait tout au plus à 30 et même à 20 mètres seulement au-dessus du niveau actuel de l'Océan.

Les inégalités qui se dessinent en creux, forment ordinairement des dépressions longues et étroites qu'on nomme *vallées* (pl. III, fig. 4 et 5) ou *vallons*, suivant qu'elles sont plus ou moins profondes. Lorsque ces dépressions se rétrécissent de manière à rendre le passage difficile, on les appelle *défilés* et *gorges*.

Toute *vallée principale* est comme une espèce de tige à laquelle aboutissent de petites branches ou *vallées latérales*, dont la direction se croise avec celle de la vallée principale, et qui souvent se ramifient de leur côté. En général, la majeure partie des vallées, qui sillonnent une chaîne ou un rameau de montagnes, se dirige ordinairement dans un sens transversal à la chaîne ou au rameau ; de là vient le nom de *vallées transversales* qui leur a été donné, soit qu'elles prennent naissance à la crête pour aller sur l'un ou l'autre versant, soit qu'elles traversent tout-à-fait la chaîne ou le rameau; au reste, ce dernier cas est plus rare que le premier. Différentes chaînes offrent aussi des vallées dirigées dans leur sens même; et alors de pareilles vallées sont appelées *vallées longitudinales*. Or, ces dernières sont moins communément bordées par des flancs escarpés que les vallées transversales; cependant une telle circonstance tient à la nature du terrain, car on sent qu'il ne peut exister d'escarpements dans un terrain facilement altérable. Les flancs opposés, dans les vallées longitudinales, sont souvent composés de matières d'espèces différentes ou disposées d'une autre façon. Dans les vallées transversales, au contraire, il y a presque toujours identité parfaite entre deux flancs opposés; et lorsqu'on voit d'un côté un angle saillant, il est à peu près certain que le côté opposé présente un angle rentrant.

Les vallées, et principalement les vallées transversales, qui ne sont pas très-profondes, tendent en général à s'élargir à mesure qu'elles s'avancent d'une contrée élevée vers une région basse; mais cette règle est sujette à beaucoup d'exceptions, et les vallées des hautes montagnes n'offrent souvent qu'une série de renflements et d'étranglements. Or, ces dernières vallées ou systèmes de vallées, peuvent être regardés comme composés de petites vallées longitudinales et de bassins unis par des défilés transversaux.

Le fond d'une vallée prise dans son ensemble présente ordinairement un plan continuellement descendant; car dans les vallées il coule presque toujours des eaux, soit permanentes, soit accidentelles. Dès lors, quand une partie du fond est plus basse que les endroits susceptibles de lui servir de débouché, ce fond deviendra un étang ou un lac, et le plan descendant se trouvera rétabli, à moins qu'il y ait des cavités souterraines pour l'écoulement des eaux, ou bien que celles-ci puissent être enlevées par l'évaporation. Au surplus, il ne faut point appliquer une telle règle aux détails des vallées barrées, c'est-à-dire composées de renflements et d'étranglements. En effet, ces renflements étant de petites vallées particulières, il arrive, lorsque le défilé, qui sert de communication, est percé dans le sens de la longueur de ces petites vallées, que le renflement forme une vallée partielle, ayant une direction différente de celle de la vallée principale, et dont le fond, après s'être abaissé jusqu'à l'entrée du défilé, se relève pour se perdre vers le sommet des hauteurs environnantes. C'est à de semblables disproportions qu'on doit le phénomène de deux cours d'eau qui vont en sens contraire sur une même ligne, et qui, après leur réunion, s'écoulent suivant une direction à peu près perpendiculaire aux précédentes. D'ailleurs, quoique l'écoulement des eaux annonce un plan continuellement descendant, il ne résulte pas de cette circonstance que la ligne des cours d'eau représente la pente générale du sol. L'observation a prouvé, au contraire, que les cours d'eau traversent parfois des contrées dont le sol est généralement plus élevé que celui des lieux où de pareils cours d'eau ont pris naissance ; car il suffit qu'il existe des vallées dont le fond soit à un niveau inférieur à la source de ces cours d'eau.

En général, lorsqu'une contrée présente brusquement une grande différence de niveau, le sol de la partie élevée est sillonné par des vallées très-profondes, tandis que, dans les lieux qui s'éloignent d'une semblable chûte, les dépressions sont peu prononcées, malgré leur élévation plus ou moins grande au-dessus de la mer.

La ligne qui suit le fond des vallées dans toute leur longueur, a reçu le nom de *thalweg*. Les plans inclinés vers le thalweg offrent des différences très-sensibles ; quelquefois les deux côtés sont en pentes douces : alors la vallée est très-évasée; ses angles saillants et rentrants ne se correspondent plus, et le thalweg se trouve à peu près à égale distance des deux versants.

Lorsque des pentes douces règnent d'un côté de la vallée et des pentes rapides de l'autre, les angles saillants et rentrants ne se correspondent plus qu'accidentellement; le thalweg est toujours plus rapproché de l'escarpement; et s'il se présente des bancs de rochers, les eaux les tournent ordinairement, vont se creuser un lit dans la pente douce et reviennent ensuite à l'escarpement. Ces vallées sont d'autant plus évasées que l'escarpement est plus rapide et la pente opposée plus douce. Enfin, les vallées formées de deux escarpements sont très-étroites et très-irrégulières; les angles saillants et rentrants ne s'y correspondent presque plus; au lieu que les élargissements, les étranglements et les barrages y sont communs.

Dans les hautes montagnes, les agents atmosphériques augmentent chaque jour les déchirures de leurs pentes, et les blocs détachés de droite et de gauche s'accumulent dans le lit des cours d'eau, et produisent de nombreuses cascades en donnant cet aspect sauvage et pittoresque, qui ajoute à l'attrait qu'elles offrent aux voyageurs. Les vallées des montagnes peu élevées et celles des pays de collines, etc., diffèrent des précédentes par leurs pentes arrondies, et surtout par le caractère qu'elles montrent, d'être com-

posées de plusieurs *étages* ou *gradins* qui se correspondent parfaitement des deux côtés. Elles
présentent souvent un fond plat, et, comme en
s'éloignant de leur origine, elles acquièrent
une grande largeur; au reste, elles forment des
plaines basses relativement à celles que fournissent les plateaux voisins.

On attache plusieurs acceptions au mot *bassin*.
Ainsi, on appelle bassin la surface plus ou moins
grande de terrains dont les eaux finissent par se
réunir en un même canal, qui les conduit dans
un réservoir commun, tel que l'Océan, une mer
intérieure ou un lac. L'étendue de ces bassins
dépendant de la figure du sol, présente de
grandes irrégularités. Mais, pour se faire une
assez juste idée d'un bassin, on peut le comparer à un arbre dont la tige allongée est formée
par une vallée principale, et dont les nombreuses ramifications le sont par les vallées
latérales ou secondaires. De pareils bassins se
composent donc de *bassins partiels*; et les vallées des hautes montagnes par lesquelles des torrents portent au grand cours d'eau un premier
tribut, ne sont que de petits bassins plus étroits
et plus encaissés; leur nombre concourt à l'ensemble d'un *bassin principal*. D'après cela les
crêtes des montagnes sont des partages de bassins;
or ces partages se rencontrent dans les lieux où
les eaux pluviales prennent en tombant sur les

pentes du sol une direction différente : on en trouve sur des plateaux où l'œil saisit à peine une différence de niveau. Aussi, quoique de considérables cours d'eau descendent de sommets élevés, et qu'en outre des séries de montagnes en accompagnent ou limitent quelque étendue, et séparent des versants de ceux d'un cours d'eau contigu, il ne faut pas croire que tous les grands cours d'eau soient nécessairement encaissés et divisés de leurs voisins comme par une barrière que posa la nature. Divers bassins sont quelquefois très-rapprochés à leur origine, et s'écartent à mesure qu'ils avancent vers leur embouchure ; d'ailleurs, il est rarement possible d'aller de l'un à l'autre au moyen d'un cours d'eau naturel. Non-seulement les cours d'eau les plus connus n'ont pas toujours des bassins réellement circonscrits, mais encore ils semblent se plaire à couper des chaînes de montagnes que, au premier aspect, on supposerait plus facile de tourner.

Le mot bassin s'emploie aussi pour désigner le réservoir d'une mer, d'un lac, etc. Enfin nous verrons plus loin les autres acceptions qui sont données à ce mot.

Lorsque les bassins sont disposés circulairement de manière à rappeler la forme des théâtres des anciens, on les nomme *cirques*.

Quand les dépressions du sol ne sont plus

assez grandes pour être appelées vallées, vallons, défilés, gorges, bassins ou cirques, on les désigne par d'autres noms, tirés ordinairement de leurs formes. Ainsi, on appelle *trous* (pl. III, fig. 6), *cassures*, *fissures*, *fentes*, *crevasses* (fig. 7), etc., celles qui ressemblent aux cavités que nous voyons se former dans les corps qui se dessèchent, qui se refroidissent, qui se brisent ou qui sont rongés. D'autres prennent le nom de *puits*, *d'orgues*, *d'entonnoirs*, etc., parce qu'elles simulent nos puits, nos entonnoirs, etc. Enfin, certaines dépressions qui résultent de phénomènes volcaniques et qui figurent de vastes entonnoirs, plus ou moins évasés dans le fond, sont dites des *cratères* ou des *nids*.

Outre les *cavités à ciel ouvert* dont nous venons de parler, l'écorce du globe en offre d'autres qu'on appelle *cavités souterraines* : telles sont les *cavernes*, les *grottes*, les *ponts*, etc.

On donne le nom de cavernes à des cavités souterraines (pl. III, fig. 8, 9 et 10) qui présentent une certaine étendue et qui se composent ordinairement d'une série de renflements et d'étranglements, c'est-à-dire d'espèces de salles plus ou moins vastes, communiquant entre elles par des couloirs plus ou moins resserrés. Les cavernes sont ordinairement tortueuses et se ramifient en diverses branches. Elles pos-

sèdent toutes sortes de directions : les unes
courent dans un sens parallèle au sol ; d'autres
s'enfoncent comme des puits vers l'intérieur
de la terre ; tantôt elles ont une ouverture au
jour ; tantôt elles sont masquées ; tantôt enfin
elles renferment des réservoirs d'eau, de gaz,
ou différents dépôts, ou bien elles servent à l'é-
coulement de cours d'eau. Les parois des cavernes sont presque toujours très-inégales, hé-
rissées d'aspérités, et remarquables par des excavations irrégulières qui pénètrent plus ou
moins avant dans le rocher. Souvent elles sont
décorées par du calcaire concrétionné ou par
de la lave figée, qui affectent diverses formes,
telles que des mamelons, des stalactites, des colonnes, des draperies, des dentelles, ou mille
figures bizarres, et qui, parfois, brillent de l'éclat
le plus vif lorsque la lumière vient frapper leurs
parois (1).

Le nom de grotte est souvent employé comme
synonyme de celui de caverne ; néanmoins on
doit l'appliquer aux petites cavernes qui ne se
composent que d'une seule salle. De plus, lorsque des cavités analogues aux cavernes et aux
grottes, au lieu de présenter des espèces de

____

(1) Voyez mon Mémoire intitulé : *Coup d'œil sur les Grottes
et quelques excavations analogues qui se trouvent dans les terrains anciens et dans les terrains volcaniques*, broc. in-8 et 1 pl.

salles, traversent des massifs étroits, on les appelle *ponts*, *conduits*, etc.

Enfin, on désigne ordinairement par le nom
de *fours* à cristaux, des cavités dont les parois
sont tapissées de cristaux, et dont les dimensions
et les formes ont quelques rapports avec celles
des fours à cuire le pain. Au surplus, de même
qu'il y a un passage des grandes vallées aux petites crevasses qu'on observe dans un rocher
gercé, la nature offre aussi des passages depuis
les immenses cavernes qui ont plusieurs myriamètres d'étendue jusqu'aux pores imperceptibles
à l'œil et qui se trouvent dans tous les corps.

On appelle *plaines* (pl. III, fig. 14) les différentes
parties de terres dont la surface est basse, sensiblement horizontale, unie, ou simplement
sillonnée d'ondulations peu profondes, mais
longues et larges. Les plaines, ainsi que les
plateaux, sont rarement d'une horizontalité parfaite, car ils sont presque tous inclinés vers un
ou plusieurs points, sans cela ils se changeraient
bientôt en marais fangeux, qu'on ne pourrait
ni cultiver, ni habiter ; au reste les plateaux et
surtout les plaines acquièrent quelquefois une
longueur et une largeur immenses.

D'après la configuration du sol, la nature de
la végétation, le langage des pays, etc., on distingue encore les *bocages*, les *pampas*, les *dé-*

serts, les *steppes*, les *landes*, les *bruyères*, les *garrigues*, etc.

On appelle *dunes* (pl. III, fig. 12) des monticules de sable qui se trouvent dans certaines localités sur les bords de la mer. Elles affectent des formes arrondies et contiennent des débris d'animaux et de végétaux. En général, les monticules s'étendent dans le sens d'une ligne tirée de la côte vers l'intérieur des terres, et toujours suivant la direction du vent de mer qui domine dans la localité. Mais ces monticules étant placés les uns à côté des autres et liés entre eux, forment des groupes ondulés qui longent habituellement les côtes, ou bien qui dessinent dans l'intérieur des terres les contours d'anciens rivages ; au surplus, tout ce que nous avons dit relativement à la configuration des montagnes, peut s'appliquer en petit à l'orographie des dunes. Ainsi nous y verrons des vallées plus ou moins humides, dont le sol s'entr'ouvre parfois sous les pas des voyageurs : dans ce cas on les nomme *tremblants*, *blouses*, *bedouses*, etc.; nous y verrons aussi des déserts, des *oasis*, des étangs, des cours d'eau, etc.; nous y verrons enfin une nature généralement stérile et montrant peu de fixité.

Dans tous les cas, on ne doit pas perdre de vue, que ce que nous avons dit étant relatif à la configuration et à la position respective des eaux et des terres, les noms que reçoivent aujourd'hui certaines parties du globe ne leur seraient plus applicables, si leur niveau et leur faciès éprouvaient quelques changements. C'est ainsi que, le niveau de la mer venant à baisser, différentes îles se trouveraient réunies au continent et dans l'intérieur des terres. De même, en vertu d'autres causes, les continents pourraient bien devenir des océans, les plaines des montagnes, etc.

Le fond des mers, comme la surface des continents, doit être hérissé d'aspérités; il a donc ses montagnes avec leurs chaînes, ses vallées avec leurs pentes plus ou moins rapides, etc.; mais les inégalités du fond des mers ne sont point aussi prononcées que celles de la surface des continents; d'ailleurs, elles tendent chaque jour à être nivelées par de nouveaux dépôts qui s'y forment.

La ligne qui partirait de deux côtes opposées et qui suivrait le fond des mers, vu la longueur, la largeur et le peu de profondeur de celles-ci, serait une ligne plutôt droite que courbe; la masse océanienne ne forme donc qu'une simple pellicule liquide comparativement aux dimensions du globe.

Si les pentes des mers prises d'un côté à l'autre sont presque insensibles, on trouvera aussi que celles des cours d'eau sont bien au-dessous de ce qu'on croirait d'abord, car une inclinaison de 5° produit déjà une cataracte.

Au reste, en regardant un versant d'une montagne comme une surface descendant uniformément du faîte jusqu'au pied de la chaîne, on trouve que, dans les montagnes, ne présentant d'ailleurs rien d'extraordinaire, l'inclinaison varie depuis 2° jusqu'à 6°. Mais cette inclinaison générale se composant d'un grand nombre d'inclinaisons particulières, à cause de la forme très-ondulée des versants, même en suivant toujours la crête d'un rameau, il faut, avant d'atteindre le faîte, monter et descendre alternativement des pentes bien plus fortes que celles dont nous venons de parler. Néanmoins une pente est déjà grande lorsqu'elle a de 7° à 8°, elle est très-rapide à 15° ou 16° ; enfin pour la gravir il faut entailler des gradins, quand elle a 35°, et elle devient impraticable au delà de 45°.

Les géographes ne se sont pas arrêtés aux divisions dont nous venons de parler : ils ont encore partagé les terres en 3 continents, ou en 5 parties, et celles-ci en plusieurs autres.

Le plus étendu des continents, connu sous le nom d'*ancien continent*, renferme à lui seul près des $\frac{3}{4}$ des terres de la surface du globe. Il est presque entièrement compris dans l'hémisphère situé à l'orient du méridien de l'Île-de-Fer, et s'étend peu dans la partie australe de cet hémisphère. Le second continent, en grandeur, qui était appelé *nouveau continent*, comprend un peu plus de $\frac{1}{3}$ de l'étendue des terres. Il est totalement renfermé dans l'hémisphère occidental relativement à notre position. Enfin le troisième continent en grandeur, qu'on a nommé *Nouvelle-Hollande*, *Notasie et Australie*, ne contient pas $\frac{1}{15}$ de l'étendue totale des terres. Il est situé dans la partie australe de l'hémisphère oriental.

Toutes les autres terres sont regardées comme des îles ; cependant il y a vers les pôles, surtout vers le pôle austral, des parties que nous ne connaissons pas et qui sont néanmoins assez étendues pour renfermer des terres plus grandes que la Nouvelle-Hollande. Les 5 divisions, dont nous avons parlé plus haut, ont été nommées *Europe*, *Asie*, *Afrique*, *Amérique* et *Océanie*. Les trois premières parties sont formées de portions de l'ancien continent et de quelques îles voisines; la quatrième embrasse principalement le nouveau continent; et la cinquième se compose de la Nouvelle-Hollande et d'un très-grand nombre d'îles, qui en sont plus ou moins éloignées.

La portion continentale de l'Europe est située entre les 35° et 74° degrés de latitude boréale, et entre le 13° degré de longitude occidentale

et le 64ᵉ degré de longitude orientale, à partir
du méridien de Paris; mais en y comprenant
les îles qui en dépendent, l'Europe s'étend jusqu'au 81ᵉ degré de latitude boréale et jusqu'au
34ᵉ degré de longitude occidentale. Sa surface
est de 101160 myriamètres carrés.

La partie continentale de l'Europe forme une
grande péninsule attachée à l'Asie du côté de
l'orient, bordée par un grand nombre d'îles et
renfermant plusieurs mers. Un autre caractère
important du relief de l'Europe est l'existence
d'une immense plaine, qui occupe plus de $\frac{1}{2}$ de
sa surface et qui s'étend de la mer Caspienne
à la mer du Nord. Cette plaine, dont le sol
s'abaisse sur les bords de la mer Caspienne,
à 30 mètres environ au-dessous du niveau de
l'Océan, est bornée à l'est par les monts Ourals,
à l'ouest par les montagnes de la Scandinavie,
ainsi que par celles des îles Britanniques, et au
sud par des régions montueuses qui embrassent
le reste de l'Europe. Dans cette dernière partie
se trouvent de larges vallées qu'on peut parfois comparer soit à des golfes qui s'avancent,
des mers ou de la grande plaine, dans l'intérieur
des montagnes, soit à d'immenses bassins placés au milieu de celles-ci. Les régions montueuses, situées au sud de la grande plaine,
peuvent être regardées comme le prolongement
occidental des montagnes qui traversent l'Asie,

et présentent des chaînes souvent dirigées de l'est à l'ouest, d'où se détachent des rameaux fléchissant plus ou moins vers le sud et quelquefois vers le nord. Les principaux systèmes de montagnes de l'Europe sont : l'Hespérique, le Gallo-Francique, l'Alpique, le Slavo-Hellénique, le Slave, l'Hercinio-Carpathien, le Scandinavique, l'Ouralique, le Caucasique, le Sardo-Corse, le Britannique, l'Açorien et le Boréal; enfin, le point le plus élevé est le Mont-Blanc, qui a 4810 mètres d'élévation au-dessus du niveau moyen des mers. L'Europe renferme beaucoup de lacs, et elle est arrosée par une multitude de cours d'eau, dont le plus grand est le Volga. Elle a été divisée en régions principales qui sont : le Spitzberg, les îles Fœroé, les îles Britanniques, les îles Açores, l'Espagne, la France, l'Italie, l'Allemagne, le Danemarck, la Scandinavie, la Russie, la Pologne, la Hongrie et la Slavo-Grèce.

L'Asie est la plus grande des 5 parties de la terre : elle forme, à elle seule, plus de $\frac{1}{2}$ de l'ancien continent, sa surface étant de 439000 myriamètres carrés. Elle est située entre le 78ᵉ degré de latitude boréale et le 11ᵉ degré de latitude australe, et entre le 23ᵉ degré de longitude orientale et le 171ᵉ degré de longitude occidentale.

L'Asie a beaucoup de rapports, quant à sa

forme et à son relief, avec l'Europe. Son plus grande axe est de même dans le sens de l'ouest à l'est. Sa partie méridionale se termine également par trois péninsules, dirigées du nord au sud ; sa partie septentrionale montre encore une vaste plaine, et son centre est de même traversé par une bande montueuse, dont la direction est de l'ouest à l'est. Mais l'Asie n'est pas entamée par d'aussi grandes mers intérieures que l'Europe. Toutefois elle offre le seul exemple d'une mer isolée (mer Caspienne), et renferme des lacs très-étendus : tel est celui qu'on désigne habituellement sous le nom de mer d'Aral. La grande plaine de l'Asie part, comme celle de l'Europe, de la mer Caspienne, et se dirige vers le nord-est, de même que celle de l'Europe se dirige vers le nord-ouest ; de sorte que l'ensemble de ces contrées basses forme une espèce de demi-cercle divisé en deux portions, à peu près égales, par la chaîne de l'Oural, qui en est pour ainsi dire le rayon, mais qui, néanmoins, n'atteint point jusqu'à la circonférence. La partie montueuse de l'axe n'est pas assez bien connue pour qu'on puisse indiquer d'une manière exacte les chaînes et les plateaux qu'elle contient. Cependant on y reconnaît, comme en Europe, des chaînes généralement dirigées de l'ouest à l'est, et des rameaux dont les directions ont lieu vers le sud et le nord. Au surplus, on considère les systèmes Altaï-Himalaya, le Tauro-Caucasien, l'Arabique, l'Indien et l'Ouralien. Le point le plus élevé, qui paraît être en même temps le point culminant de la surface du globe, est le 14e pic de l'Himalaya ; il a 7821 mètres d'élévation. L'Asie renferme des cours d'eau plus considérables que ceux de l'Europe ; le plus important s'appelle Jenissei.

L'Asie a été partagée en Sibérie, îles Kuriles, Japon, Corée, Mandchourie, Mongolie, Chine, Thibet, Tangut, Dzoungarie, Turkestan, Perse, Chaldarménie, Anatolie, Arabie, Hindoustan, Indochine, îles Philippines, îles de la Sonde et archipel des Moluques.

La partie continentale de l'Afrique est située entre le 37e degré de latitude boréale et le 35e degré de latitude australe, et entre le 20e degré de longitude occidentale et le 49e degré de longitude orientale ; mais avec les petites îles qui doivent y être annexées, l'Afrique s'étend à peu près jusqu'au cercle polaire austral, ainsi que jusqu'au 27e degré de longitude occidentale et au 60e degré de longitude orientale.

La surface de l'Afrique est de 270600 myriamètres carrés environ, et son plus grand axe est du nord-nord-ouest au sud-sud-est. Elle offre une immense presqu'île, pouvant être divisée en deux grandes péninsules, qui embrassent près des $\frac{2}{4}$ de sa surface. La contiguité des terres qui composent l'Afrique, et qui ne sont point entamées par des mers intérieures, est un autre caractère que présente cette partie des continents. Les îles y sont rares et très-petites, à l'exception toutefois de celle de Madagascar. Nous ne possédons pas encore assez de documents pour donner des notions positives sur le relief de l'Afrique; il paraît cependant qu'il n'y a point de plaines basses aussi étendues que celles de l'Europe et de l'Asie. On y voit néanmoins de vastes contrées dont le sol est uni; mais on les regarde plutôt comme des plateaux que comme des plaines basses. Jusqu'à présent on n'a trouvé, en Afrique, aucune montagne comparable en hauteur à celles de l'Asie, car la plus élevée est le mont Zambi, qui a 4000 mètres environ d'élévation. Au reste, on y a reconnu l'existence de chaînes également dirigées de l'ouest à l'est. Les principaux systèmes sont : l'Atlantique, l'Abyssinien, l'Austral et le Central. Diverses parties de l'Afrique sont privées de cours d'eau, d'où résultent de vastes déserts; au lieu que d'autres en sont bien pourvues; enfin, le fleuve le plus important de l'Afrique est le Nil.

On divise l'Afrique en plusieurs régions : les îles de Madère, les îles Canaries, les îles du Cap-Vert, la Barbarie, l'Égypte, la Nubie, le Sahara, la Sénégambie, la Guinée, le Soudan, l'Abyssinie, la Péninsule méridionale, l'Archipel de Madagascar, et les îles de l'Océan antarctique.

La portion continentale de l'Amérique s'étend entre le 71° degré de latitude boréale et le 54° degré de latitude australe, et entre les 37° et 169° degrés de longitude occidentale; mais en y comprenant les îles qui en dépendent, elle va du 16° degré de longitude occidentale au 170° degré de longitude orientale, et on connaît de ses dépendances jusqu'au 78° degré de latitude boréale et jusqu'au 70° degré de latitude australe. On évalue sa surface à 405700 myriamètres carrés.

Le continent américain se compose de deux immenses péninsules, de forme allongée, dirigées l'une et l'autre du nord au sud et unies par un isthme très-étroit, par rapport au développement que prennent les autres parties. Le trait le plus remarquable du relief de l'Amérique est l'existence d'une chaîne, ou système de chaînes de montagnes, qui la traverse dans le sens de sa longueur du côté de l'ouest. On divise généralement le relief de l'Amérique en plusieurs systèmes de montagnes, savoir : le système des Andes, celui de la Parime, les systèmes Brésilien, Missouri-Mexicain, Alleghénien, Arctique, Antilien, et le système Antarctique. Il paraît que cette partie de la terre possède des élévations qui ne le cèdent point aux plus hautes cimes de l'Asie. Quoi qu'il en soit, la montagne connue sous le nom de Nevado de Sorata, a 7696 mètres. Une immense plaine, qui établit pour ainsi dire la communication entre l'Océan arctique et le golfe de Mexique, sépare, dans le nord, les montagnes occidentales de celles qui se trouvent à l'est. De tels groupes de montagnes sont aussi séparés au sud par de vastes plaines, arrosées d'un côté par l'Amazone et de l'autre par la Plata ; mais ces plaines sont resserrées vers le milieu par des rameaux qui se détachent du groupe oriental, afin de se rapprocher du groupe occidental. Un autre fait, digne d'attention, offert par l'Amérique, est celui que fournit le grand plateau du Mexique où s'élèvent des cimes remarquables. L'Amérique est encore caractérisée par l'importance des lacs et des cours d'eau qu'elle renferme. Les lacs sont surtout abondants et considérables dans la partie septentrionale ; la plupart des grands cours d'eau prennent leur source sur le versant oriental du groupe de montagnes qui sont à l'occident, et se jettent dans l'Océan Atlantique ou dans ses dépendances : le fleuve de l'Amazone, le plus important de la terre, est dans ce cas.

La partie continentale de l'Amérique se trouve

naturellement partagée en deux parties, l'une septentrionale, l'autre méridionale. Mais on a poussé plus loin la division de l'Amérique, car on a distingué les régions suivantes : l'Islande, le Groënland, la Nouvelle-Bretagne, la Behringie, l'Orégonie, la Washingtonie, le Mexique, le Guatimala, les Antilles, la Nouvelle-Grenade, le Quito, la Guyane, le Brésil, le Pérou, la Bolivie, la Platarie, le Chili, la Patagonie et les îles Australes.

Le continent et le grand nombre d'îles dont se compose l'Océanie, s'étendent depuis le 30ᵉ degré de latitude boréale jusqu'au 56ᵉ degré de latitude australe, et depuis le 111ᵉ degré de longitude orientale jusqu'au 105ᵉ degré de longitude occidentale. La surface de ces terres est évaluée à 85000 myriamètres carrés.

On distingue, dans l'Océanie, deux grandes divisions : la Polynésie et l'Australie. La première, qui embrasse plus des $\frac{3}{4}$ de l'espace occupé par l'Océanie, se compose d'une multitude de petites îles ordinairement réunies en archipels. Une partie de ces îles sont basses et presque à fleur d'eau; d'autres, au contraire, présentent des montagnes plus ou moins élevées et souvent de forme cônique; au reste, la plupart sont entourées de récifs. L'Australie renferme un continent encore peu connu, ainsi qu'un grand nombre d'îles réunies en archipels. Jusqu'à présent la plus haute montagne qui ait été mesurée dans ce continent, n'atteint que 3000 mètres. Il est donc probable que, dans la suite, on y trouvera de plus grandes élévations. Actuellement on a réuni les montagnes de l'Océanie en différents systèmes, qui sont le Malaisien, l'Australien, ceux des Carolines, des Mariannes, de Hawaii, de Mendana, de Tahiti et de Tonga. On y a aussi observé peu de grands cours d'eau, car le Murray est regardé comme le plus important.

On a divisé l'Océanie en îles Sandwich, archipel d'Anson, archipel de Magellan, îles Mariannes, archipel de Mulgrave, îles Fidji, archipel de Tonga, îles des Navigateurs, archipel de Cook, îles de la Société, archipel Dangereux, archipel de Mendana, Nouvelle-Hollande, archipels de la Nouvelle-Guinée, de Salomon, des Nouvelles-Hébrides, de la Nouvelle-Calédoine et de la Nouvelle-Zélande.

SECONDE PARTIE.

Géognosie.

La partie solide de notre planète n'est pas d'une seule pièce; de plus tous les compartiments qui la constituent ne sont point composés des mêmes substances, et tous n'ont point été formés en même temps, ainsi que par le même mode. La croûte terrestre résulte donc de formations successives, et c'est une telle succession de compartiments qu'on nomme *superposition.* Alors les parties qui gisent sur d'autres sont plus modernes que celles-ci; néanmoins on conçoit que, dans certains cas, le contraire a lieu, les substances minérales ayant pu arriver de bas en haut, comme les matières vomies par les volcans, et s'être intercalées au milieu de roches préexistantes.

Il s'en faut de beaucoup que chacun des 54 corps, reconnus et réputés simples par les chimistes, joue un rôle aussi important que les autres dans la composition de l'écorce du globe. Ceux qui dominent dans cette enveloppe sont l'oxigène et le silicium; le premier y est tellement abondant, qu'on a pu dire avec raison que la surface du globe est une croûte oxidée. Comme l'air est composé d'oxigène et d'azote, et l'eau d'oxigène et d'hydrogène, on voit aussi que l'azote et l'hydrogène jouent un rôle important dans la partie connue de notre planète. Après l'oxigène et le silicium, les corps élémentaires qui dominent dans l'écorce du globe sont l'aluminium, le potassium, le sodium, le magnésium, le calcium, le carbone, le soufre, le chlore, le fluor, le phosphore, le fer, le manganèse, etc. Il en est de même des minéraux, car ceux qu'on rencontre principalement sont les suivants : orthose, albite, péricline, oligoclase, labradorite, saussurite, anorthite, triphane, pétalite, andalousite, paranthine, néphéline, amphigène, amphibole, actinote, pyroxène, ouralite, hypersthène, bronzite, smaragdite, shillerspath, anthophyllite, péridot, mica, talc, stéatite, chlorite, macle, disthène, spinelle, pinite, quarz, silex, topaze, cordierite, épidote, zoïsite, idocrase, grenat, tourmaline, wallastonite, apatite, fluorine, phosphorite, calcaire, dolomie, gypse, karsténite, sel gemme, giobertite, barytine, célestine, strontianite, alunite, natron, sassoline, exanthalose, soufre, asphalte, pétrole, anthracite, houille, lignite, dusodyle, graphite, limonite, aimant, oligiste, sperkise, marcassite, leberkise, mispickel, sidérose, nigrine, chamoisite, acerdèse, diallogite, marceline, rhodonite, galène, céruse, pyromorphite, calamine, blende, smithsonite, francklinite, chalkopyrite, amalgame, cinabre.

Outre cela, parmi les minéraux cités, il n'en est qu'un petit nombre qui soient très-répandus dans l'écorce du globe. Les plus essentiels sont l'orthose, l'albite, le labradorite, le quarz, le calcaire, le pyroxène, l'amphibole, le mica et le talc. Mais tandis que l'orthose, l'albite, le labradorite, en un mot toutes les espèces minérales qui étaient confondues autrefois sous la désignation de feldspath, forment, d'après les calculs de M. Cordier, les $\frac{45}{100}$ de l'écorce du globe, le quarz en constitue les $\frac{35}{100}$, et le calcaire les $\frac{5}{100}$. Tous les autres minéraux n'y participent donc que pour les $\frac{15}{100}$ qui restent. Dans tous les cas, on peut dire que les minéraux, qui entrent essentiellement dans la composition de l'écorce terrestre, sont les caractères dont s'est servi la nature pour écrire l'histoire du globe.

Les minéraux qui dominent dans l'écorce du globe sont liés entre eux par trois propriétés remarquables : 1° la densité, variant entre 2 et 4 ; 2° la chaleur spécifique, rapportée au volume, et qui est à celle de l'eau comme $\frac{1}{2}$ est à 1 ; 3° la composition, où l'on trouve ordinairement $\frac{1}{3}$ d'oxigène. Ces résultats deviendront évidents, si l'on jette un coup d'œil sur le tableau suivant :

NOM DU MINÉRAL.	DENSITÉ.	CHALEUR SPÉCIFIQUE.	OXIGÈNE.
Quarz..............	2,65	0,50	0,52
Orthose...........	2,59	0,49	0,45
Albite............	2,61	0,51	0,47
Labradorite......	2,70	Indéterminée.	0,40
Pyroxène.........	3,10	*Id.*	0,58
Amphibole.......	2,62	*Id.*	0,45
Actinote.........	3,35	*Id.*	0,58
Serpentine.......	2,64	*Id.*	0,40
Mica.............	2,97	*Id.*	»
Talc.............	2,47	*Id.*	0,41
Calcaire.........	2,80	0,57	0,47
Dolomie.........	2,87	Indéterminée.	0,51
Karsténite.......	2,70	0,54	0,46
Gypse...........	2,33	0,63	0,60
Etc.			

Les minéraux seuls ou associés entre eux forment les roches. On donne donc le nom de *roche* à toute substance plus ou moins solide, qui existe dans l'écorce terrestre en volumes assez considérables pour être regardée comme partie essentielle dans l'édifice du globe (1), et pour être prise en considération dans son étude générale.

Les minéraux qui ne constituent pas des ro-

(1) Soit qu'elle ne présente qu'un seul minéral, comme le calcaire, soit qu'elle en présente plusieurs, comme le granite.

ches sont des minéraux accidentels. Ils sont alors engagés dans celles-ci, sous forme d'*amas* et de *nids* (pl. IV, fig. 6, M est le minéral et R la roche), de *rognons* (fig. 4), de *noyaux* (fig. 9), de *filons* et de *veines* (fig. 7), de *géodes*, de *particules*, de *grains*, de *paillettes* et de *cristaux* (fig. 3 et 10), de *boudins*, de *lentilles*, de *cailloux*, etc.

Les filons sont des masses minérales intercalées dans d'autres qu'elles coupent selon diverses directions. Leurs faces n'étant presque jamais parallèles, on ne doit pas les regarder comme pouvant, ainsi que les couches, s'étendre indéfiniment ; mais on doit les envisager comme se terminant en pyramides ou en cônes à une distance plus ou moins grande. Les filons se divisent souvent en plusieurs branches, se croisent, se développent dans certains endroits, se resserrent dans d'autres, s'interrompent même tout-à-fait pour reparaître un peu plus loin. Les matières qui composent les filons sont ordinairement différentes de celles des masses qu'ils traversent, ou tout au moins elles présentent des caractères particuliers.

On a donné différents noms aux parties qui constituent un filon. Celle que les mineurs regardent comme la supérieure est le *toit*, T (Pl. IV, fig. 7); celle qui est opposée, le *mur*, M ; tandis qu'ils appellent *tête*, *chapeau*, l'extrémité supérieure, et *salbandes* les deux grandes faces

La *lisière* est une couche habituellement argileuse et mince qui sépare le filon de la roche qu'il traverse, et les *épontes* sont les parties de la roche qui touchent les salbandes ou la lisière.

Dans les filons métallifères, les parties non métalliques qui forment la masse principale sont désignées par le nom de *gangue* ou de *matrice*. Lorsque plusieurs branches de ces filons, ou lorsque plusieurs filons différents se trouvent rapprochés dans un même massif, la partie qui est, pour ainsi dire pénétrée par un réseau de filons, est appellée *stockwerk*. Enfin, quand le filon renferme une cavité plus ou moins grande, on nomme celle-ci *druse* ou *poche*.

NOMENCLATURE DES PRINCIPALES ROCHES.

Roches d'orthose.

Orthose, pegmatite, leptynite, gneiss, hornfels, granite, protogine, syénite, talorthosite, pétrosilex, jade, aphanite, argilolite, porphyre, leucostine, phonolite.

Roches d'albite.

Trachyte, domite, téphrine, rétinite, obsidienne, perlite, ponce.

Roches de pyroxène.

Pyroxène, coccolite, lherzolite, baldogie, dolérite, basalte, vacke, pépérine, lave, scorie, trapp, mélaphyre.

Roches d'amphibole.

Amphibolite, hornblendeschiefer, kersanton, diorite, hémitrène.

Roches de bronzite.

Variolite, anthophyllite.

Roches de smaragdite.

Euphotide, ophiolite, ophicalce.

Roches d'ouralite.

Éclogite, verde di corsica.

Roche d'hyperstène.

Sélagite.

Roche de grenat.

Grenat.

Roche d'idocrase.

Idocrase.

Roche de topaze.

Topazosème.

Roche d'épidote.

Épidote.

Roche de disthène.

Disthène.

Roche de tourmaline.

Schorlrock.

Roche de macle.

Macline.

Roches de quarz.

Quarz, quarzite, kieselschiefer, phtanite, lydienne, jaspe, silex, meulière, sidérochriste.

Roches de mica.

Micaschiste, hyalomicte.

Roches de talc.

Talcschiste, pierre ollaire.

Roches de stéatite.

Stéatite, stéaschiste.

Roches de chlorite.

Chlorite, chloritoschiste.

Roches d'ardoise.

Ardoise, phyllade, schiste argilo-talqueux, schiste argilo-calcaire, ampélite, novaculite, schaalstein, calschiste.

Roches de calcaire.

Calcaire saccharoïde, calcaire encrinitique, calcaire compacte, calcaire phylladifère, lumachelle, craie, oolite, pisolite, calcaire coralien, calcaire arénacé, calcaire marneux, calcaire siliceux, calcaire bitumineux, calcaire tuffacé, cipolin.

Roches de calcaire et de giobertite.

Dolomie, calcaire magnésien.

Roches de gypse.

Gypse, karsténite.

Roche d'apatite.

Apatite.

Roche de fluorine.

Fluorine.

Roche de phosphorite.

Phosphorite.

Roches de strontiane.

Célestine, strontianite.

Roche de baryte.

Barytine.

Roche de giobertite.

Giobertite.

Roches d'alunite.

Alunite, alun, aluminite, lenzinite.

Roche de natron.

Natron.

Roches de sassoline.

Sassoline, borax.

Roche d'exanthalose.

Exanthalose.

Roches de sel gemme.

Sel gemme, argile salifère.

Roches de fer.

Limonite, aimant, oligiste, sperkise, marcassite, leberkise, mispickel, sidérose, nigrine, chamoisite.

Roches de manganèse.

Acerdèse, diallogite, marceline, rhodonite.

Roches de plomb.

Galène, céruse, pyromorphite.

Roches de zinc.

Calamine, blende, smithsonite, franklinite.

Roche de cuivre.

Chalkopyrite.

Roches de mercure.

Amalgame, cinabre.

Roche de soufre.

Soufre.

Roche de bitume.

Asphalte, pétrole, élatérite, dusodyle.

Roche de graphite.

Graphite.

Roches d'anthracite.

Anthracite, ampélite.

Roches de houille.

Houille, brandschiefer.

Roches de lignite.

Lignite, bois bitumineux, bois siliceux, tar-
tuffite.

Roches de tourbe.

Tourbes : lacustre, marine, fluvio-marine.

Brèches.

Brèches : granitique, gneissique, micaschistique, talschistique, stéaschistique, syénitique,
dioritique, euphotidique, ophiolitique, pyroxénique, trappéennique, porphyrique, trachytique, alunitique, basaltique, rétinitique,
obsidiennique, calcaire, argilo-calcaire, argilo-
gypseuse, argilo-salifère, siliceuse, anagénique,
marno-sableuse, etc.

Agglomérats.

Grauwacke, faluns, trass, tufa volcanique;
agglomérats porphyrique, trappéen, trachytique, basaltique, ponceux, lapillinique, etc.

Grès.

Arkose, métaxite, psammite, macigno; grès
quarzeux, siliceux, granitique, anagénique,
ophiolitique, ferrifère, glauconien, cuprifère,
anthraciteux, bitumineux, argileux, marno-argi-
leux, calcaire, jaspoïde, vitrifié, taviglianazien,
tapanhoacanganien, etc.

Poudingues.

Poudingues : calcaire, siliceux, jaspique,

quarzeux, ophiolitique , magnésien , argileux , charbonneux, phylladien , anagénique, etc.

Galets.

Galets : calcaire, quarzeux, siliceux, feldspathique, granitique, anagénique, ophiolitique, pyroxénique , basaltique, etc.

Sables.

Sables : quarzeux, siliceux, feldspathique, ferrifère, glauconien, stannifère, aurifère, platinifère, diamantifère, gemmifère, bituminifère, argileux , marneux , etc.

Cendres.

Cinérites : scoriacée, feldspathique, pyroxénique , basaltique, amphigénique, vitreuse, ponceuse, etc.

Argiles.

Argile : marne, magnésite , argilite, kaolin , ocre, sanguine, terre végétale.

Roches vitrifiées.

Tripoli, porcellanite et différentes roches plus ou moins vitrifiées, décolorées, altérées ou modifiées par la chaleur.

On entend par *texture* le mode d'arrangement des parties qui composent une roche; ainsi nous aurons des textures *cristallines*, *feuilletées*, *massives*, *conglomérées*, *lamellaires*, *fibreuses*, *radiées*, *granitoïdes*, *porphyroïdes*, *amygdaloïdes*, *schistoïdes*, *saccharoïdes*, *globuleuses*, *compactes*, *grenues*, *scoriacées*, *celluleuses*, *bulleuses*, *grésiformes*, *poudingiformes*, *bréchiformes*, *oolitiques*, *fragmentaires*, *terreuses*, *arénacées*, *graveleuses*, *caillouteuses*, *écailleuses*, *raboteuses*, *concoïdes*, *lisses*, *organiques*, etc. On réserve le mot de *structure* pour désigner le mode d'arrangement de l'écorce du globe, ou d'un groupe de terrains, ou bien d'un seul terrain, ou enfin d'un membre de terrain. Dès lors on distinguera des structures *régulières*, *pseudo-régulières* et *irrégulières*.

Les roches se trouvent principalement en *couches* (fig. 2 et 8) et en *typhons* (pl. IV, fig. 4 et 5).

On dit que les roches forment des couches lorsque leurs masses, assises, les unes sur les autres, ou posées les unes à côté des autres, sont divisées en parties beaucoup plus étendues dans le sens de leur longueur et de leur largeur que dans celui de leur épaisseur. Les deux faces d'une couche sont sensiblement parallèles, de manière que la couche pourrait s'étendre indéfiniment en longueur, si elle n'était interrompue par des escarpements ou par d'autres circonstances accidentelles.

On remplace souvent le mot de couche par

celui de *strate*, d'où vient l'expression de *stratification*, pour exprimer que des masses minérales sont disposées par couches.

Les couches offrent beaucoup de variations dans leurs positions; tantôt elles paraissent à peu près horizontales, tantôt plus ou moins inclinées, et tantôt, enfin, brisées, arquées, contournées, ou repliées en zig-zag : de là viennent les expressions de stratification *horizontale* (pl. IV, fig. 2, et fig. 8, A); *inclinée* (fig. 10, et fig. 8, B); *verticale* (fig. 8, C); *brisée* (fig. 8, D); *arquée* (fig. 14), *contournée* (fig. 14); *en zig-zag* (fig. 15), etc.

La stratification est *régulière* (fig. 2, 9, 10, 12 et 14), lorsque toutes les couches, égales ou inégales dans leurs dimensions, sont parallèles entre elles et à la position générale; au lieu qu'elle est *irrégulière* (fig. 13 et 15), si elle ne remplit point ces conditions. La dénomination de stratification *affleurée* (fig. 16) a été employée pour désigner la manière d'être de couches qui, reposant sur un plan incliné, sont plus épaisses vers le bas que vers le haut, et tendent à prendre la stratification horizontale.

Quand plusieurs systèmes de couches sont posés les uns sur les autres, en conservant leur parallélisme, il y a, à leur égard, stratification *parallèle* ou *concordante* (A, B, fig. 10, 12 et 14). Quand, au contraire, l'inclinaison des systèmes qui se touchent immédiatement est différente, il y a stratification *discordante*, *contrastante* ou *transgressive* (A, B, C, D, fig. 8 et 17).

On dit qu'une couche est *subordonnée* à un groupe de roches, de couches, de typhons, etc., lorsqu'elle y est intercalée. La même expression s'étend aussi à une roche ou à un typhon.

Souvent plusieurs groupes de couches, superposés les uns sur les autres, forment des ensembles distincts qu'on appelle *systèmes*. Lorsqu'un système de couches est disposé de manière que celles-ci remplissent une dépression du sol inférieur, et sont par conséquent plus relevées sur les bords que vers le milieu, on dit que ces couches constituent un *bassin*; si, au contraire, c'est le milieu qui se trouve plus élevé, les couches forment une *selle*.

Quand des couches montrent au jour leur épaisseur, dans le sens de leur direction, on dit qu'elles sont sur leurs *tranches*, au lieu qu'elles présentent leurs *têtes*, lorsqu'elles sont coupées dans le sens contraire.

Comme il est rare que les couches soient parfaitement horizontales, on distingue dans leur position une *direction* et une *inclinaison*. On nomme direction la ligne horizontale menée suivant le plan des couches; en d'autres termes, c'est la charnière autour de laquelle les couches ont tourné, dans la supposition qu'elles aient été relevées. On indique donc la direction, si l'on assigne les points de l'horizon vers lesquels cette ligne se dirige. On appelle inclinaison, l'angle que le plan des couches fait avec l'horizon; et on donne l'inclinaison quand, à la valeur de son angle, on ajoute la désignation du point de l'horizon qui correspond au sommet.

Les mots *bancs* et *lits* sont quelquefois considérés comme synonymes de celui de couches; mais habituellement on les applique plus spécialement aux couches d'une nature particulière, qui se trouvent intercalées dans un système de couches d'une autre espèce, avec cette distinction qu'on donne de préférence le nom de bancs à des couches cohérentes, tandis qu'on emploie plus ordinairement celui de lits, pour désigner des couches meubles; ainsi, l'on dit qu'une montagne est composée de couches calcaires, renfermant des bancs de silex et des lits d'argile.

Les typhons sont de grandes masses minérales non stratifiées, comme celles que fournissent les granites, les porphyres, etc. On les distingue en *typhons à structure irrégulière* et en *typhons à structure pseudo-régulière*; il en est de même qui, comme les basaltes, offrent des figures assez régulières.

Les *coulées* sont ordinairement des masses superficielles qui ont pour caractère principal de présenter la forme d'un torrent qui se serait subitement solidifié.

Par le mot de *nappes*, on désigne des masses particulières qui diffèrent de leurs voisines, forment l'assise supérieure de l'ensemble, et ont une étendue ordinairement peu considérable.

Les *dykes* sont généralement composés d'une masse pierreuse uniforme, et se présentent souvent comme des espèces de murs qui se prolongent au milieu de roches de nature différente. Il paraît qu'habituellement leur épaisseur augmente à mesure qu'on s'enfonce; d'ailleurs leur profondeur est inconnue.

Les *culots* diffèrent des dykes par leur forme qui, au lieu de donner l'idée d'un mur, approche plus ou moins d'un cône. Ils sont quelquefois entièrement cachés dans les matières qu'ils pénètrent; mais souvent ils offrent des élévations au-dessus de celles-ci. On voit donc que les roches peuvent aussi se présenter en différentes sortes de filons, ainsi que sous diverses formes habituellement propres aux minéraux.

Enfin, pour spécifier certaines manières d'être d'autres masses minérales, on emploie les expressions de *pyramides*, de *prismes* (pl. IV, fig. 19); de *gradins*, d'*escaliers*, de *dalles* (fig. 20);

de *chaussées,* de *colonnades* (pl. III , fig. 10 et pl.
IV , fig. 24) ; de *boules,* de *bombes* (pl. IV , fig.
21) ; de *blocs* (fig. 22 et 23), etc.

On entend par *puissance* d'une roche , d'une
couche , d'un typhon , d'un terrain , enfin d'une
masse minérale quelconque , l'épaisseur de cette
masse.

L'ensemble des caractères relatifs à la position
et à la puissance d'une masse minérale est l'*allure* de cette masse. Elle est *régulière* , lorsque
ces caractères demeurent à peu près les mêmes
sur une grande étendue ; elle est , au contraire ,
irrégulière , lorsqu'elle éprouve des variations
considérables.

Les roches stratifiées ou non se présentent
quelquefois isolées au-dessus de la surface du
sol (pl. IV , fig. 1, 2 , 13 et 19) ; d'autres fois
elles sont plus ou moins associées entre elles ,
comme dans les figures 5 (A indique du granite , B , du porphyre) , 10 (A indique du
phyllade , B , du grès) , 8 (A indique du calcaire , B , de l'argile , C , du grès , D , du talcschiste) , 11 (A indique du calcaire , B , du
grès , C , du micaschiste , et D , du granite) , etc.
Enfin , il arrive qu'elles sont cachées aux yeux
de l'observateur par du gazon , de la terre végétale , de l'eau , etc. , comme dans les marais.
Au reste , elles peuvent donner lieu à des acci-

dents plus ou moins prononcés et plus ou moins bizarres , mais qui, cependant, sont caractérisés par telles ou telles roches.

Toutes les roches , comme les minéraux , ne jouent pas un rôle égal dans la composition de l'écorce du globe. Les plus abondantes sont : 1° les granites, les calcaires, les gneiss, les micaschistes, les talcschistes, les phyllades, les argiles, les grès , les grauwackes , les protogines, les psammites , les arkoses , les ardoises , etc. ; 2° les syénites , les porphyres , les leptynites , les trachytes , les ponces , les diorites, les amphibolites, les trapps , les dolérites , les basaltes , les laves , les ophiolites, les téphrines , les dolomies , etc. ; 3° les pegmatites, les petrosilex, les obsidiennes, les gypses, les combustibles, etc. Les premières forment de grandes plaques sur la surface de la terre , les secondes seulement de petites taches , tandis que les dernières n'y donnent lieu qu'à des points.

Outre les substances minérales qu'on rencontre dans l'écorce du globe , on y trouve aussi des matières qui proviennent évidemment de corps organisés.

On nomme *fossiles*, tous les restes de corps organisés qui sont enfouis dans l'écorce du globe, soit qu'ils aient changé totalement de nature, soit qu'ils n'aient éprouvé qu'une faible altération , soit , enfin , qu'ils n'offrent plus que leurs empreintes, leurs moules ou leurs contre-empreintes. Un fossile est donc un corps organisé qui a été enfoui dans la terre à une époque indéterminée, ayant été conservé, ou ayant laissé des traces non équivoques de son existence.

On donne le nom de *pétrification* à un corps dans lequel la matière organique a été remplacée par une substance inorganique, telle que la silice ou le calcaire. On ne connaît de réellement pétrifiés que certains végétaux et un petit nombre d'animaux.

Les *empreintes* sont les traces qu'offre sur une roche la représentation en creux de la surface extérieure d'un corps organisé; et les *moules* sont les empreintes intérieures qu'ont laissées les corps organisés. Enfin, lorsque les corps organisés ont été dissous, et qu'une matière inorganique s'est moulée dans les vides, les moules qui se sont ainsi formés et qui présentent toujours l'extérieur des corps organisés, ont été appelés *contre-empreintes*.

La géologie tire un grand parti de pareils débris. Ce sont, en effet, des médailles qui servent à dévoiler l'histoire de notre planète, dont les divers terrains que nous observons nous retracent, comme des monuments, les phases par lesquelles elle est passée. Deux circonstances

nous frappent d'abord dans l'examen de ces
corps, témoins des changements qu'a subis la
surface du globe : la première est celle de la grande
quantité de fossiles qu'on rencontre dans certains terrains qui en sont presque exclusivement
formés ; la seconde est de voir que la majeure
partie des fossiles appartiennent à des espèces qui
n'existent plus maintenant. Si nous considérons
ensuite ces débris sous le rapport de leur nature,
nous observons que ceux qui appartiennent aux
espèces actuelles, ont assez généralement conservé leur composition primitive, tandis que
parmi les fossiles provenant d'espèces perdues,
les principes gélatineux et charnus qui entraient
dans la composition des animaux, ont disparu,
et sont plus ou moins remplacés par des particules minérales, ordinairement de même nature
que les roches dans lesquelles les débris se trouvent enfouis; en outre, dans les végétaux, les
parties ligneuses sont transformées en pierres,
ou passées à l'état charbonneux comme les lignites ou houilles. Nous observons aussi, en
examinant les fossiles sous le rapport de leur
position, que plus on s'enfonce dans l'écorce
du globe, toutes choses étant égales, d'ailleurs,
plus le changement de composition devient
complet, et plus les espèces diffèrent de celles
qui existent maintenant, de manière que chaque
système de couches est, pour ainsi dire, caracté-

risé par des fossiles particuliers, et que, si deux systèmes se trouvent posés l'un sur l'autre, sans indiquer l'effet d'un bouleversement ou d'un déplacement accidentel, les fossiles du système inférieur annoncent un ordre de choses moins semblable à l'état actuel que ceux du système supérieur.

Jusqu'à présent on n'a trouvé des débris de l'homme et de son industrie, que dans les terrains les plus superficiels ou les plus modernes. En outre, dans les terrains les plus anciens, les fossiles disparaissent totalement, ce qui démontre que la surface du globe n'a pas toujours nourri des plantes et des animaux.

On sait combien l'étude des fossiles a dévoilé de phénomènes remarquables de l'histoire du globe, et combien l'examen approfondi de ces générations successives d'êtres organisés présente d'attraits aux esprits philosophiques. Cependant, malgré tous les beaux ouvrages qu'on a publiés et les recherches nombreuses qui ont été faites, on est loin encore de connaître tous les animaux et tous les végétaux qui ont peuplé tour à tour les eaux et les terres des anciens mondes; car quelle est la grandeur des pays dont le sol ait été fouillé, en comparaison de la surface entière de la terre? Et puisque chaque jour de nouveaux voyages, de nouvelles explorations font trouver, parmi les êtres organisés vivants, de nouvelles espèces et même de nouveaux genres, que ne doit-on pas espérer de recherches multipliées sur tous les points de la superficie du globe et dans les nombreux dépôts fossilifères qui forment une grande partie de la croûte terrestre?

Aussi il y a peu de temps encore qu'on regardait les fossiles comme un jeu de la nature, quoique les écrivains de l'antiquité en eussent nettement parlé. Plus tard, lorsqu'on les eût étudiés d'une manière particulière, leur nombre s'augmenta rapidement, et aujourd'hui la connaissance seule des espèces emploierait la vie d'un homme! Mais voilà que, parmi les animaux vertébrés, d'autres fossiles, des genres iguanodon, dinotherium, basilosaurus, megalicthys, psammosaurus, geosaurus, matodonsaurus, phytosaurus, megalosaurus, stencosaurus, teleosaurus, pleurosaurus, mosasaurus, sivaltherium, elasmotherium, mericotherium, ainsi qu'une foule d'autres animaux plus ou moins extraordinaires appartenant à toutes les classes, et tout dernièrement un quadrumane du genre gibbon, avec une multitude de végétaux jusqu'ici inconnus, sont venus accroître la liste des fossiles, et, de plus, fournir de nouvelles preuves de la modification des créations! D'après cela, ne devrions-nous pas nous attendre à voir dans les immenses mers, peut-être même sur les continents inexplorés, des animaux vivants inconnus, d'une taille ou d'une organisation surprenante ? Et dans les entrailles de la terre, des fossiles particuliers qui nous donneraient la clé de problèmes qui intéressent au plus haut degré la géologie. ?

Dans une étude complète des fossiles, on doit examiner le genre de fossilisation ; ainsi, il y a depuis des êtres tout-à-fait changés en pierre, jusqu'à des êtres qui ont conservé leurs parties sans altération. Dans le premier cas, nous avons des fossiles spathisés, silicifiés, agathisés, changés en matière charbonneuse, en pyrite, en limonite, en célestine ou même en galène et en gypse. Il importe aussi de tenir compte du gisement des fossiles en général, et des particularités relatives à leur position, de la distribution de ces débris d'êtres organisés en groupes ou en espèces isolées, des niveaux qu'ils occupent, des rapports des fossiles végétaux et animaux terrestres, marins, d'eaux douces et fluvio-marins, des modes divers d'enfouissement, des anciennes créations, enfin, des relations qui existent entre les fossiles et les êtres organisés vivants.

Ainsi, la distribution des plantes et des animaux dans la croûte terrestre, peut être considérée sous les rapports des classes, des ordres, des familles, des genres et des espèces, et on peut comparer entre elles les flores et les faunes des diverses époques. Mais une pareille étude étant encore très-incomplète, on ne doit pas s'étonner que des hommes de génie se soient trompés dans leurs généralisations à cet égard; ils voulaient devancer leur siècle et deviner les secrets de la nature, tandis que le problème était insoluble pour eux, faute de données suffisantes.

De même que les minéraux et les roches n'entrent pas tous en égale proportion dans la composition de la croûte terrestre, de même, parmi les fossiles, certaines espèces sont très-abondantes, tandis que d'autres sont très-rares.

Comme nous l'avons dit, l'écorce du globe n'est pas formée d'une seule masse cohérente, mais bien de parties séparées par des *joints*. Or, ceux-ci sont distingués en *joints de texture*, *joints de stratification*, *joints d'injection*, *joints de dislocation*, en *fendillements*, *retraits*, *failles*, etc. (Pl. IV, fig. 18.)

Les diverses masses minérales qui constituent l'écorce de notre planète ne sont point fortuitement mêlées ensemble; leur arrangement dépend, au contraire, de règles telles, que, si l'on voit une roche, on peut présumer qu'elle est accompagnée, suivie ou précédée d'autres roches offrant des caractères particuliers; ce qui donne naissance à des associations nommées *terrains*. D'un autre côté, la série des terrains

présente des liaisons analogues à celles qu'on remarque dans l'échelle des êtres organiques. Ainsi,
de même que la différence entre les végétaux et
les animaux n'est bien tranchée qu'autant que
l'on fait abstraction des êtres qui se trouvent
vers les points de contact de ces deux règnes,
de même un terrain ne se distingue d'un autre
qu'autant qu'ils ne se touchent point dans la
série naturelle, soit qu'on supprime par la pensée les intermédiaires, soit que des circonstances
accidentelles aient interrompu, dans certains
lieux, la continuation du travail de la nature.
En effet, lorsqu'on passe d'un terrain à un autre
sans qu'une pareille interception se manifeste,
on aperçoit toujours les roches qui forment le
caractère principal du premier de ces groupes,
commencer à alterner avec celles qui caractérisent le second, et celles-ci devenir successivement plus abondantes à mesure que les autres
diminuent. Il résulte donc d'un tel état de choses, que toutes les divisions établies pour classer
les terrains ont éprouvé beaucoup de variations, et que, loin d'être d'accord à ce sujet,
chaque géologue a, pour ainsi dire, sa méthode
particulière.

Suivant certains géologues, une *formation* est
un assemblage de masses minérales, liées entre
elles de manière à ne faire qu'un tout ou système, sans changement ou interruption notable

dans le mode, la nature et l'époque de la production. Ainsi, l'expression de terrain a une acception plus étendue et moins précise, surtout en ce qui concerne l'époque de la production ; par exemple, on dira : tel terrain présente tant de formation. D'autres confondent le mot terrain avec celui de formation ; mais, dans tous les cas, on doit plutôt employer l'expression de formation pour indiquer qu'un terrain a été produit par tel ou tel mode. On distinguera donc des formations par voie ignée, par voie aqueuse, des formations par voie aqueuse et par voie ignée, ou réciproquement, et par voie électro-chimique, des formations marines, lacustres, fluviatiles, fluvio-marines, des formations par sédiment, par les vents, etc. ; enfin, des formations par plusieurs causes combinées.

Il est évident que, dans les localités où l'on voit les terrains les plus modernes, on ne doit pas trouver, ou bien rarement, au-dessous d'eux, toute la série des terrains ; car il serait extraordinaire que certaines localités eussent participé à tous les phénomènes de la surface du globe. Au contraire, il y a un grand nombre de points sur lesquels les terrains les plus anciens paraissent à découvert ; cela provient de ce que de tels lieux n'ont pas été le théâtre d'autres formations, ou bien de ce que d'autres terrains qui y auraient existé ont été détruits, et, en un mot, de ce que le sol a éprouvé une *dénu-dation*.

On entend par *sol*, la partie superficielle de l'écorce du globe, celle sur laquelle nous marchons, sur laquelle les eaux circulent, et celle qu'exploite l'agriculteur ; tandis que d'autres géologues appellent ainsi toute l'écorce du globe.

Enfin, on nomme *dépôt* le résultat d'une précipitation mécanique ou chimique, qui s'est opérée dans un liquide ou dans un autre fluide. Au surplus, on se sert aussi de ce mot pour désigner une masse minérale qui se trouve placée dans une partie quelconque de la croûte terrestre, quelle que soit d'ailleurs la manière dont cette mise en place ait eu lieu.

Le mot *assise* représente une relation de position, car on l'applique à des matières qui se trouvent placées dessus ou dessous d'autres, qui se distinguent des premières par une considération quelconque ; au lieu que le mot dépôt n'exprime aucune idée de position, et peut aussi bien se rapporter à des substances placées à côté l'une de l'autre, que l'une au-dessus de l'autre.

Si l'on compare les roches aux produits actuels des eaux et des volcans, on reconnaît que la plupart résultent de phénomènes analogues : aussi les distingue-t-on 1° en roches de *forma-*

tion aqueuse; 2° en roches de *formation ignée*; 3° en roches de *formation aqueuse et ignée*. Outre ces trois modes de formation on doit encore, dans une étude approfondie , tenir compte de divers autres, par exemple, de celui qui provient des vents. Ainsi les dunes , que parfois on regarde comme l'œuvre des eaux, ne sont point directement formées par celles-ci , car les courants charrient le sable sur la plage ; et lorsque les flots se sont retirés , les vents en dispersent les grains sur le sol ; les amoncellent, en font des monticules plus ou moins élevés qui , plus tard , sont quelquefois transportés ailleurs. Au reste les modes, dont nous venons de parler, peuvent se combiner et par conséquent agir plusieurs ensemble.

Comme nous venons de le dire, si nous considérons les roches qui se trouvent immédiatement à la superficie de la terre, sous le rapport de leurs modes de formation , nous y distinguons d'abord deux classes principales et bien tranchées : les unes sont des productions ignées; et les autres , des dépôts formés par les eaux. Les premières sont des laves que nous avons vu sortir incandescentes des cratères des volcans. Ailleurs nous en apercevons de pareilles , mais refroidies depuis une époque antérieure à toute tradition historique, et le plus souvent sans indice de la bouche qui les a vomies ; au reste, leur origine ignée n'en est pas moins incontestable. Dans d'autres contrées, nous avons d'énormes masses en partie scorifiées et vitrifiées; et quoi qu'il soit assez difficile de concevoir comment elles sont arrivées sur le lieu qu'elles occupent, elles fournissent cependant des preuves irrécusables de l'état igné qui les a caractérisées jadis. Enfin, nous remarquons d'autres roches qui, par les formes arrondies de leur ensemble, par leur manière d'être en cônes, en nappes, en filons, en îlots, etc., par leur structure massive et cristalline, leur position à l'égard d'autres roches dans lesquelles elles ont pénétré, résultent évidemment de phénomènes de nature ignée, quoiqu'elles paraissent s'éloigner davantage des produits volcaniques. Outre cela, elles renferment des minéraux que nous fournissent presque exclusivement les volcans, et elles ont modifié d'autres roches au contact, de manière à nécessiter l'idée d'une immense chaleur. En un mot nous voyons, depuis les laves jusqu'aux granites, une série de passages minéralogiques, de relations de forme et de structure qui ne permettent pas de douter qu'une grande partie des substances, constituant l'écorce du globe, ne provienne de phénomènes analogues à ceux que nous présentent les volcans. Les minéraux qui dominent dans la composition des roches d'origine ignée sont : l'orthose, l'albite, le labradorite, le quartz, le mica, le talc, l'amphibole, le pyroxène, le bronzite, l'ophite, la smaragdite, la fluorine, etc.

D'un autre côté, les premières couches calcaires que nous observons, étendues les unes sur les autres, plus ou moins inclinées, renfermant une multitude de fossiles (principalement des coquilles) alternant avec des argiles, des sables, des graviers plus ou moins agglutinés, contenant des cailloux roulés, des fragments et des blocs hétérogènes, annoncent évidemment une série de dépôts opérés dans le sein des mers, des lacs, des rivières, ou sur leurs bords, ou bien charriés sur les terres par les eaux. Au-dessous de ces couches nous en trouvons de pareilles, seulement elles sont généralement plus inclinées, plus disloquées, et les fossiles qu'elles offrent s'éloignent davantage des êtres qui existent maintenant. Plus avant, dans l'ordre des temps, les assises calcaires, argileuses, etc., perdent peu à peu leurs fossiles; elles s'entrelacent ou se mélangent avec des roches talqueuses, micacées, etc., qui, à leur tour, s'engrènent avec les masses granitiques, gneissiques, etc. Elles nous retracent ainsi une action mécanique et des faits analogues à ceux qui se passent sous nos yeux. D'autres roches semblables aux dépôts actuellement formés par les sources minérales et incrustantes, indiquent qu'elles furent déposées dans un liquide jouissant de la même propriété dissolvante. La silice, le calcaire, l'argile tantôt purs, tantôt mélangés, composent en grande partie ces roches de sédiment.

Enfin, sans parler ici des formations par la voie électro-chimique, par les vents, etc., il importe de tenir compte de ces dépôts qui se montrent sur une grande échelle dans la nature, qui se sont opérés dans le sein des eaux par une action soit simplement mécanique, soit chimique, ou bien mécanique et chimique, et qui ensuite ont été modifiés par l'apparition de roches de formation ignée : tels sont, pour citer des exemples, les micaschistes, les talcschistes, et d'autres roches plus ou moins analogues à celles-ci, renfermant ou ne renfermant pas de fossiles.

Mais les modifications de l'écorce du globe ne se bornèrent point aux circonstances énoncées ci-dessus. En effet, des couches sédimentaires apparaissent parfois avec des inclinaisons si fortes, dans un état tel de dislocation et à des hauteurs si grandes, qu'on ne peut admettre qu'elles aient été formées dans de pareilles positions ; car le volume des eaux devrait être plus que doublé pour atteindre un semblable niveau, et il est démontré que ce niveau a subi seulement de légères variations. Il est donc un autre ordre de faits qui a présidé aux modifications successives qu'a éprouvées la surface de la terre :

aussi les a-t-on attribuées à des *vibrations* du sol, à des *soulèvements*, à des *affaissements*, à des *érosions*, des *redressements*, des *fendillements*, des *éboulements*, des *écroulements*, des *renversements*, etc.

Dans tous les cas, on peut dire encore qu'il y a deux sortes de terrains, car tous se réduisent à des terrains de *déblais* et à des terrains de *remblais*.

Les dépôts formés par les eaux, offrant généralement, comme on vient de le voir, des couches, des lits, des bancs, et ayant été produits successivement de haut en bas, il s'ensuit que les dernières parties déposées doivent recouvrir celles qui ont été précédemment formées; de sorte que les plus inférieures sont les plus anciennes. Ainsi, dans la figure 25 (pl. IV), qui représentera, par exemple, la coupe d'une falaise ou d'un ravin, A indiquant des couches de calcaire, B un banc de sable, et C un lit d'argile; il est évident que le banc B existait avant les couches C, et qu'il a été formé après le lit A. Il en serait de même si plusieurs des masses minérales, ou toutes, au lieu d'être horizontales, étaient inclinées comme dans la figure 26, car les plus récentes seront toujours celles qui s'appuient sur les autres. On reconnaîtra donc facilement l'âge relatif des dépôts sédimentaires, quand ils reposeront les uns sur les autres, ou bien quand ils s'appuyeront les uns contre les autres, à moins qu'ils ne soient tous perpendiculaires ; alors il faudrait chercher plus loin un endroit où la superposition deviendrait visible. Mais, dans les autres cas qui peuvent se rencontrer, comme dans celui de l'isolement des dépôts, on a recours à des procédés différents.

Les mêmes moyens ne suffisent pas pour classer, dans l'ordre d'ancienneté, les dépôts d'origine ignée, puisque ces matières, ayant été rejetées du sein de la terre, sont venues de bas en haut, et ont pu glisser au-dessous de masses déjà formées, s'intercaler au milieu d'elles ou se répandre au-dessus. Ainsi, supposons (fig. 27) que A représente du granit qui aura été traversé et recouvert par du porphyre B, qu'ensuite des couches calcaires C se soient déposées au-dessus, et qu'en dernier lieu des laves modernes D se soient frayé un passage au milieu des roches préexistantes, qu'elles se soient épanchées au-dessus et qu'elles aient pénétré à travers elles dans tous les sens ; il est évident que D est moins ancien que C, car les laves ont coulé au-dessus des couches calcaires ; en outre, d'après l'allure des filons, on voit aussi que D est moins ancien que B et A. Mais s'il y avait une disposition semblable à celle que montre la figure 28, alors il deviendrait impossible, par les moyens précédents, d'assigner l'âge relatif des masses ignées.

D'après ce qui précède, on voit qu'il est nécessaire, pour étudier l'écorce du globe, d'y
établir des divisions rationnelles, et de réunir
ces divisions afin d'en former des groupes plus
ou moins complexes. Ainsi nous présenterons,
d'abord, des groupes de terrains, puis nous diviserons chaque groupe en autant de membres
qu'on en a reconnus, et enfin ceux-ci en
diverses parties plus ou moins tranchées.
Au reste, nous ajouterons qu'on ne doit pas
considérer cette classification comme véritablement arrêtée, mais bien comme servant seulement à soulager l'esprit.

Les divisions naturelles qu'on a reconnues
dans l'ensemble de notre planète, à partir de
la surface supérieure de l'atmosphère jusqu'au
centre du globe, sont (fig. 1, pl. V) :

A........................... atmosphère.
B........................... eaux.
C................... groupe historique.
D...................... *id.* erratique.
E...................... *id.* palæothériique.
F...................... *id.* crétacique.
G...................... *id.* oolitique.
H...................... *id.* triasique.
I....................... *id.* carbonique.
K...................... *id.* grauwacique.
L...................... *id.* phylladique.

M...................... groupe gneissique.
N...................... intérieur du globe.

On voit donc, à l'inspection du tableau précédent, que l'écorce du globe peut être divisée en 10 groupes distincts, qui ont leurs caractères particuliers ; et nous allons montrer que, dans chacun de ces groupes, on rencontre des terrains stratifiés et des terrains non stratifiés. Or, ce sont les premiers qui servent à fixer les subdivisions qu'on doit établir dans les groupes.

S'il est difficile de diviser l'écorce du globe en groupes de terrains, on rencontre encore plus de difficultés pour tracer les subdivisions des groupes ; néanmoins, comme elles sont nécessaires, nous allons indiquer, au moyen d'un tableau et de la fig. 1 de la planche VI, les principales parties qui constituent les groupes, en donnant, pour chacun d'eux, leur puissance moyenne.

Principales Divisions des Groupes de terrains.

		Roches ignées qui s'y rapportent
Le groupe historique comprend	1°. a. Les alluvions modernes; 2°. b. Les alluvions anciennes Leur puissance moyenne est entre 15ᵐ et 40ᵐ.	Laves, Basaltes, Dolérites, Pépérines, Vackes, Scories, Téphrines, Trachytes, Rétinites, Obsidiennes, Perlites, Ponces, Cinérites, etc. Leur puissance moyenne est très-variable.
Le groupe erratique comprend	1°. c. Le dépôt diluvique; 2°. d. Le dépôt perdiluvique. Leur puissance moyenne est entre 40ᵐ et 60ᵐ.	Basaltes, Dolérites, Pépérines, Vackes, Scories, Téphrines, Trachytes, Rétinites, Obsidiennes, Perlites, Ponces, Cinérites, etc. Leur puissance moyenne est très-variable.
Le groupe palæothérique comprend	1°. e. Le dépôt pliocène; 2°. f. Le dépôt miocène; 3°. g. Le dépôt éocène; 4°. h. Le dépôt pisolitique. Leur puissance moyenne est entre 100ᵐ et 150ᵐ.	Basaltes, Trapps, Dolérites, Pépérines, Vackes, Scories, Téphrines, Trachytes, Domites, Rétinites, Obsidiennes, Perlites, Ponces, Phonolites, Leucostines, Cinérites, etc. Leur puissance moyenne est très-variable.

Le groupe crétacique comprend
{
1°. i. Le dépôt coquillier ;
2°. j Le dépôt crayeux ;
3°. k. Le dépôt glauconieux ;
4°. l. Le dépôt ligniteux.

Leur puissance moyenne est entre 600ᵐ et 800ᵐ.
}

Roches ignées qui s'y rapportent.
{
Basaltes,
Trapps,
Mélaphyres,
Trachytes,
Pétrosilex,
Porphyres,
Amphibolites,
Diorites,
Ophiolites.
Euphotides,
Sélagites, etc.

Leur puissance moyenne est très-variable.
}

Le groupe oolitique comprend
{
1°. m. Le dépôt charbonneux ;
2°. n. Le dépôt coralien ;
3°. o. Le dépôt ferrugineux ;
4°. p. Le dépôt liasique.

Leur puissance moyenne est entre 700ᵐ et 1000ᵐ.
}

Roches ignées qui s'y rapportent.
{
Basaltes,
Trapps,
Mélaphyres,
Petrosilex,
Porphyres,
Syénites,
Amphibolites,
Diorites,
Ophiolites,
Euphotides,
Variolites,
Sélagites, etc.

Leur puissance moyenne est très-variable.
}

Le groupe triasique comprend
{
1°. q. Le keuper ;
2° r Le muschelkalk ;
3°. s. Le grés bigarré ;
4°. t. Le zechstein.

Leur puissance moyenne est entre 700ᵐ et 1100ᵐ.
}

Roches ignées qui s'y rapportent.
{
Basaltes,
Trapps,
Mélaphyres,
Pétrosilex,
Porphyres,
Syénites,
Protogines,
Granites,
Amphibolites,
Diorites,
Ophiolites,
Euphotides,
Variolites,
Sélagites, etc.

Leur puissance moyenne est très-variable.
}

		Roches ignées qui s'y rapportent.	
Le groupe carbonique comprend	1°. u. Le terrain houiller ; 2°. v. Le terrain du calcaire carbonifère ; 3° x. Le terrain du grès rouge. Leur puissance moyenne est entre 1200ᵐ et 1400ᵐ.		Trapps, Mélaphyres, Pétrosilex, Porphyres, Syénites, Protogines, Granites, Amphibolites, Diorites, Ophiolites, Euphotides, Sélagites, etc. Leur puissance moyenne est très-variable.
Le groupe grauwacique comprend	1°. y. Le dépôt de ludlow rock ; 2°. z. Le dépôt de wenlock limestone ; 3°. l. Le dépôt de caradoc sandstone ; 4°. s. Le dépôt de landeilo flags. Leur puissance moyenne est entre 2000ᵐ et 3000ᵐ.		Trapps, Pétrosilex, Porphyres, Syénites, Protogines, Granites, Amphibolites, Diorites, Ophiolites, Euphotides, Sélagites, Eclogites, etc. Leur puissance moyenne est très-variable.
Le groupe phylladique comprend	1°. φ. Le dépôt de grauwackes ; 2°. λ. Le dépôt de phyllades ; 3°. π Le dépôt de talcschistes ; Leur puissance moyenne surpasse probablement celle des groupes précédents.		Pétrosilex, Porphyres, Syénites, Pegmatites, Protogines, Granites, Amphibolites, Diorites, Ophiolites, Euphotides, Sélagites, etc. Leur puissance moyenne est très-variable.

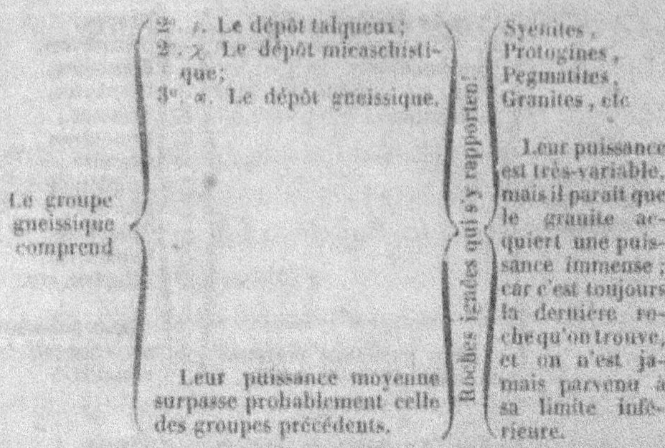

Nous voyons que les groupes sont toujours de plus en plus puissants, à mesure que nous descendons dans l'enveloppe solide du globe.

Ces bases une fois posées, nous allons décrire chaque groupe en particulier; mais limités comme nous le sommes dans notre cadre, nous présenterons seulement des descriptions sommaires.

Groupe historique.

Le groupe historique est principalement composé de détritus de différentes sortes, et produits par les causes qui agissent encore aujourd'hui. Ainsi, la terre végétale, les éboulis, les moraines, des dépôts de sources, des produits salins, des dépôts de tourbes, diverses alluvions, les plages, les dunes, les îles madréporiques et quelques autres dépôts appartiennent au groupe historique.

L'étude des terrains modernes est très-impor-

tante, soit pour la géologie spéculative, soit pour
la géologie industrielle : elle nous apprend, en
effet, à connaître les dernières phases par lesquelles une contrée est passée; puis, appliquant
ces connaissances aux terrains plus anciens, on
y trouve facilement l'explication des formations
qui nous ont précédé sur la terre. Mais le problème
des dépôts récents est difficile à résoudre, car ils
sont souvent épars et ils peuvent avoir été formés dans des temps très-divers. Il faut donc
examiner si les dépôts se continuent encore et
quelles sont les causes productrices; il importe
aussi de connaître leur étendue, leur puissance,
quelquefois très-différentes d'un lieu à un autre;
leur composition principale, leur position générale et leurs fossiles. Sous ce dernier rapport,
il convient de s'assurer s'il n'y a pas de débris
d'animaux ou de végétaux éteints. Dans tous les
cas, on doit distinguer soigneusement les fossiles
provenant des créations de l'époque historique
de ceux qui sont roulés et arrachés des terrains
inférieurs; certains pays présentent à cet égard
de curieuses associations de restes organiques.

On divise les dépôts modernes en dépôts terrestres, marins, lacustres, fluviatiles, fluvio-
marins, en dépôts de sources, etc.; puis on
les subdivise en produits mécaniques, chimiques
et électro-chimiques du règne inorganique, et
en produits du règne organique.

Les terrains du groupe historique sont principalement caractérisés par la présence de monuments de l'industrie humaine, et par celle de débris de corps organisés semblables à ceux qui vivent actuellement. Les dépôts meubles y sont beaucoup plus abondants que les dépôts cohérents, et ces derniers sont, en général, composés de roches calcaires.

La terre végétale, appelée ainsi, parce que c'est dans son sein que croissent presque tous les végétaux qui ornent la surface de la terre, forme une couche superficielle, ordinairement très-mince, et principalement composée de sable ou d'argile plus ou moins mélangés de terreau, c'est-à-dire de substances végétales ou animales passées à l'état terreux. La terre végétale participe toujours de la nature des dépôts sur lesquels elle repose; elle renferme aussi des fragments plus ou moins gros des roches cohérentes qui l'avoisinent.

On distingue les terres végétales par l'espèce des substances minérales qui se font remarquer dans leur composition. Ainsi, l'on dit qu'elles sont sablonneuses, argileuses ou calcaires, selon que le sable, l'argile ou le calcaire influent principalement sur les effets qu'elles produisent envers la végétation.

On voit aussi à la surface du globe des dépôts terreux qui ressemblent beaucoup à la terre végétale, mais auxquels ce nom ne peut convenir, parce que, dans l'état où ils se trouvent, ils sont impropres à la végétation. On rencontre habituellement ces dépôts au-dessus des roches schisteuses et feldspathiques; ils sont généralement moins répandus que la terre végétale; mais, en revanche, ils sont plus puissants.

La composition, la forme et la puissance des éboulis dépendent de la nature des roches qui constituent les montagnes auxquelles ils sont adossés ou intercalés, ainsi que de la hauteur et du faciès des flancs des montagnes. Quelquefois, les éboulis ne sont composés que de fragments de roches cohérentes plus ou moins volumineux, souvent anguleux, rarement arrondis; ailleurs, ces fragments sont mélangés avec des matières terreuses, dont la nature rappelle celle des roches altérables qui constituent la montagne; enfin, lorsque cette dernière est uniquement formée de roches facilement altérables, son talus ne présente ordinairement que des dépôts terreux.

Les moraines appartiennent aussi au groupe historique.

Les dépôts formés par la terre végétale, les éboulis, les moraines, etc., contiennent beaucoup de corps organisés; les uns appartiennent à des espèces qui vivent encore sur les lieux, les autres à des espèces qui n'existent plus. Nous avons déjà eu l'occasion de faire connaître que les parties solides des premières ont, en général, peu changé de nature ; les ossements et les coquilles ayant conservé leur composition, ainsi que leur texture. Les débris d'espèces éteintes ont, au contraire, sauf quelques exceptions rares, éprouvé de grands changements, et sont transformés habituellement en matières pierreuses ou en matières charbonneuses, qui ont perdu leur texture ligneuse. On sent donc que ces dépôts doivent renfermer une grande quantité de traces de l'industrie humaine, ou plutôt que la majeure partie des monuments enfouis dans l'écorce du globe, se trouvent dans de pareils dépôts.

Le sol de plusieurs contrées sablonneuses est imprégné d'une grande quantité de sel marin qui, à l'état de dissolution pendant la saison humide, est quelquefois assez abondant pour former, durant les temps secs, une croûte cohérente à la surface de la terre.

Les sables salifères contiennent très-souvent du salpêtre qui, d'ailleurs, se montre assez généralement dans tous les dépôts détritiques renfermant des matières animales en décomposition.

Certaines sources très-abondantes ne sont que le déversoir de bassins d'eaux souterraines, comme cela arrive dans les terrains calcaires. Ces eaux se font jour, quelquefois, dans la mer, d'où résultent des dépôts particuliers et des mélanges de coquilles marines et lacustres.

Le dépôt le plus commun des sources est le tuf calcaire, le travertin ou le faux albâtre. Si les eaux débouchent dans une rivière ou bien dans un lac, la formation est dite fluviatile ou lacustre; le dépôt s'effectue généralement en lits horizontaux. Le faux albâtre ne contient pas de fossiles; le tuf calcaire empâte des végétaux, surtout des plantes marécageuses et leurs graines, des coquilles terrestres et lacustres, ainsi que des ossements d'animaux existant encore dans le pays; il en est de même du travertin.

Les pisolites sont un petit accident des sources incrustantes, où le dégagement de l'acide carbonique soulève des particules de grains de sable, qui se couvrent, petit à petit, de couches calcaires concentriques. Lorsque les eaux pluviales ou acidules pénètrent à travers les roches calcaires, il y a formation de chaux carbonatée pulvérulente, d'incrustation calcaire, de stalactites et de stalagmites, comme on le voit dans beaucoup de fentes et de cavernes. Quelques sources thermales et acidules déposent de l'arragonite au lieu de calcaire : il s'y forme encore des pyrites et du silex résinite ou thermogène, ainsi que du bois opalisé. Les eaux minérales gazeuses donnent fréquemment naissance à des dépôts de limonite. Enfin, l'exanthalose résulte çà et là des sources salines ; le soufre pulvérulent et cristallisé, des eaux chaudes sulfureuses, etc.

Le nitrate de potasse, le nitrate de chaux, le sulfate de magnésie, le sulfate d'ammoniac, le sulfate et le carbonate de soude se forment sur des rochers ; le chlorure de sodium dans les plaines ; l'alun sur des roches pyriteuses ; le soufre cristallisé sur du calcaire, près de matières animales et végétales en putréfaction ; le phosphate de fer dans le même voisinage, etc.

Des lacs déposent du natron et du sel marin ; ceux d'où l'on retire le borate de soude sont salés, et le borate provient de la décomposition du sel marin par l'acide borique, produit vraisemblablement par des sources minérales qui résultent de phénomènes volcaniques. On trouve aussi du sulfate de magnésie sur le fond de certains lacs qui se dessèchent en été.

Les matières qui donnent aux tourbières leurs caractères principaux appartiennent plutôt au règne organique qu'au règne inorganique. Les dépôts de tourbes présentent trois modifications principales. La première n'est, pour ainsi dire, qu'un tissu ou espèce de feutre spongieux, formé de racines, de fibres et de parties végétales encore très-reconnaissables ; quelquefois même elle n'est qu'un tas de plantes ou de parties de plantes flétries et serrées les unes contre les autres.

La seconde modification offre une matière d'un brun foncé, où l'on ne distingue plus que quelques filaments végétaux. La troisième ne montre, en général, qu'une substance noire, homogène, habituellement molle, ayant beaucoup de ressemblance, dans son aspect et dans sa manière de brûler, avec les lignites et les bitumes.

Les trois modifications de la tourbe se trouvent dans une même tourbière; alors, la première occupe la partie supérieure; la seconde, le milieu, et la troisième, le fond. La tourbe forme quelquefois des amas très-puissants; d'autres fois elle s'étend en couches plus ou moins épaisses; elle se montre, de préférence, dans des lieux marécageux; parfois aussi dans des étangs et dans des lacs; elle n'est ordinairement recouverte que par de l'eau ou par des végétaux croissants. Il y a néanmoins des localités où la tourbe se trouve dans des endroits secs et où elle est cachée, quelquefois même séparée en assises différentes, par des lits de sable et de limon.

Les tourbières sont souvent situées dans des vallées; d'autres fois elles se trouvent sur le sommet des montagnes, pourvu, néanmoins, qu'il y ait des plateaux ou de légères dépressions dans le sol; ou bien elles se montrent près des rivages de la mer; mais les gîtes de tourbe

les plus étendus et les plus abondants sont ceux
des plaines basses et sableuses des contrées sep-
tentrionales Ces tourbières forment ordinairement de vastes marais qui, dans certaines saisons, ressemblent à des prairies prêtes à engloutir l'imprudent qui voudrait y pénétrer. En
général, on observe que la tourbe ne se présente que dans des contrées humides, et où la
température n'est pas très-élevée.

Les tourbes sont formées de végétaux terrestres et d'eau douce, ou, bien de plantes marines
ou maritimes, ou enfin, de ces divers végétaux
réunis ; de là les tourbes terrestres, lacustres,
marines (1), maritimes, les tourbes de marécages, de montagnes, de bruyères, de bois, etc.

Çà et là les eaux pluviales enlèvent aux tourbières une matière charbonneuse noire qu'elles
déposent, soit dans des creux, soit dans le fond
d'étangs ou de lacs , c'est ce qui donne lieu à la
formation de la tourbe limoneuse.

On trouve dans les tourbières de la sélénite,
de la sperkise, du fer phosphaté et du soufre.

Les tourbes renferment habituellement des
corps étrangers ; on y voit souvent des arbres ,
et mêmes des forêts entières composées d'arbres
analogues à ceux qui existent actuellement, et

(1) Voyez mon Mémoire intitulé : *Notice sur les Terrains d'at-
terrissement , et en particulier sur les Buttes coquillères de Saint-
Michel-en-l'Herm* , accompagnée de 3 pl.

notamment des sapins et des chênes. On y trouve des débris d'animaux, tels que des coquilles, des ossements de mammifères et même des insectes qui appartiennent aussi à des espèces vivant encore sur les lieux. On y rencontre enfin des monuments de l'industrie humaine : des outils, des armes, des médailles, des fragments de bateaux, des constructions, etc.

Les alluvions sont généralement formées de dépôts meubles, composés de fragments dont le volume et la forme sont très-variables. Leur principal caractère distinctif est de ne pas s'étendre sur les montagnes, ni sur les plateaux élevés. Elles se montrent ordinairement dans les vallées et dans les plaines situées à l'embouchure des grands fleuves, ainsi que sur les bords de la mer, d'où l'on peut le diviser en alluvions fluviatiles et en alluvions marines.

Les alluvions des plaines sont habituellement déposées en couches horizontales qui s'étendent sur un espace plus ou moins considérable, tandis que celles des hautes vallées sont souvent disposées en amas irréguliers plus ou moins puissants, qui s'adossent quelquefois le long des escarpements, de manière à y former des talus. La composition des alluvions fluviatiles est extrêmement variée ; elle participe toujours de celle des autres terrains composant la partie du bassin qui est au-dessus du lieu où se trouve le dépôt alluvien. Si l'on considère les alluvions sous le rapport de la texture, on peut y distinguer les six modifications suivantes, savoir : le limon, le sable, le gravier, les cailloux, les gros débris et les roches conglomérées ; mais, ces modifications se lient et se mêlent si intimement entre elles, qu'il est difficile d'y établir des limites et de les trouver isolées.

Le limon est une terre argileuse, qui est rarement assez pure pour être regardée comme une véritable argile ; il se trouve principalement dans les plaines et dans les vallées basses ; il renferme souvent du terreau, et forme alors une excellente terre végétale.

Les dépôts arénacés des alluvions fluviatiles portent ordinairement le nom de sables de rivières ; mais ils sont rarement composés exclusivement de grains de quarz ; on y reconnaît, au contraire, beaucoup de grains d'autres substances minérales. Ces dépôts se trouvent principalement, de même que le limon, dans les plaines et dans les vallées basses. On observe que ces deux genres de dépôts forment souvent des couches alternatives, et que, s'ils sont situés vers l'embouchure de grands cours d'eau, ils atteignent quelquefois une puissance très-considérable.

Le gravier alluvien ne diffère, en général, des dépôts arénacés que par la grosseur des grains qui le composent ; il se trouve plus rarement dans les plaines , et plus souvent dans les vallées.

Les dépôts caillouteux sont très-communs dans les lits des rivières ; on les trouve aussi dans d'autres parties des vallées ; au surplus, ils sont généralement rares dans les plaines ; ils ne diffèrent des graviers que parce que les fragments qui les composent sont plus volumineux. Ces fragments ont habituellement leurs bords arrondis, cependant ceux qui se montrent dans le voisinage des montagnes sont souvent moins arrondis que ceux qui en sont plus éloignés.

On trouve les gros débris principalement dans les vallées des montagnes. Leur nature dépend, encore plus que celle des autres modifications , de la nature des roches existant en masses dans les lieux plus élevés qui les avoisinent, ou qui forment la partie supérieure du bassin. Leur volume est aussi subordonné aux propriétés et souvent à l'éloignement de ces roches. Les fragments de roches tenaces et solides sont généralement plus gros que ceux des roches friables ou altérables ; et ceux, dont les roches semblables se montrent dans le voisinage , sont ordinairement plus gros et ont des formes plus anguleuses, tandis que ceux qui ressemblent à des roches éloignées sont moins volumineux et présentent des formes plus arrondies. En général , les gros débris alluviens ont beaucoup de rapports avec les éboulis à gros fragments, dont il est difficile de les distinguer; ils sont d'ailleurs peu abondants, car ils passent bientôt aux dépôts de cailloux.

L'existence de masses cohérentes dans les alluvions est un fait qui laisse encore des doutes; néanmoins, on ne peut contester la présence, dans les alluvions de petites portions de roches conglomérées qui forment des espéces de rognons et qui consistent dans la réunion, au moyen d'un ciment ferrugineux, de quelques-uns des fragments qui composent de tels dépôts. Ces matières paraissent se trouver de préférence dans la partie des lits de rivières qui traversent des lieux habités, et on voit ordinairement dans leur intérieur un morceau de fer plus ou moins oxidé, ou la trace de morceaux de fer détruits par la rouille. On rencontre aussi dans les alluvions des roches composées de noyaux unis par un ciment habituellement siliceux et quelquefois calcaire. Ces roches sont très-voisines des poudingues ou des gompholites, elles forment des rognons, des blocs et de petits bancs au milieu des dépôts caillouteux.

On a cité beaucoup de dépôts métallifères dans les alluvions; mais comme de telles citations ont été généralement faites par des personnes qui réunissaient, sous ce nom, nos groupes historique et erratique, et comme, d'ailleurs, la distinction à établir entre ces deux groupes est difficile, nous ne nous prononcerons point d'une manière positive à ce sujet. Du reste, il y a des dépôts incontestablement alluviens, qui donnent lieu à des exploitations de métaux; néanmoins, les substances métalliques ne s'y trouvent qu'en petites quantités et mélangées avec d'autres débris; elles ne peuvent couvrir les frais de recherches qu'autant que celles-ci aient pour objet des métaux d'un prix élevé, qu'on sépare des autres débris par le lavage; aussi, cette opération n'est-elle appliquée qu'à l'or, au platine, à l'étain, et ne donne-t-elle que des produits peu importants.

Il est probable qu'on peut encore rapporter aux alluvions quelques gîtes de minerai de fer, notamment ceux des variétés de limonite. Quant au phosphate de fer, il appartient évidemment aux terrains modernes.

Le long des cours des rivières on observe que les plus basses terrasses alluviales sont ordinairement le produit du charriage des cours d'eau qui, dans les plaines et beaucoup de vallées, ont creusé leur lit au milieu des alluvions anciennes; des substances végétales et animales, plus ou moins décomposées, se mêlent à ces matières arénacées. Dans les pays très-boisés, les grands fleuves charrient une énorme quantité de bois et d'arbres entiers. Entre les tropiques, les inondations pendant les époques de pluie favorisent encore ce charriage, en même temps qu'elles couvrent de limon de vastes étendues de terrains. Dans la formation de certaines houillères il peut y avoir eu des circonstances semblables à celles de ces savanes noyées.

Lorsque les rivières s'engouffrent dans la terre, il doit se former dans de pareilles cavités des dépôts semblables à ceux des cavernes à ossements. Quelquefois ces cours d'eau traversent des séries de grottes dans les terrains gypseux et calcaires.

Les lacs produisent moins d'alluvions que les rivières, et sont comblés petit à petit au moyen de celles amenées par les rivières. Ils donnent lieu à la formation de lits de coquilles lacustres disposés sur des niveaux constants. D'une autre part la rupture de leurs digues produit des ravages terribles : tout ce qui s'oppose au passage des eaux est détruit, des forêts sont renversées, des blocs portés à d'énormes distances, et à la fin ce n'est plus qu'un torrent de boue très-compacte, et d'une densité propre à supporter de très-grands poids.

Si les fleuves ou les lacs sont voisins de roches volcaniques ou granitoïdes, leurs sables deviennent quelquefois titanifères, ou sont mêlés de gemmes, de zircons, de corindons, etc.

Sous le rapport des corps organisés et des monuments de l'industrie humaine, les alluvions fluviatiles sont absolument dans le même cas que le terrain décrit précédemment. Nous ajouterons seulement que les débris de végétaux y sont très-abondants et bien conservés, et qu'on y trouve souvent des arbres entiers, qui sont quelquefois passés à l'état de charbon ou de lignite; mais qui, d'autres fois, ont conservé leur tissu ligneux et leur solidité, de manière à pouvoir être encore employés dans les arts. Ces arbres sont ordinairement renversés; on dit cependant en avoir vu qui étaient droits et encore attachés à la racine; on parle même de forêts entières, qu'on a nommées forêts souterraines ou sous-marines; mais il est probable que ces dépôts doivent être rapportés aux alluvions marines ou au groupe erratique, plutôt qu'aux alluvions fluviatiles.

Le long des rivages, les vagues entament les falaises, ou bien les courants rejettent des blocs, des cailloux, des matières arénacées, limoneuses, végétales ou animales : telle est l'origine des accumulations littorales de galets, de sables, de vase, de débris de végétaux et d'animaux.

Dans l'Europe méridionale, le sable des dunes contient du sel, et, sur les côtes de l'Océan Atlantique, on y trouve des bois et des graines d'Amérique amenées par les courants. On conserve même à Édimbourg un canot d'Esquimaux arrivé par la même voie.

A l'embouchure des rivières dans la mer, il se produit journellement des bancs de sables et de limons, qui deviennent plus tard des îles et des deltas. Les grands fleuves poussent ce limon à une distance considérable des terres; et il doit se former dans de pareilles localités, des dépôts de mélanges; des coquillages marins s'y associent avec des végétaux terrestres, des mollusques d'eau douce, etc.

Les alluvions marines sont beaucoup moins connues que les alluvions fluviatiles, puisqu'on n'a pu les examiner que sur les bords de la mer, où elles forment soit des plages basses, soit des espèces de talus au pied des falaises, soit enfin des dunes. Elles présentent, à ceci près, la même composition et les mêmes modifications que les alluvions fluviatiles; les dépôts arénacés y sont les plus communs; on y voit aussi des dépôts cailouteux et d'autres dépôts qu'on appelle coquilliers, parce qu'ils sont presque entièrement composés de parties solides d'animaux invertébrés, et surtout de coquilles. Quelquefois ces coquilles sont à peu près intactes, et on les recueille pour en faire de la chaux; d'autres fois elles sont tellement brisées qu'elles passent à l'état arénacé.

Les dépôts madréporiques sont composés des portions solides de zoophytes appartenant principalement à la famille des madrépores, et notamment au genre astrée. Leurs parties supérieures offrent, en général, la structure bien nette des polypiers, et on reconnaît, dans leur composition, les matières gélatineuses qui accompagnent toujours le calcaire dans ces madrépores; mais dans les parties inférieures, le principe gélatineux diminue ou disparaît tout à fait. Les particules calcaires se trouvent rapprochées, et la masse ressemble jusqu'à un certain point à du calcaire concrétionné et même à du calcaire compacte. Au surplus, on sent que la texture de la masse varie selon les espèces de zoophytes auxquelles elle appartient, et que les parties solides de ces animaux s'y montrent ordinairement mélangées avec des restes d'autres êtres vivants, ainsi qu'avec des débris des dépôts inorganiques qui existent dans le voisinage.

Sur certains points des côtes, on observe que le sable et le gravier s'agglutinent, soit par un ciment calcaire, soit par des infiltrations ferrugineuses. Il se produit ainsi des grès et des poudingues, quelquefois coquilliers. Ces masses empâtent même des ossements humains ou des produits des arts. Nous pensons que les sources minérales et la température de l'eau doivent contribuer à une pareille formation.

Dans les pays chauds et surtout équatoriaux, on a observé sur le rivage la formation de véritables oolites, au moyen de débris de coquillages et de limon calcaire suspendus dans les eaux.

En général, la chaleur paraît être un moyen accessoire très-actif pour la consolidation des roches et surtout des calcaires marins de l'époque historique ; de plus, les calcaires d'eau douce de cette période et des époques antérieures possèdent une compacité et une texture bien plus cristalline dans les pays chauds et équatoriaux que sous les zones tempérées.

Un dernier accident marin est offert par les trous de lithodomes et de saxicaves qu'on rencontre sur les roches calcaires des rivages marins, par les balanes attachées aux rochers, etc. Il paraît que les parties des rochers couverts de coquillages marins sont moins aptes à être entamées par les vagues qui, çà et là, minent les falaises et y forment des cavernes et des éboulements, comme cela arrive pour les rivières à cours rapide.

Tout ce que nous venons de dire se rapporte en général aux alluvions modernes : il nous reste donc à donner une idée des alluvions anciennes.

Dans des localités peu éloignées de la mer, mais à des niveaux plus élevés que celui qui est atteint maintenant par les eaux marines, on trouve des dépôts de coquilles identiques à celles qui vivent actuellement dans les mers voisines. Il faut rapporter aussi aux alluvions anciennes : des buttes coquillères avec squelettes humains (1); certains dépôts coquillers analogues, argilo-sableux, et accompagnés, çà et là, de rochers couverts de balanes; divers sables et marnes très-coquillères, quelquefois cimentés assez fortement, et qu'on voit sur différents points; des rochers offrant des traces de lithodomes, des plages et des falaises abandonnées par les eaux; diverses alluvions, qui continuent ou non à se former, telles que celles de plusieurs marais et de plusieurs fleuves; enfin, beaucoup d'autres dépôts anciens, formés antérieurement aux alluvions modernes, mais par des causes analogues.

Chaque grand dépôt imprime un aspect particulier au pays qu'il forme, de manière qu'un géologue exercé ne peut guère s'y tromper, la possibilité des erreurs étant astreinte aux seuls cas et accidents subordonnés. Ces formes se laissent la plupart définir si bien, que même leur première vue devient une vieille connaissance pour ceux qui se sont bornés à des lectures de descriptions. A plus forte raison les géologues qui ont étudié sur les lieux, possèdent-ils la faculté de pouvoir déchiffrer de très-loin e qui ne

---

(1) Voyez mon Mémoire intitulé : *Notice sur les Terrains d'atterissement, et en particulier sur les Buttes coquillères de Saint-Michel-en-l'Herm*, accompagnée de 3 pl.

paraît au vulgaire que des hiéroglyphes ou une confusion bizarre.

Les alluvions anciennes et modernes, vues en grand, ont un aspect particulier. Généralement, elles offrent des dépôts unis ou légèrement ondulés ; les dunes présentent, au contraire, de petits monticules ; les autres dépôts tiennent ou du faciès des dépôts alluviens, ou de celui des dunes.

Les terrains sédimentaires du groupe historique, comme ceux des autres groupes, sont traversés par des roches d'origine ignée ; il faut donc, pour compléter la description de chaque groupe, ajouter un mot sur les principales roches ignées quis'y rapportent.

Les laves sont pyroxéniques, feldspathiques ou amphigéniques ; elles sont lithoïdes, vitreuses, ou poreuses ; elles sont en coulées et en filons dans des masses stratifiées, ou bien au milieu d'autres roches ignées. Elles sont accompagnées de diverses efflorescences salines et de sublimations salines ou métalliques, ainsi que de la formation de tufas volcaniques et d'agglomérats de débris rejetés par les volcans ou accumulés par les eaux des torrents.

Les tufas sont pyroxéniques, feldspathiques, ponceux, ou bien ils offrent des tas de rapilli ou de cendres.

Les basaltes sont des roches qui forment des

filons dans tous les terrains, mais leurs plus
grandes éruptions ont eu lieu à l'époque palæothériique. Des masses beaucoup plus petites paraissent être sorties à l'époque du grès bigarré
ou du grès rouge, et elles présentent surtout des
culots dans les groupes oolitique et triasique.

Les basaltes des groupes historique, erratique
et palæothériique se montrent principalement
en nappes, en coulées démantelées, ou en coulées à cratère; ils forment moins souvent des
culots et des amas. Quelquefois, ils ont évidemment débordé hors d'énormes fentes et offrent le
faciès de véritables champignons de laves. Dans
les mêmes groupes, les basaltes ont coulé à plusieurs reprises sur des sédiments encore tendres,
ce qui est prouvé par les alternats de ces couches
avec des basaltes et surtout avec des agglomérats
basaltiques, quelquefois coquilliers.

Dans les grands dépôts basaltiques démantelés, on aperçoit presque toujours une contrée
centrale, d'où les coulées semblent être parties.
Quelquefois la place des anciennes coulées n'est
plus marquée que par des séries de cônes alignés
et d'autant plus petits qu'on s'éloigne du centre
volcanique. De tels cônes sont tantôt dans des
plaines, tantôt sur des crêtes ou de petits plateaux séparés par des vallées de creusement et
d'écartement. D'autres fois, de vastes lambeaux
d'anciennes coulées se présentent sur la pente

des montagnes en espèces de masses parallélo-grammiques à sommets aplatis.

A l'égard des coulées basaltiques offrant des cratères et des scories, il est important d'observer la manière dont la lave s'est répandue , la pente sur laquelle elle s'est mue et la nature des dépôts qu'elle a recouverts.

Les limites des coulées présentent souvent des sources abondantes d'eau , dont la filtration est favorisée autant par la porosité des laves basalti-ques que par les espaces vides entre elles et le sol qu'elles recouvrent. Ailleurs, les coulées ayant rencontré des amas d'eau, ont occasionné leur évaporation, ce qui a donné lieu à des cavités dans les laves.

Les basaltes récents sont feldspathiques ou pyroxéniques ; l'olivine s'y rencontre surtout lorsqu'ils sont placés sur un sol granitique ou dans son voisinage ; alors ils en contiennent des boules et des fragments. On voit aussi des culots de brèche basaltique. Ces roches renferment des débris du trias et même des talcschistes, des phyllades, etc.

Les filons basaltiques traversent un ou plusieurs terrains avec des allures particulières , suivant la consistance et la nature des couches ou des ty-phons. Ce sont des accidents isolés ou concomi-tants de grands dépôts semblables; les uns ont été remplis de haut en bas par des nappes et des coulées, qui quelquefois se montrent en partie ; mais nous remarquons généralement des fentes combinées par des éjections de bas en haut. Souvent on observe dans les filons basaltiques une ou plusieurs directions dominantes : en les traçant sur une carte, on voit que plusieurs filons ne sont que les portions d'une ou deux grandes fentes remplies, ou bien qu'ils partent d'un point donné. Lorsque cet accident est fréquent dans un pays, les filons se coupent entre eux.

Des filons sont remplis de basalte ou de brèche basaltique, quelquefois anagénique, ou bien le basalte empâte des fragments des roches traversées et adjacentes. Le basalte des filons est compacte ou divisé en masses globulaires, ou en prismes horizontaux. Lorsqu'une cause a détruit les couches renfermant de semblables accidents, les filons ressortent en dykes.

Les altérations produites par les basaltes, et surtout par leurs filons, sont extrêmement curieuses. Sous les coulées on observe quelquefois des désagrégations dans les roches, ou bien ces dernières sont devenues ferrugineuses. Un tel effet peut aussi être produit simplement par les filtrations aqueuses. Sous des nappes basaltiques, les masses du lias sont changées quelquefois en masses jaspoïdes, offrant encore çà et là des fossiles. Ailleurs, le trias a été considérablement modifié, les grès ont été endurcis et sont devenus prismatiques. Quelquefois les couches argilo-marneuses ont été soudées ensemble et paraissent prismées ou jaspoïdes; d'autres masses ont été décolorées ou frittées. Près de certains basaltes les houilles ou les jayets ont été changés en anthracites et sont devenus bacillaires; enfin, divers filons basaltiques dans la craie sont accompagnés de salbandes de marbre subsaccharoïde blanc, nuagé de gris ou de vert, qui provient de la roche crétacée modifiée par la chaleur sous une forte pression.

Les dolérites sont connues en coulées dans les volcans actifs et éteints, en coulées démantelées, en culots au milieu du trias et en filons, filons-couches et amas au milieu des grauwackes du groupe carbonique. Il y en a des filons dans les gneiss, les micaschistes, les talcschistes, les granites, les syénites, etc., et même on voit des filons de dolérite traverser d'autres masses de dolérites.

Les dolérites sont souvent très - feldspathiques, surtout dans les terrains moyens; rarement elles sont à néphéline; des parties amygdalaires ou des druses y sont assez fréquentes.

Les dolérites ont produit souvent des altérations dans les roches arénacées, marneuses ou calcaires, avec lesquelles elles sont arrivées en contact. Des grès sont devenus compactes et jaspoïdes; des marnes ont été changées en jaspes;

et enfin il y a quelquefois des enchevêtrements singuliers de dolérite et de grès rouge ou de grès houiller. On voit positivement que la roche ignée a coulé sur des masses encore molles, ou bien qu'elle a été poussée violemment au milieu de leurs couches.

Les pépérines sont des roches à texture bréchiforme, celluleuse, graveleuse, arénacée et terreuse; elles forment des amas, des couches et des filons. La pépérine renferme presque toujours des fragments d'autres substances, notamment de la ponce, de la téphrine, de la leucostine, du basalte, du calcaire saccharoïde, etc.

Les vackes forment des amas, des couches et des filons à texture compacte, grenue ou bulleuse; elles renferment aussi beaucoup de substances étrangères. Elles passent à la spilite, à la pépérine, à l'aphanite, à l'eurite, à la téphrine, à la leucostine, etc.; au reste, dans l'état actuel de nos connaissances, il est impossible de tracer une ligne de démarcation entre ces diverses roches.

On trouve la téphrine en coulées, en filons et en fragments scoriacés; sa texture est constamment très-bulleuse. La téphrine renferme souvent d'autres substances, et alors elle devient porphyroïde, amygdaloïde ou granitoïde.

Les trachytes ne sont, pour ainsi dire, que les porphyres de l'époque historique et surtout de l'époque palæothériique. Ils sont en cloches, en amas, en nappes, en coulées et en filons.

Les cloches, ou dômes trachytiques, sont composées généralement de trachytes et parfois de domites. Ces petites masses d'éruption peuvent donner une idée du mode de sortie des plus grandes. Quelquefois encore à l'état pâteux, elles ont été poussées si violemment hors de terre, probablement par la force des gaz, qu'elles ont soulevé avec elles des portions plus ou moins altérées de roches.

Habituellement les éruptions trachytiques ont eu une force et une grandeur tout autre. Sortis de crevasses ou d'immenses trous, les trachytes se sont accumulés autour de ces derniers; ou bien, quand ils étaient plus fluides, ils se sont étendus au loin en coulées. Naturellement le mouvement des trachytes a dû être favorisé par la plus grande pente qu'ont trouvée ces roches dans leurs dernières éruptions. Ainsi, on connait les trachytes en coulées étendues sur les couches lacustres du groupe palæothériique; il les ont dérangées quelquefois et en ont même empâté des portions. Ce sont les trachytes en coulées qui présentent surtout la division primatique.

En général les trachytes les plus anciens, ou ceux qui forment la partie centrale d'un terrain de ce genre, sont les roches qui offrent la texture granitoïde la plus décidée ; ils sont surtout amphiboliques, micacés, pyroxéniques, et plus rarement grenatifères ou épidotiques. Autour de ces montagnes et sur leurs flancs, on voit les éruptions les plus récentes soit en coulées, soit en monticules. Les dernières masses ont reçu quelquefois le nom de trachytes porphyroïdes, roches qui sont çà et là quarzifères, ou plutôt en partie semi-vitreuses ou très-scorifiées. Ces roches alternent avec des agglomérats trachytiques, ou bien elles sont traversées par des filons de trachyte rarement vitreux ou semi-vitreux.

Dans certaines contrées, des trachytes se sont refroidis très-promptement, soit par suite de leur contact avec l'eau, soit par leur nature particulière, et il s'est formé des rétinites et des perlites. Ailleurs, ce sont des obsidiennes qu'on voit en coulées, comme il s'en déverse encore de certains volcans ; or, quelques parties de ces masses, et surtout les supérieures, passent aux véritables ponces.

Les ponces sont un produit feldspathique volcanique, ou un verre bulleux, qui est dû à l'échappement d'une quantité immense de gaz. Par des espèces d'explosions gazeuses, toutes les matières en fusion ont été boursoufflées ou lancées hors du sein de la terre. La fin des éruptions des volcans brûlants est quelquefois marquée, dans certains pays, par des éjections semblables; or, un pareil effet a eu lieu aussi aux époques des groupes erratique et palæothériique. Si ces ponces sont tombées dans l'eau douce ou salée, elles ont été remaniées et déposées par le milieu aqueux. Telle est l'origine d'immenses dépôts d'agglomérats ponceux, de trass et de ponces broyées qui encroûtent les massifs trachytiques, ou qui alternent avec les roches des groupes historique, erratique et palæothériique.

Rarement on trouve les bouches qui ont vomi les ponces.

Dans les contrées trachytiques, on a reconnu des brèches feldspathiques qui remplissent soit des filons, soit d'anciennes bouches volcaniques; elles renferment quelquefois du soufre et de l'alunite. En outre, les trachytes enveloppent souvent des fragments de plus anciens trachytes, et donnent lieu aussi à des brèches particulières. Il faut distinguer soigneusement ces roches d'avec les agglomérats, qui ne sont que des couches neptuniennes, formées avec les débris de trachytes, accumulés par les eaux torrentielles ou par les éjections volcaniques autour des ilots trachytiques. Ces agglomérats forment quelquefois des dépôts énormes qui encroûtent les montagnes de trachytes jusqu'à une élévation considérable. On peut être tenté de croire que certains agglomérats, mêlés de ponces, telles que différentes pépérines, ne sont que des débris trachytiques ayant été amenés dans la mer ou dans un lac d'eau douce par d'immenses torrents produits par de fortes pluies. En effet, ces coulées boueuses se montrent encore de nos jours, et ont cette origine toute simple.

Il y a aussi des agglomérats feldspathiques extrêmement fins. Ces espèces de roches paraissent être le pendant des lithomarges dans les dépôts porphyriques des groupes crétacique et oolitique. Ce sont les sédiments des eaux rendues troubles par des éruptions sous-marines ou par la chute des matières volcaniques très-atténuées.

Lorsque les agglomérats trachytiques sont traversés par des vapeurs sulfureuses, il se forme des alunites comme dans le cas des brèches et des solfatares. Actuellement, les eaux minérales thermales tiennent en solution la silice, et en déposent, sous la forme de silex résinite, de quartz nectique, ou de silice pulvérulente; de même à l'époque des trachytes, des eaux probablement encore plus abondantes ont silicifié quelquefois soit des trachytes, soit des agglomérats trachytiques. C'est une pareille opération secondaire qui a donné lieu à la production des porphyres molaires.

En général, il faut bien faire attention de ne

pas confondre certains agglomérats réagrégés avec les véritables masses feldspathiques d'éruption. On peut être aisément trompé par l'aspect porphyrique et la compacité des roches ; mais, en les étudiant en grand nombre et non pas en échantillons , on arrive toujours à reconnaître la structure fragmentaire des cristaux imparfaits et brisés , des morceaux de trachytes très-divers , de petits nids de ponce , etc.

Les éruptions trachytiques ont commencé véritablement plus tôt qu'on ne le croit; et si leur plus grande masse paraît s'être épanchée pendant l'époque des terrains miocène et pliocène , d'autres trachytes sont sortis avant la fin du dépôt du groupe crétacique, ou du moins tout de suite après.

Enfin nous citerons, dans le groupe historique, des dépôts quelquefois très-considérables de cinérites ou cendres volcaniques ; elles sont scoriacées , feldspathiques , pyroxéniques , basaltiques , amphigéniques , vitreuses ou ponceuses , etc.

Les laves ont assez généralement la forme de coulées qui , le plus souvent , partent d'une élévation conique, et s'étendent plus ou moins loin en suivant la pente du sol.

Les basaltes changent de configuration suivant leurs gisements ; en culots, ils forment des buttes isolées , souvent élevées ; en filons ou dykes, ils produisent des murailles ou de petits escarpements ; tandis qu'en nappes ils se divisent comme les trapps en terrasses inclinées, placées en séries semblables à des échelons , et çà et là avec des colonnades de prismes. Mais c'est surtout par leur tendance à se subdiviser en prismes réguliers, que les dépôts basaltiques se font remarquer ; leurs escarpements , formés d'innombrables colonnes rangées symétriquement les unes à côté des autres, produisent quelquefois des effets qui, tout en donnant l'idée de monuments d'architecture, surpassent en magnificence tous les travaux des hommes.

Les trachytes et les domites constituent nonseulement de véritables dômes, mais encore des cônes recouverts de débris, ainsi que des buttes en liaison avec de petits plateaux inclinés.

Les autres roches , d'origine ignée, dont nous avons parlé, affectent des formes plus ou moins analogues, à l'exception cependant des dépôts remaniés et des dépôts arénacés qui , les uns, présentent en général l'aspect des roches stratifiées ordinaires, et les autres ressemblent à des amas de sables.

Enfin les volcans éteints et brûlants sont trèsreconnaissables par leurs cônes tronqués à cratères, ou bien par leurs cratères échancrés d'un côté, leurs flancs stériles, couverts de coulées, de

scories et de cendres, et par leurs autres indices
d'embrâsements souterrains.

Si tels sont les caractères des formes principales des roches dont nous avons parlé, on voit
que leur application devient surtout très-utile dans
les pays où il y a une grande variété de dépôts divers. On trouve ainsi à s'orienter en grand pour
arriver plus promptement au travail de détail.
Néanmoins, il ne faut pas oublier d'ajouter
que la vue des formes seules ne peut suffire,
puisque quelques-unes de ces dernières doivent
nécessairement rester toujours cachées aux yeux
de l'observateur, et que d'autres peuvent se
trouver modifiées par des accidents particuliers.

Groupe erratique.

Le groupe erratique est lié intimement d'un
côté avec le groupe historique et de l'autre avec
le groupe palæothériique ; dès lors il devient
quelquefois impossible de dire si tel dépôt appartient véritablement au groupe erratique plutôt qu'à l'un des deux autres, et de voir en général les limites exactes de ces groupes.

Nous avons divisé le groupe erratique en deux
membres : le dépôt diluviique et le dépôt perdiluviique. Le premier comprend tous les terrains de transport qu'on trouve dans des localités, où des causes pareilles à celles qui agis-

sent maintenant semblent n'avoir pu les placer.
Le second, au contraire, renferme tous les terrains qui ont été formés par des causes ordinaires, ou par la continuation de celles qui
avaient produit les dépôts antérieurs et qui agis-
saient tranquillement dans des localités situées
hors du théâtre des phénomènes qui donnaient
lieu pendant le même temps au dépôt diluviique.
On conçoit, en effet, que, pendant qu'il y avait
des révolutions sur certains points de la surface
du globe, d'autres points jouissaient de leur
tranquillité habituelle.

Le dépôt diluviique est principalement caractérisé par des sables, des cailloux, des blocs erratiques, des poudingues, des brèches, une
quantité considérable de substances ferrugineuses et d'ossements, en un mot, par différentes sortes de matériaux du grand transport.

Le dépôt diluviique offre une puissance et une
étendue que n'ont point les alluvions du groupe
historique ; il atteint souvent une élévation beaucoup plus considérable ; il paraît, dans quelques
cas, antérieur au creusement d'un certain ordre
de vallées, et il est composé, en grande partie,
de débris de roches qu'on ne trouve pas en
place dans le pays.

Le dépôt diluviique sera souvent facile à reconnaître par ses couches meubles, qui comblent le fond des vallées, aussi bien qu'elles

couronnent les coteaux. Ailleurs, nous verrons à divers niveaux des traînées d'énormes blocs composés de roches étrangères au pays et provenant de très-loin. Dans ce cas, l'explication d'une pareille formation se trouvera dans le redressement subit de chaines de montagnes et dans l'émersion de continents, accidents qui ont dû produire des débâcles, des oscillations dans les mers littorales, et des érosions mineuses.

Dans les alluvions du groupe historique, par contre, on n'a plus qu'à étudier l'action des eaux courantes soit pour détruire, soit pour charrier, ainsi que les effets des débâcles, des lacs et des mers. Plus rarement des phénomènes volcaniques ont produit et produisent encore des oscillations dans le niveau des eaux et des émersions, qui donnent alors lieu en petit à ce qui est arrivé en grand pendant l'époque du groupe erratique.

Quant aux dépôts, tels que les tourbes, les travertins, les limonites, les argiles dans les cavernes, les débris de montagnes, la terre végétale, etc., on peut souvent être embarrassé pour leur classement, et même s'ils sont tout à fait isolés, il peut y avoir impossibilité complète d'arriver à la découverte de la vérité.

La stratification est fréquemment indistincte dans les couches des dépôts du groupe erratique; mais lorsqu'elles offrent une stratification, elles sont généralement horizontales ou légèrement ondulées, ou bien très-faiblement inclinées. Néanmoins des glissements y ont donné lieu à des séries de couches plus inclinées, et, dans certains pays, elles ont participé à de plus grands redressements.

Les sables et les cailloux constituent la majeure partie du dépôt diluviique; ils sont très-variés, et leur nature est conforme à celle des terrains qui dominent ou entourent le dépôt diluviique. Comme les aspérités du globe sont composées principalement de roches anciennes, il est tout naturel que les fragments de cette nature abondent dans les sables et les cailloux de la plupart des pays.

Ces dépôts renferment parfois, comme couches subordonnées, quelques argiles limoneuses ou marnes grossières, des grès et des poudingues divers, résultant de la cimentation des parties ordinairement meubles. Ce sont notamment des filtrations d'eau chargée de limonite ou de chaux carbonatée, et du travertin, qui consolident ces masses. Il y a aussi çà et là quelques matières végétales ou des restes d'animaux.

Un des accidents les plus remarquables du dépôt diluviique est offert par sa richesse minérale. L'or, le platine, l'étain oxydé, le fer titané, le diamant et plusieurs autres gemmes, tels que

le saphir, le spinelle, le zircon, etc., sont disséminés dans certaines couches de sables de
diverses grosseurs. Ces minéraux se trouvent
dans des associations plus ou moins déterminées avec d'autres débris ; ainsi le sable aurifère
est principalement dans des dépôts quartzeux
et micacés, ou bien avec des débris de roches
syénitiques et dioritiques, dépôts dérivant du
sol ancien. Le platine, avec l'iridium, l'osmium,
le palladium, sont dans des sables par fois aurifères, semblables à ces derniers, et mélangés aussi de fer titané et oxydulé, ainsi que de
cuivre pyriteux. L'étain oxydé se trouve au milieu des charriages de roches quartzeuses et
provenant de terrains anciens.

Les diamants sont surtout dans des sables
quartzeux et sont accompagnés de fer magnétique, quelquefois d'or et principalement de divers
gemmes. Ils résultent donc des débris des schistes cristallins, talcqueux ou micacés, souvent à ita-
birite. Les sables titanifères sont notamment fréquents dans les contrées à matières syénitiques
ou diallagiques; d'autres roches ignées donnent
lieu à des sables granitiques à topaze et beryl, à
des argiles grenatifères, à des sables renfermant
des morceaux d'obsidienne verte, d'olivine, etc.

Souvent on a été fort embarrassé pour expliquer les productions de semblables dépôts,
soit parce qu'on ne connaissait pas le gisement

originaire de plusieurs de ces minéraux disséminés, soit parce que leur quantité dans les terrains de transport paraissait exorbitante, comparée à celle qu'ils offraient dans leurs gîtes véritables. Dernièrement, on est arrivé à la connaissance des gisements originaires : le platine a été trouvé, ainsi que l'or, dans les syénites et les serpentines, et très-probablement le diamant est implanté dans des amas ferrifères ou gemmifères des talcschistes.

Il y a plusieurs raisons qui expliquent l'origine des couches meubles, métallifères ou gemmifères. D'abord, ces minerais proviennent de masses éruptives ou bien de filons ; or, n'est-il pas naturel que les particules plus superficielles de ces fentes ou de ces roches aient reçu plus d'imprégnations métallifères ou gemmifères que les portions situées au-dessous ? Dans toute opération de sublimation, le dépôt est le plus grand à l'endroit où le refroidissement est le plus prompt. La grosseur des pépites des dépôts de transport, comparée aux lamelles d'or disséminées dans les filons, nous parait être un cas analogue. Ensuite, l'écume de ces matières ignées devait être scorifiée, fendillée et couverte de blocs ; ainsi les agents atmosphériques ou les actions destructives en général, ont eu plus de prise sur elle que sur le reste des masses, qui ont perdu en même temps de leur élévation, et qui, à présent, sont encaissés étroitement entre des couches schisteuses. Enfin, les destructions de ces roches ont été grandes; mais aussi elles ont eu lieu à une époque où il y a eu d'immenses déplacements des eaux. D'ailleurs, les ossements de grands mammifères éteints, trouvés parmi les sables aurifères de l'Oural, démontrent bien l'époque de ces charriages, dont la force est encore attestée par la distance à laquelle l'eau a pu porter des matières aussi pesantes que des pépites de platine et d'or. Il ne faut donc pas être surpris si les alluvions aurifères ne présentent qu'une portion des matières déplacées, car la plupart étaient assez légères pour être emportées bien plus loin. Quant à certains dépôts stannifères près de la mer, des oscillations de cette dernière ont pu activer leur formation, comme des couches coquillières semblent l'indiquer.

Les sables et les cailloux du groupe erratique ne forment pas constamment une nappe continue dans une localité; au contraire, on observe partout que, dans chaque pays, ces dépôts sont distribués sur des niveaux divers, ou par étages. Dès lors, quand il y en a sur les plateaux, il y en a aussi sur les terrasses plus ou moins nombreuses qui bordent les vallées, les lacs ou la mer. Il devient évident qu'il faut distinguer soigneusement ces grands dépôts des

plateaux des autres qui sont plus locaux, et
qui résultent moins d'un accident d'assez peu
de durée que d'une continuité d'actions uniformes et interrompues de temps à autre par de
plus grands phénomènes. Ainsi, des lacs ont
baissé petit à petit de niveaux, leurs digues ont
été renversées à plusieurs reprises, ce qui a produit, à certains moments, des diminutions considérables dans leur étendue et, par contre-coup,
des rives émergées ou des terrasses couvertes
de galets. Beaucoup de vallées ont été dans le
même cas au moyen de barrages ; mais dans
d'autres, on doit supposer que leurs rivières
avaient, à l'époque de la formation du groupe
erratique, plus d'eau qu'elles n'en ont actuellement, puisque le climat, dans les zones tempérées boréale et australe, était encore assez chaud
pour nourrir des animaux équatoriaux, tels que
des éléphants, des paléothérions, etc.

Sur le bord des mers, il est tout simple que
les flots aient formé des dépôts de sables et
de galets, et que ces dépôts contiennent des
coquilles et d'autres animaux, ou des végétaux
des mers actuelles. Si certains rivages ont été
soulevés, si certaines baies ont été submergées,
toutes ces couches sont venues au jour; et si ces
changements ont eu lieu graduellement et par
secousses, chaque mouvement plus violent sera
marqué par une terrasse d'alluvion marine; or

c'est justement ce qu'on observe. De plus, on trouve cette sorte de dépôt quelquefois assez loin des rivages ou sur des plateaux assez élevés, et il présente des roches qui sont à de grandes distances de leurs gîtes ordinaires.

C'est à ce même genre de formation marine, sur d'anciens rivages exhaussés, qu'il faut rapporter plusieurs dépôts antérieurs à l'époque des terrains du groupe historique, mais moins nombreux qu'on ne le pense généralement.

M. Lyell a mis hors de doute que le littoral de la Scandinavie a éprouvé et éprouve encore des exhaussements locaux, effets qui ont lieu par secousses, et qui ont dû commencer au moins depuis la dissémination des blocs erratiques. D'une autre part, M. Keilhau a cherché à lier ce phénomène à la fréquence des tremblements de terre en Scandinavie, et à montrer que les soulèvements constatés sont la somme de petits effets, le plus souvent imperceptibles. Il en serait de même au Chili, où des mouvements répétés de tremblements de terre ont porté petit à petit des bancs de coquilles marines jusqu'à 500 mètres de hauteur.

On appelle blocs erratiques de gros fragments angulaires de roches étrangères au lieu où on les trouve, et dont le véhicule a disparu. Ce sont des témoins des grandes révolutions par lesquelles ont passé certaines parties du globe. La définition que nous en donnons exclut déjà la possibilité de les confondre avec des blocs charriés par les rivières, ou avec les masses provenant de la désagrégation d'agglomérats ou de nagelfluhs. Au Harz, dans le Fichtelgebirge, en Bohême, en Moravie, en Écosse, aux Pyrénées et dans d'autres pays, les pentes des montagnes granitiques offrent une grande quantité de blocs angulaires qu'il ne faut pas confondre avec des blocs erratiques. Nous croyons que ces masses détachées dérivent, les unes de la décomposition des sommités, et les autres du mode éruptif des formations granitoïdes. Dans toute matière d'éjection, les parties extérieures sont fendillées, et la surface couverte de blocs. Plus tard, les forces qui ont donné lieu aux blocs erratiques ont enlevé une partie de ces rochers détachés, et en ont émoussé quelquefois les angles.

Les blocs erratiques sont épars dans les plaines, dans les vallées, dans les gorges et sur les pentes, ou même sur les crêtes des montagnes. Ils sont disséminés par bassins, ou bien les blocs de chaque nature différente sont groupés ensemble, de manière que le terrain occupé par eux a plus ou moins la forme d'une ellipse, dont le grand axe est dans la direction de la force motrice, et son sommet vers le point où cette dernière a commencé à pousser les fragments. A l'ouverture des vallées ou aux endroits de leurs élargissements les blocs sont plus abondants qu'ailleurs. Au contraire, ils manquent très-souvent dans les défilés où l'on peut supposer que le mouvement était plus rapide.

Les blocs erratiques présentent de vastes traînées et sont enfouis dans la terre végétale, les lacs, des sables ou des graviers. En quelques lieux ils sont couverts de tourbières, tandis qu'ailleurs ils sont placés simplement sur le roc vif, comme au moment de leur dépôt. Dans les vallées, les blocs sont plus fréquemment ensevelis sous des sables ou des argiles ; ils sont même liés par un ciment avec les débris qui les environnent.

Les blocs erratiques offrent surtout des roches d'origine ignée et des roches sédimentaires anciennes. Ils diffèrent d'une contrée à une autre comme les chaînes, dont ils dérivent, diffèrent entre elles. Ainsi le calcaire ancien coquillier, et les roches du trias, se trouvent en blocs dans la plaine de l'Europe et de l'Amérique septentrionale, et n'existent point dans le Jura. M. Kloden a vu, dans les blocs du nord de l'Allemagne, des roches et des fossiles dont le gisement est encore inconnu. Il peut aussi arriver qu'il y ait, dans le même pays, une diversité dans les blocs disséminés à différents niveaux. Certaines roches se montrent plutôt sur tel point que sur tel autre, à cause de la position relative de leur gîte primitif.

La grandeur des blocs varie depuis plusieurs centimètres cubes jusqu'à des grosseurs très-considérables. On peut donc confondre des traînées de semblables blocs avec des dépôts de transport provenant d'un tout autre point. Cette difficulté n'est pas même levée, lorsqu'on observe, sur des plateaux, des couches de très-petits blocs. Or, ceci ne tendrait-il pas à démontrer que la dissémination lointaine des débris de montagnes est un phénomène général dû à certaines causes agissant encore, tandis que les blocs n'en sont que les effets exceptionnels ?

Sous le rapport de la forme, on doit dire que les gros quartiers de rochers sont bien moins arrondis que les petits fragments. On pourrait comparer les premiers aux masses de laves projetées au loin par une bouche volcanique, tandis que les petits blocs portent vraiment tous les caractères des galets de rivières. Au reste, dans certains pays le sable, les galets, les gros blocs étant recherchés pour la bâtisse, etc., il faut prendre garde de confondre des formes artificielles avec leurs formes originaires.

La hauteur à laquelle on trouve les blocs se règle sur celle des points dont ils sont partis et sur le niveau de la contrée environnante. Ainsi, tandis qu'ils sont très-élevés dans le bassin et les montagnes de la Suisse et de la Savoie, ils sont situés à des niveaux très-inférieurs dans les plaines de la Russie, de l'Allemagne, de la Suède, etc.

Dans les pays de montagnes, toutes les vallées sont plus ou moins remplies de débris résultant d'avalanches, ou d'éboulements, ou bien des torrents descendant des hautes sommités. Ces matières fragmentaires ont des grosseurs très-diverses, suivant les roches dont elles dérivent : telle couche très-dure donne lieu à de gros blocs, sans souffrir, pour cela, autant de dégradation qu'une autre qui se réduit aisément en limon. On ne peut guère fixer l'époque de formation de leurs masses les plus inférieures, parce qu'en général elles sont enfouies trop profondément, et qu'elles remplissent souvent les crevasses, qui ont donné lieu aux vallées. Le commencement de ces dépôts tombe après l'émersion de chaque partie des continents actuels. Dans les parties récentes, des ossements de quadrupèdes et même des restes de l'industrie humaine viennent indiquer positivement l'époque de formation.

Les sables et les cailloux présentent des différences de gisement, suivant qu'ils sont le résultat du mouvement des eaux de la mer, ou

d'irruptions d'eaux fluviatiles ou lacustres.
C'est une étude difficile qui pourra, dans la suite, conduire à des idées positives sur le mouvement des eaux, leur direction, et sur le
nombre de leurs irruptions successives, pendant un même intervalle, dans diverses contrées.

En effet, il est évident que les premières oscillations des eaux ayant produit des dépôts, ces
derniers ont pu, plus tard, être un obstacle
à de nouvelles inondations. D'une autre part,
si les eaux fluviales forment, derrière des épe-
rons, des amas de débris et des terrasses de cailloux, les galets et les sables déposés par les eaux
marines affectent une autre manière d'être,
tandis que l'écoulement d'un lac expose des
bordures très-régulières de cailloux, en même
temps que ses eaux dénudent les couches sur
lesquelles elles passent, et déposent des traînées
de blocs et de débris, de volume d'autant moins
considérable que la distance parcourue est plus
grande.

Jusqu'ici on a estimé seulement la quantité de limon charrié dans la mer par certains grands fleuves, tels que le Nil, le Gange,
le Rhin, le fleuve des Amazones, etc. Or, si
cette estimation était même répétée sur plusieurs
points d'une rivière, cela ne serait qu'une bien

petite partie des observations à faire pour arriver au but que nous signalons. La dégradation des montagnes, et notamment des sommités, est un fait reconnu par tout le monde; mais, jusqu'à présent, on ne peut guère dire qu'on ait établi incontestablement par des mesures, que tel ou tel pic ait baissé, depuis un certain laps de temps, par cette seule cause, qu'il faut bien distinguer des effets d'affaissements.

En général, les cavernes paraissent tenir à la nature de certaines roches. La plupart des cavernes sont dans des calcaires anciens, oolitiques ou crayeux. Il y en a aussi dans le muschelkalk, et les amas de gypse offrent des cavités semblables, le plus souvent sans issue visible. On en trouve encore dans les coulées de laves, dans le basalte, les schistes cristallins, et dans le granite.

Les cavernes sont quelquefois à la séparation de deux dépôts, ou de deux couches. Elles sont sur la pente des montagnes, ou dans le fond des vallées, ou sur les côtes de ravins profonds, tantôt fort au-dessus du niveau du lit des torrents, tantôt à fleur d'eau des rivières. Les puits, les gouffres, les entonnoirs et d'autres trous bizarres des terrains calcaires ne peuvent se séparer des cavernes.

L'intérieur des cavernes présente quelquefois des marques de fendillements violents et d'usure par les eaux. Dans certaines cavernes, des géologues ont cru apercevoir des endroits polis par le fréquent passage d'animaux carnivores. Quelquefois les roches sont massives; ailleurs elles sont demi-stratifiées, horizontales, ou inclinées, ou accompagnées de failles. On a voulu reconnaître aussi que des couches arquées formaient des cavernes, lorsqu'une partie des couches arquées inférieures avait disparu.

Les dépôts des cavernes consistent en incrustations et brèches calcaires, en argile ocreuse et rouge, matière fort commune dans les cavités, en terre bitumineuse noire, provenant de la décomposition des os et des matières animales, et quelquefois en sables, cailloux et loess.

La quantité des incrustations varie beaucoup : ici le plancher est couvert de plusieurs couches calcaires, ailleurs il n'y a de stalactites qu'au plafond, et ceux-ci se produisent encore. Souvent cette formation a cessé tout à fait, parce que les conduits des eaux se sont bouchés, ou que ces dernières ont fini par prendre un autre cours. On a vu aussi des stalactites creux et des croûtes de stalagmites séparés par des espaces vides ou remplis d'eau. Certaines cavernes présentent en outre des efflorescences salines.

Leur température varie par rapport à la température moyenne du pays où les cavernes se trouvent. Plusieurs d'entre elles sont bien connues pour émettre sans cesse, ou à certains moments de l'année, des courants d'air froid. Il y a des grottes dont la température reste assez basse, toute l'année, pour renfermer constamment de la glace.

Les cavernes sont sèches, ou bien elles renferment des marres d'eau, ou des lacs, situés ordinairement dans les parties les plus basses. D'un autre côté, beaucoup de cavernes sont traversées par des torrents, ou en sont les dégorgeoirs momentanés. Il y a aussi des sources intermittentes ou périodiques, qui se vident au moyen de puits ou de cavernes. L'hydrographie des cavernes est une étude non-seulement intéressante, mais encore la seule qui puisse conduire à l'explication de la formation de la plupart de ces singuliers boyaux de la terre. Certains animaux, tels que les protées, et certains cryptogames, sont le propre des cavernes où se logent en général les chauves-souris, quelques petits carnassiers, des serpents à sonnettes, des hyènes, etc.

Il y a des cavernes qui n'offrent aucun reste organique. Le contraire a lieu pour celles qui sont situées à des niveaux en général inférieurs. Ces fossiles consistent principalement en

ossements d'animaux de genres et d'espèces
éteints, çà et là mêlés à des espèces vivantes. Il
y a de plus quelques coquilles terrestres mélangées aux limons, aux sables, aux cailloux qui
remplissent ou tapissent seulement le plancher
ou des portions de cavernes. Dans quelques
unes on a trouvé des ossements humains, au
milieu de ces os de carnivores, de pachydermes, de rongeurs, de ruminants, etc. Les cavernes du Languedoc, de la Belgique et de la
Syrie ont surtout présenté cette circonstance, et
ont offert, en outre, des débris de poteries grossières. C'est donc un fait analogue à ce qu'on voit
dans les brèches osseuses.

Assez souvent les dépôts ossifères sont sous
des croûtes de satalactites ou de stalagmites,
autre circonstance qui indique, au moins,
une certaine ancienneté, ainsi que leur contemporanéité avec le remplissage des fentes à
brèches.

Il devient souvent impossible de distinguer
des dépôts perdiluviiques divers dépôts diluviiques, car certaines masses minérales peuvent
résulter aussi bien d'un phénomène extraordinaire que d'un phénomène habituel. Dans tous
les cas, nous allons parler maintenant de dépôts
qui, en général, doivent être rangés parmi les
dépôts perdiluviiques.

Les alluvions anciennes se lient aux terrains

palæothériiques , lorsque leur formation a eu
lieu dans les mêmes circonstances que ces
derniers , ou bien, si ce sont des dépôts conti-
nentaux , quand les mêmes phénomènes de
formation, tels que des dépôts de sources, des
charriages, etc., ont eu lieu pendant les deux
époques. Ainsi, le remplissage des cavernes à
ossements, la production de certaines tourbières, de certains travertins, de certains minerais de fer, de certaines terres végétales, de
certaines dunes, etc. , toutes ces formations peuvent aussi bien avoir commencé sur des terres
émergées pendant la période palæothériique,
que pendant les époques erratique et historique.
D'une autre part, sur des plages ou dans des mers
voisines d'îles ou de continents , les sédiments
d'alluvion ont pu faire suite à ceux des terrains
palæothériiques, si ces points du globe n'ont
pas éprouvé de changements notables dans l'intervalle de temps qui s'est écoulé entre les deux
époques. Si, au contraire, il y a eu à ce moment
donné des bouleversements, des affaissements,
des redressements de couches , des émersions,
etc., la liaison entre les deux groupes n'a pas pu
avoir lieu dans les points frappés par de pareilles
catastrophes. Il y a discordance de stratification
dans le cas de redressement; ailleurs, les couches
alluviales occupent des niveaux inférieurs aux
sédiments palæothériiques, lorsqu'il y a eu émer-

sion d'une partie de la terre jadis sous-marine, ou lorsqu'un lac s'est écoulé. Il peut aussi être arrivé qu'une émersion ait été suivie d'une immersion, et que, plus tard, le sol ait été de nouveau émergé ; dans ce cas on pourra trouver dans une même contrée liaison apparente, aussi bien qu'une discordance complète, entre les groupes palæothériique et erratique.

Le loess est un dépôt plutôt lacustre que fluviatile ; il est composé d'argile limoneuse ou marneuse, à concrétions ovoïdes de marne calcaire endurcie, et quelquefois creuses intérieurement. Ces couches horizontales contiennent des bancs et des amas plus ou moins arénacés, des sables et des cailloux, surtout dans les parties inférieures et supérieures.

Le loess couvre les grandes plaines, et remplit le fond des grandes vallées, de manière à paraître le dernier sédiment des bassins d'eau douce qui ont occupé ces cavités. Le dépôt de loess manque ou est mêlé à des graviers, dans les vallées qui n'ont pas formé le fond de lacs d'eau douce, qui n'ont pas eu assez longtemps cette destination, ou dont les eaux ont été trop agitées.

C'est à ce genre de formation qu'il faut rapporter les dépôts arénacés, à ossements d'animaux éteints et à coquilles terrestres et lacustres, que MM. Strickland et Charleworth ont découverts, l'un dans la vallée d'Evesham , dans le Worcestershire , l'autre dans le Suffolk. Ils y ont observé aussi des coquilles du pays, à l'exception de trois espèces qui paraissent éteintes. C'est le gisement du plus grand nombre d'ossements de mammifères enfouis pendant l'époque erratique. Quelquefois ces derniers se trouvent accumulés d'une manière extraordinaire dans des cavités remplies de loess , résultat qui tient à ce que leur arrivée dans de semblables localités a mis obstacle à tout charriage ultérieur.

On a trouvé dans le loess des ossements humains de races étrangères à l'Europe.

Les sources minérales ont produit, pendant l'époque erratique , des travertins ou des tufs calcaires qui renferment quelquefois des ossements de quadrupèdes n'existant plus dans le pays, ou même des espèces perdues. Des coquilles terrestres ou lacustres , encore existantes, y sont un accident plus fréquent , mais leurs espèces ne sont pas toujours celles qui sont les plus communes dans le pays. Il arrive aussi, comme de nos jours, que les eaux des lacs alimentés d'eaux acidules et chargées de carbonate de chaux , ont produit des couches marno-calcaires. Ces masses alternent parfois avec des lits de tourbe et d'argile. Leurs fossiles consistent en ossements de grands animaux quelquefois éteints, en coquilles lacustres, et en plantes de marécages, ainsi qu'en leurs graines.

Sur le bord de la mer, des sources, déposant du carbonate de chaux, ont cimenté des sables ou des galets; tandis que, sur le pourtour de la Méditerranée ou sur les rivages des systèmes oolitique et crétacique, il s'est déposé du limon calcaire dans des creux et des fentes. Cette matière est tout à fait semblable à ce qu'on observe parfois dans les Alpes. C'est un lavage du calcaire, ou du moins de l'acide carbonique des eaux pluviales, et un dépôt produit par des sources acidules qui coulent sur des rochers. Dans la zone méditerranéenne, ce calcaire est jaune ou brunâtre, et plus ou moins arénacé. Il empâte quelquefois des coquilles marines non pétrifiées, comme celles des sables marins récents. Les mêmes terrains de l'Europe méridionale, ayant éprouvé de grandes dislocations, ont offert jadis et offrent encore beaucoup de fentes. Ces vides se sont remplis en partie de fragments calcaires, puis des infiltrations d'eaux pluviales sont venues les cimenter plus ou moins en dissolvant, au moyen de l'acide carbonique, du carbonate de chaux. Telle est l'origine de cette grande quantité de brèches brunâtres ou colorées par le limon rouge, propre au terrain calcaire. Il est tombé parfois dans ces fentes des ossements de quadrupèdes terrestres d'espèces vivantes ou éteintes dans le pays ou ailleurs. Ces ossements y ont été amenés fréquemment aussi par des cours d'eau réguliers ou par l'écoulement des eaux pluviales. Les brèches osseuses sont donc résultées de ces deux modes de remplissage.

Cette formation de brèches a eu lieu plus ou moins loin de la mer ou même dans l'intérieur des continents. Dans ce dernier cas, si elles contiennent des fossiles, ce ne sont que des ossements et des coquilles terrestres ; mais lorsque le dépôt a eu lieu sur des rivages, la position des fentes, relativement au niveau de la mer, y a rendu possible ou impossible l'introduction de coquilles marines.

A l'époque des alluvions, comme lors de la formation du grès vert, les sources minérales ont déposé çà et là des pisolites ferrifères, ou du minerai de fer en grains, et des argiles ferrugineuses jaunes, brunâtres ou rouges. Ces amas épars, et placés souvent dans des cavités, abondent principalement sur les terrains oolitiques de l'Europe centrale et sur les systèmes oolitique et crétacé des bords de la Méditerrannée. Ce recouvrement argileux empêche la filtration des eaux, de manière qu'une assez belle végétation a pu s'y établir, même sous un climat chaud. Telle est l'origine des oasis de verdure sur le sol aride et crevassé des calcaires méditerranéens. Mais ces amas ferrifères renferment rarement des argiles avec des lignites.

Il est arrivé aussi que les dépôts ferrifères ont été remaniés ; alors ils se sont mélangés de fragments de fer hydraté de formation plus ancienne, telle que d'oolite ferrugineuse, de fer provenant du grès vert, ou de quelque autre assise oolitique ou crétacée. Il y a quelquefois encore un mélange de fossiles des terrains oolitiques et crétaciques, et même des ossements de mammifères, surtout des ruminants, des pachydermes, des carnivores et des rongeurs.

Les tourbières ont dû commencer à se former dès que le climat s'est adapté à ce genre de dépôt. Quelques-unes indiquent bien leur âge lorsqu'elles sont placées sous des tufs calcaires à ossements d'animaux éteints, d'autres lorsqu'elles contiennent des restes de mammifères éteints ou vivants.

Quand ces dépôts ont eu lieu près des rivages, des glissements ou des affaissements ont pu les placer sous le niveau actuel des eaux. Ailleurs, des tourbes s'étant formées sous des marécages séparés de la mer par de faibles barrières, on comprend que celles-ci ont pu être détruites par la force des marées ou des courants, et qu'ainsi une tourbière ou même un sol couvert d'arbres a pu être envahi par la mer. Ces différentes causes ont donné lieu, sans aucun doute, aux tourbières sous-marines qu'on a reconnues sur un grand nombre de points des côtes de la Grande-Bretagne, de la Manche, et en deçà de la Baltique.

En général, ces tourbières sont remplies de troncs d'arbres renversés, dont les espèces existent encore dans le pays, mais qui ne se trouvent plus quelquefois qu'à une grande distance des rivages. Il s'est opéré un changement notable dans la végétation du pays, ce qui, du reste, s'observe dans les tourbières situées sur les montagnes. Ainsi, en Écosse, on y trouve des troncs de gros chênes qui sont devenus une rareté dans cette contrée. Il y a, de plus, dans les tourbes sous-marines, des noisettes, des cônes de pins et quelquefois des coquilles terrestres ou lacustres, ainsi que des ossements de mammifères terrestres, surtout de l'ordre des ruminants. Ce sont, en général, des alternats confus d'argiles, de galets, de graviers et de lignite compacte ou friable avec des pyrites, mais rarement avec des bois percés de lithodomes.

Quant aux tourbières anciennes formées sous la mer ou à végétaux marins, tels que le zostera marina, etc., il paraît qu'on n'en a découvert que rarement.

Pendant l'époque erratique, il a dû se former sous la mer des bancs de sable, ainsi que des récifs de polypiers, comme il s'est formé sur la

terre ferme des alluvions fluviales et de la terre
végétale. Or, la distinction de tous ces dépôts
de ceux qui sont plus modernes est d'autant plus
embarrassante que le secours des fossiles manque souvent, ou ne sert à rien.

Dans la zone boréale, des glaces alternent avec
des lits de boues, des débris de roches, et des
glaces enveloppent des ossements d'animaux
éteints, d'éléphants, de mammouths, etc.; quelquefois ces derniers animaux ont encore leurs
chairs et leurs poils. Il est donc probable que ces
dépôts datent de l'époque erratique, et que,
charriés par les rivières, la glace nous a conservé ces êtres curieux.

D'après ce que nous venons d'exposer sur les
terrains de sédiment du groupe erratique, on
voit que leurs formes générales sont analogues à
celles qui caractérisent les terrains de sédiment
du groupe historique, si ce n'est que des dépôts
très-puissants du groupe erratique, se trouvent
souvent à de grandes hauteurs et qu'ils montrent souvent aussi un alignement constant.

Les roches volcaniques qui paraissent se rapporter au groupe erratique sont les mêmes que
celles du groupe historique; de plus, leur manière
de se montrer dans les deux groupes semble encore être identique.

Groupe palæothériique.

La position, le développement et la décomposition des dépôts du groupe palæothériique sont très-variables, de plus leur recouvrement par des alluvions est fréquent. Les terrains palæothériiques, lorsqu'ils sont en contact avec les terrains erratiques et historiques, se trouvent au-dessous de ces derniers; ils présentent plus de roches cohérentes que ceux-ci, et les restes organisés qu'ils renferment appartiennent généralement à des espèces qui n'existent plus, mais dans lesquelles on reconnaît toutes les classes d'êtres qui vivent maintenant à la surface de la terre, notamment celle des mammifères.

La superposition des terrains palæothériiques sur la craie, est le cas exceptionnel; le plus souvent ils s'étendent sur toute espèce de terrains, en remplissant ou en bordant des vallées et des bassins, ou bien en formant des crêtes au pied des chaînes. Dans certaines contrées, des dépôts lacustres s'intercalent au milieu du groupe palæothériique, tandis qu'ailleurs, une partie des couches palæothériiques est un sédiment d'eau douce ou un charriage d'eau fluviale. Les terrains du groupe palæothériique montrent non-seulement qu'il y avait à cette époque de nombreux lacs d'eau douce, mais encore que la disposition des eaux et des continents favorisait la formation et la destruction des lagunes, aussi bien que celle de grands deltas de rivières.

Les terrains palæothériiques recouvrent une partie assez considérable du globe, entre autres la plupart des plaines fertiles, et, par conséquent, celles où les hommes ont formé leurs principaux établissements.

Chaque bassin possède sa succession de couches, de manière qu'il est impossible d'établir entre leurs masses une correspondance autre qu'une concordance générale. C'est une conséquence nécessaire de la formation de ces dépôts dans des golfes, des baies ou des cavités plus ou moins séparées. Les grès et la craie du groupe crétacique présentent déjà beaucoup d'anomalies semblables; il est donc tout naturel d'en trouver de plus grandes dans les sédiments plus récents.

Comme dans les autres terrains, il y a des dépôts du groupe palæothériique très-élevés, tandis qu'il y en a d'autres qui sont au niveau des mers, et même au-dessous de ces dernières, circonstance remarquable, notamment pour des couches à coquilles lacustres. Certains dépôts palæothériiques ont été formés sur des rivages, d'autres sous des mers assez profondes, d'autres encore sous les eaux de lagunes, ou même dans des lacs d'eau douce.

On divise le groupe palæothériique en dépôt

pliocène, dépôt miocène, dépôt éocène et en dépôt pisolitique; mais ce dernier dépôt ne devrait, à la vérité, être regardé que comme un membre du dépôt éocène.

Une donnée précieuse est fournie par les perforations que les lithodomes ont laissées sur les rochers sous-marins qui bordaient les bassins, ou sur la surface des couches centrales. Dans le premier cas, ces lignes de trous donnent une idée de la profondeur des mers; le second cas nous apprend qu'il s'est écoulé un temps assez considérable entre la formation du calcaire perforé et celle des couches qui le recouvrent.

Quelquefois les couches du groupe palæothériique, notamment les supérieures, offrent des fossiles arrachés à d'autres terrains, c'est un accident dont il faut se rappeler pour ne pas être amené à de fausses déductions, il est même probable qu'il se présente aussi dans des groupes inférieurs.

Le groupe palæothériique est composé de calcaires marins et d'eau douce grossiers ou siliceux, de conglomérats plus ou moins calcarifères, d'argiles, de marnes, de sables, de grès, de meulières, de lignites, de gypses, etc. Ce groupe renferme généralement une accumulation immense de débris organiques, marins ou d'eau douce.

Les terrains palæothériiques supérieurs sont formés surtout de molasses, de marnes argileuses, de sables, d'agglomérats et de calcaire, mais ils offrent de grandes diversités dans la composition et principalement dans la succession des masses. Il est souvent très-difficile de pouvoir séparer le dépôt pliocène du dépôt miocène; néanmoins, nous allons essayer d'établir ces divisions, et commencer la description des terrains paléothériiques supérieurs par celle du dépôt pliocène.

Des grès et des argiles se trouvent sur les alternats de molasse et de calcaire d'eau douce; mais il arrive aussi que les argiles marneuses à grandes huîtres du haut des coteaux alternent avec le calcaire coquillier gris de fumée : telle est du moins l'opinion de M. Boué. D'autres observations décideront si l'alternance n'est pas une fausse apparence produite par l'apparition, en stratification discordante, d'amas argileux contre le système de molasse et de calcaire d'eau douce. D'une autre part, les faluns reposent sur le calcaire inférieur des landes, et ne se lient que par les fossiles avec les grès coquilliers de la rive septentrionale de la Garonne.

Dans le sud-ouest de la France, il y a un grand dépôt arénacé composé de galets, de sables et d'argiles grossières et sableuses, à minerais de fer hydraté et à lenzinite. Ce sont les sables des landes, qui ont pour représentants, dans le nord de la France, des couches d'argiles et de cailloux sur de petits plateaux ou sur des sommités.

Dans le bassin du Languedoc, du Roussillon et de la Provence, le système de molasse marneuse et de calcaire d'eau douce se retrouve aussi, mais les gypses y sont plus abondants, et ils y sont associés avec du soufre, des lignites et des marnes à impressions d'insectes et de poissons. Dans ces contrées, comme en général dans la zone méditerranéenne, il s'est formé, vers cette époque, un nombre assez considérable d'amas de lignite, qui se sont quelquefois disposés isolément sur des terrains crétaciques ou oolitiques. De semblables dépôts remplacent en quelque sorte, dans cette région, les houillères de l'Europe septentrionale.

Une autre indication du charriage fluviatile qui a eu lieu à cette époque, nous est donnée par des masses de poudingue calcaire plus ou moins cimenté. Des marnes rouges, ayant quelque ressemblance minéralogique avec certaines roches du Keuper, font partie de ce terrain.

La plus grande partie des dépôts palæothériiques du sol méditerranéen français, est formée par des marnes argileuses plus ou moins sableuses ; elles alternent avec des grès ou des agglomérats, en grande partie calcaires, avec des calcaires grossiers arénacés et des couches de calcaire coquillier d'eau douce. Parmi ces dépôts, il y en a qui sont superficiels, tandis que d'autres paraissent un peu plus anciens et alternent quelquefois avec des agrégats basaltiques ou des grès marins. De plus, il y a aussi des dépôts sableux à ossements de mammifères.

En remontant le Rhône, on trouve souvent de vastes dépôts de calcaires coquilliers marins, de grès supérieurs, ainsi que des sables et des cailloux. Dans le Dauphiné et la Bresse il y a un dépôt de calcaire d'eau douce à soufre.

Si l'on se transporte en Espagne, on trouve sur toute la côte méditerranéenne d'anciens golfes, ou d'anciennes baies, remplis de dépôts semblables, surtout à ceux du Languedoc, savoir : des argiles marneuses, des sables, des agglomérats, des grès, divers calcaires grossiers. D'une autre part, si les couches palæothériiques se sont déposées dans des bassins fermés et plus éloignés de la Méditerranée, elles sont surmontées souvent de calcaires d'eau douce, parce que la mer, avant de s'écouler, se sera dessalée. Des lignites, du gypse en masse ou disséminé dans les marnes, du soufre et du sel, ainsi que des sources salées, se rencontrent dans les terrains d'Espagne.

En Portugal, on trouve le même terrain subapennin, argileux, et couvert par des sables et des calcaires coquilliers. En Italie, les deux versants des Apennins sont bordés d'un vaste dépôt de marnes argileuses, quelquefois à bancs d'huîtres, alternant avec des sables et des marnes sableuses, et surmontées de sables, en partie ossifères, et de divers calcaires grossiers coquilliers.

De grands amas de gypse compacte et spathique, des lits et des rognons de soufre et du lignite, se rencontrent dans ce terrain. Le gypse spathique alterne quelquefois avec les sables; des impressions de poissons et d'insectes, et plus souvent des impressions de feuilles d'arbres, accompagnent les gypses. Le lignite y est parfois en amas isolé.

Les Apennins présentent, dans le Siennois, des dépôts de calcaires d'eau douce et de marnes à coquilles lacustres; tandis que, dans le pays de Naples, la Pouille, ainsi qu'en Sardaigne, en Sicile, on retrouve des calcaires grossiers, des sables et des marnes qui appartiennent au dépôt miocène.

La Sicile est renommée depuis longtemps par ses amas de sel, de soufre et de gypse, dont la position exacte est aussi difficile que celle de beaucoup d'amas semblables, où l'action ignée a été en jeu; au reste, ils sont accompagnés quelquefois de calcaires siliceux. Dans cette île, ainsi qu'à Malte, on trouve de vastes dépôts de calcaires marins coquilliers, les plus récents parmi les produits palæothériiques.

Les dépôts palæothériiques supérieurs de la Grèce et de l'Algérie offrent la même constitution qu'en Italie et en Sicile. Le lignite s'y montre quelquefois en amas isolés. Dans la Suisse et en Bavière, les molasses inférieures alternent avec des marnes argileuses, des poudingues, des couches de calcaire fluviatile et de lignite ; elles ne présentent pas de coquilles marines, mais bien des ossements de mammifères, ce qui indique une origine fluviatile.

Sur ces molasses sont venues se placer des marnes argileuses quelquefois gypsifères, des molasses ou du grès quelquefois à coquilles marines, et même des espèces de calcaires grossiers. Dans certaines localités, il y a eu de petits dépôts partiels : tels sont les calcaires d'eau douce, en partie siliceux, les poudingues du bassin du Jura suisse, le calcaire marneux d'Œningen, si riche en fossiles, les calcaires d'eau douce coquilliers et ossifères des bassins de Steinhein, du Riessgau, etc. Enfin, dans les parties supérieures de la molasse, il y a des amas de bois bitumineux.

Dans le bassin du Rhin il s'est formé à l'époque pliocène des agrégats de calcaire fluviatile et marin, des sables, des grès et des marnes avec des lignites et de la poix. On voit des dépôts locaux et isolés d'eau douce accompagnés de lignites. Ailleurs, le combustible s'est déposé avec des argiles.

Les molasses de la Suisse s'étendent jusqu'à la Basse-Autriche, et y offrent à peu près la même division que dans le premier pays; mais à Vienne et en Hongrie les argiles marneuses bleues les remplacent en grande partie, et la position de ces bassins y a favorisé le dépôt de vastes amas de coquilles marines.

En Italie, sur le même horizon qu'en France, il y a quelques dépôts de lignite accompagnés de calcaire fluviatile ou d'un mélange de coquilles marines et d'eau douce. Rarement y trouve-t-on aussi du soufre en rognons avec des poissons et des insectes, ou des ossements d'anthracothérions, dans le lignite. La partie supérieure du système y est composée d'alternats de sables et de galets, d'agrégats, de faluns, de calcaires grossiers, de calcaires à lenticulines, à polypiers, et de quelques amas superficiels de calcaires d'eau douce. De plus, il y a de petits dépôts locaux, entre autres un quarz résinite à poissons et insectes fossiles.

D'une autre part, en Pologne et en Gallicie, la molasse et l'argile bleue du dépôt pliocène enveloppent de grands dépôts de sel, quelquefois à coquilles marines. Au-dessus de ces masses on trouve les mêmes alternatives que dans la France occidentale. Plus à l'est, ces roches, formant la partie supérieure des plateaux inférieurs de la Podolie, sont encore surmontées de quelques couches arénacées et coquillières, qui sont exactement le pendant des roches palæothériiques les plus récentes de la Sicile. Ce sont cesanciens délaissés de la mer qui s'étendent au loin dans les steppes de la Russie d'Asie.

La Géorgie présente, soit du côté de la mer Noire, soit du côté de la mer Caspienne, les mêmes dépôts palæothériiques que la Pologne, la Bessarabie et la Crimée. D'une autre part, la configuration de la Bessarabie, ressemblant à celle de l'Espagne méridionale, a pu se prêter à la formation des lignites, qui, au contraire, n'ont pu se produire sur le vaste littoral de la Pologne et de la Podolie, tandis qu'il y en a sur le pied des montagnes de la Moldavie, de la Valachie et de la Turquie d'Europe.

Enfin, dans le bassin de la Bohême, il ne s'est formé que des lignites des argiles et des marnes sans coquilles marines. Il est possible que ces lignites, comme plusieurs de ceux de la Saxe et de la Westphalie, soient de l'époque miocène aussi bien que de l'époque pliocène, du moins ceux qui recèlent des ossements sembleraient l'indiquer. Dans la plaine du nord de l'Allemagne, on trouve surtout des dépôts sableux de l'époque pliocène, sables qui sont accompagnés quelquefois de blocs scandinaves ou de minerais de fer.

Dans le dépôt pliocène, M. Deshayes a reconnu 52 pour 100 de coquilles fossiles ayant leurs analogues vivantes ; ainsi , la mer d'alors ressemblait déjà beaucoup aux mers actuelles. On rencontre aussi des restes d'éléphants, de hyènes et d'autres animaux qu'on voit dans les cavernes ossifères et les alluvions anciennes. Au surplus , les coquilles fossiles qui semblent être caractéristiques de ce dépôt sont les suivantes : solen vagina , mactra triangula , cytherea chione , venus plicata , cardium sulcatum , isocardia cor, pecten opercularis , tornatella fasciata , cerithium granulosum, murex brandaris, buccinum mutabile.

Les terrains palæothériiques moyens , sont bien plus souvent redressés que les terrains inférieurs ; or, ce bouleversement ayant précédé le dépôt des couches palæothériiques récentes , ces dernières sont venues se placer çà et là , en stratification discordante sur l'étage moyen.

En Suisse, en Bavière , en Autriche , on ne voit guère que des molasses et des agglomérats avec des couches marno-argileuses. En Autriche, en Hongrie , en Italie, en Grèce, en Espagne, en Algérie, ce sont tantôt des molasses, tantôt de puissantes couches argileuses, surmontées de sables avec des couches calcaires, etc. Une autre particularité vient compliquer cette dissemblance, elle résulte de ce que les dépôts ont eu lieu, les uns sous les eaux douces, les autres, sous la mer. Or MM. Prévost et Desnoyers ont bien prouvé que le bassin parisien était occupé seulement par des lagunes ou par des eaux douces, lorsqu'une partie des dépôts marins de la Touraine et de la Gironde, etc., a été formée. Les falunières de Mantelan et du Blaisois recouvrent du calcaire d'eau douce, et des dépôts semblables se lient en Sologne à des couches arénacées. Les bassins de l'Auvergne s'étant trouvés séparés de l'Océan, n'ont été remplis que d'eau douce. Le bassin de la Bohême septentrionale et certains bassins de l'Espagne centrale paraissent avoir été dans le même cas. Avant de recevoir les sédiments palæothériiques supérieurs marins, le bassin du sud-ouest de la France a été alternativement rempli d'eau douce, d'eau saumâtre et d'eau salée. Dans le Languedoc et la Provence, il y a aussi des dépôts de lagunes d'eau douce qui ont précédé ou commencé la formation palæothériique supérieure.

Les bassins de la Suisse et du Rhin formaient à cette époque de vastes golfes; en conséquence, ils se sont comblés, surtout de dépôts fluviatiles, et plus tard seulement les couches y ont pu recéler des dépouilles marines. D'une autre part, en Autriche, en Hongrie, en Valachie, en Gallicie, en Pologne, dans la Russie méridionale, en Géorgie, en Grèce, dans la Cyrénaïque, la régence d'Alger, l'Espagne méridionale, l'Italie, le littoral de la Colombie, etc., etc., la formation palæothérique supérieure a été toute marine, ou n'a cessé de l'être que dans ses derniers dépôts, lorsque le pays s'est prêté à la formation des lacs d'eau douce, comme en Espagne, en Grèce, en Toscane, dans certains points des bassins du Rhin, de la Bavière, de l'Autriche, de la Hongrie. Une telle fin est toute naturelle et analogue à ce qu'on observe dans les bassins du nord-ouest de l'Europe. Néanmoins, dans plusieurs de ces bassins on trouve, à certains horizons, des coquilles fluviatiles et même terrestres, mêlées à des bancs de coquilles marines, ce qui y indique, soit le voisinage des continents, soit la tendance des eaux à se dessaler.

Ce sont ces alternatives de couches tantôt marines ou d'eau saumâtre, tantôt fluviatiles ou d'eau douce, que des géologistes de Paris ont appelées le terrain tertiaire moyen, et que nous nommons dépôt miocène ; nous allons donc dire encore un mot sur les sédiments qui paraissent s'y rapporter.

Au-dessous du dépôt pliocène, on voit à la colline de Supergue, près de Turin, le dépôt miocène en stratification discordante ; celui-ci est composé d'alternances de marnes bleuâtres et de grès calcaires renfermant des galets, des blocs et des fossiles différents de ceux du dépôt pliocène.

Ainsi, les molasses du Supergue et les aggloménrats de Tortone sont, par leur position autant que par leurs fossiles, intermédiaires entre le calcaire inférieur et les argiles subapennines surmontées de sables et de calcaires. Le dépôt local de Bolca, celui de Ronca, les argiles gypsifères de Volterre, le poudingue d'Aix, etc., seraient chacun un assemblage de divers dépôts, produits pendant un laps de temps assez considérable. Supposons que des dépôts abondants aient lieu dans la Méditerranée, et que l'Adriatique s'en trouve comblée; une fois devenue continent ou couverte de lacs d'eau douce, les sédiments marins continuant toujours, il est clair qu'il ne s'en formerait plus dans l'Adriatique; or, cela donnerait seulement le droit de dire qu'il ne s'en produit plus dans le golfe de la Méditerranée. Il en a été de même dans le nord ouest-ouest de l'Europe; car les environs de Paris n'occupent que la place d'un golfe ou d'une très-petite partie d'un immense bassin. Renfermée entre des plateaux et des falaises crétacés, cette cavité particulière s'est comblée, ce qui y a fait cesser à une certaine époque la formation des sédiments marins; mais ceux-ci ont continué de se produire dans les autres portions du bassin, au milieu desquelles coulent maintenant d'un côté, la Loire, la Dordogne, la Garonne, l'Adour, l'Hérault, le Rhône, etc.;

de l'autre côté l'Escaut, l'Elbe, la Vistule, le Dniester, etc.

Il y a des contrées où il ne s'est déposé que du grès vert sans craie, et non loin de là les deux dépôts se trouvent aussi réunis ; néanmoins, on ne distingue pas les deux localités sous le nom de bassins particuliers. Dans le bassin parisien, cette particularité a produit dans les dépôts une inclinaison générale au sud et une disposition par étages successifs, qui sortent au jour, du plus ancien au plus nouveau, et qui se recouvrent comme les tuiles d'un toit, à mesure qu'ils s'avancent du nord au midi. Les dépôts appelés terrains palæothériiques moyens, dans le bassin de la Loire, se trouvent dans la Touraine et dans un grand nombre de petites cavités placées à différents niveaux au milieu des groupes crétacique et oolitique, ou des groupes plus anciens de la Vendée, des départements de la Loire-Inférieure et d'Ille-et-Vilaine.

On ne peut pas établir d'ordre constant de superposition pour les roches qui composent de pareils terrains ; circonstance qui dépend de leur formation locale, accidentelle et littorale. Ce sont 1° des argiles marneuses à bancs d'huîtres ; 2° des sables quarzeux et des galets quelquefois cimentés par la chaux carbonatée et renfermant çà et là des cailloux perforés par des animaux marins ; 3° des faluns, c'est-à-dire des amas de coquilles brisées, mal liées ensemble par des particules cal-

caires, résultant aussi de fragments de coquilles ; 4° des agrégats, surtout de polypiers faiblement agglutinés, formés dans des eaux tranquil-
les, et confondus quelquefois avec des calcaires
concrétionnés ; 5° des calcaires poreux très-coquilliers à ciment calcaire et ferrugineux. Ces
derniers sont nommés tufs dans le Cotentin. On
y observe des fragments provenant des sables et
des grès parisiens. Plus au sud, dans la France,
les bassins de l'Auvergne et du Cantal n'offrent
que des grès plus ou moins marneux, des agglomérats, des marnes argileuses ou calcaires, des
calcaires d'eau douce, et quelque peu de lignite
et de gypse. Ces roches enclavent des amas de
tufs basaltiques, et alternent même avec des
agrégats basaltiques et feldspathiques. On y
voit des coquilles d'eau douce univalves et bivalves ; des cypris abondent dans les marnes,
comme les indusies dans les calcaires. Quelques poissons d'eau douce accompagnent les lignites ; tandis que beaucoup d'ossements de
mammifères, d'espèces différentes de celles des
environs de Paris, sont empâtés, principalement
dans les calcaires, et les graviers recouverts de
roches volcaniques.

La liaison du bassin de Paris et d'Orléans,
avec ceux situés sur le cours supérieur de la
Loire et de l'Allier, s'établit au moyen des
calcaires siliceux d'eau douce et par des sables

et des agglomérats. D'une autre part, une liaison bien plus intime existe entre les bassins de Paris et de la Loire et celui du sud-ouest de la France, puisque les sables palæothériiques des plaines stériles de la Sologne, passent aux dépôts d'argiles ferrugineuses et de minerais de fer, qui recouvrent la plupart des dépôts calcaires du Poitou et de l'Angoumois. Avant la formation crétacée, le nord et le sud-ouest de la France présentaient deux vastes golfes marins, peut-être séparés tout à fait par une crête oolitique et même plus ancienne, tandis qu'après le dépôt crétacé, ces deux bassins ont été mis en communication par un ou deux canaux placés entre les terrains anciens de la Vendée et du Limousin, espace dont le remplissage a commencé par les dépôts, en bateaux, de couches oolitiques.

Le dépôt miocène du sud-ouest de la France est composé de molasses argileuses en partie ossifères et en partie à coquilles marines, de marnes plus ou moins argileuses, de calcaire d'eau douce avec ou sans coquilles, de faluns, de calcaire moellon, de sables, de grès et d'argiles sablonneuses à minerais de fer. Les calcaires d'eau douce occupent le sol montueux du pays ; la molasse ossifère, et, probablement en grande partie, un dépôt fluviatile forment les collines d'un ordre inférieur, tandis que les faluns sont presqu'uniquement, dans les régions basses, recouverts de sables. Quant à la molasse coquillière ou marine, ainsi que certaines argiles à huîtres, elles ne sont qu'un petit accident des parties supérieures du bassin du sud-ouest de la France; au reste ce dépôt est bien plus développé dans le Languedoc et le Roussillon. Ces dernières couches sont situées sur le haut des coteaux ou sur les points les plus élevés. Enfin, les argiles sableuses et les minerais de fer couvrent les coteaux crayeux du Périgord, de la Saintonge et du Querey.

Le passage du dépôt miocène au dépôt éocène a eu lieu au moyen de marnes argileuses pétries d'huîtres, puis viennent diverses modifications de molasses avec des calcaires d'eau douce très-variés. Suivant les localités, ces derniers formeraient un nombre variable de bancs ou d'amas ellipsoïdes. Ainsi, entre Villeneuve-d'Agen et Libos ils sont très-nombreux, au lieu que, dans le Pic-de-Bère, on en compte seulement trois.

Le calcaire d'eau douce présente beaucoup de variétés; il est souvent compacte ou concrétionné, et sa masse la plus supérieure est grise, pleine de tubulures, de coquilles, d'os eiments de tortues, etc. Ce dépôt comprend, sur divers points, des calcaires siliceux, des meulières, des bois siliceux et du gypse, soit compacte, soit sous la forme de sélénite.

Parmi plus de 900 espèces de coquilles fossiles du dépôt miocène, M. Deshayes n'en reconnaît que 18 pour 100 ayant leurs analogues
vivantes, et 19 pour 100 qui se soient montrées
à l'état fossile dans le terrain précédent. Le dépôt
miocène renferme des espèces de palæothères
différentes de celles du dépôt éocène : la plupart
des lophiodons, des anthracothérions et les plus
anciennes espèces des genres mastodonte, rhinocéros, hippopotame et castor. D'ailleurs, au
nombre des coquilles caractéristiques de ce dépôt, nous citerons les suivantes : solen strigila-
tus, lucinia scopulorum, eytheræa erycina,
venus dysera, cardita ojar, cardium echina-
tum, pectunculus cor, chama echinulata,
mytilus brardi, pecten burdigalensis, trochus
patulus, cerithium pictum, pleurotoma tuber-
culosa, voluta rarispina, ancillaria glandi-
formis.

Le dépôt éocène, qui se trouve visiblement inférieur aux deux précédents, est composé principalement de calcaires, d'argile, de gypse et
de quelques roches arénacées. Dans les bassins
de Londres et de l'île de Wight, il comprend
notamment des argiles et des sables avec quelques
grès et des masses de poudingues siliceux placés
sur la craie ; en plusieurs points, on remarque
aussi du lignite, de la sélénite ou du gypse fibreux. Une autre succession de couches se ren-

contre dans le bassin du nord de la France, qui s'étendait de la Belgique jusque vers les montagnes de la Manche et de la Bretagne, et qui se rattachait directement avec celui du sud-ouest de ce royaume. En général, des calcaires grossiers et coquilliers y dominent. Ces roches, de divers degrés de compacité, et quelquefois même encore sableuses, alternent inférieurement avec des couches arénacées plus ou moins nombreuses, et renferment parfois des particules vertes; de là leur est venu le nom, peut-être impropre, de calcaire et de sable chlorité.

En certains lieux, des nummulites se rencontrent dans les dernières couches dont nous venons de parler. De plus, ces calcaires renferment : 1° quelques couches de grès, ou même des agglomérats, tels que le grès de Meulan, de Beauchamp; ce dernier offre un mélange de coquilles marines, d'eau douce et terrestres, etc.; 2° quelques coprolites, des ossements de mammifères, etc. Dans les environs immédiats de Paris, et sur plusieurs autres points, la grande masse du calcaire est séparée de la craie par une de ces couches d'argile, qui est accidentellement plus ou moins plastique et bigarrée. Les plus grands dépôts d'argile à lignite, et quelquefois à pyrites, succin et alumine hydratée, paraissent se montrer dans le Soissonnais. Des coquilles siliceuses les accompagnent; d'autres fois, les masses fluviatiles se sont arrêtées sur le bord d'anciens rivages, et n'alternent pas avec le calcaire grossier. C'est le cas du lignite d'Épernay, accompagné de calcaire marneux, offrant l'aspect d'une formation d'eau douce.

Le bassin, proprement dit parisien, présente encore une anomalie : il offre, en effet, dans sa partie méridionale et orientale, au lieu de calcaire marin, un dépôt de calcaire siliceux plus ou moins tubulé, et très-pauvre en coquilles d'eau douce ; tandis que, sur le cours de la Marne et de la Seine, à Paris, il s'est déposé 1° de grands amas de gypse calcarifère et de marnes argileuses ; 2° un calcaire avec quelques silex (ménilite, quarz nectique), ou de la calcédoine grossière avec des bancs de célestine, de magnésite ; 3° des couches pétries de paludines, de cyclostomes, ou à mélanges de coquilles marines et d'eau douce. Or, le dépôt gypseux, donnant lieu à des buttes ou à des collines, s'enchevêtre aussi bien avec les calcaires marins qu'avec les calcaires siliceux. Il est positif qu'une partie de ces derniers recouvre les marnes gypsifères, et que le calcaire marin devient lui-même, insensiblement, dans sa partie supérieure, une espèce de calcaire plus ou moins silicifié. Au-dessus, existent ensuite des argiles marneuses, souvent à bancs d'huitres, des calcaires marneux et des grès.

M. Prévost paraît avoir démontré suffisamment que, lors de l'époque palæothériique ancienne, le bassin parisien était, au nord et à l'ouest, un golfe marin, au lieu qu'à l'est et au sud-est, ses eaux étaient, en grande partie, douces, par suite des affluents des rivières. Les eaux de celles-ci ont amené toutes les matières végétales, ainsi que les carcasses des quadrupèdes, dont les ossements nous sont conservés dans le gypse. Des sources minérales auront fourni les éléments nécessaires pour la formation du gypse, de la strontiane, et surtout de la silice du calcaire siliceux. La nature chimique de ces eaux a dû être défavorable à la vie animale; de là le peu de coquilles d'eau douce des dépôts fluviatiles et leur existence seulement momentanée.

Le terrain de Paris se termine par un grand dépôt de sable, de grès, d'argile et de meulière, avec ou sans coquilles d'eau douce, et à débris de chara, de nymphacées, etc. Les silex n'y sont qu'en amas plus ou moins étendus. Enfin, il y a aussi, comme à Fontainebleau, du calcaire d'eau douce, qu'on revoit dans les bassins de l'Angleterre. Dans le sud-est du bassin parisien, ce dernier calcaire d'eau douce n'est quelquefois séparé que par des couches assez minces du grand dépôt de calcaire d'eau douce immédiatement supérieur au calcaire grossier ; on comprend même qu'il peut y avoir, entre ces dernières roches, superposition immédiate.

Le bassin du nord de la France se liait avec celui de la Belgique, de l'Allemagne septentrionale, de la Pologne, et peut-être même avec celui de Londres ; donc, il n'est pas étonnant de retrouver dans toutes ces contrées quelques représentants des dépôts français. Ce sont encore des sables, des grès, des calcaires en partie chlorités et coquilliers, et des argiles quelquefois plastiques. De plus, pendant cette époque palæothériique, la mer de l'Europe septentrionale était plus ou moins en communication avec de petites lagunes de terre, telles que celles qui couvraient une partie de la Hesse électorale, de la Saxe prussienne, de la Bohême, etc. D'une autre part, dans le sud-ouest de la France, il s'est aussi déposé à la même époque des sables et des calcaires grossiers, coquilliers, à milliolites, clavagelles, etc., avec des traces de lignites ; mais nous n'y connaissons pas le calcaire chlorité. Ces calcaires, parfois arénacés, alternent tous à leur base avec des marnes calcaires et des argiles qui forment des couches puissantes, comme on peut le voir dans les puits établis au nord de Bordeaux.

Au pied des Alpes méridionales, comme dans le Véronais et le Vicentin, ainsi que dans le

Val di noto et à Paclffno en Sicile, il s'est formé dans la même période un vaste dépôt de calcaire à nummulites; il alterne avec des couches très-coquillières et des agrégats basaltiques, en partie à coquilles marines; et il comprend dans ses assises supérieures les marnes calcaréobitumineuses et feuilletées de Scalcedo et de Bolca, lieux célèbres par leurs poissons et leurs plantes marines fossiles. Dans le centre de la Carinthie, comme peut-être sur plusieurs points du nord des Alpes, en Italie, en Espagne, des molasses ou des agglomérats quelquefois coquilliers, ont remplacé les calcaires de Paris et du Vicentin. Au reste, il n'est pas établi si tous ces dépôts sont marins, ou s'il n'y en a pas qui soient d'origine fluviatile ou même lacustre. Enfin, en Grèce, nous voyons des dépôts arénacés trèsgrossiers.

D'après M. Deshayes, on a déterminé 1400 espèces de coquilles dans le dépôt éocène. On en a reconnu à Londres 205, parmi lesquelles il n'y en a que 12 qui existent encore; à Paris, 1072, et sur ce nombre 38 seulement sont analogues à des espèces vivantes, réparties à toutes les latitudes, mais cependant, en plus grand nombre, dans les régions intertropicales; c'est donc un peu moins de 3 pour cent. Il y en a seulement 42 qui se trouvent à l'état fossile dans les terrains plus récents. Cette époque géologique se lie aux suivantes par $\frac{1}{30}$ de ces espéces, et s'en sépare par les autres $\frac{29}{30}$. Les zoophytes n'ont pas été examinés suffisamment sous les mêmes rapports. Quant aux poissons, aux reptiles et aux mammifères, on n'a encore trouvé dans ce terrain que des espèces et même que des genres éteints; et il arrive de plus que ces animaux ne se reproduisent point, pour la plupart, dans les dépôts supérieurs. Il est tout simple qu'il y ait plus d'ossements dans les masses provenant des dépôts fluviatiles que dans les couches marines, ce qui est aussi le cas; néanmoins, il s'en trouve partout, dès que les courants des rivières ont pu atteindre les points où se formaient des sédiments. Parmi les coquilles fossiles caractéristiques du dépôt éocène, nous pouvons mentionner les suivantes : teredina personata, crassatella lamellosa, cytheræa elegans, venericardia planicosta, cardium porulosum, pectunculus pulvinatus, chama lamellosa, ostrea flabellula, calyptræa trochiformis, planorbis cornu, melania inquinata, natica epiglottina, turritella imbricataria, cerithium giganteum, pleurotoma lineolata, fusus bulbiformis, rostellaria fissurella, oliva mitreola, terebellum convolutum.

Le dépôt éocène est en général horizontal ou peu incliné, comme les calcaires de l'Esperon, etc. Dans le Vicentin et la Sicile, il y a des inclinaisons assez fortes, provenant de boule-

versements volcaniques. Les couches de l'île de
Wight offrent ausi un exemple de redressement,
mais aucun de ces effets ne paraît aussi étendu
que celui qui a renversé, dans le nord du Pélo-
ponèse, les poudingues palæothériiques.

Le dépôt pisolitique est un dépôt marin placé
entre la craie et l'argile plastique des environs
de Paris; il a été signalé pour la première fois
par M. Elie de Beaumont qui l'a rapporté à la
craie; mais une large tranchée, faite depuis à la
colline de Meudon, ayant permis à M. Charles
d'Orbigny de l'étudier avec beaucoup de détails,
il a cru pouvoir le ranger dans le groupe palæothériique, et en former une dépendance du
calcaire gross ier.

Le dépôt pisolitique est composé de plusieurs
couches de calcaire grossier, plus ou moins
agrégé, agglutinant sur certains points beaucoup
de débris de polypiers, de radiaires, de coquilles, et qui contient parfois un assez grand
nombre de grains pisolitiques. M. d'Orbigny y
a trouvé plus de 40 espèces de coquilles ayant
toutes une parfaite analogie avec celles du calcaire grossier, et aucune au contraire avec
celles de la craie. Au nombre de ces fossiles
sont le cerithium giganteum, le cerithium semi-
costatum, l'hipponix cornu-copiæ, la crassatella lamellosa, beaucoup de milliolites, etc.

Le terrain en question a déjà été reconnu dans

plusieurs localités au nord de Paris, et tout récemment M. d'Orbigny vient encore de le retrouver à l'extrémité du bassin parisien, où il est exploité sur divers points, comme pierre à bâtir, et où il paraît avoir plus de puissance. Il est donc probable que ce terrain s'étend sous presque tout le dépôt d'argile plastique des environs de Paris, où le groupe palæothériique aurait commencé, non par une formation d'eau douce, ainsi qu'on le croyait, mais bien par un étage marin.

Les terrains de sédiments du groupe palæothériique, sont caractérisés par des ondulations légères, des plateaux bas à pentes très-douces et des vallées fort évasées, remplies d'alluvions et arrosées par les plus grands fleuves du globe. Si le terrain est sableux, le sol est en général aride ou boisé; s'il est argileux, il est très-fertile et couvert de végétations de toute espèce; s'il y a du gypse, des buttes s'élèvent de différents points comme pour indiquer sa présence; enfin, s'il y a du calcaire, il produit le long des vallées de petits escarpements.

Les roches d'origine ignée qui semblent appartenir au groupe palæothériique sont des basaltes, des trapps, des dolérites, des pépérines, des vackes, des scories, des téphrines, des trachytes, des domites, des rétinites, des obsidiennes, des perlites, des ponces, des phonolites, des leucostines, des cinérites, etc. Ainsi, nous voyons déjà que les actions volcaniques sont modifiées, et que leurs produits tendent par conséquent à des changements qui, du reste, sont de plus en plus évidents à mesure que nous considérons des groupes plus anciens. Dans le groupe palæothériique nous ne trouvons plus de laves, mais en revanche nous y rencontrons des trapps et d'autres nouvelles roches; et bientôt, de passages en passages, nous arriverons aux porphyres et enfin aux granites véritables.

Actuellement examinons les principaux caractères des leucostines, des phonolites et des trapps dont nous n'avons point encore parlé.

Les leucostines sont notamment de l'époque palæothériique; ainsi on en voit des coulées sur les couches même lacustres et récentes de cette époque. Il y en a d'autres masses qui constituent des montagnes pittoresques, quelquefois régulièrement prismées ou en plaquettes. Des géologues les placent au centre de cratéres de soulèvements entourés de trachytes et d'agglomérats trachytiques. Des brèches contenant des fragments des roches traversés les accompagnent aussi. De plus il y a des filons et des filons-couches de phonolite décomposé dans le terrain honiller; et le phonolite basaltique constitue de gros amas, qui s'élèvent au milieu des grès rouge et houiller;

mais on ne sait pas si ces dernières éruptions sont de beaucoup postérieures au grès rouge.

Les leucostines sont des roches à base d'apparence simple, dont la composition n'est pas déterminée, mais qui paraît être très-voisine de celle de l'orthose. Leur couleur est grisâtre ou rosâtre. Elles renferment souvent des cristaux de feldspath, et affectent dès lors la texture porphyroïde qui, du reste, est plus ordinairement compacte, schistoïde ou écailleuse, ou même un peu celluleuse; quand les leucostines sont compactes et sonores, on a des phonolites. Les unes et les autres forment des filons, des amas et peut-être aussi des coulées.

Il n'est peut-être pas deux géologues qui soient d'accord sur la composition des trapps et sur l'étendue qu'on doit leur accorder; néanmoins, afin de fixer les idées, nous dirons que les trapps sont des roches à base d'apparence simple, et résultant d'un mélange intime de pyroxène et d'un feldspath. Quoi qu'il en soit, les trapps sont des roches très-dures et très-tenaces. Lorsqu'elles ne sont point altérées, elles sont ordinairement d'un vert foncé ou d'un noir verdâtre, ou enfin d'un noir bleuâtre. Elles sont généralement divisées par un grand nombre de fissures, de sorte que leurs massifs simulent extérieurement des escaliers.

Les trapps sont en amas, en filons et filons-

couches dans les grauwackes, le calcaire carbonifère et les houillères, et en culots ainsi qu'en filons
dans le trias, le lias et même jusque dans le groupe palæothériique. L'Allemagne centrale offre de
nombreux exemples des derniers gisements, au
contraire la Westphalie, le Palatinat du Rhin et
la Grande-Bretagne nous en fournissent des autres. Ces roches sont souvent à l'état de wäcke, et
boursouflées ou amygdalaires. Tout le monde
connaît le toadstone ou trapp amygdalaire en
filons-couches dans le calcaire de montagne du
Derbyshire Les trapps sont quelquefois zéolitiques ou porphyriques. Près de leur contact, les
grès sont souvent endurcis, les argiles schisteuses
sont plus dures ou jaspoïdes, la houille est devenue mauvaise, ou bien elle est changée en anthracite ou en graphite, quelquefois bacillaire.

Parmi les éruptions les plus anciennes, il y a eu
des trapps qui ont coulé réellement, et qui se
sont étalés même sur des couches carbonifères
encore molles ; ce qui est prouvé par les fragments de calcaire coquillier qu'ils ont quelquefois empâtés, par des couches d'agglomérats
trappéens véritables et surtout par les enchevêtrements singuliers des couches sédimentaires
avec la roche ignée. Ailleurs, comme en Saxe,
des trapps ont coulé sur des grès inférieurs au
groupe palæothériique, en ont enclavé des por-

tions et en ont changé des parties en une variété de roche trappéenne, quelquefois amygdalaire.

On ne peut ni préciser combien il y a eu d'éruptions trappéennes, ni dire l'âge relatif de beaucoup de masses semblables, voisines les unes des autres, et ayant à peu près le même gisement. Néanmoins, dans l'Angleterre septentrionale, de grands filons de trapps montrent que ces matières se sont épanchées jusqu'après l'époque des oolites inférieures. Il en est même ailleurs qui appartiennent réellement à l'époque palæothériique. D'autres seront de l'âge du keuper, du grès bigarré ou du grès rouge.

Les culots de trapp dans le trias d'Allemagne sont très-curieux par les fragments de roches inférieures au groupe palæothériique qu'ils empâtent. Ces débris sont altérés, les marnes sont jaspoïdes et les grès décolorés, frittés ou endurcis. Les couches arénacées ou calcaires qui les environnent sont en partie décolorées, cuites et même vitrifiées.

Quelquefois des roches trappéennes accompagnent ces masses, mais elles sont moins fréquentes dans le trias que dans le terrain houiller, où elles produisent parfois, à elles seules, des mamelons et des filons-couches, ou des salbandes de filons. Il y a des contrées où l'apparition des masses trappéennes a pu être accompagnée d'un exhaussement du sol. On connaît enfin des culots de trapp feldspathique et talcqueux au milieu du système oolitique et crétacé des Alpes. Quelquefois ces roches sont bréchoïdes et à datolite.

Dans certaines contrées anciennes, le trapp feldspathique et variolaire est accompagné de schaalstein, qui se trouve sur ses flancs ou fort loin de lui. Il faut bien distinguer ces fausses amygdaloïdes schisteuses des véritables, qui sont massives. L'épidote y est assez fréquente.

Nous avons déjà vu quels étaient les reliefs que présentait la majeure partie des roches ignées qui appartiennent au groupe palæothériique, il ne reste donc plus à parler que des formes des leucostines, des phonolites et des trapps. Or, les leucostines et les phonolites constituent des montagnes pointues, parfois divisées en prismes, ou de gros mamelons superposés à divers terrains. Les roches trappéennes produisent des séries en dos d'âne, qui donnent lieu seulement à quelques escarpements, et où la végétation s'établit facilement. Si ces dépôts sont en nappes, ils offrent des terrasses quelquefois à escarpements en colonnades.

Groupe crétacique.

Le groupe crétacique offre, dans les contrées basses, des associations de roches composées de craie, de tuffeau, de glauconie, de
sable, de grès, de marne et d'argile qui se lient
avec la craie et qui sont ordinairement friables
ou meubles. Mais ces circonstances minéralogiques, regardées pendant quelque temps comme
formant un caractère essentiel du groupe crétacique, ne se montrent plus dans les montagnes où l'on a observé du calcaire compacte,
des roches schisteuses, des grès, des macignos tenaces, sans aucun mélange de craie, et qui, néanmoins, occupent la même position que la craie.
Nous ne trouvons donc jusqu'à présent d'autres
caractères généraux à donner au groupe crétacique, que sa position entre les groupes palæothériique et oolitique, ainsi que la nature des
fossiles qu'il recèle, lesquels diffèrent, en général, beaucoup de ceux des terrains palæothériiques, et ont plus de rapport avec ceux des terrains oolitiques. On y voit notamment des ammonites, des belemnites, des plagiostomes, des
gryphées, des catilles, des inocérames, des po-
dopsides qui ne se trouvent pas dans les terrains palæothériiques.

Les alternatives que présentent les diverses

roches qui composent ce groupe et les développements inégaux de quelques unes de ces roches, donnent naissance à des systèmes plus ou moins différents, qu'on a désignés par des noms particuliers, mais qu'il est fréquemment difficile de pouvoir comparer dans des contrées éloignées, d'autant plus que l'absence dans un lieu, d'un système existant dans un autre lieu, fait souvent disparaître le caractère le plus certain pour de semblables comparaisons. Néanmoins il est permis de diviser le groupe crétacique en quatre parties : le dépôt coquillier, le dépôt crayeux, le dépôt glauconieux et le dépôt ligniteux. Déjà on a dû s'apercevoir qu'il nous était impossible de décrire toujours séparément chacune des divisions que nous admettions dans les groupes de terrains, et qu'il nous était impossible aussi de suivre les règles de la logique sévère pour l'ordre des descriptions ; notre défaut de méthode unique et générale provient seulement des limites étroites de nos connaissances sur les diverses parties de la terre. Plus tard, lorsqu'on aura réuni un grand faisceau de lumière à l'égard de toutes les régions, on parviendra vraisemblablement à bien définir toutes les divisions et à compléter, ainsi qu'à formuler ensuite, les idées générales sur l'ensemble. Maintenant bornons-nous à suivre la route la plus sûre et la plus facile pour acquérir des notions exactes sur les terrains.

Le groupe crétacique de la partie boréale de l'Europe et de l'Amérique septentrionale, se laisse très-bien diviser : 1° en calcaire coquillier, ou dépôt coquillier; 2° en craie, ou dépôt crayeux; 3° en grès vert, ou dépôt glauconieux; peut-être le dépôt ligniteux qui forme les assises inférieures du groupe crétacique de l'Europe méridionale et centrale, se présente-t-il aussi d'une manière tranchée dans la partie boréale de l'Europe et de l'Amérique septentrionale. Quoi qu'il en soit, dans le nord la craie se partage en craie terreuse ordinaire, et en craie marneuse compacte ou inférieure; et le grès vert, à son tour, en grès ferrugineux et en grès vert. Une craie verte ou chloritée lie la craie au grès vert, tandis que celui-ci se subdivise en roches arénacées et en roches argileuses et marneuses.

Le dépôt coquillier, ou la craie tout à fait supérieure, est principalement composé d'une roche fragmentaire, d'un agrégat de débris de coquilles et de polypiers. On le connaît à Maëstricht, à Valogne, dans les îles danoises, en Scanie, etc.

Les autres divisions du groupe crétacique sont beaucoup plus compliquées. En effet, des dépôts fluviatiles ou de delta ont trouvé moyen de s'intercaler dans le dépôt du grès vert; de là sont provenues ces séries de roches si curieuses de Tilgate, ces roches coquillières de Purbeck et d'Asburnham, ces argiles véaldéennes,

avec des lumachelles à grosses paludines, ces calcaires à cypris faba, etc., ces grès marneux à
restes de reptiles et de plantes terrestres, ces
grès verts coquilliers, ce gault ou ces marnes
à fucoïdes, etc. Les autres roches subordonnées
du système crétacé septentrional sont : 1° quelques grès très-compactes, propres au pavage;
2° des lignites, renfermant parfois de la succi-
nite; 3° des lits, des plaquettes, des rognons,
ou filons de silex; 4° des calcaires crétacés
bréchoïdes, quelquefois silicifiés et à baryte;
5° des dépôts de fer hydraté, en partie oolitique,
ou des minerais de fer en grains. Le dernier
accident est évidemment un produit des sources
minérales acidules qui se sont fait jour à cette
époque. Aussi, ne doit-on pas être étonné d'en
trouver, surtout à la surface des plateaux oolitiques de l'Europe méridionale.

Dans quelques pays, comme en Italie, et dans
les Carpathes, la partie supérieure du système
devient très-marneuse; ce sont même des marnes
irisées avec des couches de grès marneux et des
amas gypseux. De plus, un calcaire scaglia blanc,
jaunâtre ou rougeâtre, vient s'associer à ces
masses, ou bien les surmonter. L'épaisseur de
pareils scaglias est très-variable, mais ils empâtent soit des ammonites, des belemnites, des
aptychus, des posidonies, soit des fossiles microscopiques, qui s'étendent aussi dans les grès
adjacents.

Dans d'autres contrées, comme sur le versant nord des Alpes, dans les Pyrénées, la Catalogne, l'Istrie, la Dalmatie, la Grèce et quelques points des Carpathes et des Apennins, des agglomérats grossiers, en partie anagéniques et à ciment calcaire, constituent surtout les premières masses du système supérieur qui, lui-même, n'est qu'un alternat perpétuel de calcaire compacte à rudistes ou à nummulites, de calcaire arénacé, de grès marneux micacé et de marnes schisteuses. Çà et là, de grandes masses calcaires s'en détachent, les fossiles y disparaissent petit à petit, et enfin, on n'a plus devant soi que des calcaires compactes blancs ou gris, quelquefois dolomitiques ou fendillés, et ressemblant minéralogiquement tout à fait au calcaire oolitique alpin. On comprend très-bien que, lorsqu'il y a peu de grès, ce système ressemble à un immense dépôt de calcaire ancien.

La base du groupe crétacique de l'Europe méridionale et centrale est formée par des alternats de grès quarzeux, micacé, à ciment marneux gris, et à fragments d'argile schisteuse et de marnes plus ou moins argileuses, ou bien endurcies. Entre ces couches s'intercallent des calcaires compactes, traversés de petites fentes remplies de spath calcaire, et quelquefois nuagés ou ruiniformes; elles offrent aussi des agglo-

mérats rarement anagéniques. Quelques fucoïdes se montrent dans les roches schisteuses;
enfin des fragments de végétaux et l'effervescence avec les acides servent à distinguer les
grès des grauwackes.

En Espagne, dans le sud-ouest de la France,
dans les Alpes, etc., on voit, à travers ces
dépôts, des masses de gypse ou d'anhydrite,
et même de sel marin, enveloppées dans des
roches argilo-boueuses et accompagnées quelquefois de cargnieules. Ailleurs, des houilles
plutôt sèches que grasses, ou du bitume, se rencontrent au milieu des calcaires qui sont alors
brunâtres et qui offrent des coquilles univalves,
voisines des mélanies. Parmi les accidents, nous
citerons : 1° des agglomérats formés de roches
granitoïdes et porphyroïdes ; 2° des grès marneux à inocérames, turrilites, etc. ; 3° de riches couches de minerai de fer hydraté granu-
liforme, à coquilles, à grands crustacés, etc. ;
4° certaines couches de calcaire marneux à soufre
et à pétrole.

Si tout le monde est d'accord sur l'âge crétacé de la plus grande partie des dépôts dont
nous venons d'énumérer les éléments, il n'en
est pas ainsi pour les masses les plus inférieures.
Dans les Alpes, le sud-ouest de la France et les
Apennins, ces dernières offrent assez de calcaire gris et des marnes noirâtres, quelquefois

des agglomérats et des brèches, et, dans les schistes et les calcaires, des fossiles, tels que des bélemnites, des ammonites, des pentacrinites, des térébratules, etc., qui semblent appartenir au groupe oolitique. Les uns y veulent donc voir des équivalents des oolites moyennes ou même inférieures, et les autres des masses parallèles à quelques divisions supérieures du système oolitique, ce qui paraitrait plus probable du moins pour les roches des Alpes. En général, dans ces dernières montagnes, la nature y a travaillé en grand, et l'Oberland bernois en est une preuve évidente, puisque M. Studer, en suivant seulement la division naturelle des chaînes, y a reconnu un système arénacé bréchiforme du Niesen, les schistes arénacés marneux à fucoïdes du Simmenthal, un grès de Gurnigel à calcaire compacte, ammonitifère, enfin un grès de Ralligen, en partie coquillier ou vert, et des calcaires à nummulites. Quant au système de Ralligen, il offre encore la particularité d'enclaver des masses ou des couches de grès de taviglianaz quelquefois prismé. Ajoutez à cela que chacun de ces systèmes est séparé par des calcaires qui ont pris un très-grand développement. De plus, dans les Alpes d'Autriche, du Salzbourg et du Tyrol, on a découvert des dépôts arénacéomarneux très-riches en fossiles. Ils sont placés en stratification discordante sur le calcaire

oolitique des Alpes, dont ils sont séparés par
d'énormes bancs de calcaire à hippurites, et par
des agglomérats calcaires. Ce singulier terrain est
formé de grès marneux, micacés, plus ou moins
compactes, de marnes schisteuses, arénacées ou
pures, grises ou bigarrées, et de quelques calcaires marneux, endurcis; il présente des impressions de végétaux terrestres et une multitude de
fossiles semblables à ceux du groupe palæothériique. Les roches et les fossiles rattachent
à ces dépôts, dits de Gosau, les parties supérieures du groupe crétacique du sud-ouest de la
France, etc.

Les fossiles du groupe crétacique sont très-
souvent siliceux et sont très-variés, si, du moins,
on tient compte de tant de corps zoophytaires,
changés en silex. Dans la craie moyenne, les
univalves sont assez rares, néanmoins on en a
trouvé, témoins le trocus basteroti et la voluta
muricina. La craie de l'Amérique septentrionale
présente quelques espèces identiques avec celles
du système crétacé de l'Europe, comme la gryphæa columba, la belemnites compressus et le
pecten quinque costatus. Quant aux végétaux,
on trouve, notamment dans le grès vert, des
plantes terrestres, des bois dicotylédons percés
de tarets et des fucoïdes; ces derniers forment
même des tourbes marines à résine fossile. Voici,
au reste, quels sont les principales coquilles ca-

ractéristiques du groupe crétacé : spatangus cor anguinum, galerites albo-galerus, inoceramus cuvierii, plagiostoma spinosum, pecten quinque costatus, pecten quadri costatus, podopsis truncata, ostrea vesicularis, gryphæa columba, belemnites mucronatus, baculites faujasii, hamites rotundus.

La craie des plaines est un dépôt de particules très-atténuées, c'est un véritable limon qui peut provenir aussi bien de sources minérales que de débris de mollusques et surtout de zoophytes. Néanmoins, la craie est quelquefois très-endurcie, et alors on a un calcaire compacte; d'ailleurs la craie, terreuse même, offre de petits filons plus fortement cimentés que le reste de la roche.

Les couches crétacées sont horizontales ou très-peu inclinées : les redressements n'y existent que sur certaines lignes. La craie de plusieurs contrées est traversée par beaucoup de fentes parfois aquifères.

Tout le système crétacé de l'Europe méridionale est bouleversé et redressé, quoique l'on en rencontre des parties presque horizontales ou légèrement ondulées. Les ondulations en grand des couches sont souvent très-visibles, aussi bien que leur position dans des bassins. Si dans les Apennins et les Carpathes les couches ont surtout éprouvé de grands plissements, dans les Alpes et les Pyrénées il s'est joint bien plus fréquemment à ces accidents de grandes failles, ainsi que d'énormes soulèvements et abaissements.

Comme le système oolitique des bords de la Méditerranée, les terrains crétaciques dont nous venons d'ébaucher les caractères forment, dans ces contrées, des montagnes très-arides et fendillées. Les eaux ne peuvent s'y arrêter, elles y pénètrent et s'engouffrent pour alimenter des lacs souterrains et ressortir en torrents ou rivières. C'est le pays des entonnoirs, des collines, des catavothrons, des rivières qui se terminent dans des cavernes, etc.

Dans le groupe crétacique on distingue le faciès de la craie des plaines et celui des montagnes crayeuses. Dans les premières, la craie constitue de vastes plateaux avec un horizon en apparence sans fin ou de très-faibles ondulations à cavités; il y a aussi des falaises sur le bord de profonds vallons ou le long de la mer. Le grès vert forme un contraste complet à côté de la craie, par ses étendues de pays sableux et souvent couverts de conifères ou d'autres arbres, par ses affleurements arénacés et leurs teintes non blanchâtres. Des cours d'eau ont souvent creusé leur lit dans les parties argileuses de ces dépôts. Si l'on se transporte dans les régions élevées, le système des grès fort tourmentés donne lieu à des montagnes couvertes de mamelons terminés par des pointes, en même temps que des couches y forment des murailles crénelées ou de grandes sommités isolées.

Les roches d'origine ignée qui paraissent appartenir au groupe crétacique sont des basaltes, des trapps, des mélaphyres, des trachytes, des pétrosilex, des porphyres, des amphibolites, des diorites, des ophiolites, des euphotides, des sélagites, etc. Ainsi, nous voyons que ces produits du feu souterrain diffèrent assez de ceux du groupe palæothériique; car il semblerait que nous n'avons plus de dolérites, de pépérines, de vackes, de scories, de téphrines, de domites, de rétinites, de perlites, d'obsidiennes, de ponces, de phonolites, de cinérites, etc.; mais nous trouvons actuellement des pétrosilex, des porphyres, des amphibolites, des diorites, des ophiolites, des euphotides, des sélagites, etc. Il nous reste donc à examiner les principaux caractères de ces dernières roches.

Le mélaphyre est en filons, filons-couches, ou en amas, au milieu de divers terrains. Ainsi, on en connaît dans les terrains anciens, sous la forme de porphyre vert antique. Il y en a beaucoup dans le terrain houiller de certaines localités, puis dans les massifs oolitiques et crétacés, mais le plus grand dépôt a eu lieu à l'époque crayeuse.

Le culot de mélaphyre de Predazzo semble traverser un granite et s'y lier au moyen d'une roche granitoïde, en même temps qu'il change le calcaire oolitique en marbre et en cipolin serpentineux. Plus souvent, le mélaphyre forme de puissants filons, qui sont très-étendus et qui coupent aussi bien le schiste talqueux que toute la série du trias et les systèmes oolitique et crétacé. Il y a encore de grands amas de mélaphyre supérieurement scorifiés; mais, en général, lorsqu'on les marque sur une carte, on aperçoit, comme pour beaucoup d'autres amas ignés, qu'ils sont alignés suivant un certain ordre et qu'ils sont plutôt les parties des fentes ignées, qui ont laissé épancher des matières en fusion, que de véritables culots isolés. Le mélaphyre peut être amygdalaire, zéolitique et accompagné de brèches pyroxéniques, dont les agglomérats empâtent quelquefois des coquilles, comme au Seisser Alpe. Ailleurs, lorsque les filons pyroxéniques sont inclinés, ils ont une ou deux épontes formées de débris des roches traversées. On voit un bel exemple de ce genre sur le côté sud du Val Zuccanti; la scaglia, qui se trouve dessous le mélaphyre, y est changée en calcaire fendillé et magnésien.

Le mélaphyre renferme très-souvent des fragments de roches anciennes ou d'un âge moyen, plus ou moins modifiées. Ces matières fragmentaires sont rarement assez abondantes pour remplir une grande partie du filon, comme cela a lieu au mont Etna.

Au contact des filons de mélaphyre, les roches moyennes sont altérées; des grès du trias sont fendillés, endurcis ou ferrugineux; des marnes schisteuses, du grès bigarré ou du zechstein, sont devenus jaspoïdes ou nuagés; les schistes talqueux sont même altérés. Dans le voisinage des filons, les couches du trias sont même traversées de lignes noires, parallèles les unes aux murs des filons, et les autres au plan de stratification. Près de certains puissants filons, on a vu, dans le Vicentin, que le calcaire oolitique renfermait du manganèse hydraté.

La sortie du mélaphyre a été accompagnée de bouffées d'acide sulfureux, qui ont produit des amas gypseux, quelquefois quarzifères; des masses pareilles se trouvent même enclavées dans la roche ignée. Un autre accident de ce dépôt est d'être parfois métallifère; ainsi, au Val Zuccanti, le mélaphyre, ordinairement noir ou rouge, est décoloré en blanc et traversé d'un réseau de petits filons de galène argentifère, de blende, de pyrite, etc. Des eaux minérales acidules sourdent aussi des filons de mélaphyre.

Le pétrosilex est un feldspath compacte, probablement de l'orthose; il est uniforme, quarzifère, jadien, amphibolique, pyroxénique ou
variolaire; il renferme souvent diverses substances minérales, telles que du fer, du quarz,
du talc, du pyroxène, de l'amphibole, de l'i-
docrase, de l'asbeste, etc. Le pétrosilex passe plus
ou moins à l'eurite et au porphyre; il donne aussi
lieu à des altérations très-évidentes des roches
qu'il a pénétrées; enfin, les reliefs qui caractérisent les pétrosilex, les eurites et les porphyres
sont assez identiques. Dans tous les cas, les
éruptions de pétrosilex se sont plutôt manifestées à une époque reculée de l'histoire du globe
que pendant la formation du groupe crétacique.

Les porphyres et les eurites ont paru à la surface de la terre à divers époques; ils sont en
coulées, en amas, en filons et filons-couches.

Dans les schistes cristallins, on rencontre des
filons et des filons-couches très-distincts de porphyres quelquefois quarzifères. Dans les terrains
moins anciens, il y a aussi des filons de porphyre
quarzifère; témoins, l'elvan du Cornouailles,
celui de la Bretagne, etc.; il y a encore des dépôts anciens fossilifères ou non qui renferment
des filons amas et des filons-couches de porphyre ou de brèches porphyriques. Ces roches
sont, en général, foncées, peu quarzeuses,

et ressemblent à des matières éruptives, sorties pendant la formation des grauwackes et peu après la fin de ces dépôts. En effet, dans ces contrées, les roches arénacées renferment quelquefois des fragments feldspathiques.

Il est également sorti des porphyres avec des brèches, pendant l'époque du grès pourpré, comme en Écosse, où ces porphyres sont en filons et filons-couches, en coulées et grands amas. Quelquefois, on pourrait supposer que ces matières n'ont été poussées hors de la terre qu'à l'époque des grands dépôts de l'âge moyen des porphyres. Dans certaines contrées, par exemple les Vosges, les filons porphyriques sont très-micacés; on voit aussi des porphyres avec ou sans quarz dans quelques granites et syénites. Le mont Ben Nevis, en Écosse, etplu sieurs sommités de la Norwège en sont des exemples.

L'époque houillère a été marquée par de grandes éruptions de porphyres en partie quarzifères; ces roches ont formé surtout des filons, des amas, des dômes ou cloches, avec des coulées s'étendant sur les couches sédimentaires. Plus rarement, le porphyre est en filons couches, ou en bancs. Les rapports de gisements des porphyres et des grès houillers sont extrêmement curieux, et les enchevêtrements des deux dépôts sont quelquefois difficiles à

saisir dans de petites coupures. Plusieurs contrées permettent de distinguer, à l'époque houillère, deux grandes éruptions porphyriques,
chacune avec leurs brèches et leurs agglomérats,
et en outre, des éruptions et des coulées trappéennes.

Un accident particulier est offert par ces porphyres, lorsqu'ils ont été accompagnés de
brèches porphyriques en partie anagéniques.
Ces brèches ne sont que des débris poussés
de bas en haut par la sortie des porphyres;
elles enveloppent ces derniers, ou bien elles ont
rempli isolément des fentes du sol. On trouve un
bel exemple de ce genre dans les terrains anciens
près de Schirmeck, dans les Voges, où le calcaire
coquillier est en même temps changé au contact
en calcaire grenu, passant à la dolomie. Ailleurs
le calcaire est non-seulement modifié, mais il
est imprégné de fer oligiste, comme à Framont,
où d'autres accidents, tels que des schistes
cuits ou torréfiés dénotent un ancien centre
igné. Lorsque ce genre de porphyre produit
des filons dans les terrains anciens, les schistes
sont parfois, au contact, décolorés et bréchiformes.

Certaines rétinites sont principalement des
accidents de filons et de coulées. Ailleurs, la base
des porphyres est naturellement argiloïde et
tendre, ou bien ces roches ont été décolorées

par les acides sulfureux, chlorhydrique ou fluorique. Quelquefois les porphyres ont été imprégnés d'oxyde de fer, ou bien ils sont boursouflés
ou amygdalaires, dernier accident qu'on voit
surtout dans les grandes coulées et les filons.

On ne connaît pas encore de porphyres de
l'époque oolitique, mais il y en a qui sont de
l'époque crétacée ; telles sont ces masses décolorées, quarzifères et aurifères de Vorospatak,
en Transylvanie. MM. Naumann et Pusch ont
prétendu que le porphyre de Tœplitz était postérieur à la craie marneuse, parce que des fossiles de ce dépôt se trouvent empâtés dans les
filons siliceux traversant la superficie du porphyre, et que de la baryte se rencontre dans
les deux roches. C'est un de ces gisements sur
l'âge duquel on peut aisément se tromper. L'a-
venir montrera si ces matières feldspathiques, à
coquilles crétacées, sont ou ne sont pas le pendant des filons crayeux, à dents de chevaux, etc.,
de Maëstricht et de Beauvais.

Le porphyre endurcit fréquemment les schistes ou les grés, altère la nature des houilles et
change le calcaire en marbre. Les éruptions
porphyriques ont été généralement accompagnées de dépôts métallifères, notamment d'or,
d'argent, de plomb, d'étain, de cuivre, etc. Le
plus souvent les métaux sont dans des fentes de
couches traversées par les porphyres.

Au moyen de la couleur on a essayé de distinguer les porphyres des roches pyroxéniques, porphyriques; le fait est qu'il y a plus de porphyres véritables ou quarzifères, rouges, que de porphyres noirs; mais il y en a aussi de violets, de gris, de verdâtres; au contraire le porphyre pyroxénique ou le mélaphyre n'est pas toujours noir. On ne saurait donc apporter trop d'attention pour bien distinguer la vérité.

Les amphibolites sont des roches composées d'amphibole lamellaire, et quelquefois micacées; elles renferment aussi des substances accidentelles. Il faut distinguer deux modes de production des amphibolites, comme peut-être aussi pour d'autres roches: 1° des amphibolites en typhons et en filons d'origine ignée; 2° des amphibolites en couches, ou du moins en masses indiquant une origine sédimentaire, modifiée. Au reste, il y a des amphibolites qui sont très-voisines des diorites, des aphanites, des kersantons, des hémitrènes, des coccolites, des éclogites, etc., de même que les diorites passent aux hémitrènes, les ophiolites aux ophicalces, etc.

Les amphibolites paraissent appartenir plutôt aux terrains anciens qu'au groupe crétacique.

Les diorites sont des masses éruptives, en général assez récentes, si l'on excepte toutefois celles qui ne sont que des modifications des syénites. Elles forment parfois des filons, des bancs ou des rognons dans ces dernières roches, comme dans les granites. Du reste, on connait des filons de diorite ou d'ophite, surtout dans les terrains inférieurs au groupe oolitique; on en connaît aussi dans les groupes oolitique, crétacique de l'Europe méridionale, et même, suivant M. Dufrénoy, dans le groupe palæothériique.

Le diorite orbiculaire forme une variété, quand il se trouve au milieu des terrains anciens. Dans les schistes cristallins, le diorite se présente quelquefois en filons-couches, et alors il faut bien se garder de le confondre avec les amphibolites.

Dans les terrains anciens, comme dans les Pyrénées, le diorite passe quelquefois à l'ophiolite, et il existe en gros filons ganglionés ou filons-couches se rétrécissant et s'élargissant. Il est aussi suivi d'amas considérables de fer, et il empâte des grains de platine. Dans les terrains moins anciens, il est en amas ou en filons; il est accompagné quelquefois de roches amygdalaires ou poreuses, d'une brèche dioritique plus ou moins décomposée et de marnes argileuses gypsifères, avec plus ou moins de quarz ferrugineux. Ses décompositions ou sa nature argileuse sont souvent très-particulières. Il renferme un peu d'épidote, du fer oligiste, de la pyrite, etc.

Les porphyres dioritiques ou syénitiques sont à peu près de l'âge des ophites ou des diorites; ils ne sont, à proprement parler, que des modifications locales de ces dernières roches, et sont épidotiques comme elles.

Si l'on ne rencontre que de très-petites masses de porphyres dioritiques ou syénitiques dans les Pyrénées et en Écosse, par contre, en Hongrie, en Transylvanie et dans l'Oural, ils abondent et recèlent beaucoup d'or, tant en parcelles imperceptibles, que sous la forme de réseaux et de filons de pyrites aurifères. Ces roches passent au porphyre amphibolique et quelquefois au mélaphyre.

Dans les grands dépôts on trouve à distinguer les éruptions au moins en deux époques, d'après des caractères minéralogiques ou de position. Les masses récentes coupent les plus anciennes; elles ont plus de tendance à être de véritables porphyres, à montrer des boursouflures et à former les plus hautes sommités; mais il est impossible d'assigner les limites exactes des deux dépôts.

Ces deux éruptions sont au moins postérieures au grès vert et à la plus grande partie du système crétacé; on n'a pas les moyens de s'assurer si elles sont de l'époque palæothériique, ni de voir leur liaison avec des amas voisins de syénites ordinaires au milieu des terrains anciens. Ces dernières syénites, près de Schemnitz et surtout dans le Bannat, sont peut-être un peu plus anciennes. En

Écosse, les porphyres syénitiques sont en filons ou filons-couches dans les schistes talqueux.

Si dans ces cas les roches syénitiques ne modifient guère les schistes, ailleurs elles ont altéré souvent les grès et les marnes crétacées, elles les ont changés en roches jaspoïdes, ou les ont imprégnés de pyrites quelquefois aurifères.

Le pyroxène en roche forme des filons-couches dans les terrains anciens des Pyrénées, en y ayant pour épontes des brèches pyroxéniques. On le rencontre dans les schistes cristallins, les gneiss, etc., de la vallée d'Olten, dans le Tyrol méridional, au milieu des schistes talqueux, en filons dans la serpentine de Biella, et en montagnes dans l'île de Rum, où il semble résulter d'une éruption assez récente. Dans l'île d'Elbe, il se trouve au milieu de calcaires grenus et de schistes talqueux qui sont simplement des roches crétacées modifiées ; il y est mélangé d'amphibole, de fer oligiste, de pyrite, de fer silicéo-calcaire, de quarz et de chaux carbonatée.

Les ophiolites et les euphotides se pénètrent mutuellement en filons et forment des filons-couches, des filons et des amas dans les schistes cristallins, le leptynite, les terrains moins anciens, celui du grès rouge, les calcaires oolitiques et crétacés des Alpes et du pourtour de la Méditerranée. Les éruptions les plus remarquables sont celles qui affectent la forme de champignons, au milieu du grès crayeux des Apennins. Elles sont accompagnées de deux accidents, savoir : 1° de brèches serpentineuses ou euphotidiques, qui sont des débris des roches traversées, réagrégées et placées à côté des masses éruptives ou sous ces dernières; 2° de la production de jaspe rouge ou verdâtre, provenant des marnes schisteuses altérées.

Les culots serpentineux dans le calcaire oolitique des Alpes sont entourés quelquefois d'une enveloppe de brèche serpentineuse, qui établit une espèce de liaison entre la serpentine et le calcaire compacte, souvent, dans ce cas, imprégné de particules ferrugineuses.

On a cité de beaux filons dans le grès pourpré; on en connaît encore d'autres plus grands dans les schistes du groupe oolitique des Alpes, par exemple, dans les Grisons, dans les roches crétacées de la Ligurie, etc. Ces derniers amas sont bordés quelquefois de porphyre foncé, diallagique, de variolite et de brèches talqueuses. Les roches sédimentaires sont en partie devenues talqueuses ou ferrifères; il y a eu production de jaspe, de talschiste, de dolomie, etc.

Les roches anciennes offrent des filons ou des culots de serpentine, comme en Écosse, dans le Cornouailles, aux Pyrénées, etc. Dans ce dernier pays, la serpentine fait partie des diorites.

Dans les schistes cristallins, les roches serpentineuses et diallagiques forment surtout d'immenses amas, comme la roche anthophyllite de Clausen, en Tyrol, comme au Mont-Rose, etc. La serpentine se présente aussi en filons-couches, par exemple dans le terrain talqueux de la Moravie, à Kraubath, en Styrie, etc. Quelquefois la serpentine se mélange au talschiste, de telle manière qu'on serait enclin à y voir plutôt un effet de transmutation ignée que d'éruption; mais il faut bien y faire attention, car la masse plutonique peut être cachée à la vue, et les roches visibles n'être que ses épontes modifiées. En général, dans les schistes talqueux, les serpentines se montrent sans euphotides et sont parfois aurifères, ou bien avec des nids de fer chromé ou de cuivre natif.

L'ophiolite paraît être une base tantôt de diorite, tantôt de trapp pyroxénique, surchargé de parties magnésiennes.

La sélagite semble être un dépôt assez récent, du moins elle forme des filons dans le lias et repose sur lui dans l'île de Sky et, dans le mont Monzoni, en Tyrol, elle traverse et recouvre le calcaire oolitique et change cette roche en marbre à minéraux cristallins. Ailleurs elle paraît en grands amas au milieu des schistes cristallins.

Les porphyres forment des espèces de cloches

ou des séries de buttes coniques ; plus ces dernières sont élevées, plus leurs contours deviennent âpres. Au reste elles donnent aussi lieu à des nappes assez uniformes. L'euphotide affecterait des caractères très-prononcés si elle n'était pas ordinairement associée avec l'ophiolite, roche tendre ; dès lors ces deux dépôts forment des montagnes ou des masses de rochers bizarrement mamelonnés, nus et de teintes noires foncées. Enfin le faciès général des autres roches ignées du groupe crétacique se rapproche plus ou moins des formes que nous venons d'énoncer.

Groupe oolitique.

Le groupe oolitique est principalement composé de calcaire oolitique et de calcaire compacte, qui sont ordinairement accompagnés de marnes plus ou moins argileuses ; on y voit aussi de la dolomie, du grès, du sable, du macigno, des arkoses, des jaspes, du calcaire siliceux, du quarz, de la limonite, etc. On a observé que, dans les pays de collines, le groupe oolitique était généralement en couches à peu près horizontales, tandis que, dans les pays de montagnes, il est presque toujours en couches plus ou moins inclinées. On remarque souvent aussi dans le groupe oolitique des escarpements verticaux et des cavernes ; enfin une autre circonstance assez fréquente dans ce groupe, surtout dans les pays de montagnes, est l'existence de sources si abondantes, qu'elles donnent immédiatement naissance à des rivières. Les fossiles du groupe oolitique sont très-remarquables par leur multiplicité et principalement par les formes gigantesques de plusieurs espèces de reptiles et de mollusques. On n'y voit presque plus d'animaux à sang chaud, et les végétaux y sont fort rares.

Le groupe oolitique formant une partie assez importante de l'écorce du globe, on y a distingué un grand nombre de divisions : néanmoins, selon nous, les quatre suivantes sont jusqu'à présent les seules bien tranchées, savoir : 1° le dépôt charbonneux, caractérisé par l'ostrea deltoïdea ou par la gryphæa virgula ; 2° le dépôt coralien, caractérisé par la gryphæa dilatata ; 3° le dépôt ferrugineux, caractérisé par le pecten lens ou la belemnites compressus ; 4° le dépôt liasique, caractérisé par la gryphæa arcuata. Bien plus, les deux premiers dépôts sont tellement associés entre eux que nous nous trouvons forcés de les décrire ensemble et de n'en faire pour le moment qu'un seul système, qui sera par conséquent le terrain oolitique supérieur.

Le système oolitique supérieur des zones méditerranéenne et alpine est composé : 1° d'un calcaire compacte, blanchâtre et fendillé ou dolomitique ; 2° d'un ensemble arénacéo-marneux, en partie gypsifère; 3° d'un calcaire marbre, compacte, blanc, gris et rouge, avec beaucoup de polypiers ou d'ammonites, de goniatites, d'orthocères, d'encrines, etc.; 4° de grès marneux à coquilles bivalves et univalves, ammonites, aptycus, etc., avec des couches subordonnées d'agglomérats; 5° d'un calcaire compacte, gris ou blanchâtre, en partie fendillé. Des amas d'argile muriatifère et gypsifère sont venus se placer parmi les couches des deux dernières divisions, sur le versant nord des Alpes.

Si telle est la série de ces dépôts dans le Salzbourg, ailleurs les couches arénacées diminuent beaucoup en étendue ou ne se montrent pas du tout. Ainsi, en Autriche le troisième dépôt paraît encore sur plusieurs points et sépare seul les premier et cinquième dépôts. D'autre part, dans le Tyrol les deuxième et quatrième dépôts se trahissent, mais en moindre quantité; un calcaire compacte, gris, à grosses phasianelles, et des masses puissantes de dolomies les séparent. Le quatrième dépôt présente des restes de plantes et de coquilles bivalves, et les dolomies, qui l'encaissent, alternent près de lui avec quelques lumachelles pétries de vénus, de nucules, de cérithes, de natices, de dentales, etc.; il y a de plus des ammonites ou des nautiles qui sont parfois chatoyants.

Sur le versant sud des Alpes, depuis le lac

Majeur ou d'Orta jusqu'en Styrie, les dolomies et les calcaires compactes dominent presque exclusivement; les couches marneuses sont très-rares, mais il y a des fossiles assez caractéristiques, tels que des phasianelles, des nérinées, divers polypiers et des pectinides. Les Alpes Juliennes offrent, parmi les dolomies, des lumachelles à isocardes, avec des vénus, des cypricardes, des cryptines, des bucardes, des tellines, des nucules, des solens, des dentales, des natices, des piquants d'oursins, etc., etc. A Bleiberg, on trouve des couches semblables, mais peut-être plus anciennes, avec des ammonites, des nautiles, etc.

Ces montagnes affectent des formes très-bizarres; leur élévation est considérable, soit à cause des fendillements et des redressements, soit par suite d'exhaussements en masse.

Le système oolitique supérieur de la zone septentrionale de l'Europe se divise en quatre parties : 1° les marnes oxfordiennes, les marnes argileuses bleues avec des fossiles pyriteux, où l'on trouve souvent l'ostrea deltoïdea, ainsi que la gryphæa dilatata, des calcaires compactes, gris de fumée et quelques oolites ferrugineuses; 2° les chailles, ou le calcareous gris, qui comprennent des calcaires marneux, ocreux, argileux et sableux, avec beaucoup de polypiers, des sphérites, et, dans la France orientale, un grand nombre de concrétions siliceuses ou de chailles ; 3° le calcaire corallien ou le coralrag, avec des oolites grossières ou pisolites, qui ne sont souvent que des amas de polypiers divers, surmontés de quelques calcaires compactes, se subdivisant dans certains lieux en calcaires à nérinées et en calcaires à astartes ; 4° les argiles à gryphées virgules ou de Kimmeridge, et le calcaire portlandien, qui est tantôt oolitique, et tantôt compacte ou arénacé.

Les divisions oolitiques, reconnues d'abord dans le centre de l'Angleterre, ont reçu quelques modifications lorsqu'on a étudié comparativement le Yorkshire, le sud des Iles-Britaniques et la Westphalie. En Normandie on a rencontré d'autres anomalies ; mais les grandes terrasses calcaires de la Champagne, de la Bourgogne, de la Lorraine, la chaîne du Jura, etc., en ont offert encore davantage. Quoi qu'il en soit, il ne reste pas moins remarquable que, malgré des développements plus ou moins grands de certaines assises, et la suppression de quelques accidents locaux, on ait pu faire correspondre assez bien les divisions oolitiques de l'Angleterre avec celles du nord-ouest de l'Europe.

Les cinq masses argileuses forment principalement les horizons les mieux déterminés. Néanmoins dans le Jura, les marnes du lias et les argiles d'Oxford, renfermant parfois des amas gypseux, sont les seules couches qui se montrent avec une grande constance, tandis que la terre à foulon, les argiles de Braford et de Kimmeridge s'y montrent rarement. Quant aux assises calcaires, il est curieux de retrouver celles d'Angleterre plus complétement dans le Jura qu'en Normandie. Ainsi, la grande oolite et les pisolites du coralrag sont moins caractérisées dans ce dernier pays; au lieu que le cornbrash, le forest marble et les roches de Kelloway ont seulement leurs analogues dans le Jura. D'un autre côté la ressemblance avec les couches d'Angleterre cesse dans les calcaires tout à fait supérieurs.

Dans le sud et le sud-ouest de la France, le lias, et notamment les marnes du lias, sont bien développés ; le système oolitique inférieur y est le plus puissant de tous, et le système supérieur offre une masse marneuse, plus ou moins grande, à lumachelles, renfermant la gryphæa virgula ; tandis qu'entre ces deux dépôts, il n'y a qu'une grande série de couches de calcaire marneux avec du coralrag ou du calcaire à polypiers. On observe rarement les couches qui correspondent aux argiles d'Oxford et de Kimmeridge dans cette contrée, où elles sont remplacées par des calcaires marneux.

En Grande-Bretagne, le groupe oolitique du Yorkshire et de l'Écosse présentent, comme en Westphalie, plus de couches arénacées, de marnes et de débris de végétaux que sur les bords de la Manche.

Dans le sud-ouest de l'Allemagne, notamment dans les Alpes du Wurtemberg et dans la Bavière, l'argile d'Oxford et le coralrag dominent; mais le calcaire y est compacte et quelquefois dolomitique. Les fossiles y sont très-disséminés et n'abondent que dans certaines localités; les oolites inférieures et le lias sont, au contraire, partout très-coquilliers. Les couches à polypiers sont parfois situées sur les plateaux de la chaîne de montagnes. La pierre lithographique de Solenhofen, qui renferme une si grande quantité de restes d'animaux, semblerait être une dépendance du système supérieur, puisqu'elle recouvre les dolomies ou le coralrag.

Dans l'Europe méditerranéenne, carpathique et alpique, à l'exception peut-être du Dauphiné, de la Savoie et des montagnes des alentours de Turrach, les terrains oolitiques inférieurs sont composés presque uniquement de puissantes couches de calcaire compacte, ou de marbre noir et gris, plus ou moins fétide, et de calcaire blanchâtre. Les couches subordonnées qu'on y trouve sont des dolomies ou du moins des calcaires magnésiens, des calcaires pétrolifères, quelquefois avec des restes de poissons, des calcaires fendillés, blanchâtres, des cargnicules et des gypses enveloppés ou entremêlés de matières argileuses verdâtres, grisâtres ou rougeâtres. Parfois il y a eu dépôt non-seulement de gypse sédimentaire, mais aussi d'argiles chlorhydritifères par voie demi-ignée.

Les fossiles de ce terrain son extrêmement rares; néanmoins on y voit des ammonites, des nautiles, des bélemnites, des térébratules, des huîtres crétées, des univalves turritulées, des encrines et un bon nombre de polypiers. Les ammonées sont tantôt des espèces liasiques, tantôt des espèces se retrouvant dans les oolites du nord-ouest de l'Europe.

La stratification des couches est très-peu régulière, leur ondulation est fréquente; les inclinaisons les plus opposées s'y rencontrent. Il est clair que tout ce terrain a subi des bouleversements et des redressements considérables; il est plein de failles, et il a été porté ou abaissé à des niveaux très-différents.

Ce vaste dépôt pélagique est en liaison intime avec le trias, soit qu'il ait le caractère alpin, comme dans le Salzbourg, la Styrie, etc, soit qu'il représente le trias de l'Europe centrale, comme dans le Tyrol méridional. Dans ce dernier cas, il n'est séparé du muschelkalk que par une épaisseur peu considérable de grès et de marne keuprique. Quoiqu'il y ait, à la place du lias , une certaine épaisseur de couches calcaires plus foncées que le reste, les fossiles caractéristiques du lias , encore moins des restes de reptiles ou des coprolites , ne paraissent point y exister.

Le terrain oolitique inférieur des anciennes mers et des golfes de l'Europe septentrionale se laisse diviser en plusieurs assises. 1° Les oolites inférieures , quelquefois ferrugineuses, accompagnées d'oolite subcompacte, et séparées des marnes du lias par des calcaires sableux et même par un grès parfois micacé et à impressions végétales. Ce marly sandstone , ou grès super-liasique , est quelquefois assez grossier , quarzeux et mélangé de baryte , quand il repose immédiatement sur les terrains anciens. Ce système est plus développé dans le Jura suisse et français que dans le sud-ouest de l'Allemagne , en Angleterre et en Normandie. 2° Un système d'oolites , ou de calcaire compacte , plus ou moins sableux et coquillier, inférieurement avec des marnes (terre à foulon), et supérieurement avec des lumachelles et en partie à térébratules, etc. Voilà ce qui forme la série des marnes argileuses à ostrea acuminata, les grandes oolites , le stonesfield slate , le forest marble , l'argile de Bradford et le cornbrash, qui correspondent à l'oolite de Mamers, au calcaire de Ranville et peut-être à celui de Caen.

C'est dans ce système qu'on peut placer provisoirement, plutôt que dans le lias, tous les calcaires recouvrant les houillères des bords du Donetz en Russie. Quant aux couches horizontales qui s'étendent entre la mer d'Aral et la Bucharie, elles sont liasiques, oolitiques ou crétacées; dans l'Himalaya et le Cuth, il y a de grands dépôts semblables. Certaines espèces fossiles de ces pays, comme la gryphæa dilatata et la trigonia costata, semblent même être identiques avec celles de l'Europe.

Dans le sud-ouest de la France, les calcaires sont souvent compactes ou semi-compactes, quelquefois même un peu argileux; ils renferment fréquemment du fer oolitique, et reposent généralement sur les marnes ou les calcaires marneux du lias. L'ostrea beaumontii est une des coquilles les plus caractéristiques dans certaines localités; de même diverses belemnites ou la gryphæa cymbium servent à distinguer le lias des marnes ou des calcaires supérieurs; car le lias est aussi parfois oolitique, ferrugineux et bleuâtre ou blanchâtre.

Le dépôt liasique est composé d'un calcaire argileux ou marneux, souvent arénacé, de teintes grises-bleuâtres ou grises-claires, et de marnes argileuses, quelquefois endurcies et à rognons ferrugineux; outre cela, des couches sont fétides, pyriteuses ou aluniferes. Dans le nord-ouest de

l'Europe, les marnes paraissent dominer dans
le haut du dépôt, et le calcaire dans le bas ; mais
sur les pourtours du plateau central de la France,
les marnes abondent beaucoup plus que le calcaire. Les couches subordonnées sont principalement : 1° des lumachelles à gryphæa arcuata,
à gryphæa cymbium, à gryphæa macculochii,
etc. ; 2° des lumachelles à pectinides, à cardia-
cées, ou à pentacrinites ; 3° des calcaires compactes ou magnésiens, ou bien de véritables dolomies à nids de strontiane sulfatée ; 4° des grès
quarzeux blancs ou jaunâtres, en partie ferrugineux.

Ces roches arénacées sont placées dans les assises supérieures du lias, ou dans ce qu'on appelle les marnes du lias. Rarement la limonite y
est assez abondante pour fournir des amas exploitables. Rarement aussi des argiles smectiques
sont associées à ces grès. Dans les parties centrales
et occidentales de la France, où le lias proprement dit est placé près du terrain granitique, etc.,
il y a quelquefois alternance, liaison même avec
ces roches, et alors le lias devient aussi plum-
bifère et cuprifère.

Les autres roches subordonnées sont : 1° des
argiles ocreuses, jaunes ou rouges ; 2° des marnes
feuilletées, alunifères, quelquefois à sélénite,
strontiane sulfatée, baryte, arragonite, phosphorite compacte et fossiles pyritisés, avec du

lignite ou de la houille grossière et pyriteuse.

Des marnes argileuses avec gypse se présentent dans le lias ou le calcaire à bélemnites, qui environne le continent ancien de la France centrale. En général, ce terrain, avec le système oolitique, y présente déjà des anomalies, et forme un chaînon intermédiaire entre la nature du lias et des calcaires oolitiques du nord-ouest de l'Europe, et le grand système oolitique alpin et méditerranéen.

Les fossiles caractéristiques sont les gryphées, les ossements de reptiles, les coprolites, etc. Dans les grès et même dans les marnes accompagnant les houilles de certaines localités, il y a un grand nombre de plantes. Ces végétaux sont même dans un véritable amas argiloïde, au milieu du grès. Ce sont évidemment des accidents produits au débouché d'anciens fleuves de l'Océan.

Généralement le lias est bien stratifié et en couches très-peu inclinées ou même horizontales. Ce sont des limons et des sables qui ont couvert le fond et le pourtour de vastes cavités. Dans certains points, le lias a été fortement redressé, comme à Kandern, dans le pays de Bade, dans certains points des Cévennes, et surtout dans les Alpes du Dauphiné et de la Savoie; si tant est qu'on doive y réunir ces puissantes assises de calcaire foncé, de marne noire à bélemnites, de grès grossiers et de schistes impressionnés à anthracite, qui sont propres à ces contrées.

Enfin parmi les coquilles caractéristiques du groupe oolitique, nous citerons les suivantes : plagiostoma giganteum, gryphæa virgula, gryphæa dilatata, gryphæa arcuata, ostrea deltoïdea, avicula inæquivalvis, spirifer walcotii, ammonites walcotii, ammonites bucklandii.

Le sol, formé de terrains sédimentaires du groupe oolitique, non accidenté, est bien caractérisé par ses plateaux en gradins plus ou moins éloignés, par ses vallées évasées, à fond souvent argileux, et par de petits escarpements qui séparent la surface des plateaux des pentes douces des anfractuosités, et qui ont été les falaises de la mer de l'époque crétacée. Lorsque ce dépôt a été tourmenté, comme dans le Jura suisse et français, les couches contournées et déchirées produisent une série de vallons profonds à pentes assez fortes et à formes plus ou moins elliptiques, tandis que les sommités sont couronnées de rochers nus, crénelés, ou, du moins, à grands escarpements sur certains côtés. Dans les Alpes, les terrains sédimentaires du groupe oolitique ont pris une configuration toute spéciale par suite des modifications éprouvées, soit dans le nature, soit dans la position et la continuité des dépôts. Les sommités offrent en général de hautes murailles blanches, créne-

lées, des pics bizarrement découpés, les uns en
apparence d'une seule pièce, les autres distinctement stratifiés. Tout est nu et très-sauvage dans
ces régions élevées, au lieu qu'une riche végétation s'est établie sur le pied des montagnes couvertes de talus formés de débris. Les pentes sont
partout assez fortes, et le long des vallées les
escarpements abondent. Enfin, tout le système
de ces montagnes est traversé, de part en part,
de fentes ou vallées extrêmement profondes.

Le lias des pays de plaines occupe en général des contrées à très-petites proéminences, à
sol argileux, ou bien il forme le premier échelon
d'une série de terrasses. Il donne lieu plutôt à
des vallées ou à des bas fonds qu'à des monticules; d'ailleurs, les monticules du lias sont principalement dus aux grès ou aux gypses de ce terrain.

Les roches d'origine ignée qui paraissent appartenir au groupe oolitique sont des basaltes, des
trapps, des mélaphyres, des pétrosilex, des porphyres, des syénites, des amphibolites, des diorites, des ophiolites, des euphotides, des variolites,
des sélagites, etc. Ainsi, les trachytes semblent
n'avoir pas encore été produits à cette époque,
tandis que les éruptions des syénites et des variolites finissent probablement d'avoir lieu pendant le dépôt de ce groupe.

Nous allons dire un mot sur les principaux
caractères des syénites et des variolites, dont

nous n'avons point parlé dans les groupes précédents.

Les syénites paraissent être des matières éruptives qui se sont produites plus fréquemment que les granites ; néanmoins, leur nature semble avoir varié d'une époque à l'autre plus que celle des granites. Les syénites ordinaires sont les plus anciennes, puis viennent les syénites hypersténiques ou diallagiques, et, enfin, les syénites dioritiques.

De même que les granites, les syénites ordinaires forment, dans les terrains anciens, de grands amas, des montagnes, et, plus rarement, des filons-couches, ou de véritables filons, parfois ganglionés. Leur sortie de terre date au moins, pour les unes, du commencement de la formation du terrain houiller. Quelquefois, ces syénites sont accompagnées de brèches syénitiques, comme dans l'île d'Arran. D'autres masses s'élèvent dans les terrains plus récents, sans qu'on puisse indiquer précisément leur âge. Les monts Malvern, en Angleterre, certaines masses de la France centrale sont dans cette catégorie. On connaît des syénites qui sont postérieures au lias, puisqu'elles le recouvrent et changent son calcaire en calcaire grenu, comme dans l'île de Sky. Ces syénites sont cellulaires, et quelquefois prismées. On doit peut-être y rapporter la syénite zirconnienne et à zéolite de Norwège, et même celle de Dresde et de Meissen.

Les filons de syénite dans les terrains fossilifères inférieurs du Bannat, ont transformé le calcaire compacte en calcaire grenu, et y ont produit de grands nids de grenat et de feldspath, qui renferment des minerais de cuivre, de fer, de plomb et de zinc.

Dans les terrains plus anciens, les syénites ont produit les mêmes effets. Les marbres ainsi formés sont quelquefois des ophicalces, ou renferment des minéraux cristallisés, tels que du pyroxène, de la grammatite, du condrodite, etc. Plus rarement la syénite s'est insinuée en filons dans le calcaire, et a introduit entre les feuillets des matières feldspathiques et quarzeuses.

La variolite est une roche composée d'une pâte tenace, qui paraît être de l'albite et de la diallage compacte, et qui, suivant certains géologues, serait de l'amphibole ou du pyroxène, avec des globules de feldspath blanc ou gris. Quoi qu'il en soit, la variolite est verdâtre, grisâtre ou rougeâtre, et ses noyaux sont ordinairement d'une teinte moins intense que la pâte; enfin, ceux-ci imitent les pustules de la variole.

La variolite n'est pas très-abondante; de plus, elle paraît être ordinairement subordonnée aux porphyres ou aux eurites; elle offre donc à peu près les mêmes caractères que ces dernières roches.

Nous avons déjà vu quel est le faciès d'un grand nombre de roches ignées qui se rapportent au groupe oolitique; il ne nous reste donc qu'à dire un mot au sujet des syénites.

Les syénites ordinaires ont à peu près la forme des masses de granite; comme elles se prêtent souvent à la décomposition, leurs contours sont assez doux. Les syénites hypersthéniques, au contraire, résistant beaucoup à la décomposition, présentent des formes très-prononcées, des arêtes déchiquetées ou des montagnes carrées, à sommets rabattus et à grands escarpements tout à fait dépourvus de végétation.

Groupe triasique.

Le groupe triasique est principalement composé de grès, de marnes, de calcaires et de diverses roches quarzeuses et schisteuses; on y trouve aussi du sel marin, du gypse, de la karsténite, de la dolomie, du lignite, etc. Les fossiles sont nombreux, mais très-inégalement répartis dans le groupe triasique; ils annoncent en général une nature très-différente de celle des groupes supérieurs. On y remarque, notamment, plusieurs espèces de plantes, telles que les voltzia; et, parmi les restes d'animaux, des paléothrisses, des calamopores, des cyathocrines, etc. A la rigueur, on pourrait diviser ce groupe en cinq étages, savoir : le keuper, le muschelkalk, le grès bigarré, le zechstein et le grès rouge ; mais nous avons cru devoir réunir le grès rouge au zechstein, afin d'obtenir ainsi un ensemble de couches plus important et moins accidentel. Notre groupe triasique se divisera donc en quatre parties qui seront désignées sous les noms de keuper, de muschelkalk, de grès bigarré et de zechstein.

Le trias, proprement dit, qui comprend le keuper, le muschelkalk et le grès bigarré, paraît s'être formé sur le fond des mers et sur un vaste littoral qui environnait des îles déjà considérables. Le trias offre une série de dépôts arénacés, surtout quarzeux, souvent rouges et assez fins, dans laquelle il y a des dépôts locaux de calcaire compacte, avec ou sans gypse. C'est sous cette forme générale et peu caractérisée que, d'après M. Boué, le trias existerait dans les Alpes allemandes et illyriennes, à l'exception du Vicentin, du Cadore et du Tyrol méridional, où le trias de l'Allemagne est aussi bien caractérisé que le zechstein, le grès rouge et les porphyres quarzifères. Ainsi, sur le versant nord des Alpes, le trias s'étend de Saint-Christophe à Rodana, dans le Vorarlberg, à Neuwiesen, au lac de Léo-

poldstein, en Styrie, etc. Sur le versant sud,
le trias régulier du Cadore, devient anomal
dans les contrées situées plus à l'est, comme
entre Saint-Léonard, Koltschach et Bleiberg,
près de Raibel, de Fellachbad, entre Griffen et
Saint-Paul; enfin il y a peut-être du trias dans
le Capellenbirge, en Croatie.

Nous ne pensons point qu'on puisse aller pour
le moment plus loin, si ce n'est que le keuper,
étant le dépôt le plus supérieur, a dû être moins
sujet à être modifié, ce qui donne à penser
que les agglomérats et les grès rouges intacts,
dans les Alpes, sont plutôt de cette époque que
plus anciens.

Le trias présente rarement dans ses couches
calcaires, en partie fendillées, des traces de
fossiles, tels que des bivalves de la famille des
solénacées, des mytilacées, des pectinides ou
des ostracées.

Dans toute l'Europe occidentale, depuis l'É-
cosse et l'Irlande jusqu'en France, et peut-être
même en Espagne et en Portugal, le trias n'est
encore qu'un assemblage de marnes argileuses,
rouges et bigarrées de jaune ou de verdâtre, et
de grès quarzo-argileux, bariolés ou rougeâtres.
Des couches de marne calcaire ou de calcaire,
quelque peu de gypse fibreux, du cuivre carbonaté, des spirifères, des paléonisques, des

productes et de la galène s'y rencontrent aussi ; mais ce terrain, sans fossiles, n'a vraiment pour caractère que sa position, et ne peut point se séparer en plusieurs grandes assises.

En Angleterre, une particularité remarquable de ce dépôt est de contenir des bancs de sel gemme, qui probablement donnent lieu aux sources salées du comté de Chester, etc.

Dans le département du Var, la Lorraine et l'Alsace, ainsi que dans tout l'ancien Empire d'Allemagne, à l'exception des Alpes et des États autrichiens, enfin, dans le Tyrol méridional et le Vicentin, le trias se divise nettement en trois terrains : le grès bigarré, le muschelkalk et le keuper. Mais si l'on se porte plus à l'est, dans la Russie et les possessions asiatiques de cet Empire, on perd ces divisions pour rentrer dans le trias de l'Europe occidentale, grand dépôt qui, en Russie, est souvent salifère, ou cuprifère. Dans les deux Amériques, dans le bassin du Mississipi, dans la Colombie, etc., ce n'est encore que le trias anglais, à sel gemme et à sources salées.

Le keuper a été confondu longtemps, et non sans raison, avec le grès bigarré, puis il avait reçu le nom de quadersandstin, qui s'appliquait aussi à des roches de plusieurs âges ; enfin, à présent, tous les géologues sont d'accord sur la dénomination de ce terrain.

Il est composé d'alternats de marnes argileuses, irisées, jaunes, rouges, verdâtres, bleuâtres, grisâtres, et des grès formés, comme le grès bigarré, de grains de quarz, avec un ciment abondant d'argile ou de marne. Les roches subordonnées sont, dans les couches inférieures, quelques calcaires marneux, et, dans les couches moyennes, mais surtout dans les supérieures, des grès très-quarzeux, tantôt à ciment siliceux, tantôt lustrés et à ciment calcaire. Il y a aussi deux ou trois couches de grès grossier, et de calcaire magnésien, ou de dolomie; ces dernières roches renferment quelquefois du silex corné. En général, le carbonate de chaux et de magnésie est distribué assez fréquemment dans le keuper.

Des brèches marneuses, endurcies, quelques lits de marne calcaire divisée en parties conoïdes, de l'argile à potier et des grès quarzeux, blancs, un peu micacés et à restes de végétaux, sont des accidents supérieurs, mais plus rares.

Des amas, et surtout des réseaux de petits filons de gypse sont très-fréquents dans les marnes et dans les assises tout à fait inférieures; enfin, on rencontre des marnes muriatifères, et même de grands bancs de sel gemme dans le keuper de certains pays.

Le fer sulfuré triglyphe abonde dans des

couches marno-argileuses; ailleurs, on trouve, dans le grès feldspathique, des nids de plomb carbonaté et de plomb phosphaté, qui sont des produits secondaires de la galène. La strontiane sulfatée, le savon de montagne et des grès marneux à rhomboèdres calcaires, comme ceux de Fontainebleau, y sont de petites raretés.

Dans la Bourgogne, le Forez, l'Auvergne, le Vivarais, la Vendée et près d'Alençon, les terrains anciens ont été recouverts immédiatement par le keuper; or, ce dépôt étant littoral, ne peut présenter autant de couches argileuses que ceux formés au sein d'eaux assez profondes. De là vient qu'on y trouve plutôt des agglomérats ou des grès grossiers, que des marnes et des argiles. Ce sont des arkoses qui, non-seulement, sont devenues granitiques en se formant aux dépens des roches granitoïdes, mais qui sont parfois siliceuses, et qui empâtent souvent de la baryte, du fluor, du fer sulfuré, de la galène, de la blende, du cuivre carbonaté, du chrôme oxidé et du manganèse oxidé; au reste, ces arkoses appartiennent aussi quelquefois au lias.

La production de tous ces minéraux dépend évidemment du voisinage des terrains anciens et des émanations qui en ont pu sortir par la voie sèche ou humide, ainsi que de la formation du keuper à côté de masses anciennes, traversées de filons métallifères. Le cuivre carbonaté des grès de Chessy dérive probablement de filons de cuivre pyriteux, encore existants et exploités ; il y a eu là, comme ailleurs, des jeux d'affinités électro-chimiques.

Les fossiles du keuper sont principalement des végétaux, semblables à ceux du grès bigarré : des calamites, des équisétacées, des fougères, etc., ainsi que des coquilles qui, inférieurement, sont celles du muschelkalk, et supérieurement celles du lias.

Les couches du keuper sont assez généralement contournées, surtout dans les parties gypsifères ; leur inclinaison est plutôt faible que forte ; cependant, elles ont aussi subi des redressements considérables, comme par exemple à Kandern, etc.

Le muschelkalk est un grand dépôt de calcaire compacte, gris, à cassure conchoïde et d'un aspect assez particulier ; il se lie par alternances au keuper comme au grès bigarré. Les couches subordonnées sont : 1° des calcaires noirâtres ; 2° des calcaires encrinitiques ; 3° des lumachelles à térébratules, ou à peignes, et quelquefois fétides ; 4° des calcaires argileux ou marneux, et parfois bitumineux, surtout dans les parties inférieures et supérieures ; 5° des calcaires magnésiens, ou des dolomies grises, jaunâtres, et se montrant principalement sur un certain horizon supérieur; 6° enfin, des calcaires magnésiens, globulaires dans les assises tout à fait inférieures. Les amas de gypse y sont un accident rare, et en général leur position est anomale dans le dépôt. Ces amas, manquant plus ou moins de stratification, coupent subitement les couches, ou bien ces dernières semblent s'appuyer contre le gypse, comme contre un cône tantôt droit, tantôt renversé. Ainsi, dans la Suisse et dans le Jura, le gypse, accompagné de salbandes de cargnieule, présente tous les caractères d'une transmutation du calcaire en gypse, au moyen de vapeurs sulfureuses qui se sont échappées par des fentes ayant une direction déterminée. Derrière Soleure, le gypse se trouve au milieu de couches redressées du muschelkalk, et il est entouré de séries d'assises du groupe oolitique qui sont inclinées en sens inverse; il est ainsi au centre d'une crevasse de soulèvement.

De petits filons de silex corné et calcédonieux se rencontrent dans les calcaires magnésiens de certaines localités. La partie supérieure des marnes argileuses et bitumineuses renferme, dans quelques pays, de véritables lits de mauvaise houille mêlée de pyrites et accompagnée d'impressions végétales. De plus, il y a, dans

certaines couches marneuses, supérieures et fortement endurcies, des nids ou druses de quarz
cristallisé avec un peu de galène et d'arragonite.
Enfin, une espèce de savon de montagne remplit
souvent les fentes en zig-zag qui traversent le
calcaire.

Parmi les fossiles du muschelkalk, nous citerons l'encrinus liliiformis, l'avicula socialis,
l'avicula costata, etc. Dans le Vicentin, il y a
des couches de corps alcyonaires silicifiées, et
près de Saint-Cassian, dans l'Enneberg, en Tyrol, la montagne de l'Eggenalp offre beaucoup
de cardites, de turbo, de cératites, etc.

Les couches du muschelkalk sont, en général,
peu inclinées, ou même horizontales, tandis
que, ailleurs, elles sont contournées. Cette structure donne, aux montagnes de muschelkalk, des
pentes assez douces avec des cimes en plateaux.
Enfin, le long de certaines chaînes, il y a des
redressements considérables.

Le grès bigarré est composé de grès quarzeux, rouges ou bariolés, et de marnes bigarrées,
qui sont accumulées surtout dans les parties supérieures. Comme couches subordonnées, il y a
des grès schisteux, micacés, quelquefois des grès
très-quarzeux, des agglomérats quarzeux, des
amas de gypse compacte et spathique, et notamment des réseaux de petits filons de gypse

fibreux. Dans la partie supérieure du terrain se montrent des couches subordonnées de calcaire plus ou moins pur, quelquefois magnésien et globulaire, des marnes calcaires et bitumineuses, ainsi que des argiles calcarifères, muriatifères et gypsifères.

Cette portion du grès bigarré ou, si l'on veut, du muschelkalk inférieur, est très-développée dans le sud-ouest de l'Allemagne; le calcaire compacte, appelé wellenkalk, y forme plusieurs couches, au milieu et au-dessus desquelles on va chercher le sel et les eaux salées.

Le grès bigarré offre, principalement dans les assises supérieures, quelques plantes et des tiges des genres voltzia, equisetum, etc., ainsi que des coquilles qu'on revoit dans le muschelkalk. Les deux localités de Soultz-les-Bains et de Domptail, dans la France orientale, sont deve-nues célèbres par ces fossiles.

En général, les couches du grès bigarré sont peu inclinées et offrent peu de failles; mais, dans plusieurs contrées, les marnes bigarrées sont contournées.

Aujourd'hui, on sait d'une manière positive que le zechstein proprement dit, qui est peu considérable, existe en Angleterre, sur un petit nombre de points du Calvados, à Autun, dans l'Aveyron et le Lot, dans la Haute et la Basse

Saxe, dans le Hanovre, les Deux-Hesses et la Thuringe, enfin, dans le Tyrol méridional et le Vicentin. Hors de l'Europe, on n'est point sûr de son existence, à moins qu'on puisse ajouter foi à la détermination du zechstein du Connecticut et de la Colombie.

En Angleterre et en France, le zechstein est un calcaire magnésien, compacte ou cellulaire, plus ou moins feuilleté. Dans le premier pays, il est quelquefois globulaire ou botryoïde, et il offre des parties extrêmement feuilletées et même flexibles, ainsi que des marnes argileuses. On y voit, mais rarement, des nids de fer hématite et d'arragonite, et de petits filons de baryte. En Allemagne, à Autun et en Italie, le zechstein est un dépôt composé inférieurement de schiste marno-bitumineux, en partie cuivreux, et de calcaire compacte, un peu terreux, gris, plus ou moins feuilleté, quelquefois cellulaire et brèchiforme.

En Allemagne, on y trouve comme couches subordonnées, du schiste cuivreux, du calcaire magnésien, compacte, en partie cellulaire, du calcaire ferrifère ou à nids de fer spathique et hydraté, du calcaire fétide, du calcaire terreux, enfin, du gypse compacte, grenu et spathique, accompagné de cargnieule et de cavernes. Le gypse environne surtout le Harz, et occupe sou-

vent des niveaux assez bas ou des vallons tra-
versaux.

Le calcaire magnésien du Calvados offre des
bancs silicifiés, ou une espèce de meulière cal-
cédonieuse et à tubulures. A Camsdorf, en Allemagne, il y a de petits filons de silex corné,
de la barytine ; tandis qu'ailleurs on y voit des
nids d'aphrite, de houille et de quarz.

Les fossiles caractéristiques du zechstein sont
le productus aculeatus, des gorgones, des fucoïdes, des poissons, des monitors, etc.

Ce terrain est par couches en général très-
peu inclinées ; néanmoins, dans le Mansfeld, et
notamment autour de Thuringerwald, il a, au
moyen de failles nombreuses, participé, avec le
grès rouge, à des mouvements très-particuliers
d'abaissement.

Le zechstein se lie au grès rouge en certains
points de l'Allemagne, mais plus fréquemment
au grès bigarré dans ce pays, en Tyrol et en Angleterre. Dans la partie centrale de cette île, un
agglomérat quarzeux, magnésien, à baryte, et
quelquefois à galène, blende et calamine, forme
une portion du zechstein, et unit étroitement
ce terrain au grès bigarré. On revoit cette même
alternance d'agglomérat magnésien et de marne
rouge dans le Calvados ; une pareille circonstance est précieuse pour concevoir l'étroite liai-

son qui s'établit entre le grès rouge et le grès bigarré de certaines contrées où le zechstein manque. Dans ce dernier cas sont les Vosges et la Forêt-Noire : là les deux dépôts se trouvent séparés seulement par des assises d'agglomérats quarzeux, rouges, plus considérables que ceux qui se trouvent ailleurs dans le grès bigarré inférieur.

Il se présente parfois, dans les Vosges, de grosses amandes d'un calcaire semi-lamellaire, qui pourrait, jusqu'à un certain point, être un équivalent du zechstein, ou du moins un dépôt situé sur son horizon. Dans la Forêt-Noire, il y a aussi des amas semblables de dolomie. Dans la partie sud de l'Angleterre, les alternances de marnes argileuses et de calcaire conduisent de même à l'idée d'un enchevêtrement de masses ovoïdes aplaties, plutôt qu'à celle d'une série de couches régulières.

Dans les contrées où des porphyres et des roches granitoïdes se sont fait jour pendant l'époque du terrain houiller, ou peu de temps après cette période, les fragments ramenés à la surface par ces éruptions et les débris de différentes masses ont donné lieu à un petit dépôt local qu'on appelle le nouveau grès rouge et que nous comprenons dans notre division nommée zechstein. En général, ce terrain ne s'est encore trouvé que dans les pays qui offrent aussi le trias ; savoir : la Silésie, la Bohême, l'Allemagne, la France alsacienne, centrale, bretonne et provençale, l'Espagne et l'Angleterre. Le grès rouge et houiller de Cinq-Églises, en Hongrie, serait le seul exemple de la présence du grès rouge, sans trias.

Le grès rouge est composé d'agglomérats anagéniques et notamment feldspathiques, dont le ciment est argileux et rouge, à cause des parties ferrugineuses dérivées des masses ignées. En Allemagne, il y a des masses rouges, surmontées de couches grisâtres ou blanchâtres, petit accident qui, dans ce pays, a de l'intérêt, surtout par rapport aux mouches de cuivre carbonaté que présente le grès rouge.

Les roches subordonnées sont des variétés d'agglomérats plus fins, et un ou deux bancs courts de calcaire rougeâtre. Certains agglomérats, composés uniquement de fragments de porphyre, peuvent être pris pour des brèches, si l'on n'y fait pas bien attention ; c'est un cas semblable à celui des agglomérats trachytiques réagrégés, et donnant même des porphyres molaires.

Des troncs de psaronius et de porosus caractérisent le grès rouge.

Les couches du grès rouge sont en général

peu inclinées. Il est placé sur le terrain houiller, en stratification discordante ou concordante, ou bien sur les terrains plus anciens. Dans certaines contrées, il alterne avec les couches houillères, surtout les supérieures. Dans d'autres pays, où les porphyres sont sortis à une époque plus ancienne, il y a des grès rouges feldspathiques, encore bien plus inférieurs.

Enfin, parmi les principaux fossiles caractéristiques du groupe triasique, nous citerons les suivants : equisetum columnare, calamites arenaceus, anomopteris mougeotii, voltzia brevifolia, encrinus liliiformis, avicula socialis, producta aculeata, terebratula vulgaris, terebratula lacunosa, ammonites nodosus.

Les grès rouges sont très-caractérisés par leurs massifs à formes carrées, à sommets aplatis et souvent à beaux bois, qui couvrent un sol graveleux. Si des parties se détachent fortement du corps principal des montagnes, elles donnent lieu à des buttes assez pittoresques, et à de petits escarpements assez abruptes pour avoir pu servir, ou pour servir encore à l'établissement de châteaux forts. Les contrées de grès bigarré et de keuper ressemblent à une mer couverte de vagues allongées ; la végétation a prospéré sur un sol argileux ; de petits plateaux y sont produits par des séries de couches plus dures, et le gypse y constitue à lui seul des mamelons isolés, ou bien il préserve de la destruction des masses argileuses. Le muschelkalk apparaît en montagnes allongées, offrant de petits plateaux et des pentes douces; sur leur pourtour supérieur se montrent des escarpements formés par une partie dure du dépôt calcaire; ailleurs, s'il y a des redressements, ce sont des ondulations à pentes plus fortes d'un côté que de l'autre.

Les roches d'origine ignée qui semblent appartenir au groupe triasique, sont des basaltes, des trapps, des mélaphyres, des pétrosilex, des porphyres, des syénites, des protogines, des granites, des amphibolites, des diorites, des ophiolites, des euphotides, des variolites, des sélagites, etc. Ce sont, en général, les mêmes roches ignées que celles du groupe précédent; mais il paraît démontré, qu'à l'époque de la formation du groupe triasique, des protogines et des granites se répandaient encore à la surface du globe. Nous voyons donc que, si nous sommes arrivés par des passages vraiment insensibles, depuis les laves de nos jours jusqu'aux porphyres, aux syénites et aux granites, la nature, en procédant d'une manière inverse, est parvenue des roches ignées les plus anciennes, telles que les granites, par les mêmes nuances, jusqu'aux produits actuels des volcans.

Nous devons actuellement, pour suivre notre

marche adoptée depuis le commencement de
nos descriptions de terrains, dire un mot des
granites et des protogines.

Les granites et les véritables protogines, c'est-
à-dire les protogines massives et granitoïdes,
sont des masses éruptives qui se rencontrent en
typhons, en filons et même en filons-couches,
notamment dans les terrains anciens, tandis
que la pegmatite se trouve plus souvent en filons
qu'en grands amas.

Sorties sous forme de masses pâteuses, les roches granitiques couvrent le plus fréquemment
les immenses fentes d'où elles ont été déversées.
Leur apparition a été naturellement accompagnée de fendillements, de soulèvements du terrain et de bouleversements à l'égard des couches,
soit dans leur voisinage, soit à quelque distance
de leur point de sortie : c'est ce qui a produit
d'abord des plissements et des redressements
dans les assises, puis, ces masses arénacées, modifiées, empâtées dans le granite, ou soulevées par
lui; enfin, les filons et les réseaux granitiques
qu'on a reconnus dans les schistes cristallins,
les ardoises et les grauwackes de tant de pays.

Il est tout simple que ces filons n'aboutissent
pas tous à des masses de granite; si quelquefois
cette liaison peut rester cachée aux yeux de l'observateur, souvent elle n'a lieu que dessous

terre. Néanmoins, il faut se garder de confondre les filons véritables de granite avec de petits filons granitoïdes, offerts çà et là par certains gneiss ou par d'autres roches. Lorsque la transmutation des schistes sédimentaires en gneiss est complète, alors ces roches deviennent granitoïdes. On comprend qu'à la suite de petites fissures, celles-ci se remplissent de la matière pâteuse voisine, et que cette dernière, trouvant plus de place pour la cristallisation, il y a pour résultat une roche granitoïde non feuilletée, au lieu d'un gneiss. Du reste, cette explication est confirmée par la comparaison du granite en masse avec le granite des filons qui dérivent du premier. La cristallisation et le refroidissement particulier aux filons ont produit ou un granite à plus gros grains, ou bien un porphyre avec du granite grossier dans son milieu.

Les amas de granites ont eu pour effet de changer les grauwackes en hornfels; tous ceux qui ont vu l'Écosse, le Cornouailles, le Harz, la Bretagne, etc., sont convaincus du fait aussi bien que du passage insensible du hornfels, ou de la roche de schörl, à la grauwacke. Récemment on a découvert, dans le granite, des fragments de grauwackes contenant encore des fossilles anciens.

A côté de certains granites, le calcaire compacte a été changé en calcaire grenu, renfermant quelquefois des minéraux. Lorsque ces roches se trouvent empâtées dans le granite, elles ont fait dire aux anciens géologues que le granite alternait avec du calcaire. Ailleurs, la chaleur des éruptions granitoïdes, et les émanations qui les ont accompagnées, ont changé les schistes sédimentaires en macline, en schiste à amphibole ou à feldspath, etc.

Dans les schistes cristallins, les granites ne semblent pas produire toujours de modifications sensibles, ce qui est tout simple à comprendre, si l'on s'imagine une grande masse de sédiments superposés à un foyer plutonique, et transformés lentement en micaschistes, en gneiss, etc., puis, fracturés et traversés par des éruptions granitiques. Il n'en devra résulter que des filons de granite, une espèce de liaison et même de fusion locale entre le granite et la roche feuilletée. Néanmoins, à côté des filons granitiques dans les gneiss ou les micaschistes, on observe, parfois, que la roche feuilletée est décolorée au contact, et qu'elle est pétrie de schorls dont les cristaux sont couchés parallèlement au plan des feuillets. Les épontes des filons granitiques traversant des granites, offrent même de semblables accidents, surtout lorsque le grain des deux roches est très-différent.

Des porphyres quarzifères ont été accompagnés, quelquefois, de la sortie de granites en dômes ou filons ; il y en a des exemples près de Lugano, en Norwège, et on doit y joindre, probablement, le granite cellulaire de Baveno, le granite de Mittelwald, en Tyrol, celui de Valorsine, celui de l'île d'Arran, et la variété prismée, dans l'île de Mull, en Écosse, etc. (1).

On se trouve souvent fort embarrassé pour déterminer l'âge des granites ; nous pensons cependant que les granites sont les roches des éruptions les plus reculées, et qu'ils ont paru au moins depuis l'époque du groupe phylladique jusqu'à la formation du groupe oolitique.

Dans les Alpes du Dauphiné, de l'Engadin supérieur ainsi que de l'Oberland bernois, il y a des roches granitoïdes qui sont intercalées dans des couches coquillières, que les uns rapportent au lias et les autres aux oolites inférieures. M. Studer voudrait même voir dans les superpositions bernoises un effet de soulèvement postérieur au dépôt de la craie. D'une autre part, M. de Beaumont fait épancher le granite sur le lias dauphinois, et modifier les calcaires et les grès ; il rattache aussi à ces éruptions des filons et filons-couches de trapp felds-pathi-

(1) Relativement à d'autres modifications apportées par les éruptions des roches granitiques dans les propriétés des roches, voyez la *Géogénie*.

que, et peut-être la conversion de la houille en anthracite.

Lors de la production du mélaphyre, c'est-à-dire à la fin de l'époque crétacée, il y a eu rarement formation de roches granitoïdes. Néanmoins, les environs de Predazzo en présenteraient un exemple; on y voit le passage de la roche pyroxénique au granite, gisant en amas transversal au milieu du trias et du calcaire oolitique; il y a aussi transmutation de ces dernières roches en marbre avec idocrase, gehlénite, talc, serpentine, etc.

Outre ces roches granitoïdes, des éruptions de roches semblables de l'époque crétacique paraissent exister en Lusace. Quant aux distinctions de granites divers, d'après leur grain et leur couleur, elles sont erronées; la texture porphyrique ou le grain fin de ces roches dépend, probablement, plutôt du genre de leur cristallisation et de leur composition que de leur âge relatif. Néanmoins, il est de fait que les granites pinitifères sont souvent en filons dans des granites plus anciens et à grains assez fins, et que les granites plus récents renferment beaucoup d'albite.

On croyait autrefois que le granite était inférieur à tous les autres dépôts; il est certain, en effet, que cette disposition se remarque dans le plus grand nombre de localités où l'on aperçoit la jonction du granite avec d'autres roches ; mais on trouve aussi des localités où le granite s'appuie sur d'autres dépôts, et l'on rapporte même qu'à Weinbohla, en Saxe, cette roche repose sur le groupe crétacique. Nous sommes loin de vouloir contester une opinion qui prend tous les jours de la consistance, cependant nous sommes disposés à croire que ce n'est pas un véritable granite, ou bien que ce recouvrement est dû à une dislocation postérieure à la sortie du granite.

Il ne faut pas confondre les protogines massives et d'une véritable origine ignée avec ces protogines (gnégynes ou talorthosites) qui sont stratifiées à l'instar des gneiss et qui résultent évidemment d'un dépôt aqueux, modifié postérieurement. Ainsi, nous voyons que souvent des roches peuvent avoir la même composition minéralogique, et, cependant, différer essentiellement sous le rapport du mode et de l'époque de leur formation ; pour citer un exemple, nous dirons qu'il y a des arkoses composées absolument comme les granites ; mais dans les premières roches, les grains sont arrondis, tandis que dans les secondes ils sont anguleux. D'après cela, il semble que, pour ne pas commettre d'erreur, il serait utile de distinguer ces deux sortes de

protogines, et de leur donner des noms différents.

Les granites et les roches analogues sont moins
étendus à la surface de la terre dénudée que certains terrains de sédiments; mais il paraît qu'ils
se prolongent sous les autres, d'où l'on suppose
qu'ils composent toute la partie inférieure de
l'écorce du globe.

Le granite est très-répandu à la surface du
globe, et forme quelquefois des massifs considérables; ailleurs, il constitue de petites bandes au milieu des autres roches; ou bien, il ne
se montre que dans des lieux isolés. La solidité
et l'altérabilité des roches granitoïdes étant très-
variables, il en résulte aussi des différences dans
les formes extérieures des contrées où ces roches
dominent; en général, les pays granitiques présentent de petites montagnes à croupes arrondies;
les vallées y sont, néanmoins, quelquefois très-
profondes et bordées d'escarpements; mais ces
circonstances y sont plus rares que dans la plupart des contrées formées de terrains de sédiment. Les masses granitiques considérables s'é-
lèvent, en général, en mamelons à sommets
surbaissés, et laissent apercevoir çà et là des cavités circulaires ou elliptiques, entourées d'escarpements, dont le fond est quelquefois occupé
par des lacs. Le plus ou moins de végétation y

dépend de la composition et de la texture de la roche.

Groupe carbonique.

Le groupe carbonique est formé du terrain houiller, du terrain du calcaire carbonifère et du terrain du grès rouge. Néanmoins, s'il devient quelquefois difficile de bien assigner les limites de ce groupe, il arrive encore plus souvent de ne pouvoir distinguer les lignes de démarcation des trois terrains qui le constituent; car, dans certaines localités, on voit alterner plusieurs de leurs couches. Quoi qu'il en soit, nous allons essayer de les décrire séparément.

Le terrain houiller est principalement caractérisé par la houille et les végétaux fossiles qu'il recèle, ainsi que par les roches schisteuses, argileuses et arénacées qui le composent. Il paraît être très-répandu, car on en connaît dans les contrées suivantes : France, Iles Britanniques, Belgique, Prusse, Allemagne, Espagne, Colombie, Pérou, Chili, Indostan, Nouvelle-Hollande, Terre de Vandiémen, etc. Mais il est souvent circonscrit de manière à ne constituer que des bassins de petites dimensions; par exemple, en France on compte plus de 60 bassins houillers, dont l'ensemble ne forme pas, néanmoins, $\frac{1}{27}$ du territoire. Quelques données conduisent, il est vrai, à lui supposer une étendue plus considérable. Au reste, comme le terrain houiller est placé assez bas dans l'échelle géologique, il est fréquemment caché par des dépôts postérieurs; de sorte que, pour l'atteindre, on est obligé de percer des puits très-profonds, et qu'il peut exister en beaucoup de points sous nos pieds sans que nous en apercevions des indices.

Le terrain houiller donne rarement le caractère à une contrée étendue, puisqu'il se trouve souvent resserré entre des espèces de vallées, ou recouvert par d'autres terrains; mais dans les lieux où l'on peut le regarder comme étant à découvert, il constitue ordinairement de petites collines allongées, qui offrent rarement des escarpements.

La figure 2 de la planche V représente la coupe d'un terrain houiller associé à d'autres terrains : A indique des alluvions; B, le groupe triasique; C, du granite; D, le terrain houiller, et E, le groupe grauwacique.

En général, les terrains houillers, à l'exception de ceux de la Colombie et du Pérou, n'offrent pas de grandes élévations au-dessus de la mer, les plus riches dépôts sont même plutôt au-dessous qu'au-dessus de ce niveau.

La stratification du terrain houiller est une des plus complexes ; les couches sont aussi bien horizontales qu'inclinées dans tous les sens, contournées et plissées, quelquefois très-bizarrement ; elles sont même pliées en zig-zag sous des angles tellement aigus, qu'un puits vertical peut traverser, à plusieurs reprises, la même couche. La figure 29 de la planche IV montre à peu près la coupe d'un puits creusé dans le terrain houiller du nord de la France : A représente du sable, de l'argile, du tuf, etc. ; B, de la marne ; C, de la craie ; D, de l'argile ; E, du poudingue, et F, la houille avec les roches qui l'accompagnent. Le terrain houiller a, en outre, une grande tendance à constituer des bassins qui ont la forme de bateaux, dont les couches se relèvent sur les bords ; on sent alors que c'est dans les parties relevées qu'on voit le plus d'exemples de couches pliées et contournées, tandis que, vers le milieu du bassin, leur position s'éloigne moins de la stratification horizontale. Quelquefois, la direction des couches a une grande constance sur de vastes étendues. Un autre accident provient du mélange confus de plusieurs couches, ou bien de puissants amas de grés et d'agglomérats stériles qui interrompent la série régulière des couches, et par conséquent l'exploitation. De pareils brouillages ont lieu, généralement, dans le sens de l'inclinaison, et paraissent être liés au voisînage des roches ignées, qui sont intercalées au milieu du dépôt houiller de la manière la plus bizarre. Si, à toutes ces circonstances, on ajoute un grand nombre de failles, on aura une idée générale de la structure du terrain houiller.

La composition du terrain houiller est parfois très-simple; néanmoins, indépendamment des intercalations mécaniques de roches ignées (porphyres, diorites, trapps, basaltes, etc.), les roches psammitiques, phylladiques et la houillequi forment principalement ce terrain, passent par des liaisons insensibles à d'autres roches qui entrent comme parties intimes, mais non essentielles dans sa composition. Ainsi, les parties constituant le terrain houiller sont : 1° des psammites, c'est-à-dire des grés quarzeux, grisâtres, jaunâtres, blanchâtres, plus rarement rougeâtres ou verdâtres, à grains variables, et souvent micacés ou mêlés de matières charbonneuses; 2° des conglomérats quarzeux; 3° des schistes argilo-bitumineux ou alumineux; 4° différentes variétés de houilles. Ces roches forment des assises plus ou moins puissantes qui alternent à plusieurs reprises, même jusqu'à 100 et 150 fois; et on leur voit subordonnés des poudingues, des arkoses, des agglomérats anagéniques, des talcschistes, des phtanites, des calschistes, des calcaires, des dolomies, des argiles, de l'anthracite, du sidérose, etc.

Rien de plus variable que la puissance et le nombre des couches de houille; généralement, le nombre et la puissance sont en raison inverse, c'est-à-dire que, plus les couches sont minces, plus elles sont multipliées. L'épaisseur moyenne ne dépasse guère un mètre, et les couches de deux mètres ne sont pas déjà assez fréquentes pour qu'on puisse les compter. Cependant, ces dimensions peuvent être surpassées de beaucoup. La houille ne se présente pas toujours en couches, car on la trouve souvent en filons, en veines, en amas, en nids, etc. Outre cela, tous les terrains houillers ne contiennent point de la houille en quantité suffisante pour établir une exploitation. Telle est, avec la mauvaise direction des travaux, la cause de la ruine de certaines entreprises.

On voit donc d'après ce qui précède, qu'il faut être bon géologue pour connaître parfaitement un terrain houiller; néanmoins, un géologue est une rareté parmi les directeurs de mines!

Il est difficile d'assigner nettement les limites du terrain houiller, car il alterne avec les autres membres qui composent le groupe carbonique, et qui, eux-mêmes, se rattachent d'un côté au groupe triasique, et, de l'autre, au groupe grau-wacique. Le terrain houiller se lie aussi avec les terrains de formation ignée ; mais, ici, la liaison est purement de situation, et non de composition et d'origine ; en d'autres termes, les roches ignées se trouvent intercalées dans les roches houillères, sans qu'on observe qu'elles participent de leurs natures respectives, sauf que les roches ignées offrent parfois des altérations qu'on ne rencontre point dans celles qui en sont plus éloignées. Du reste, les roches ignées qui sont mêlées avec les roches houillères, paraissent être réellement en coulées, en dykes et en culots. Il arrive aussi d'y voir des blocs isolés, plus ou moins volumineux, de granite, de pétrosilex, etc., c'est-à-dire de roches antérieures au dépôt houiller.

Les minéraux disséminés dans le terrain houiller sont assez rares ; néanmoins, on y trouve de la sperkise, de la marcassite, de la galène, de la blende, de la couperose, du calcaire, de la dolomie, de la barytine, etc. ; mais ces substances ne s'y montrent presque jamais en véritables filons.

Le terrain houiller présente une quantité immense de végétaux fossiles ; on y voit des feuilles et des tiges gigantesques d'équisétacés, de fougères, de lycopodiacées, de palmiers, etc.

On y rencontre aussi des troncs d'arbres, et beaucoup de roches à empreintes de végétaux plus ou moins délicats, et souvent très-bien caractérisés. Quelquefois, des matières provenant des sucs de végétaux (caoutchouc) nous sont fournies par les houillères. Les débris d'animaux y sont plus rares; cependant, on y a observé des restes de poissons, des mollusques, etc.

Le terrain du calcaire carbonifère est composé, notamment, de calcaire compacte, gris ou noirâtre, de calcaire argileux ou de marne, d'argile schisteuse, quelquefois bitumineuse, et de grès qui, en certains lieux, devient assez grossier dans les assises supérieures. C'est là le millstone gris des Anglais, qui établit un passage entre le calcaire carbonifère et le terrain houiller. Par le fait, les parties supérieures de ce terrain ont réellement l'aspect des alternats des houillères, car, outre l'ampélite grossière, l'anthracite et la houille, on y voit les impressions végétales propres aux dépôts anciens de houille, et même des rognons et des bancs courts de fer carbonaté impur.

Le charriage des matières végétales a augmenté toujours pendant cette période; car on trouve déjà des lits de mauvaise houille dans les assises inférieures du calcaire de montagne. Le bitume des couches calcaires, souvent fétides, doit en

dériver en grande partie, et même, il a été assez
abondant pour produire de la poix minérale ou
du caoutchouc fossile (élatérite).

Les couches subordonnées du terrain du calcaire carbonifère sont : 1° des calcaires encrinitiques à productus, à spirifères, à polypiers; ce
sont les marbres de ce terrain ; 2° des calcaires
magnésiens ; 3° des calcaires globulaires ; 4° des
calcaires silicifiés, ou des espèces de meulières
grossières, quelquefois à entroques, productus, etc. ; des rognons de silex noirs ou gris s'y
rencontrent ; 5° des calcaires argileux extrêmement fétides ; 6° des calcaires très-argileux et ferrifères ; 7° dans quelques pays, des gypses, parfois avec du soufre. Les nids et les petits filons
de sélénite, de spath calcaire fibreux, d'arragonite
coralloïde, de baryte carbonatée, de fluor, etc.,
sont, en Angleterre, des accidents des filons
plumbifères et calaminifères.

Récemment on a découvert, dans le terrain
du calcaire carbonifère de l'Écosse, un dépôt fluviatile ou de delta fort remarquable; il contient des
poissons, des entomostracées, etc. ; on l'a aussi
retrouvé en Angleterre. Généralement, en Écosse
et surtout en Irlande, le groupe carbonique
s'offre plutôt sous les formes de ses assises anciennes. Il y a plus de couches de houille ou
d'anthracite qu'en Angleterre et en Belgique;

mais aussi, les systèmes carbonifère et houiller
sont infiniment plus enchevêtrés, de manière
que les couches charbonneuses les plus pures
et de l'exploitation la plus avantageuse, ne s'en
détachent qu'en moindre quantité, et seulement
dans certains points.

En nous transportant dans l'Europe centrale,
nous devons reconnaître le grès pourpré et le
terrain carbonifère dans le Fichtelgebirge, aux
environs de Hof, au Harz, dans le calcaire avec
des fossiles caractéristiques, à Bleiberg et dans
le grès de la vallée de Windischcappel, etc. ;
néanmoins, il y a déjà là une liaison intime
entre les grauwackes et les agglomérats blancs
ou rouges. Dans les Sudètes, la Moravie, en
Silésie, et même au Harz, on n'ose plus s'aven-
turer aussi loin, les données manquent. On reste
incertain si l'on doit mettre en parallèle avec le
système carbonifère ces calcaires qui sont souvent
très-coquilliers, surtout à polypiers divers, à grottes en partie ossifères ou à puits bizarres; les mêmes calcaires alternent avec des schistes ou des
grauwackes, avec des bancs ferrifères ou anthraciteux. Un seul fait paraît assez bien prouvé, c'est
que les calcaires carbonifères d'Angleterre et de
Belgique forment des masses allongées, beaucoup plus étendues que celles qu'on voudrait et
pourrait leur comparer dans le reste de l'Europe.

Jadis, des caractères minéralogiques et de position avaient fait rapprocher du calcaire carbonifère certains vastes dépôts calcaires des Alpes, des Pyrénées, du Caucase, et même du Mexique et de l'Amérique méridionale; il est reconnu, maintenant, que c'était une erreur. Les calcaires anciens existent bien dans beaucoup de parties des Alpes; mais ils y ont été rendus méconnaissables par des transmutations ignées. A peu de distance les uns des autres, se trouvent, d'un côté, le calcaire carbonifère, ainsi que les terrains intacts de grauwackes, et, de l'autre, des terrains plus anciens, altérés, avec des calcaires, en partie grenus, à encrines et coquilles. Quant à certains calcaires de l'Amérique et à ces grandes bandes calcaires qui bordent les Alpes, les Pyrénées, le Caucase, l'Atlas, l'Hymalaya, etc., ce sont des dépôts oolitiques et crétaciques.

Les fossiles caractéristiques du calcaire carbonifère paraissent être une grande variété de productus et d'actiocrinites, de cyathocrinites et de rhodocrinites, etc.

Suivant les contrées et les localités, les couches de ce terrain sont inclinées, même contournées et traversées de failles, comme en Écosse, en Belgique; ou bien elles sont peu inclinées et coupées seulement par des failles, comme dans une partie du Northumberland, dans l'île de Gothland, etc.

On est embarrassé pour séparer, des dépôts immenses de grauwacke du Harz, du Fichtel-gebirge, des Sudètes, des Pyrénées, etc., les terrains du calcaire carbonifère et du terrain du grès rouge du nord-ouest de l'Europe.

Le terrain du grès rouge ou pourpré, comme le calcaire carbonifère, a été reconnu d'abord en Angleterre; depuis les Iles Britaniques, on a pu suivre ce double système, d'un côté dans la Manche, le Calvados et la Bretagne, de l'autre dans la Picardie, la Belgique, les Ardennes, l'Eifel, la Westphalie, la Hesse, et même en Scandinavie. Dans tous ces pays, un terrain arénacé est accompagné par un autre qui est calcaire, fort bitumineux, et se liant insensiblement au terrain houiller. En Europe, soit à l'ouest, soit au midi, les houillères se détachent complétement des terrains anciens, en recouvrant ces derniers en stratification discordante. Le système carbonifère diminue, évidemment, de puissance, ou peut-être même se perd entièrement, et le grès pourpré est remplacé par des poudingues ou des grès trop voisins des grauwackes pour en être distingués, et trop pauvres en fossiles pour avoir frappé l'attention des géologues.

Le grès pourpré est un terrain fort simple,

composé de grès et d'agglomérats, presque uniquement quarzeux, avec quelques lits ou bancs
de calcaire plus ou moins argileux. Les grès sont
parfois micacés et aussi durs que le quarzite;
ils sont rouges, rosâtres, verdâtres ou blanchâtres.

Les fossiles qu'on y rencontre sont des conulaires, certains trilobites, des productus, des débris de poissons, des crustacés inconnus, etc.

En résumé, parmi les principaux fossiles caractéristiques du groupe carbonique, nous citerons les suivants : calamites suckowii, sphenopteris furcata, pecopteris lonchitica, sigillaria tes-
sellata, lepidodendron aculeatum, stigmaria ficoï-
des, cyathophyllum turbinatum, productus mar-
tini, evomphalus catillus, bellerophon apertum,
ammonites listeri.

Les grès houillers forment des contrées ondulées et dont les mouvements du sol sont encore
adoucis, le plus souvent, par de grandes alluvions. Ce sont des pays de plaines ou de monticules qui, peut-être, ne se distingueraient pas
toujours de certaines contrées formées de grés
palæothériiques, si diverses éruptions n'étaient
point venues les traverser, et si des failles ne
les avaient pas accidentés d'une manière particulière. D'autres parties du groupe carbonique
offrent des formes différentes; par exemple, les

calcaires carbonifères, ou les grès rouges, présentent quelquefois des escarpements assez considérables. Ainsi, tandis que des membres sédimentaires du groupe carbonique donnent au pays qu'ils constituent un aspect pittoresque, d'autres, au contraire, lui impriment un caractère peu saillant.

Les roches ignées qui paraissent appartenir au groupe carbonique sont des trapps, des mélaphyres, des pétrosilex, des porphyres, des syénites, des protogines, des granites, des amphibolites, des diorites, des ophiolites, des euphotides, des sélagites, etc. Nous voyons donc à peu près les mêmes roches ignées que dans le groupe triasique, si ce n'est que, probablement, des éruptions de basaltes n'avaient pas encore eu lieu pendant l'époque de la formation du groupe carbonique.

Groupe grauwacique.

Le groupe grauwacique comprend quatre parties qui sont le dépôt de Ludlow-rock, le dépôt de Wenlock-limestone, le dépôt de Caradoc-sandstone, et le dépôt de Llandeilo-flags. Ce groupe est composé, principalement, de grès, d'argiles schisteuses, de calcaire, de marnes schisteuses, de phyllades, de grauwackes, d'arkoses, de dolomies et de poudingues. On peut donc regarder le groupe grauwacique comme formé d'un ensemble de roches schisteuses, de grès, d'agglomérats et de calcaires, auxquels diverses autres roches se trouvent subordonnées. Mais les terrains qui constituent le groupe grauwacique ayant éprouvé une foule de dislocations et de modifications, présentent souvent beaucoup de confusion; de sorte que leur complexité et le petit nombre de documents que nous possédons sur ces terrains, ainsi que sur les suivants, ne nous permettent point de donner à leur égard une description aussi circonstanciée que nous le désirerions.

Les dépôts de Ludlow-rock et de Wenlock-limestone sont composés de phyllades, passant à l'argile schisteuse ou au schiste alumineux, et renfermant quelquefois des rognons calcaires, de grès, ou d'espèces de quarzites, parfois micacés, de calcaires compactes, plus ou moins argileux, feuilletés, oolitiques, gris, gris-bleuâtres où noirâtres. Ces dernières roches sont en plus grande masse que dans les dépôts suivants, et elles sont accompagnées d'anthracite et même de houille.

Le dépôt de Ludlow-rock se divise en trois assises : la supérieure est formée de couches nombreuses d'un grès grisâtre, micacé, argileux et calcarifère; la seconde, d'un calcaire souvent avec des nodules de calcaire compacte ; enfin, la troisième, de roches schisteuses et argileuses.

Le dépôt de Wenlock-limestone est composé de phyllades ou d'ardoises, de calcaires, alternant avec des argiles schisteuses, ou des marnes schisteuses.

Ces dépôts existent au Canada, dans la Scandinavie méridionale, la Courlande, l'Esthonie et la Podolie, au centre de la Bohême, dans l'Eifel, en Westphalie, en Bretagne, en Normandie, en Belgique, en Suède, en Russie, etc. Leurs couches sont tantôt plus ou moins inclinées, et traversées de failles comme en Angleterre, dans l'Eifel, la Bohême ; tantôt, très-faiblement inclinées, ou presque horizontales, comme en Suède et en Russie.

Les fossiles de ces dépôts sont divers végétaux et un assez grand nombre de restes d'animaux, parmi lesquels nous citerons des asaphes, des calymènes, des conulaires, des orthocères, des évomphales, des térébratules, des productus, des pentamères, des encrines, des spirifères, des cypricardes, des bellerophes, des grapholites, etc.

Les dépôts de Caradoc-sandstone et de Llandeilo-flags sont composés de grauwackes grossières et schisteuses, de phyllades plus ou moins grossiers, et de grès, avec des couches subordonnées d'agglomérat quarzeux, blanchâtre, gris ou rougeâtre, de phtanite ou bien de schiste alumineux à ampélite ou à anthracite, enfin, de calcaire compacte, sublamellaire, encrinitique, grenu ou phylladifère.

Le dépôt de Caradoc-sandstone est formé d'un grès plus ou moins coquillier, dont les couches supérieures sont imprégnées de calcaire; quelques assises supérieures sont micacées.

Le dépôt de Llandeilo-flags est composé de grès calcarifères, très-schistoïdes, ou de poudingues.

On rencontre les fossiles, principalement dans les grauwackes, les schistes argileux et alumineux, et, surtout, dans les calcaires. Les végétaux se trouvent dans les schistes; ce sont quelquefois des restes épars de fucoïdes; ailleurs, on y voit des plantes terrestres, notamment des monocotylédones, et semblables, du moins en genres, si ce n'est en espèces, à celles des houillères; enfin, certaines grauwackes contiennent des débris méconnaissables de plantes. Les schistes, les grauwackes fines, les grès et les calcaires renferment des trilobites, des orthocères, des térébratules, des productus, des polypiers, etc.

Les couches des dépôts de Caradoc-sandstone et de Llandeilo-flags sont plus ou moins inclinées, souvent contournées en grand et en petit, même plissées et accompagnées de failles. Dans certaines localités, on observe au milieu des calcaires, comme dans les schistes, des fentes de clivage contraires aux joints de stratification.

Enfin, parmi les fossiles caractéristiques du groupe grauwacique, nous citerons les suivants : fucoïdes antiquus, sphenopteris dissecta, pecopteris aspera, sphenophyllum dissectum, lepidodendron carinatum, stigmaria intermedia, cyathophyllum quadrigeminum, cardium hybernicum, terebratula prisca, evomphalus rugosus, asaphus buchii, calymene macrophtalma.

Les montagnes de phyllades sont caractérisées par un sol, en général, noir, brunâtre, verdâtre, bleuâtre ou rougeâtre, et par des éboulis souvent effroyables, ainsi que par des arêtes, quelquefois très-minces. Au contraire, les grauwackes ayant conservé de nombreux caractères de leur origine neptunienne, s'élèvent à pentes ordinairement peu fortes, et présentent de petits escarpements et de petits éboulis. D'ailleurs, la végétation les couvre, en grande partie, lorsque le climat le permet. Les roches quarzeuses ont frappé l'attention des voyageurs de tous les pays, par les formes hardies de leurs sommités. Elles sortent des schistes, qui les renferment, comme des murailles plus ou moins blanches, bleuâtres ou rougeâtres, lorsqu'elles constituent des couches continues ; tandis qu'elles donnent lieu à des cônes isolés, escarpés, pointus et sans végétation, quand elles sont en amas. Le quarzite, le phtanite et les roches analogues présentent généralement des escarpements ou des rochers nus. Le calcaire grenu ou compacte produit des proéminences allongées, des escarpements, des rétrécissements, des défilés, quelquefois des grottes et des sommités assez brusquement bombées. Ces calcaires rendent les vues des montagnes beaucoup plus pittoresques, et ont provoqué l'établissement d'anciens châteaux forts. Quant aux dolomies, elles affectent à peu près les mêmes configurations que les calcaires, avec cette différence qu'elles sont plus sujettes à produire beaucoup d'éboulis et d'écroulements. Les sommités en pics, des massifs énormes avec des formes très-remarquables, ne sont guère que le propre des dolomies plus modernes. En résumé, nous voyons que les roches sédimentaires du groupe grauwacique affectent des formes très-variées, depuis les accidents les moins prononcés jusqu'à l'aspect le plus bizarre ; et que, dès lors, les pays auxquels elles donnent lieu sont souvent très-pittoresques.

Les roches d'origine ignée qui semblent appartenir au groupe grauwacique sont des trapps, des pétrosilex, des porphyres, des syénites, des

protogines, des granites, des amphibolites, des
diorites, des ophiolites, des euphotides, des sélagites, des éclogites, etc. Ce sont donc, en général, les mêmes roches ignées que celles du
groupe carbonique, sauf certaines modifications
et particularités.

Groupe phylladique.

Le groupe phylladique se divise en trois dépôts, qui sont : le dépôt de grauwackes, le dépôt de phyllades et le dépôt de talcschistes. Il est
principalement composé de grauwackes, d'agglomérats quarzeux, d'anagénites, de brèches,
de grès, de quarzites, de phtanites, de kieselschiefers, de jaspes, de phyllades, d'ardoises, de
chloritoschistes, de stéaschistes, de talcschistes et de calcaires compactes, grenus ou phylladi-
fères. Cette série de roches se présente rarement
dans son état originaire; le plus souvent, elles
sont modifiées, et un grand nombre d'entre
elles offrent tant de variétés de forme, de téna-
cité, de couleurs, et en un mot, d'aspect, qu'il
serait oiseux d'entrer dans des détails à cet égard;
de plus, elles passent ordinairement les unes
aux autres. Enfin, plusieurs, telles que les quarzites, les phtanites, les kieselschiefers, les jaspes, les lydiennes, le quarz graphitifère, l'ampélite, les calcaires, etc., sont plutôt des roches

subordonnées aux autres, qu'elles ne forment de masses indépendantes.

Dans ce groupe, le précédent, ainsi que le suivant, les minerais sont très abondants; aussi, le fer, le plomb, l'argent, l'antimoine, le cuivre, le manganèse, etc., y sont-ils souvent exploités. Le graphite, la sanguine, le grenat, la tourmaline, l'épidote, le distène, le zircon, etc, s'y trouvent encore assez fréquemment; mais les débris organiques y sont déjà très-rares.

Le groupe phylladique se montre sur une grande échelle en Angleterre, en Écosse, en Bretagne, en Vendée, dans le Poitou, les Ardennes, l'Espagne, etc.

Le dépôt de grauwackes est formé par des grauwackes schisteuses, souvent calcarifères, et renfermant des couches de calcaire coquillier. D'autres fois, il y a des poudingues, des quarzites, des amphibolites et quelques roches talqueuses. On y rencontre des corps organisés dont les genres sont les mêmes que ceux du groupe grauwacique : ce sont des polypiers, des térébratules, des spirifères, des productes, des orthocères, des goniatites, etc. Il y a aussi des restes de grands végétaux, tels que des prêles et des roseaux.

Le dépôt de phyllades est composé de phyllades, ou d'ardoises, renfermant souvent de la silice et du feldspath à l'état de pureté plus ou moins parfait. Différentes couches de ce dépôt sont calcarifères, tandis que d'autres sont talqueuses et offrent des brèches, des quarzites, de phtanites et des kieselschiefers. S'il y a des fossiles dans ce dépôt, ils sont au moins trèsrares. Mais une telle anomalie dans des roches formées, sans aucun doute, par voie de sédiment, provient-elle de ce que les êtres organisés n'existaient point encore à cette époque reculée de l'histoire du globe, ou bien de ce que les débris d'êtres organisés qui ont pu y être ensevelis, se sont, par leur nature propre, ou par les modifications cristallines qu'ont éprouvées les roches postérieurement à leurs dépôts, identifiés avec les substances qui constituent ces roches, et à un tel point qu'ils ne soient plus visibles? Voilà des questions auxquelles il est impossible de répondre d'une manière rigoureuse.

Le dépôt de talcschistes est formé de phyllades passant plus ou moins aux grauwackes, de talcschistes, de stéaschistes, de protogines schisteuses (gnégynes ou talorthosites), de chloritoschistes, de quarzites, de phtanites, de lydiennes, de quarz graphitifère, de kieselschiefer, de calcaire, etc. Plusieurs de ces roches passent généralement les unes aux autres, et les quarzites, les phtanites, les lydiennes, le quarz graphitifère, le kieselschiefer, le calcaire, etc., sont souvent subordonnés aux autres roches.

Enfin, toutes renferment beaucoup de filons de quarz, de limonite, etc.

En résumé, les couches du groupe phylladique sont plus ou moins inclinées, assez souvent contournées sur une très-grande échelle, et accompagnées de failles très-étendues, qui ont dérangé l'ordre des superpositions. Les fossiles sont rares dans le groupe phylladique, et sont souvent identifiés avec la roche qui les renferme; les déterminations spécifiques sont donc très-difficiles. Au reste, ils paraissent avoir beaucoup de rapports avec ceux du groupe grauwacique : on y a, notamment, observé des trilobites, des spirifères, des encrines, des hamites. Mais nous ne saurions indiquer aucune espèce comme caractéristique du groupe phylladique, soit parce que les fossiles qui s'y trouvent n'ont pas encore été assez bien étudiés, ou bien, soit à cause de l'absence de leurs caractères spécifiques; nous pouvons même dire que nous n'en avons jamais vu de déterminables spécifiquement.

Le faciès général que présente le groupe phylladique se rapproche beaucoup de celui du groupe grauwacique, si ce n'est que les couches du premier sont souvent plus tourmentées et semblent avoir été plus travaillées par les agents souterrains.

Les roches d'origine ignée qui paraissent se rapporter au groupe phylladique sont des pétrosilex, des porphyres, des syénites, des pegmatites, des protogines, des granites, des amphibolites, des diorites, des ophiolites, des euphotides, des sélagites, etc. Ce sont donc à peu près les mêmes roches ignées que celles du groupe grauwacique, si ce n'est que les trapps et les éclogites semblent n'être arrivés qu'après le dépôt du groupe phylladique; probablement aussi diverses particularités différentient les roches ignées qui appartiennent à ces deux groupes. Quant aux pegmatites, vraisemblablement, elles se trouvent encore dans des terrains supérieurs au groupe phylladique.

La pegmatite est composée d'orthose lamellaire et de quarz; mais le mica et la tourmaline s'y trouvent fréquemment; d'autres fois encore, on y voit des grenats, des topazes, etc. On donne le nom de pegmatite graphique à celle dans laquelle le quarz est comme fiché dans le feldspath, où il forme des lignes brisées qui simulent les caractères hébraïques. D'autres fois, le quarz n'est qu'en grains dans la pegmatite, et alors, la roche porte le nom de pétunzé; enfin, c'est à la décomposition de la pegmatite qu'est due l'origine du kaolin. On trouve la pegmatite en filons, en veines, en amas, et en petites masses dans les granites, les gneiss, et aussi dans les micaschistes et quelques autres roches anciennes. La pegmatite nous porte donc à concevoir deux modes principaux de formation. D'abord, elle provient évidemment d'injections venant du centre de la terre à sa surface, qui ont eu lieu postérieurement au dépôt des masses traversées, et qui ont, au contact, plus ou moins modifié ces dernières. Ensuite, diverses pegmatites nous montrent qu'elles résultent du mode de refroidissement des roches dans lesquelles elles se trouvent, et qu'ainsi elles proviennent d'une cristallisation qui a pu s'opérer facilement dans des endroits où il y avait des vides, comme on l'observe dans des substances qui, par le refroidissement, cristallisent en certains points.

Groupe gneissique.

La détermination de la position du groupe gneissique et l'expression de ses caractères généraux sont encore plus difficiles que celles des autres groupes; néanmoins, nous pouvons dire qu'indépendamment de l'abondance des roches talciques et micaciques, le groupe gneissique se distingue des groupes précédents, par la fréquence de la texture cristalline, et par la tendance que plusieurs de ses roches sédimentaires ont de se rapprocher des roches granitiques. Les textures schistoïdes et saccharoïdes y sont aussi très-communes, et quoique les dépôts sédimentaires de ce groupe se lient avec des terrains qui pourraient être assez élevés, il ne paraît pas que, jusqu'à présent, on l'ait vu recouvrir d'une manière positive aucun des autres groupes que nous avons examinés dans les articles précédents.

Le groupe gneissique est très-répandu à la surface du globe; il constitue quelquefois des cimes très-élevées et paraît également dans des contrées très-basses; mais, en général, on ne le voit pas dans les grandes plaines. Le groupe gneissique, de même que le groupe phylladique, est peu favorable à la culture, et les lieux où il est au jour sont ordinairement peu fertiles et couverts de landes, de pâturages et de forêts; enfin, les roches du groupe gneissique occupent des pays entiers et y forment, avec leurs couches le plus souvent assez fortement redressées, des chaînes de montagnes. La direction de ces dernières, ainsi que celle des couches, offrent une certaine constance locale, tandis que l'inclinaison est variable. D'autres fois, les schistes cristallins ne forment que les plus hautes crêtes d'un pays, et se trouvent entourés par d'autres dépôts, ou bien ils semblent être sortis d'une grande fente faite au milieu de terrains plus modernes.

La plupart des roches du groupe gneissique passent les unes aux autres et, de plus, elles sont enchevêtrées mutuellement comme des masses ellipsoïdes et cunéiformes de toutes les configurations possibles à imaginer. D'un autre côté, ces mêmes roches ne passent réellement pas aux masses plutoniques, quoi qu'il y ait souvent une espèce de conglutination, ou même de fusion apparente.

Ce groupe est principalement composé de roches quarzo-talqueuses ou chloriteuses, de quarzites, de talcschistes, de chloritoschistes, de stéaschistes, de protogines schisteuses, de micaschistes et de gneiss. Parmi les roches subordonnées, nous citerons des talorthosites, des phyllades, des calcaires, des cipolins, des calcaires talqueux ou talciphyres, des calciphyres, des dolomies, des gypses, des hyalomictes, des schorlrocks, des leptynites, des amphibolites schisteuses (cordiélades), etc.

Dans le groupe gneissique on ne rencontre plus de fossiles, soit qu'il n'existât point encore d'êtres organisés lors de la formation de ce groupe, soit que les restes organisés de cette époque aient été identifiés avec les roches qui les auraient enveloppés. Mais le groupe gneissique, comme les deux groupes précédents, renferme une foule de minéraux, tels que le grenat, la tourmaline, l'épidote, le distène, le zircon et beaucoup de minerais plus ou moins précieux.

On sait, d'après ce que nous avons dit ci-dessus, que la position des divers systèmes qui composent le groupe gneissique n'est pas assez connue pour que nous puissions leur assigner un ordre bien déterminé; ce qui, d'ailleurs, ne paraîtra pas étonnant, quand on fera attention que nous avons, maintenant, perdu les deux guides principaux qui nous ont dirigés dans l'arrangement des groupes précédents, savoir : la superposition des masses et la présence de fossiles. Nous avons vu, en effet, que plus nous avançons dans la série des terrains, moins la position apparente des couches peut nous instruire sur leur position originaire, parce qu'elles sont souvent renversées ou repliées les unes sur les autres. Or, le groupe gneissique présente une stratification encore plus généralement inclinée et contournée que les terrains précédents ; d'un autre côté, il est possible qu'il n'y ait pas d'ordre constant de superposition entre les systèmes du groupe gneissique ; de plus, les différences que nous remarquons entre ces systèmes ne sont peut-être que le résultat du développement accidentel de certaines substances qui entrent dans la composition générale de ce groupe. Enfin, il est très-rare de trouver un massif un peu puissant dans le groupe gneissique, sans que l'on n'y reconnaisse en plus ou moins grande quantité, et souvent en stratification alternative, plusieurs des roches qui caractérisent les principaux systèmes.

Quoi qu'il en soit, on peut reconnaître dans ce groupe plusieurs systèmes principaux, selon que domine le talcschiste, le micaschiste ou le gneiss ; et il paraît que le premier est ordinairement le plus élevé, et que les deux derniers sont les plus inférieurs. Quant au quarz et au calcaire, ils pourraient être regardés comme subordonnés dans les autres systèmes, plutôt que comme formant des systèmes particuliers; c'est pourquoi nous divisons le groupe gneissique en trois parties qui sont : le dépôt talqueux, le dépôt micaschistique et le dépôt gneissique.

Le dépôt talqueux est composé de talcschistes, de chloritoschistes, de stéaschistes, de protogines schisteuses, de phyllades, de quarz, de quarzites, de calcaires, et peut-être encore de quelques roches plus ou moins analogues; mais tandis que les premières roches sont les principales du dépôt, les autres n'en sont le plus souvent que des subordinations.

Dans le dépôt talqueux, les roches talciques se lient d'une manière toute particulière aux roches quarzeuses; car le talcschiste contient presque toujours du quarz et passe fréquemment au quarz talcique. Il y a, néanmoins, dans ces ensembles, des bancs subordonnés, des amas ou des filons qui paraissent n'être composés que de silicates de magnésie, et qu'on est dans l'habitude de rapporter aux espèces talc, stéatite et serpentine, d'après leurs caractères extérieurs; mais ces caractères ne sont point en rapport avec la composition atomique, et ces matières ne sont, en général, que des mélanges d'espèces. Les talcschistes sont souvent aussi mélangés de silicates de fer, qui les colorent en vert, et de silicates d'alumine, ce qui les fait passer à la chlorite. Le feldspath entre également dans la composition de ce dépôt, et alors, le stéaschiste passe à la protogine schistoïde.

Le talcschiste n'étant qu'un mélange de quarz et de talc, on sent qu'il y a des lieux où le principe talcique devient très-rare, tandis que le principe quarzeux se développe davantage, ce qui donne alors des systèmes presque entièrement quarzeux; c'est, notamment, ce qu'on voit dans les montagnes du Brésil qui recèlent du quarz aurifère, le sidérocriste et l'hyalomicte flexible d'Itacoluma.

Les roches quarzo-talqueuses paraissent être un des premiers termes des modifications ignées qu'ont éprouvées les sédiments schisteux anciens. Elles étaient des grès et des agrégats quarzeux, assez grossiers, avec une pâte argiloïde; la chaleur et les émanations ignées les ont consolidées, et ont changé l'argile, ainsi que les fragments d'argile schisteuse, en schiste argileux, ou bien en schiste argilo-talqueux, tandis qu'autre part, au lieu de talc, il s'est formé de la chlorite ou de la stéatite. Du reste, leur structure arénacée n'est souvent qu'incomplétement effacée, et plusieurs géologues les placent encore dans les grauwackes.

Ces roches sont toujours en couches plus ou

moins étendues, leur inclinaison varie beaucoup.

Les quarzites sont des grès quarzeux, solidifiés par la chaleur; des vapeurs aqueuses, et probablement alcalines, ont travaillé ces sédiments et les ont consolidés en ramollissant la surface des grains quarzeux et en les soudant ensemble. Ils résultent donc principalement des modifications des grès provenant de premières désagrégations de la superficie oxidée du globe, ou des destructions exercées par les agents aqueux et ignés.

Relativement à l'importance qu'on a attachée aux proéminences formées par les quarzites au milieu des schistes, nous adoptons l'opinion de ceux qui n'y voient qu'un accident de décomposition plus lente que pour les autres couches. Cependant nous ne voudrions pas nier tout à fait la possibilité que, dans un redressement de couches encore molles, certaines lentilles quarzeuses aient pu sortir au milieu de ces dernières, par suite de la pression.

Les quarzites sont toujours en couches plutôt courtes que continues, mais ils se présentent surtout en amas lenticulaires plus ou moins étendus. Leur inclinaison est très-variable, et quelquefois même peu considérable.

Certains sédiments argileux ont pu être moins

modifiés que d'autres, et par suite donner naissance à des phyllades, à des ardoises, etc. Ces
roches forment parfois des couches dans les
schistes quarzo-talqueux, ou dans les gneiss,
comme à la Furca.

Des roches calcareuses entrent aussi dans la
composition du dépôt talqueux ; souvent elles y
sont subordonnées ; mais quelquefois elles se
développent au point de caractériser, elles-mêmes, des systèmes. Les calcaires du groupe
gneissique ont communément une texture saccharoïde, et renferment presque toujours de la
magnésie, ou du moins des minéraux dans la composition desquels entre cette substance. Aussi,
indépendamment du calcaire véritable, y voit-on
souvent de la dolomie, de l'ophicalce, du cipolin, etc. Ces roches calcareuses du terrain talqueux fournissent les plus beaux marbres connus. Enfin, elles sont quelquefois accompagnées
de gypse et de karsténite.

Les calcaires divers du groupe gneissique sont
une des meilleures preuves des modifications de
ces dépôts. Leur variété de texture et de composition dépend de leur nature originaire et des
effets ignés qu'ils ont éprouvés.

Les calcaires forment, dans le groupe gneissique, des couches courtes, ou des bancs plus ou
moins massifs et quelquefois à clivivage particu-

lier. Ces amas sont aussi alignés ; et il y en a ordinairement plusieurs dans un terrain schisteux, si ce dernier est de quelque étendue.

Les dolomies et les cipolins dolomitiques ont, à peu près, les mêmes gisements que les calcaires grenus. Dans les schistes cristallins, les véritables dolomies sont plus rares que les calcaires grenus ; mais ces derniers contiennent fréquemment plus ou moins de magnésie, ou sont mélangés de talc et de serpentine. Plusieurs minéraux empâtés dans les dolomies anciennes concourent à prouver les modifications ignées qu'elles ont supportées.

Les dolomies sont, comme les calcaires, en couches courtes ou en amas alignés, et sont plus ou moins stratifiées, et parfois tout à fait massives.

La formation du gypse, comme celle du sel, du soufre, du bitume, des dolomies, des calcaires, des arragonites, etc., est de tous les âges ; il n'est donc pas extraordinaire d'en observer dans le groupe gneissique. Les gypses sont quelquefois mélangés de talc, de mica et de parties calcaires.

Il est important de bien distinguer la formation gypsifère par la voie sèche ou par transmutation immédiate du calcaire en gypse, au moyen de l'acide sulfureux, de certains gypses du groupe palæothériique formés souvent par la voie humide, c'est-à-dire par des eaux mélangées d'acide sulfureux et de particules de carbonate de chaux.

Le dépôt micaschistique est composé de micaschistes, de talcschistes, de hyalomictes, de quarz, de quarzites, de leptynites, de schorlrocks, de calcaires et peut-être de quelques autres roches ; mais les micaschistes et les talcschistes sont généralement les roches principales, tandis que les autres leur sont subordonnées.

L'association du mica et du quarz est donc très-commune dans le groupe gneissique. Lorsque c'est le mica qui domine dans cette association, on a du micaschiste, dont on s'est beaucoup occupé à cause des nombreux filons métallifères qu'il recèle ; au contraire, lorsque le quarz devient dominant, on a de l'hyalomicte. D'ailleurs, ces roches sont ordinairement accompagnées des autres roches propres au groupe gneissique.

Les micaschistes passant aux quarzites micacés et talqueux, ainsi qu'aux roches quarzo-talqueuses, semblent n'avoir été originairement que des grés quarzeux micacés, auxquels la chaleur et le jeu des affinités chimiques, aidés par les imprégnations gazeuses, ont donné une texture cristalline particulière. La production de semblables roches a demandé, non-seulement une chaleur très-intense, mais un long espace de temps, et même une forte pression.

Les micaschistes sont toujours stratifiés, et

constituent de grandes étendues de pays; leur inclinaison est très-variable.

Les géologues diffèrent sur la place qu'on doit assigner aux leptynites, les uns les rapprochant des granites, les autres des gneiss. Au reste, les petites couches de leptynites ne sont que des accidents du gneiss, et les grands dépôts paraissent avoir la même origine. Ce sont des roches plus ou moins stratifiées, et les minéraux disséminés, tels que le disthène et le grenat, y conservent une position déterminée. On ne voit réellement pas, dans les leptynites, une structure massive, comme dans le granite; au contraire, tout semble démontrer que des schistes argileux quarzifères ont donné lieu à la formation des leptynites, de même que des sédiments argileux et micacés ont produit des gneiss sans quarz. Ces productions sont un des derniers termes des modifications ignées; car, si l'action plutonique avait été plus forte, il y aurait eu formation de roches granitoïdes avec cessation de toute stratification.

Il y a des amphibolites (cordiélades), parmi lesquels il ne faut pas comprendre le kersanton, qui alternent en couches trop minces avec les schistes cristallins, et se lient trop bien à eux pour qu'on soit en droit d'y voir des masses d'éruptions. Il nous semble que leur formation ne peut s'expliquer que par des jeux particuliers d'affinités électro-chimiques, qui ont eu lieu dans certaines couches disposées pour cela. Ainsi, toute une série de couches sédimentaires a éprouvé les effets de la chaleur et des imprégnations de substances étrangères; mais quelques unes seulement se sont prêtées à la production des amphibolites.

Actuellement doit-on classer parmi les matières ignées injectées, certains coccolites, les roches de grenat, d'épidote et de disthène, le topazomène de Saxe, certains itabérites, etc.? C'est là un point de géologie qui demande encore de plus amples observations.

Presque tous les autres amas subordonnés aux schistes cristallins s'y rencontrent comme des accidents si minimes, et dans des enchevêtrements tels qu'on doit y voir seulement un jeu particulier de cristallisation, favorisé par la présence de certains éléments et par d'autres circonstances accessoires.

Le dépôt gneissique est composé de gneiss, de micaschistes et peut-être de quelques autres roches, telles que des protogines schisteuses (gnégynes et talorthosites); mais le gneiss forme la masse principale de ce dépôt et semble être la roche stratifiée la plus inférieure.

Le feldspath entre souvent dans la composition du micaschiste et de l'hyalomicte, quelquefois

même il remplace le quarz en tout ou en partie,
de sorte que la masse devient du gneiss. Cette
roche, qui est aussi très-abondante dans l'écorce
du globe, paraît former un système dont la composition est généralement moins compliquée que
celle des autres systèmes du groupe gneissique.
Cependant la diminution ou la disparition de
quelques uns de ces éléments, ou bien les changements qu'éprouve leur mode d'agrégation, y
déterminent aussi l'existence de couches subordonnées, appartenant à d'autres roches. En
outre, le gneiss se lie si intimement avec le granite, que la ligne de démarcation, entre le dépôt où domine l'une ou l'autre de ces roches, est
ordinairement très-difficile à établir, d'autant plus
que les caractères qui les distinguent sont souvent difficiles à apprécier. En effet, la distinction
géognostique entre le gneiss et le granite
consiste principalement dans la stratification
du premier et dans la structure non stratifiée
du second ; or, la stratification du gneiss
est souvent difficile à apercevoir, et les parties
extérieures des massifs de granite sont quelquefois tellement traversées par des fissures, qu'elles
paraissent stratifiées ou même feuilletées. D'un
autre côté, la différence minéralogique entre le
gneiss et le granite ne consistant que dans l'absence du quarz, ou bien dans la prédominance

respective du mica ou du feldspath, on conçoit qu'une circonstance aussi variable ne peut être constante, et que, par conséquent, il doit quelquefois exister dans le dépôt stratifié des parties qui, sous le rapport minéralogique, sont du granite, de même qu'il doit aussi se trouver dans le dépôt non stratifié, des parties qui sont du gneiss.

Les gneiss sont encore des alternats de grès, d'agglomérats et d'argiles qui ont été soumis à une opération ignée, longue et sous une forte pression. Les parties argileuses ont fourni surtout l'alumine du feldspath, le mica a cristallisé, et les grains de quarz sont devenus plus cristallins par cette fusion et ce refroidissement. Au milieu de ces matières, devenues molles, des émanations de divers genres ont provoqué la formation de beaucoup de minéraux cristallisés ou amorphes ; et ainsi, il en est résulté une roche irrégulièrement feuilletée, cristalline et plus ou moins granitoïde, suivant le degré de fusion et d'altération éprouvées.

Les gneiss sont des dépôts très-étendus dont les couches ont des inclinaisons fort diverses ; elles décèlent, dans chaque pays, une direction constante, comme c'est aussi le cas pour les micaschistes et les autres schistes cristallins.

Les roches schisteuses cristallines forment en

général des montagnes pointues, plus ou moins triangulaires ou très-irrégulièrement polyédriques. Si elles sont élevées, il y a beaucoup de déchirures, de grands escarpements, de profonds ravins ; si elles sont basses, les pentes sont douces, notamment lorsque les phyllades y dominent. La décomposition de ces roches donne lieu à une terre végétale plus ou moins impure, sur laquelle s'établissent des bois ou du moins des gazons, de manière que les couches n'affleurent que çà et là. D'une autre part, lorsque les schistes sont très-feldspathiques, qu'ils ont été fortement redressés, fracturés et portés à de grandes élévations par suite de soulèvements répétés, le géologue a devant soi des crêtes dentelées, déchiquetées, escarpées, de grandes murailles, des séries de rochers colossaux, des aiguilles, des pics et des glaciers. En général, les reliefs du sol formé par les roches sédimentaires du groupe gneissique se rapprochent assez de ceux des groupes phylladique et grauwacique ; mais dans le groupe gneissique, les allures sont plus compliquées et les roches ont été plus travaillées par des influences postérieures à leurs dépôts : aussi, donnent-elles souvent lieu à des sites vraiment pittoresques, étant à la fois gracieux et sauvages.

Les roches d'origine ignée qui paraissent ap-

partenir au groupe gneissique sont des syénites,
des protogines, des pegmatites, des granites et
peut-être quelques autres ; mais probablement à
cette époque les pétrosilex, les porphyres, les
amphibolites, les diorites, les ophiolites, les
euphotides et les sélagites, n'avaient pas encore
été vomis à la surface du globe. Nous voici
donc arrivés à l'égard des roches ignées au dernier terme de la série, de même que, pour les
terrains de sédiments, nous avons atteint le dépôt le plus ancien, si ce n'est que nous ne
sommes point parvenus, peut-être, à la première
pellicule formée à la surface du globe lors de son
refroidissement, et qui se trouverait de cette manière cachée aux yeux de l'observateur ; au reste
cela n'est point probable.

Distribution des terrains à la surface du globe.

Après avoir décrit d'une manière sommaire chacun des groupes de terrains, nous devons, pour terminer la géognosie, dire quelques mots sur la distribution de ces terrains à la surface du globe. Afin de faciliter l'intelligence, le meilleur moyen serait d'avoir une mappemonde sur laquelle on indiquerait par des signes particuliers la distribution des terrains à la surface du globe; on aurait alors, quoiqu'en petit, une image assez fidèle de la réalité. Mais comme on ne possède qu'un nombre très-minime de documents positifs sur toute cette surface, il est encore impossible d'entreprendre un pareil travail. Tout ce que nous pouvons faire, c'est d'essayer, à l'imitation de plusieurs autres géologues, une carte géologique de l'Europe seulement (Pl. VII); quoiqu'elle soit incomplète et fautive probablement en beaucoup d'endroits, elle ne sera pas moins d'un certain intérêt.

Le nord de l'Europe est caractérisé par d'énormes accumulations de terrains anciens, par l'absence presque complète des terrains palæothériiques, et par de grands dépôts ignés. Les déjections volcaniques anciennes ou les tufas, ainsi que les roches trappéennes et zéolitiques, y renferment des amas de lignite ou de bois bitumineux. Les glaces y couvrent maintenant des pays jadis embellis par les plantes équatoriales des houillères, et cette transmutation paraît avoir eu lieu aussitôt que les feux souterrains ont commencé à trouver de nombreux orifices dans cette partie du globe.

Toute la série des terrains sédimentaires, depuis le groupe crétacique jusqu'au groupe carbonique, avec certaines roches ignées, est le propre de l'Europe moyenne. La zone méditerranéenne, y compris les Pyrénées, les Alpes et les Carpathes, a pour cachet le vaste dépôt subapennin, le système crayeux à rudistes et nummulites, le grès carpathique ou apennin, un système oolitique particulier, un trias spécial, des éruptions ignées, surtout dioritiques et serpentineuses, des volcans éteints et brûlants sur les rivages ou dans des îles, et l'absence du terrain houiller.

Dans le nord de l'Europe, on peut distinguer une région orientale et une région occidentale. La première comprendrait le groupe cristallin de la Russie et de la Scandinavie, avec de grands dépôts de porphyre, en Suède et en Norwége, des amas métallifères, des calcaires anciens coquilliers, et des grès rouges, qui indiquent les rapports d'autrefois entre le continent scandinave et les îles de la Grande-Bretagne. Le fond inégal de la mer du Nord, ses nombreux bancs de sable, les extrémités abruptes des couches sur ses bords, et sa liaison avec d'autres mers par des détroits, tout y indique des destructions, des affaissements et des fendillements. Elle couvre probablement de vastes dépôts appartenant aux groupes carbonique, triasique, oolitique, crétacique et palæothériique, qui ont été ravinés et couverts de blocs, lors de l'événement principal qui l'a produite.

La seconde région a disparu en grande partie sous les eaux, par suite d'affaissements et de destructions produites par les flots, et surtout par les courants. Elle serait formée de l'Écosse, de l'Irlande septentrionale et des groupes d'îles situées au nord du premier de ces pays. Elle serait caractérisée par d'immenses dépôts basaltiques, notamment, sur les parties tournées du côté de l'Atlantique, par des éruptions syénitiques récentes, par l'absence presque totale des dépôts palæothériiques, et l'exiguïté des dépôts triasiques, oolitiques et crétaciques.

Dans le milieu de l'Europe, il y aurait quatre régions : la première serait le véritable type de cette zone, composée de tout l'ancien Empire d'Allemagne, y compris la Prusse, le royaume de Pologne, une bonne partie de la Russie européenne, mais sans les États d'Autriche.

Une région occidentale, ou plutôt du nord-ouest de l'Europe, serait formée par l'Irlande méridionale, l'Angleterre, le nord-ouest de la France et la Belgique, et une partie de la Westphalie. C'est la région par excellence du système carbonifère, des séries oolitiques et crétacées, ainsi que des dépôts miocène et éocène; le trias y est sans muschelkalk. Dans cette région, les bords de l'Atlantique offrent des terres très-anciennement émergées, qui ont formé, probablement, des séries d'îlots, dont les uns ont disparu, et les autres, plus au sud, sont maintenant des portions de l'Espagne. Si cette région présente des filons métallifères, des ruptures, des redressements, elle n'a guère été percée par des éruptions volcaniques depuis le dépôt des oolites moyennes, à l'exception des bords du Rhin.

La France orientale participe du type de l'Allemagne et de celui dont nous venons de parler, soit pour les sédiments neptuniens, soit pour les roches ignées, comme le prouvent les porphyres perçant également les terrains anciens des Vosges, du Fichtelgebirge et du Cumberland. Le zechstein y manque, ou bien il y est remplacé par des agglomérats. D'un autre côté, le massif central de la France et la Bohême, avec ses chaînes environnantes, forment, au milieu de l'Europe, deux groupes de roches anciennes, à dépôts houillers, à porphyres, à trachytes, à basaltes, etc. Dans tous les deux, il est remarquable d'observer l'absence complète des couches postérieures au nouveau grès rouge, et de grands dépôts palæothériiques lacustres. Ce sont, évidemment, de très-anciennes îles, comme en offrait aussi à cette époque l'Espagne centrale car ce pays présente environ les mêmes caractères géologiques, à l'exception des volcans relégués tout à fait à la base des massifs.

L'Europe méridionale se divise en région des dépôts alpins et en région des dépôts apennins. La première s'étend, d'un côté, des Alpes aux Pyrénées, à la Catalogne, tandis que, de l'autre, elle se prolonge par les Carpathes en Crimée, et dans le Caucase, par les Balkans et le Despotodagh.

La région apennine comprend l'Italie, la Dalmatie, l'Albanie, la Grèce, la Sicile, la Sardaigne, les îles Baléares, le littoral méditerranéen de l'Espagne, de l'Afrique et de la Syrie. Elle est caractérisée par d'assez grands dépôts coquilliers très-récents, et par son sol subapennin, bordant les Vosges ou s'introduisant au loin dans les continents, sous la forme de bassins particuliers. Des dépôts de soufre, de gypse et de sel, ainsi que des salses, s'y rencontrent. De plus , de petites masses de schistes cristallins et de marbres , comparativement à la grande étendue des systèmes oolitique et crétacique , s'y trahissent.

Le type alpin n'est établi , dans le fond , que sur les dépôts apennins plus modifiés et dans les positions plus variées et plus élevées ; néanmoins, le trias et les terrains anciens y occupent une place mieux marquée. Il y a des dépôts anthraciteux moyens, peu d'éruptions granitiques ; mais , par contre, beaucoup d'éruptions pyroxéniques , dans certains lieux , et dioritiques dans d'autres. Les schistes cristallins, le fer, le plomb, la calamine , le mercure , les gypses , le sel , les calcaires bréchoïdes , les dolomies , les fentes à surfaces polies ou striées , les glissements, les abaissements , les plissements , les redressements , les recouvrements et les transmutations les plus contraires , en apparence, à la nature des choses, abondent dans le groupe alpin moyen. Des observations ultérieures prouveront peut-être que la région alpine entoure presque totalement la région méditerranéenne. Or, le peu de connaissance qu'on a de l'Éthiopie , y indique des dépôts analogues à ceux de la région alpine orientale. Si le grand Atlas ne représentait pas le système alpin , ce qui ne paraît guère probable , le désert palæothériique de Sahara ne

serait séparé du sol subapennin, que par des
dépôts apennins, tandis qu'au delà de cette
mer ancienne, s'élèveraient de nouvelles Alpes,
au pied desquelles règne la fertilité. L'émersion
de la zone moyenne de l'Europe, et celle des
régions méditerranéennes, sont probablement
en rapport avec les soulèvements immenses
éprouvés par l'épine dorsale de l'Europe. Nous
avons déjà signalé, dans le milieu de ce continent, trois anciennes îles particulières; maintenant, nous devons y ajouter quelques autres
points qui semblent isolés: tel est, par exemple,
le groupe de la Corse et du littoral ancien de la
Provence, caractérisé par ses porphyres, ses
diorites orbiculaires, ses granites, etc. C'est
une indication des affaissements qui ont eu
lieu dans la Méditerranée et qui se sont étendus
sur tout le littoral de la Ligurie, de même qu'il
y en a eu entre la Sicile et l'Afrique, dans
l'archipel grec, etc.

L'Illyrie et la Croatie semblent occuper un
fond de mer d'une époque reculée; les schistes anciens y établissent une liaison entre les
Alpes et les montages analogues de la Macé-
doine, de la Thessalie et de la Grèce orientale.
D'une autre part, le sud-ouest de la France est,
pour les dépôts palæothériiques, crétaciques et
oolitiques, un type intermédiaire entre ceux de
l'Europe moyenne et ceux de l'Europe méridio-

nale. Ce sont encore, en grande partie, toutes les couches du nord-ouest de l'Europe, avec les rudistes et les nummulites en plus, et un grand développement de l'étage palæothériique moyen, déposé dans un vaste détroit.

L'Asie mineure et la Perse sont formées par un sol de schistes cristallins, éminemment volcanisé, comme le témoignent les environs de Smyrne et du Bosphore, ceux de Degnizli, de Kænieh, de Kaisarieh et d'Erzeroum, puis les vastes dépôts trachytiques du lac de Wan, de l'Atarat, de l'Elbrouz et du Demavend ; enfin, ceux d'Orfa, de Sindjar, et les volcans éteints des bords de la mer Morte. En outre, les grandes vallées, telles que celle de la Géorgie ou du Kour, celle de l'Euphrate, etc., sont occupées par les terrains palæothériiques subapennins à pétrole, lignite, sel, soufre et salses. Enfin, il y a aussi des chaînes du type méditerranéen, avec des grottes, des gouffres, des fentes et des masses subordonnées de grès. La Syrie en est en grande partie formée, et on en connaît dans la partie occidentale de l'Asie mineure, ainsi que dans la Perse.

La Sibérie serait caractérisée par ses grands dépôts de schistes cristallins, ses amas de minerais et de gemmes, son trias particulier, ses dépôts palæothériiques coquilliers dans les vastes steppes de la Tartarie, par l'abondance du sel, etc. La Sibérie orientale différerait même de la Sibérie occidentale par ses roches volcaniques de divers âges, ses trachytes, ses basaltes et ses volcans dans le Kamtschatka et les Aleutes.

Les schistes cristallins de l'Oural et de l'Atlaï ont été percés par des éruptions granitiques et dioritiques, accompagnées de la production de divers minerais. Dans la première chaîne, ces masses se sont fait jour sur le côté oriental; au contraire il s'est formé des amas cuivreux sur le versant opposé, ainsi que des dépôts gypseux et salifères sur les deux côtés. Cette particularité distingue l'Oural des Alpes, car, dans celles-ci, les éruptions ignées ont eu lieu notamment sur le côté sud, tandis que des émanations acides se sont fait jour principalement sur le côté opposé, et y ont produit des amas de sel et de gypses.

La Chine représente probablement l'Europe centrale, avec ses richesses houillères, son trias, son système oolitique, avec de grands bassins palæothériiques et des dépôts salifères et de pétrole.

Le Japon nous montre, surtout, des schistes cristallins, des granites, des dépôts trachytiques, ou même volcaniques, et des terrains sédimentaires du groupe palæothériique.

L'Indostan, y compris l'île de Ceylan, est caractérisé, comme l'Espagne centrale, la France et la Scandinavie, par un développement immense de schistes cristallins et de granites avec des gemmes ; c'est une terre émergée très-anciennement. A son centre, il y a une vaste région trappéenne, dont la formation paraît en rapport avec un des derniers soulèvements éprouvés par l'Himalaya. Les houillères et le trias n'y existent guère que vers la grande vallée du Gange. Les systèmes oolitiques et crétacés y manquent presque totalement ; il en est de même des dépôts palæothériiques, dont les seuls représentants sont des roches lacustres. Mais, en se portant à l'ouest, dans le Cuth, le Lahore, la Perse et l'Arabie, on retrouve abondamment le terrain subapennin avec tous ses accidents, du sel, du gypse, du soufre, des salses, etc., des bancs récents de coquilles, ainsi que les systèmes oolitiques et crétacés méditerranéens.

L'Himalaya et le Hindoo-Koosh, sont la région alpine d'Europe, transportée en Asie. Il n'y a de différence que dans la grandeur des phénomènes qui ont produit, en Asie, un plus grand nombre de plateaux élevés et de bassins alpins, avec des lacs et des dépôts lacustres ou salins. Probablement, cet arrangement dans les masses se prolonge de l'Himalaya ou du Thibet dans la Chine méridionale ; mais la Cochinchine et la presqu'île Malaise paraîtraient rentrer en grande partie dans le groupe des îles très-anciennement émergées, comme l'Inde ; au reste, elles offrent des dépôts littoraux subapennins.

Dans la presqu'île située en deçà du Gange, on observe, surtout, des schistes anciens avec des marbres, de vastes dépôts de granite, de porphyre, des mines d'étain, d'or, etc., des dépôts palæothériiques et d'alluvions, et plus rarement, des grès, des marnes et des calcaires moyens.

Au centre de la zone volcanique semi-elliptique qui se prolonge des Philippines aux îles de Flore et de Barren, des terrains anciens se retrouvent dans plusieurs grandes îles, telles que Bornéo, Célèbes, Banca, Timor, etc. D'une autre part, les îles de la Sonde sont des amas énormes de masses volcaniques, et surtout trachytiques, placées sur un sol de schistes cristallins, et entourées de dépôts subapennins ains que de couches alluviales coquillières. Des volcans y brûlent en grand nombre.

Quant à l'Afrique centrale, on n'en connaît que très-peu de chose. Les schistes cristallins et le granite dominent dans le cours inférieur d'Azaïre, et dans les montagnes du royaume de Sackatou, comme au cap de Bonne-Espérance. Dans l'intérieur de cette dernière colonie, il y a en outre des grès, des calcaires moyens et des calcaires palæothériiques. Non loin du cours du Nil blanc, entre le Nil et la mer Rouge, on cite des volcans éteints. Du reste, le sol de l'Égypte et de l'Éthiopie est composé de ter-

rains anciens à éruptions dioritiques et syénitiques ; ces dépôts sont flanqués d'agglomérats
anciens ou moyens, au-dessus desquels vient le
grand système méditerranéen crétacé, à nummulites et à grès, avec bois siliceux, et enfin,
les dépôts argilo-calcaires subapennins. L'Arabie Pétrée a une constitution géognostique tout
à fait analogue, et la mer Rouge est parsemée,
comme l'Océanie, de récifs ou d'îlots de polypiers, formation qui s'accroît sans cesse.

Les îles de Maurice et Bourbon sont volcaniques ; elles ont encore des volcans brûlants, tandis que l'île de Madagascar est peut-être un îlot
des terrains anciens, sur le littoral duquel on
a remarqué des dépôts coquilliers très-récents.

L'Amérique du nord se divise en quatre régions. Celle du nord peut être comparée à
la Scandinavie et, en général, à l'Europe septentrionale. Il y a absence de volcans et de
dépôts palæothériiques, si ce n'est quelques lignites, comme en Islande, aux îles Ferroë, etc.
Les schistes cristallins à beaux minéraux sont
accompagnés d'un grand développement du
groupe phylladique, ou grauwacique, coquillier et souvent horizontal, comme sur le littoral de la Baltique, à laquelle on pourrait comparer la grande chaîne des lacs d'Amérique.
Le reste de l'Amérique du nord se divise en
trois régions, séparées par deux chaînes de schis-

tes cristallins, les Alleghanys et les Montagnes Rocheuses.

Les pays atlantiques sont caractérisés par des schistes cristallins à beaux minerais, par d'autres roches anciennes, par de vastes dépôts d'anthracite et de houille, par du trias sans muschelkalk, par l'absence du système oolitique, ainsi que par une bande de dépôts crétacés et palæothériiques.

Dans le Canada, le Groenland, etc., il n'y a pas eu d'éruptions ignées plus récentes que celles des trapps crétaciques ; mais les syénites et les granites y sont fréquents.

La région du Mississipi, du Missouri et de l'Ohio est une contrée basse, composée, surtout, de couches horizontales ou peu inclinées, dans lesquelles dominent les terrains grauwaciques, de vastes dépôts argilo-salifères et gypsifères, enfin, un système, peut-être oolitique, et des dépôts crétacés. Une bonne partie des couches salifères et gypseuses paraîtrait être de l'âge du grès pourpré, ou même un peu plus ancienne ; tandis qu'une autre partie, notamment dans le pays des Arcansars et vers les Montagnes Rocheuses, appartiendrait au trias sans muschelkalk. Les houillères ne se trouvent qu'aux pieds des Alleghanys, et peut-être des Montagnes Rocheuses. Au delà de ces dernières, on connaît de grands dépôts trachytiques, des schistes cristallins et des terrains sédimentaires plus modernes.

Le Mexique forme, au milieu de l'Amérique, une région de plateaux très-distincte; elle est caractérisée par des dépôts anciens, des porphyres quarzifères ou syénitiques et des trachytes accompagnés de minerais d'argent, d'or, etc., par des volcans éteints ou brûlants, des calcaires oolitiques, et des bassins palæothériiques très-élevés. Il est possible que, sur la côte de la mer Pacifique, la ressemblance avec la Hongrie soit complétée au moyen des terrains du grès vert, semblable à celui des Carpathes. Enfin, il y a aussi des nouveaux grès rouges, ainsi que des marnes gypsifères et salifères.

Les grandes Antilles, Cuba, Saint-Domingue, la Jamaïque, sont des terres jadis émergées, montrant des formations anciennes, des amas porphyriques et serpentineux, du trias, et du calcaire oolitique et peut-être crétacé; au reste, le terrain subapennin y abonde. Les autres îles de cet archipel, ainsi que les Bermudes, sont le pendant des îles de l'Océanie, c'est-à-dire des dépôts récents, subapennins et émergés, avec des pics volcaniques, ou bien, tout simplement, avec des récifs démantelés de polypiers.

L'Amérique méridionale se divise au moins en

quatre régions, savoir : le Brésil et les Guyanes, la Colombie, les plateaux des Andes et le Chili méridional, y compris la Patagonie.

Le Brésil forme un immense continent, très-ancien, composé, presque uniquement, de schistes cristallins, à gemmes et amas de métaux. C'est, avec l'Indostan, le pays des quarzites. Les masses éruptives y sont le granite, les diorites et les itabérites. Des détroits de mer très-larges le séparaient jadis des autres régions, et forment maintenant le sol palæothériique et alluvial du bassin des Amazones, du Paraguay, du Parana, et les pampas de Buénos-Ayres. Des calcaires, en apparence crétacés ou oolitiques, se trouvent dans le bassin du Saint-François; mais les plateaux du Brésil en sont tout à fait exempts et n'offrent qu'un grès à fer hydraté, à fer oxydulé, à lithomarge, wavellite, gemmes, etc. Il y a le long du littoral, des lignites et des couches coquillières marines.

Les Guyanes paraissent participer de la nature antique du Brésil; elles sont même séparées de la plus grande partie de la Colombie, par la vallée de l'Orénoque. Dans la Colombie, les schistes cristallins et les terrains immédiatement supérieurs sont recouverts çà et là d'amas houillers, par du grès rouge ancien, du trias salifère et gypsifère, sans muschelkalk ; il y a en outre des chaînes de calcaire oolitique, ainsi que de vastes dépôts littoraux subapennins.

Le Pérou est caractérisé par ses plateaux immenses de schistes cristallins, recouverts ou flanqués de dépôts arénacés, ou bien de calcaire oolitique, quelquefois métallifère, et semblable à celui des Alpes. Mais son type particulier consiste en d'immenses dômes de trachyte, et en des volcans anciens. Ce sont encore des terres dont la première émersion date de loin et qui ont acquis, petit à petit, leur hauteur actuelle. De grands dépôts de minerais précieux y sont accompagnés d'éruptions syénitiques ; il y a aussi de vastes dépôts gypseux et salifères. Dans le Haut-Pérou, ou la république de Bolivia, on a indiqué des chaînes appartenant aux terrains anciens, et qui sont en partie coquillières. Les Andes représentent le phénomène des hautes vallées à lacs d'eau douce et qu'on revoit dans les chaînes élevées de l'Asie.

Le Chili paraît être caractérisé par ses terrains anciens, ses houillères, ses montagnes énormes de trachytes, ses formations modernes, ses volcans actifs et ses dépôts coquilliers littoraux d'une origine très - récente. L'extrémité de l'Amérique méridionale, les terres magellaniques offrent, du côté de la mer Pacifique, des dépôts schisteux anciens à éruptions granitoïdes et dio-

ritiques, et, sur le côté de l'Atlantique, des chaînes de schistes cristallins, avec d'immenses
bassins palæothériiques et d'alluvions, ainsi
que des dépôts crétacés.

La partie méridionale et orientale de la Nouvelle-Hollande, ainsi que l'île de Van-Diémen,
nous représentent des types analogues, soit au
nord de l'Europe, par leurs montagnes cristallines, soit au nord-ouest de ce continent, par
leurs calcaires grauwaciques ou phylladiques à
encrines, par leurs houillères, leurs grés et leurs
calcaires oolitiques ou crétaciques, soit enfin à la
zone méditerranéenne, par leurs terrains palæothériiques, leurs lignites, leurs brèches osseuses
et leurs dépôts littoraux récents.

Dans l'Océanie, les grandes îles, comme la
Nouvelle-Zélande, offrent des schistes cristallins; mais la plupart de ses archipels ne sont
que des récifs démantelés de polypiers, et des
amas de matières volcaniques, qui parfois s'y
épanchent encore. La rareté des systèmes ancien et moyen dans ces archipels y indique positivement une origine ne datant que de l'é-
poque palæothériique. Cela ne peut point s'appliquer à la Nouvelle-Hollande et à la Nouvelle-
Zélande, ni même aux terres antarctiques, en
grande partie submergées. Toutes ces dernières
régions offrent des chaînes de schistes cristallins.

Dans l'Atlantique, on ne trouve qu'un petit

nombre d'îles, qui sont, la plupart, des masses basaltiques ou scorifiées, vomies par les volcans; mais elles sont sans volcans brûlants, à l'exception des îles de Ténériffe et de Madère. Dans les îles du cap Vert, les roches ignées s'associent aux dépôts palæothériiques; enfin, plusieurs points nous montrent des indices de volcans sous-marins. Les rivages de l'Atlantique, dans les deux mondes, paraissent être composés, plutôt de terrains anciens que de dépôts plus modernes, tandis que c'est tout le contraire pour la Méditerranée et la mer des Indes. D'une autre part, la mer Pacifique semble avoir plus de côtes abruptes que la mer Atlantique.

LIVRE TROISIÈME.

GÉOGÉNIE.

———❧———

Dans la géogénie, on recherche spécialement les causes des faits géologiques ; à cette fin, on étudie d'abord les lois des phénomènes qui se passent sous nos yeux, et ensuite, par analogie, celles des phénomènes qui sont antérieurs à l'époque historique : de là découlent donc les deux divisions de ce livre.

CHAPITRE PREMIER.

Des Phénomènes qui appartiennent à l'époque historique.

Les principaux phénomènes géologiques dont l'homme est témoin peuvent se diviser en deux classes, selon qu'ils ont lieu par *la voie humide* ou par *la voie sèche*, c'est-à-dire suivant que les agents qui semblent les produire immédiatement sont l'eau ou le feu : aussi, les distinguerons-nous en *phénomènes aqueux* ou *neptuniens*, et en *phénomènes ignés* ou *plutoniens*.

PREMIÈRE PARTIE.

Des Phénomènes neptuniens.

Les phénomènes neptuniens sont très-nombreux et très-compliqués. Dans la géographie, nous avons parlé des principaux, et quelquefois même nous avons indiqué leurs causes; car pour faciliter l'étude de certaines matières, on est souvent obligé d'emprunter le secours de plusieurs parties de la géologie. Nous ne pouvons donc, pour suivre notre plan limité, dire qu'un mot sur les lois des plus importants; nous serons forcé aussi d'adopter la même marche à l'égard de toutes les matières dont nous traiterons plus tard.

Les eaux, les météores, divers agents atmosphériques et les travaux de l'homme ou des animaux, exercent sur l'écorce du globe une action destructive qui, ordinairement, ne change pas la nature des masses attaquées, mais qui les réduit en fragments de divers volumes, et qui transporte parfois ces débris dans d'autres lieux. Ainsi, quelles que soient la dureté et la solidité d'une roche, il arrivera à la longue que, l'humidité de l'air, la pluie, en un mot, toutes les eaux, la succession continuelle de la chaleur et du froid, etc., parviendront à en altérer la surface, à en désagréger les parties constituantes, à la décomposer, à la réduire en poussière, ou en une matière argileuse. Mais, si nous voyons tant de causes destructrices, il est, au contraire, des agents qui protègent, de ces dernières, la surface du globe; tels sont, par exemple : la végétation, qui garantit le sol de l'action des agents destructeurs; les travaux des hommes ou des animaux, qui, souvent, empêchent l'action des causes destructrices, etc.

L'importance de tous ces résultats dépend donc de circonstances accidentelles; ainsi, un escarpement coupé dans une roche meuble ou altérable, s'éboulera de manière à former un talus plus ou moins rapide, tandis que le même escarpement, coupé dans une roche résistante, demeurera des milliers d'années sans éprouver d'altération sensible. La surface d'un sol plat, qui ne reçoit pas les eaux des lieux environnants, et qui se laisse facilement imbiber par les eaux pluviales, préservera, pendant des siècles, les parties inférieures, de l'altération; au lieu que, dans le même terrain, disposé d'une autre manière, le passage des eaux pluviales entraînera continuellement le terrain de détritus aussitôt qu'il se sera formé, et entamera les terrains inférieurs. En général, l'action des eaux tend à transporter les matières qui se trouvent dans des lieux élevés, vers des points inférieurs; mais les effets de cette action sont plus ou moins paralysés par diverses causes. Des monuments historiques nous prouvent que les flots battent depuis des siècles certains rochers, sans leur avoir fait éprouver de changements appréciables. D'un autre côté, il s'établit, entre l'action des eaux et la force d'inertie des matières solides, un équilibre tel, que nous voyons souvent des cours d'eau serpenter au milieu des sables les plus mobiles et des limons les plus fins, sans les entraîner avec eux.

Sauf des exceptions résultant de la disposition de certaines roches à se laisser attaquer par les eaux, celles-ci exercent une action importante seulement, lorsque des circonstances météoriques leur ont donné plus de volume qu'elles n'en ont ordinairement; car plus les eaux ont de volume et de rapidité dans leurs mouvements, plus elles sont susceptibles de servir de véhicule aux matières solides. Du reste, un pareil transport des matières solides, par les eaux, n'est point indéfini; en effet, outre que les matières solides tendent à se déposer successivement pendant toute leur course, en commençant par les fragments les plus gros, et en finissant par les plus ténus, cette déposition peut devenir presque totale, si les eaux rencontrent des obstacles qui arrêtent la rapidité de leur marche. C'est ainsi que l'on voit souvent les eaux sortir très-limpides d'un lac,

où elles étaient entrées chargées d'une grande
quantité de matières solides. Il ne paraît pas non
plus que les débris des continents se répandent
jusque dans les grandes profondeurs de la mer.
Il est probable, au contraire, que le choc qui
a lieu lorsque les eaux de nos fleuves rencontrent celles de la mer, est cause que les débris
dont les premières étaient chargées, se déposent
le long des côtes; car on ne remarque pas, en
général, que les eaux de la mer soient sensiblement troublées par l'arrivée des fleuves chargés
de matières terreuses, mais on voit que les principaux dépôts alluviens se forment vers l'embouchure des grands cours d'eau.

Parmi les phénomènes atmosphériques qui
ont une influence destructive à la surface du
globe, nous ne devons point passer sous silence
les ouragans et les trombes. Celles-ci varient à
l'infini, dans leur durée comme dans leurs effets;
en un mot, il est peu de météores qui présentent
des phénomènes plus extraordinaires et plus bizarres. Dans les pays de montagnes, des éboulements considérables sont la suite de ces terribles agitations de l'atmosphère; et, lorsqu'ils
viennent à barrer le cours d'un torrent, ils
causent des inondations.

L'eau qui pénètre dans les fissures des roches
s'y congèle à une basse température, augmente
de volume, et, en s'élargissant, ces fissures pré-

parent les déchirements auxquels sont exposés
les flancs et les sommets des hautes montagnes.
Mais tant qu'elle reste gelée, elle sert encore
de lien aux parties qu'elle doit désunir. C'est à
l'époque du dégel que la désunion s'opère :
comme rien ne retient plus les parties séparées,
l'action de la pesanteur suffit, quelquefois, pour
occasionner leur chute; aussi, est-ce à cette
époque, qu'ont ordinairement lieu les grands
éboulements.

C'est aussi la fonte partielle des glaciers et des
amas de neiges perpétuelles qui produit la plupart des avalanches (Pl. VIII, fig. 1). Pendant
l'hiver, ce sont les vents qui déterminent la
chute de ces monceaux de neige; au printemps
c'est la fonte de celle-ci.

Enfin, l'action de l'atmosphère, en détermi-
nant des fentes verticales dans les hautes cimes
des montagnes, y provoque tôt ou tard des dégradations plus ou moins considérables; mais
lorsque ces dégradations attaquent des glaciers
placés sur des surfaces planes et recouvrant de
grands réservoirs d'eau qui sont formés par la
fusion de la glace, il peut résulter, de leur
rupture, des désastres affreux.

Tous les cours d'eau, surtout ceux dont
la pente est rapide, dégradent leurs rives et
corrodent même les roches qui les bordent.
Lorsque le cours d'eau est rapide et sinueux,

il fait d'autant plus de dégradations sur ses rives que ses sinuosités sont plus grandes; en effet, ces sinuosités multiplient les obstacles, et les rives, présentant une plus grande surface au courant, sont plus exposées à son action continuelle.

Les cataractes perdent chaque jour de leur élévation, tant par la dégradation des roches sur lesquelles l'eau coule, que par l'exhaussement du sol sur lequel elle tombe. Il est à présumer que les rapides tendent aussi, comme les cataractes, à s'aplanir.

Les vagues qui viennent frapper les rivages de la mer sont, dans certaines localités, des agents continuels et puissants de destruction; tandis que, dans d'autres, elles élèvent des barrières contre elles-mêmes. Leur action destructive se fait surtout sentir quand les roches sur lesquelles les vagues se précipitent sont composées de matériaux tendres, et s'élèvent un peu en escarpement au-dessus du niveau de la mer. On observe, au contraire, leur influence protectrice, principalement sur des rivages dont le sol est uni et horizontal, et en travers de l'embouchure d'une vallée aux deux flancs de laquelle se trouve quelque masse de roches dures, capable de servir de point d'appui aux deux extrémités d'un banc.

La dégradation de différentes côtes, toutes formées de roches d'une égale dureté, est presque constamment en raison de l'étendue de mer ouverte à laquelle ces côtes sont exposées, les autres circonstances étant d'ailleurs égales. La configuration de la plupart des côtes est déterminée par la dureté des roches qui les composent ; les couches les plus tendres cèdent rapidement à l'action des brisants qui viennent les frapper, tandis que les roches les plus dures demeurent inattaquables pendant un plus long espace de temps. Si les roches qui forment une côte sont stratifiées, l'action des vagues sur elles dépend beaucoup de leur sens d'inclinaison, relativement à la direction des brisants. Dans la destruction d'un escarpement, composé de parties d'inégale dureté, il arrive assez souvent que les portions les plus dures, quand elles sont volumineuses, restent à la base de l'escarpement pour le défendre de l'action des brisants.

Parmi les roches non stratifiées, la dureté est tellement variable qu'elles présentent souvent à la mer un front inégal, résultant de ce que la décomposition et la destrution sont plus faciles dans certaines parties que dans d'autres. Les veines d'une roche qui en traverse une autre, ont généralement une texture et une solidité différentes de celles de la roche qui les renferme ; et, par conséquent, rien n'est plus fréquent, sur les rivages de la mer, que de voir ces veines former des saillies à l'extérieur, ou présenter des cavités résultant de leur destruction.

Lorsque, sur des plages formées de galets ou de sables, mais plus particulièrement de galets, la masse des fragments est en partie soulevée et tenue momentanément en suspension par les brisants, durant une forte tempête, l'action des vagues est très-considérable, même sur les roches les plus dures, au point que ces plages sont parfois rasées presque jusqu'au niveau ordinaire des eaux. Dans des localités exposées à l'action de la mer, les eaux creusent souvent des trous au milieu des roches, suivant que des circonstances locales portent les vagues plutôt dans une direction que dans une autre, ou par suite de la dureté moindre des différentes portions de la roche, ou bien encore de la texture et de la composition de la roche. Après avoir formé une cavité, dont la voûte ne s'élève pas ordinairement au-dessus des hautes eaux, la mer travaille quelquefois à s'ouvrir un passage à l'extrémité intérieure, ce qui a lieu, en partie, au moyen de l'air comprimé et refoulé par chaque vague qui se précipite dans la cavité.

Souvent, sur certaines côtes, on entend un bruit terrible : c'est la mer en fureur qui s'élance spontanément, franchit ses barrières, fracasse les flancs des rochers et qui semble arriver, en écumant et par bonds, pour niveler et anéantir tout ce qu'elle rencontre sur son passage. Elle s'est creusé de profonds sillons et d'immenses cavités, où les flots bouillonnants entrent avec un bruit sourd et font trembler les rochers. Il y a même du danger à s'approcher trop du bord de la falaise; car d'énormes blocs, après avoir été minés, n'ayant plus de support, ou bien ne pouvant plus résister à l'impétuosité des vagues, tombent dans l'abîme avec un fracas épouvantable, et parfois restent suspendus entre d'autres écueils. Tantôt ces masses colossales se trouvent fixées solidement, tantôt elles paraissent s'être accrochées comme par miracle et devoir crouler au moindre balancement ou au premier choc de l'eau. Ainsi, sur une vaste étendue de récifs, on voit d'immenses excavations dans lesquelles les flots pénètrent avec violence pour sortir à vingt pas de là; puis on distingue une infinité de rochers représentant des cavernes, des portiques, des obélisques, des colonnades, des dolmens, des menhirs et toutes sortes de monuments simples et irréguliers, mais quelquefois de dimensions gigantesques et comme les figures 2 et 3 de la planche VIII en montrent des exemples.

Certaines roches contiennent souvent des

nodules d'une autre substance, de manière à posséder la structure amygdaloïde ; l'eau et l'air, par action mécanique, ainsi que par action chimique, détachent le nodule, ce qui donne naissance à une petite cavité. Celle-ci s'agrandit chaque jour, et avec le temps et l'impétuosité des flots, elle finit par former une excavation plus ou moins grande et les accidents variés que nous avons mentionnés ci-dessus. Les explications que nous venons de donner relativement aux côtes de la mer, s'appliquent sans répugnance, sur une plus petite échelle, il est vrai, aux roches des bords des rivières (1).

Quand nous avons considéré l'action des flots sur les rivages de la mer, nous n'avons point eu en vue de parler des envahissements qui sont toujours produits par de grandes marées et, quelquefois, à la suite de violentes tempêtes. Lorsque les eaux sortent ainsi de leur lit, elles produisent presque toujours des inondations terribles ; car, en rompant leurs barrières, elles détruisent à peu près tout ce qu'elles rencontrent sur leur passage ; elles creusent en certains points, tandis qu'elles en comblent d'autres. La figure 4 de la planche VIII donnera une idée de

(1) Pour d'autres détails, voyez mon Mémoire sur les grottes et quelques excavations analogues, etc.

ces phénomènes désastreux qui, du reste, ne sont pas très-fréquents et qui sont généralement dus à des tempêtes ou à des tremblements de terre.

En résumé, lorsqu'une côte est terminée par une falaise composée de roches friables, et que la disposition des mouvements de la mer est telle que les eaux soient dans le cas d'emporter plutôt que d'apporter des débris, ces eaux, en venant battre contre la falaise, en détachent continuellement de petites parties; alors, bien loin de former des atterrissements qui augmentent l'étendue des terres, la mer avance sur celles-ci. Mais, en général, il ne paraît pas que cette cause produise des changements très-considérables, d'autant plus que, si les matières friables qui constituent la falaise renferment des portions plus tenaces, celles-ci retombent au pied de la falaise, et l'agitation des flots les transforme en cailloux roulés qui préservent de l'action des eaux, lorsqu'elles ne dépassent pas leur niveau ordinaire.

Si, au contraire, les côtes sont basses et les mouvements des eaux disposés convenablement, il s'élève, le long de la côte, une espèce de bourrelet dont nous avons déjà indiqué l'existence sous le nom de dunes. Les dunes sont ordinairement composées de sables mouvants, et quand les circonstances sont favorables à leur formation, elles ont, vers l'intérieur des terres, un mouvement progressif que l'industrie de l'homme cherche à arrêter en fixant les sables au moyen de la végétation. On attribue ordinairement la formation des dunes à l'action combinée des vagues et des vents. Les premières poussent les sables vers la côte; une partie de ce sable, qui se dessèche lors du reflux, est ensuite poussée vers l'intérieur des terres, chaque fois que le vent souffle dans une direction convenable. La formation des dunes exige donc, non-seulement l'existence d'une plage sableuse, mais aussi une position telle, que cette plage soit dans le cas d'être battue par des vents dont la direction dominante pousse de la mer vers l'intérieur des terres. Il se forme probablement aussi des dunes par un phénomène inverse, c'est-à-dire que, lorsqu'une plaine sableuse aboutit à la mer, les vents poussent le sable vers cette dernière, où sa marche est arrêtée, tant par le mouvement des vagues que par l'adhérence que contractent les grains quand ils sont mouillés. Cette adhérence, par l'effet de la capillarité, doit s'élever à un niveau supérieur à celui des hautes marées, ce qui donne naissance à un premier bourrelet dont la réaction sur le vent chargé de sable peut occasionner la formation d'une seconde ligne d'éminences, et ainsi de suite.

Dans les contrées où le sol est couvert de sable

et où il pleut rarement, les vents exercent aussi, à eux seuls, une action qui modifie l'état de la surface du globe. En effet, le sable de ces contrées demeurant ordinairement mobile, il est mis en mouvement lorsqu'il s'élève des vents violents. Il paraît que le résultat de cet ordre de choses est d'étendre le domaine des dépôts arénacés, lorsque l'industrie de l'homme n'y met point d'obstacle; car l'Orient nous montre maintenant de vastes déserts de sable, dans des lieux qui ont été couverts d'une population nombreuse. Du reste, cet accroissement des déserts ne dépend probablement pas d'une simple action mécanique; il paraît, en effet, qu'il y a une réaction météorologique, qui consiste en ce que les sables, en s'étendant, diminuent la végétation que l'on croit être une cause favorable à la production de la pluie; de sorte que, la quantité de pluie diminuant, le sol devient plus sec, favorise le desséchement, et, par conséquent, la mobilité et le mouvement des dépôts de sable.

Nous avons déjà dit que, lorsque la tourbe n'était pas encore bien formée, on reconnaissait aisément qu'elle est composée seulement de végétaux. Mais les plantes qu'on y distingue le mieux ne sont pas celles qui concourent le plus à sa formation, celles-ci étant, en général, des sphaignes, des conferves et d'autres petites plantes vivant au milieu des eaux douces, marines ou fluvio-marines, et dont la faible organisation se détruit facilement.

La tourbe ne se forme pas immédiatement dans toutes les eaux. Il y a des marais qui en sont remplis, et d'autres qui n'en présentent aucune trace ; de sorte que c'est seulement sous des conditions particulières qu'elle peut être produite. En général, il ne s'en forme pas dans les eaux courantes, ni dans les masses d'eau stagnantes et profondes ; il ne s'en fait pas davantage dans les flaques d'eau qui peuvent se dessécher pendant l'été, ni dans les eaux qui renferment beaucoup de sels en dissolution.

On n'a pas de données très-positives sur le temps qu'il faut pour former de la tourbe, et, par conséquent, sur l'âge des tourbières. Les médailles qu'on a trouvées à de grandes profondeurs, dans la tourbe, ont fait supposer que cette formation avait lieu très-rapidement ; mais la mollesse que conservent presque toujours les dépôts tourbeux, la facilité avec laquelle ils se laissent traverser par des corps pesants, prouvent que ces corps peuvent s'y enfoncer à de grandes profondeurs, et se rencontrer dans des dépôts beaucoup plus anciens que ceux dans lesquels ils sont tombés originairement. Quoique, après un certain temps, on voie de la tourbe dans un endroit où elle avait été enlevée, cela ne prouve pas que ce laps de temps ait suffi pour sa production, car l'état de mollesse dans laquelle se trouve presque constamment la tourbe, lui fait partager, jusqu'à un certain point, la faculté qu'ont les liquides de remplir les vides formés à un même niveau.

Nous avons vu que le terrain madréporique était composé de parties solides qui proviennent de polypes appartenant principalement à la famille des madrépores. Ces petits animaux travaillant en société dans les mers équinoxiales, finissent par donner naissance à des masses pierreuses considérables. Il ne paraît pas, néanmoins, qu'elles puissent atteindre une épaisseur indéterminée, ainsi qu'on a été porté à le croire; car les madrépores doivent cesser leurs travaux, ou plutôt, doivent cesser d'exister, aussitôt qu'ils ont atteint la surface de la mer; or, comme ils ont besoin de sentir les effets de la lumière pour vivre, ils ne peuvent pas s'établir à une profondeur arbitraire. Elles ne doivent pas non plus s'étendre indéfiniment dans tous les sens, puisque les madrépores ne peuvent exister sur les endroits exposés à l'action des courants, ou à celle des brisants. Ainsi, les polypiers n'élèvent leur demeure que jusqu'à la surface de la mer; cependant, les vagues accumulant des débris qui, surtout à marée basse, sont repris et entassés par les vents, il se forme, petit à petit, des couches et des dunes émergées, qui se couvrent de végétation. Un premier point étant sorti de l'eau, l'opération se continue, et, de cette manière, il peut en résulter (Pl. VIII, fig. 5) des îles ayant jusqu'à 80 mètres d'élévation. De plus, les couches produites par le vent, loin d'être toutes horizontales, sont ondulées, arquées, et même très-inclinées. Enfin, les sables n'étant pas distribués également, il en résulte des collines séparées par des vallons. Il est aussi de ces îles qui offrent un mélange singulier de coquilles marines et terrestres, de débris de plantes, d'oiseaux et de tortues.

Un point intéressant à déterminer, est la hauteur extrême à laquelle peut atteindre tout dépôt marin actuel, par la simple force des vagues. On n'est pas encore fixé à cet égard, parce qu'il faut tenir compte des marées extraordinaires; ensuite, dans certains pays littoraux, les tremblements de terre ont pour effet d'élever le niveau de la mer et de la déverser avec fureur sur les côtes. Il s'est formé, quoi qu'il en soit (Pl. VIII, fig. 6), des amas coquilliers marins, à des élévations fort au-dessus du niveau des plus hautes marées ordinaires. Ce phénomène a pu avoir lieu sur bien des points du globe. Jusqu'à ce qu'on ait acquis des données certaines sur ces diverses questions, on pourra courir risque, sinon de confondre des alluvions modernes avec des alluvions anciennes, du moins de se jeter inutilement dans la théorie des soulèvements.

Au reste, les attérissements qui se produisent petit à petit ou d'une manière brusque, rattachent quelquefois des îles au continent; c'est ainsi que des pays, jadis submergés, ont été laissés à sec, la mer ayant été forcée de se retirer par les attérissements qui se formaient et qui ont souvent opposé des barrières à de nouvelles irruptions. Mais, d'un autre côté, la mer a envahi des contrées plus ou moins éloignées de ces pays. Dès lors, il est important de bien examiner toutes les circonstances locales, avant de trancher les questions relatives à certains dépôts neptuniens, qui sont à une hauteur plus ou moins grande au-dessus du niveau actuel de la mer, et qui se trouvent à une distance plus ou moins grande de ses rivages.

Tous les phénomènes chimiques qui se passent dans l'écorce du globe, influent plus ou moins sur l'état de cette écorce. Cependant, nous nous occuperons seulement de ceux qui ont un rapport immédiat avec la formation des terrains modernes. D'ailleurs, la formation des cristaux, par la voie humide, ne paraît pas

exercer maintenant une grande influence sur
la croûte terrestre. Elle semble se réduire à
la production de petits cristaux, de substances plus ou moins solubles, ordinairement groupés sous les formes d'aiguilles, de filaments,
de houpes ou de dendrites, et qui, le plus souvent, se redissolvent et se cristallisent de nouveau, selon l'état d'humidité ou de sécheresse
des lieux.

Parmi les phénomènes chimiques humides
qui agissent d'une manière plus sensible sur
l'écorce du globe, nous citerons en premier
lieu ceux qui ont donné naissance aux roches
cohérentes du terrain alluvien. La formation
de ces roches a été préparée par la division
et par le transport des roches préexistantes,
tandis que l'agglomération des fragments qui
les composent est le résultat d'une dissolution
ou d'un commencement de dissolution analogue
à ce qui se passe dans les phénomènes chimiques. Celle de ces agglomérations qui est déterminée par la présence d'un ciment ferrugineux, ne nous laisse aucune incertitude.

La propriété d'agglutiner dans les matières
siliceuses, est un phénomène beaucoup plus
différent de ce que nous remarquons autour de
nous; car nous voyons que l'action du temps
et celle de l'eau, bien loin d'agglutiner les sa-

bles, tendent, au contraire, à désunir ceux qui étaient déjà réunis. Aussi, la rareté des roches conglomérées de nature siliceuse, dont l'origine actuelle est bien démontrée, prouve-t-elle qu'il a fallu, pour obtenir ce résultat, un concours de circonstances qui n'a lieu que très-rarement. Cependant, on sait qu'on trouve, dans nos laboratoires, le moyen de rendre le silice soluble, et que l'action des mortiers nous donne un exemple de l'agglutination des matières siliceuses, sans recourir à un ordre de choses extraordinaire.

Les phénomènes qui donnent naissance à toutes les concrétions calcaires, en général, sont beaucoup plus communs; car la plupart des eaux qui sortent du sein de la terre déposent de ces concrétions, soit naturellement, soit par l'échauffement artificiel; mais il paraît que la propriété de former des dépôts a considérablement diminué.

Le plus souvent, les eaux chargées de calcaire déposent seulement des enduits sur les corps qu'elles atteignent; et l'on voit des dépôts de tufs qui ne sont que le résultat de l'incrustation de végétaux, surtout de mousses, qui croissent dans les lieux humectés par ces eaux.

Parmi les formes que prennent les dépôts des

eaux chargées de carbonate de chaux, les espèces de mamelons très-allongés qu'on a nommés stalactites, ont surtout attiré l'attention des naturalistes, parce qu'elles décorent ordinairement les plafonds des cavités souterraines d'une manière plus ou moins brillante. On peut concevoir pourquoi ces concrétions prennent une semblable forme, en se rappelant qu'une goutte d'eau qui suinte à travers un corps en dessous duquel se trouve un vide, y prend, avant de tomber, la forme d'un petit cône, et que, si cette eau est chargée de molécules susceptibles de se solidifier, soit par l'évaporation, soit par d'autres circonstances, il se produira à la base de ce cône un petit anneau qui, en s'allongeant, devient un tube, lequel finit ordinairement par s'obstruer à mesure que l'accroissement continue. Les eaux qui tombent par l'extrémité inférieure des stalactites déposent souvent sur le sol une matière solide qui tend à s'accroître dans un sens contraire à celui de la stalactite, c'est-à-dire de bas en haut : ces dépôts sont généralement nommés stalagmites. On sent qu'il peut arriver un moment où la stalactite et la stalagmite se réunissent de manière à former une colonne irrégulière, qui tendra à s'élargir, tant que continuera le suintement de l'eau chargée de molécules calcaires.

Il arrive quelquefois que ces eaux tombent sur

le sol avec des circonstances qui, au lieu de permettre la formation des stalagmites, déterminent celle de grains et de cailloux, ayant souvent pour centre un grain de sable ou un autre petit corps solide, autour duquel la matière calcaire s'incruste par lames successives. Celles-ci sont maintenues dans une forme globuleuse par l'agitation dans laquelle la chute de l'eau entretient continuellement ces petits corps.

Des terres végétales très-différentes se produisent au moyen de la décomposition des diverses masses minérales, ainsi que par le détritus de la végétation et les restes des animaux. Comme les filtrations aqueuses tendent sans cesse à diminuer la terre végétale, et que le tassement la rend toujours plus dense, il est difficile d'estimer combien il se produit de terre végétale annuellement ou dans un siècle, sur telle ou telle roche, couverte de telle ou telle espèce de végétaux et d'animaux. En général, cette formation de la terre végétale est une opération très-lente; et ce que les agriculteurs appellent terre végétale, se réduirait très-souvent à une très-petite pellicule, s'ils n'y comprenaient pas des terres semblables, formées pendant les époques antérieures à la période actuelle.

L'origine des fontaines jaillissantes a été l'objet de beaucoup de discussions : parmi les hypothèses qui ont été tentées, il en est seulement

deux qui puissent soutenir un examen approfondi, et bien qu'elles divergent, en ce sens
qu'elles attribuent la force ascensionnelle des
eaux à des causes différentes, il ne serait pas impossible que l'une et l'autre fussent vraies. Néanmoins, dans la plupart des circonstances, un
puits artésien n'est autre chose que la branche verticale d'un siphon, dont l'autre branche peut être
faiblement inclinée, et avoir par conséquent son
ouverture à des distances considérables. L'eau
monte dans la branche artificielle, c'est-à-
dire dans le trou de sonde, en raison de l'élévation de la branche naturelle. Si cette dernière
est plus élevée que la surface sur laquelle on établit le puits artésien, l'eau jaillit, par cet orifice, au-dessus de la surface du sol; sinon elle
lui reste inférieure.

D'ailleurs, pour plus de clarté, jetons les
yeux sur la fig. 3 de la planche V, dont A
représente un banc de sable, B un lit d'argile, C une nappe d'eau, D un second lit
d'argile, E des couches calcaires, et F un trou
de sonde; et rappelons-nous la manière dont les
eaux tombées de l'atmosphère pénètrent dans certaines couches des terrains stratifiés. Songeons
maintenant que c'est uniquement sur le penchant
des collines, ou à leur sommet, que ces couches se montrent à nu par leur tranche; que c'est
là qu'est leur prise d'eau, et qu'elle a donc lieu

sur des hauteurs. Enfin, ne perdons pas de vue
que les couches aquifères, après être descendues
le long du flanc des collines, s'étendent horizontalement ou presque horizontalement dans
les plaines; qu'elles sont souvent comme empri-
sonnées entre deux lits imperméables de glaise,
de marne, etc., et nous concevrons l'existence
de nappes liquides souterraines qui se trouvent
naturellement dans les conditions hydrostati-
ques, dont les tuyaux de conduite ordinaires
nous offrent des modèles artificiels. Dès lors,
nous concevrons aussi qu'un trou de sonde pra-
tiqué dans les vallées, à travers les terrains supérieurs, jusques et y compris la plus élevée
des deux couches imperméables entre lesquelles
une nappe liquide est renfermée, deviendra la
seconde branche d'un siphon renversé, et que
l'eau s'élèverait dans le trou de sonde à la hauteur que la nappe liquide correspondante conserve sur les flancs de la colline où elle a pris
naissance, si la force ascensionnelle qui résulte
de ce retour de niveau n'était contrariée par les
frottements contre les parois du tuyau, et par la
résistance de l'air.

D'après les réflexions précédentes, tout le
monde doit comprendre comment, dans un terrain donné et sensiblement horizontal, les eaux
souterraines, placées à divers étages, peuvent
avoir des forces ascensionnelles différentes; on

expliquera également pourquoi la même nappe
jaillit ici à une plus grande hauteur, tandis
que là, elle ne monte pas jusqu'à la surface
du sol : de simples inégalités de niveau deviendront la cause suffisante de semblables anomalies.
Les frottements limitent aussi la quantité d'eau
qui peut être déversée, de sorte que le pouvoir
ascensionnel diminuera généralement, à mesure
qu'on augmentera le diamètre du trou de sonde.

La seconde hypothèse attribue le phénomène
des fontaines jaillissantes à l'élasticité des couches minérales et à la pression que les parties
supérieures exercent sur les parties inférieures.
Les eaux infiltrées dans ces dernières tendent
dès lors à s'élancer vers la surface du sol, aussitôt
qu'un trou de sonde vient à leur ouvrir un passage. Mais nous ferons remarquer que la première explication est beaucoup plus simple et
qu'elle s'adapte mieux au régime ordinaire des
eaux ; car la continuité du phénomène des puits
artésiens exige nécessairement, pour leur alimentation, une origine constante, et qui ne
peut être que l'infiltration des eaux. Or, on ne
conçoit pas bien comment l'action unique de la
pesanteur suffirait pour engager des eaux dans
des couches où elles se trouveraient comprimées
au point de reprendre un niveau supérieur à celui de leur point de départ. Nous ne dirons rien
des hypothèses encore moins probables que celle

de la compression, et qui sont cherchées les unes dans la capillarité, d'autres dans la pression des gaz contenus dans la partie supérieure des réservoirs souterrains, d'autres dans la masse liquide qui tenait jadis les terrains de sédiment en suspension ou en dissolution, etc.

Les eaux minérales et thermales se rapportent à un ordre de phénomènes qui nous semble appartenir presque autant aux phénomènes ignés qu'aux phénomènes aqueux. En effet, les principes dont ces eaux sont imprégnées n'ont ordinairement aucun rapport avec les terrains desquels on les voit sortir; néanmoins, celles qui sont dans le voisinage des volcans contiennent les mêmes gaz que ceux qui s'en dégagent. En outre, une même source a généralement une composition et une température à peu près constantes; on ne peut attribuer cette composition, non plus que la haute température de plusieurs de ces sources, à des dissolutions, à des combinaisons ou à des décompositions qui s'opéreraient accidentellement dans la partie supérieure de l'écorce du globe. D'un autre côté, lorsqu'on observe que ces sources se trouvent le plus communément dans les terrains plutoniens, et lorsqu'on attribue les phénomènes volcaniques à des émanations qui partent d'une portion du globe terrestre dont la température est exces-

sivement élevée, on regardera comme très-probable qu'il peut y avoir des tuyaux disposés de
manière à ne laisser passer que des gaz qui
se bornent à échauffer ou à imprégner certaines
eaux de leurs principes.

DEUXIÈME PARTIE.

————

Des Phénomènes plutoniens.

Les phénomènes plutoniens sont aussi très-nombreux et très-compliqués; néanmoins, nous allons essayer de rechercher les principales causes des plus importants.

Comme on le sait, la température est très-variable à la surface de la terre et jusqu'à une profondeur de 20 à 30 mètres; à ce dernier point elle est invariable et sensiblement égale à la température moyenne du lieu; mais à mesure qu'on descend plus bas, on trouve un accroissement de chaleur qui paraît continu et qui est de $1°$ pour 30 mètres environ. Si cette progression est réellement constante, et si elle n'a point de limite jusqu'au centre du globe, ou du moins jusque très en avant, on voit qu'à 3000 mètres on doit avoir la température de $100°$, ou de l'eau bouillante, et qu'à 30 myriamètres ou bien à 25 ou 30 lieues, la chaleur est suffisante pour fondre toutes les substances minérales connues. Or, qu'est une pareille profondeur relativement au rayon de la terre? Ainsi, en supposant que cette progression de température s'étende jusqu'au centre, la chaleur centrale dépasse tout ce que nous pouvons imaginer. Au reste, Fourrier a démontré que la chaleur centrale n'influe actuellement sur celle de la surface du globe que pour moins de $\frac{1}{30}$ de degré, et que sa diminution doit avoir été, tout au plus, de la $\frac{3}{100}$ partie de 1° depuis 2000 ans : calculons, d'après cela, le temps qu'il faudrait pour que la température de l'intérieur de la terre s'abaissât jusqu'à celle de la surface.

Les géologues admettent généralement la chaleur centrale et l'état de fluidité incandescente de l'intérieur ; cependant, divers physiciens sont parvenus à d'autres hypothèses qui, à la vérité, ne se prêtent pas aussi facilement à l'explication des différents phénomènes géologiques. Les uns pensent que le globe n'a point eu primitivement une température aussi élevée, ou qu'il l'a perdue depuis longtemps, et que la chaleur intérieure, moins grande qu'on ne le suppose, provient du passage de notre planète dans des régions célestes jouissant d'une température infiniment plus élevée que celles des régions où elle se trouve actuellement. Dès lors, la terre, en traversant un milieu plus chaud qu'elle, se serait échauffée jusqu'à une certaine profondeur ; puis, ayant quitté cet espace, la chaleur des parties superficielles se serait à peu près dissipée ; mais il resterait encore celle des parties intérieures.

D'autres prétendent qu'à une profondeur peu éloignée de la surface, des réactions chimiques ont lieu en grand, et qu'elles produisent l'accroissement de température qu'on reconnaît. D'autres, enfin, disent que les différents compartiments de l'écorce du globe forment une vaste pile qui donnerait naissance aux phénomènes électriques et calorifiques, comprenant le magnétisme terrestre et la chaleur centrale.

Quoi qu'il en soit de ces hypothèses, nous mentionnerons les résultats généraux des observations qui se rapportent à la chaleur centrale. 1° Des expériences nombreuses prouvent qu'il y a une augmentation de température en allant de la surface vers l'intérieur, à partir de la profondeur à laquelle l'action des rayons solaires cesse de produire des variations de température. 2° On rencontre des sources thermales dans tous les pays et dans toutes sortes de terrains; elles arrivent, en général, à la surface du sol, à travers des crevasses et des ruptures de l'écorce du globe, produites par des actions de dislocation à diverses époques. 3° La température de l'eau des puits forés augmente avec la profondeur. 4° La température de la croûte terrestre, à de petites profondeurs, ne coïncide point avec la température moyenne de l'atmosphère. En effet, on a reconnu que plusieurs plantes à racines profondes fleurissent dans les régions du nord, par cela seulement que la température moyenne de la terre y est plus élevée que la température moyenne de l'air; en outre, des observations tendent à prouver que la température ordinaire des sources, sous les tropiques, est au-dessous de la température moyenne de l'air dans la même localité. 5° Des matières ignées ont été rejetées de l'intérieur de la terre à toutes les époques. 6° Les volcans en activité sont répandus aujourd'hui sur toute la surface du globe; ils présentent tant d'analogie dans leurs phénomènes généraux, qu'on peut les regarder comme provenant d'une même cause, située à de grandes profondeurs. 7° Les phénomènes géologiques démontrent un grand abaissement de température à la surface du globe. 8° L'eau des mers et des lacs ne se distribue que d'après sa densité; la température de cette eau ne prouve donc rien, généralement parlant, ni pour ni contre la théorie de la chaleur centrale. On reconnaît, néanmoins, dans plusieurs localités de hautes latitudes, une augmentation de température avec la profondeur, qui ne s'accorde point avec la distribution de l'eau, d'après la loi de la densité. Au surplus, on peut admettre que cette augmentation de température qui s'interpose dans les effets de la densité, est due à la chaleur du fond de la mer. 9° Le décroissement de la température terrestre par le rayonnement vers les espaces planétaires, aurait pu donner lieu à la forma-mation de diverses chaînes de montagnes et aux dislocations qu'on observe à la surface du globe.

Nous allons encore énoncer d'autres faits, qui sont d'un ordre différent, il est vrai, mais qui nous serviront plus tard pour comprendre divers phénomènes se rattachant plus ou moins à la chaleur centrale. Quoique le gaz oxigène, seul, ne soit réduit à l'état liquide par aucune des pressions qu'on ait pu exercer jusqu'ici, il n'exige, pour passer à cet état, lorsqu'il est uni à 1 volume égal au sien qu'une pression de vapeur de soufre de 2 atmosphères, à la température de $7°,22$. L'azote qui n'a encore pu être rendu liquide par aucune pression, le devient au moyen d'une faible pression, quand il est uni à 2 fois son volume de vapeur de carbone. De même l'hydrogène, qui a résisté à toutes les tentatives faites pour le comprimer jusqu'à l'état liquide, n'est pas plus tôt uni à l'azote, dans les proportions de 3 parties du premier pour 1 du second, qu'il devient liquide sous une pression de 6 atmosphères et $\frac{1}{2}$, à la température de $10°$. Ce dernier fait est très-remarquable, car, tandis qu'une grande proportion d'hydrogène produit, par son union avec une proportion moindre d'un autre corps simple, très-difficile aussi à liquéfier, un composé qui passe facilement à l'état liquide, l'union de volumes égaux d'hydrogéne et de chlore forme un composé qui exige la pression de 40 atmosphéres avant de passer à l'état liquide. Il ne faut pas oublier ici que l'eau, qui est liquide sous une pression moindre encore que celle de l'atmosphère, résulte de la combinaison de deux gaz qui, jusqu'à présent, ont résisté à tous les efforts pour les condenser au moyen de la pression.

D'un autre côté, une faible augmentation de température suffit pour faire vaporiser les gaz rendus liquides par la pression, et la suspension de la force qui les comprime produit, dans quelques uns, de violentes explosions. Or, si une chaleur considérable venait à agir sur certains de ces gaz liquéfiés, sur l'acide carbonique, par exemple, qui serait renfermé à l'état libre dans les roches situées à de petites profondeurs, les roches de la surface seraient nécessairement fracturées et disloquées, en admettant que leur résistance fût inférieure à la force expansive des gaz échauffés dans l'intérieur.

Enfin, si l'on estime à 2, 5 la densité moyenne de l'écorce du globe, ce qui est probablement au-dessous de la réalité, on voit que l'acide sulfureux, le cyanogène, le chlore, l'ammoniac et l'acide sulfhydrique se trouveraient condensés à l'état liquide, sous 75 métres de roches, et que le même effet aurait lieu pour l'acide chlorhydrique, sous 171 métres, pour l'oxide nitreux sous

225 mètres, et ainsi de suite; tout en tenant compte dans chaque cas de l'augmentation de la température avec celle de la profondeur.

Nous avons donné $\frac{1}{305}$ pour l'aplatissement aux pôles; or, $\frac{1}{305}$ est précisément le nombre que fournissent les lois de la mécanique pour l'aplatissement, c'est-à-dire que la terre a exactement la même figure qu'elle devrait avoir si elle avait été originairement fluide. Ainsi, par quel hasard, si elle avait été toujours solide, aurait-elle eu une forme qui se trouve être une conséquence nécessaire des propriétés des fluides, et qui leur paraît exclusivement propre? La terre a affecté cette forme singulière; et, pour qu'elle ait pu le faire, il a fallu que, primitivement, ses parties aient été indépendantes les unes des autres, ou, en un mot, qu'elles aient produit une masse fluide. Nous voyons qu'une figure semblable appartient aux autres planètes; et, sauf quelques irrégularités, dues à des causes particulières, leur aplatissement est d'autant plus considérable que leur mouvement de rotation est plus rapide, ainsi qu'il résulte des lois propres aux fluides. Il reste donc certain que l'aplatissement des planètes provient de leur mouvement de rotation, et, par conséquent, que les planètes ont été originairement fluides, au moins à leur surface. Une telle vérité, à l'égard de notre globe, est encore démontrée par la nature et la disposition des substances qui constituent son écorce. De plus, d'autres recherches indiquent que cette fluidité s'est étendue bien en avant dans l'intérieur du sphéroïde, et probablement jusqu'au centre. Enfin, les phénomènes de la pesanteur observés à la surface, ont porté Laplace à conclure que la terre est formée, à partir de quelques distances de sa superficie, de couches concentriques à peu près elliptiques, et disposées symétriquement autour du centre de gravité : une pareille disposition, ajoute ce savant, ne peut exister que dans le cas où le globe entier aurait été primitivement fluide.

Puisque la figure de la terre exige que cette planète ait été à l'état fluide, et qu'il y a de grandes difficultés à concevoir qu'une telle fluidité ait pu résulter d'une autre cause que de la chaleur, on a pensé que le passage de l'état liquide à l'état solide, en conséquence du rayonnement de la chaleur, aurait dû se faire d'abord à l'équateur, et que des masses de la croûte solidifiée auraient flotté à la surface du fluide incandescent. De plus, la masse fluide était nécessairement soumise à l'action des marées, et, par suite, tant que la croûte figée était trop mince pour résister à cette action, elle devait se briser en fragments semblables à ceux dont est composée en tout lieu la surface solide de notre globe.

Ainsi, le rayonnement de la chaleur, et la

tendance de la croûte solide à se conformer à la surface fluide inférieure, ont dû nécessairement produire des inégalités à la surface de la terre, dès sa première consolidation. De là vient la théorie de M. Élie de Beaumont sur le soulèvement des montagnes, qui repose sur la nécessité dans laquelle se trouve l'enveloppe solide de la terre de diminuer sans cesse de capacité, malgré la constance presque rigoureuse de sa température, pour ne pas cesser d'embrasser exactement sa masse interne dont la température décroît sensiblement, tandis que le refroidissement de la surface est maintenant presque insensible.

Après avoir exposé les généralités précédentes, nous allons nous occuper spécialement des phénomènes volcaniques et des différents mouvements de la croûte du globe.

On entend par phénomènes volcaniques l'ensemble des circonstances qui amènent, à la surface de la terre, des matières à l'état plus ou moins incandescent. Un volcan (Pl. VIII, fig. 7) se compose donc d'une certaine quantité de substances minérales vomies, ainsi que de l'orifice d'où elles sont sorties et qu'on appelle cratère.

Le principal phénomène des volcans, l'éruption, consiste dans l'éjaculation, hors de la croûte terrestre, soit dans l'air, soit dans l'eau, de matières qui proviennent de l'inté rieur du globe. L'éruption est ordinairement accompagnée de beaucoup d'autres circonstances, notamment, de mouvements du sol, tels que tremblements, soulèvements, affaissements, de dégagement de chaleur, de lumière, d'électricité, de manifestation de bruits souterrains, etc. Dans tous les cas, les matières qui s'échappent des volcans arrivent au jour à l'état gazeux, liquide ou solide, c'est-à-dire à l'état de fumée, de laves, de cendres, de scories et de blocs plus ou moins volumineux.

Les matières qui s'échappent des volcans à l'état gazeux et qui portent ordinairement le nom de fumée, sont principalement composées de vapeur aqueuse ; cependant les acides sulfureux, sulfhydrique, chlorhydrique y sont plus ou moins abondants. En outre, l'acide carbonique, l'azote et plusieurs substances susceptibles de sublimation, telles que le soufre, le sel marin, le salmiac, la sassoline, l'atacamite, le réalgar, le fer oligiste, etc., ne sont point étrangers aux phénomènes volcaniques.

Les matières liquides sont principalement à l'état de fluidité ignée, et deviennent, par leur refroidissement, les roches dont nous avons parlé sous le nom de laves. Ces dernières matières s'échappent communément sous la forme de coulées, mais elles sont quelquefois aussi lancées sous la forme de boules ou de grains.

Les courants de laves suivent, comme tous les corps fluides, une marche plus ou moins rapide, selon l'inclinaison du plan qu'ils parcourent, ou selon la résistance des obstacles qu'ils rencontrent. Tantôt la matière se roule sur elle-même, celle qui est dessus passant successivement dessous ; tantôt la surface se fige, et forme une espèce de pont, sous lequel coule la lave inférieure. D'autre fois, les courants se répandent lentement, en se couvrant de nombreuses boursouflures, ou bien en conservant une surface unie, sur laquelle s'élèvent des jets de flamme et de fumée, quelquefois encore, la lave prend assez promptement à sa surface une solidité suffisamment grande pour qu'on ait de la peine à y enfoncer un bâton. En général, la lave coule lentement : Dolomieu cite un courant qui fut 2 ans à parcourir un espace de 3800 mètres, et d'autres courants de lave qui coulaient encore 10 ans après leur sortie du volcan. On a même observé des laves qui fumaient 26 ans après l'éruption qui les avait rejetées. On a prétendu que de tels faits n'annonçaient pas une grande chaleur dans la lave, et que sa fluidité était due à l'abondance du soufre ; mais des fragments de silex, qui se sont fondus, en les jetant dans la lave, des morceaux de fer malléable qui, pendant leur refroidissement, se sont tapissés de cristaux à leur intérieur, et plusieurs autres exemples de fusion de substances qui exigent un grand degré de chaleur, contredisent ces assertions. La longueur des courants de lave est, comme leur vitesse, proportionnée à la pente qu'ils suivent; cependant leur masse est en rapport direct avec l'importance des volcans.

Nous avons un grand nombre d'exemples démontrant que la lave conserve sa chaleur durant des périodes très-considérables, même quand elle a coulé par le cratère ou les flancs du volcan, et que la chaleur peut rayonner librement dans l'atmosphère. Si la lave est susceptible de conserver sa température lorsqu'elle est ainsi exposée à l'air libre, quelles périodes de temps ne faudrait-il point pour refroidir celle qui remplirait la cheminée du volcan, entourée qu'elle serait de tout côté de matériaux fortement chauffés et tout aussi mauvais conducteurs de la chaleur que la lave elle-même? Quoiqu'il se passe des siècles entre les grandes éruptions d'un volcan, il est probable que la lave est constamment liquide à une petite profondeur au-dessous du cratère. Les molécules de la partie supérieure de la lave peuvent être, et sont probablement si intimement adhérentes, lors même que la lave est chauffée au rouge, qu'il faut une grande force pour les disjoindre; et c'est peut-être là une des causes des violentes explosions dans les premiers temps d'une éruption.

Enfin, quand le cône d'un volcan n'occupe qu'une petite partie de la hauteur totale de la cheminée au-dessus des profondeurs où la lave a son origine, la colonne de lave liquide est très-grande, quoique sa hauteur puisse considérablement varier, suivant la puissance des causes qui tendent à la soulever. Or, si la croûte du globe était partout de la même épaisseur, l'intérieur de la terre étant fluide, toute cause qui agirait uniformément sur la masse fluide pour la forcer à percer la croûte, à travers des fissures, aurait pour résultats de soutenir à une égale hauteur des colonnes d'une même matière fluide. Les volcans devraient donc avoir, sur toute la surface du globe, des hauteurs à peu près égales, s'ils n'étaient produits que par les efforts qu'un fluide incandescent intérieur ferait pour s'échapper, par des fissures, jusqu'à la surface extérieure.

Les volcans rejettent en outre des matières à l'état de fluidité aqueuse. Cependant il paraît que l'eau et la boue qu'on voit souvent couler sur leurs flancs, lors des éruptions, ne viennent pas toujours de l'intérieur, mais qu'elles sont le résultat des phénomènes météorologiques qui se passent à l'extérieur, ou de la fonte des neiges occasionnée par le développement de la chaleur. Néanmoins, les observations recueillies par M. de Humboldt annoncent l'existence de vérita-

bles éruptions boueuses, accompagnées quelquefois de la présence de poissons. Du reste, ces matières boueuses ou aqueuses, rejetées par les volcans, ont une origine très-différente de celle des
matières qui se montrent à l'état de fluidité ignée.

Les matières solides, lancées par les volcans,
sont souvent à l'état pulvérulent, et alors on
les appelle cendres ou sables volcaniques, d'a-
près le volume des fragments. Lorsque ceux-ci
sont assez gros pour être comparés au gravier,
on les désigne par le nom de rapilli. D'autres
fois, ces fragments ressemblent à des scories de
fourneaux, et quelquefois même ils forment des
blocs considérables. On conçoit que souvent il
n'y a pas de ligne de démarcation entre les matières solides et celles qui se montrent à l'état de
liquidité ignée; car une matière lancée à l'état liquide d'une certaine profondeur, peut arriver au
jour à l'état solide; aussi, la plupart des matières
solides sont fréquemment de même nature que
les substances liquides. Mais, quelquefois les blocs
rejetés par les volcans n'ont aucun rapport avec
les terrains volcaniques, et sont composés de
roches constituant les parois des cavités que les
matières volcaniques ont traversées pour arriver
au jour. Les cendres qui s'élèvent des volcans
peuvent former des nuages si épais, que des
contrées entières sont plongées, en plein jour,

dans la plus profonde obscurité ; et l'on assure que des cendres ont été transportées à plus de 50 myriamètres du lieu de l'éruption.

Les matières solides, en retombant sur le sol, y donnent naissance à des dépôts meubles ou conglomérés, qui constituent une des parties les plus importantes des terrains volcaniques. Souvent ces substances ne retombent pas à l'état sec, mais elles sont, pour ainsi dire, saisies par les fortes pluies, qui accompagnent ordinairement les éruptions, et forment des espèces de courants boueux. D'autres fois, elles retombent dans la mer ou dans des lacs, et sont alors plus ou moins remaniées par les eaux.

Les phénomènes volcaniques donnent généralement naissance à des élévations plus ou moins considérables, qui paraissent se former de diverses manières. Les unes consistent en des espèces de cônes tronqués, ayant à leur partie supérieure la cavité dont nous avons déjà parlé sous le nom de cratère. Elles sont une conséquence simple et immédiate des éruptions; car on sent que les matières lancées dans l'air ou dans l'eau doivent, en retombant à peu près sur elles-mêmes, former une élévation conique, sur l'axe de laquelle la continuation du phénomène de l'éruption doit entretenir une

bouche par laquelle le volcan vomit les matières qu'il rejette. Il est à remarquer que les
flancs de la montagne n'offrent pas toujours une
résistance suffisante pour que les matières liquides, poussées de bas en haut, s'élèvent jusqu'au sommet ; alors les flancs s'entr'ouvrent et
laissent échapper des coulées plus ou moins
abondantes : c'est ce qui a ordinairement lieu
dans les grands volcans, où il est très-rare de
voir les laves sortir par le cratère. D'autres fois,
les élévations se forment par le simple soulèvement des matières qui les composent. La plupart des bouches volcaniques produisent donc
par l'accumulation des matières en fusion et
peut-être aussi, en partie, par le soulèvement
du sol, des montagnes coniques à cratères. Or, ce
qui se passe ainsi sur la terre, a lieu également
au fond des mers.

Si l'on ne connaît qu'un petit nombre de
volcans sous-marins ou apparaissant au milieu
des eaux (Pl. VIII, fig. 8), c'est parce qu'on a
peu d'occasion de les observer, et que leur apparition, toujours suivie d'une destruction plus
ou moins prompte, n'a laissé que des traces
incertaines ; souvent même ils se sont à peine
élevés jusqu'à la superficie des eaux, et n'ont
été qu'imparfaitement remarqués. En effet, les
marins ont pu voir la mer plus ou moins agi-

tée et échauffée dans les parages où ces phénomènes se développaient ; ils ont pu voir les
flots agités par des colonnes de fumée ou par
des matières fragmentaires ; mais ce n'est que
lorsque ces amas de substances solides se sont
élevés au-dessus des eaux, qu'ils ont pu réellement en constater l'existence.

Il y a des soulévements qu'on peut regarder comme résultant d'éruptions, où les matières solides, au lieu d'être lancées en l'air,
sont simplement poussées de bas en haut d'une
manière analogue à ce qui se produit dans le
phénomène des taupinières. Mais il paraît,
d'après M. de Buch, qu'il y en a aussi qui doivent leur origine à une cause bien plus importante sous le rapport des conséquences que
l'on peut en tirer. Il est à remarquer, à cet égard,
que les élévations coniques formées par les éruptions volcaniques, se trouvent souvent au milieu
d'une espèce de cirque ou de bassin circulai-
re (Pl. VIII, fig. 9) dont les flancs, généralement escarpés, sont plus ou moins interrompus.
On a souvent considéré ces espèces de cirques, ou plutôt ces débris de cirques, comme
des restes d'un ancien cratère ; mais leurs dimensions gigantesques, par rapport à celle des
véritables cratères formés par les éruptions, ont
fait sentir que cette opinion était inadmissible.

On a cherché ensuite à y voir les effets de l'affaissement d'un grand cône d'éruption, et cette
supposition ne présente rien d'impossible pour
les cas où les restes du cirque sont, comme les
cônes d'éruption, composés de terrains volcaniques disposés de la même manière que dans
les cônes. Mais on a remarqué que les masses
formant les restes de cirques sont parfois composées de couches qui se relèvent uniformément en convergeant vers le centre du cirque.
On a également observé que les crêtes des
cirques constituent en général le point culminant du massif dans lequel ils se trouvent,
l'ensemble des pentes de ce massif formant
une espèce de cône surbaissé. On a vu, enfin,
que souvent les cirques présentent des dispositions tout à fait semblables, sans qu'on y aper-
çoive aucune trace d'éruption, ni de terrain volcanique.

Ces diverses circonstances ont porté à voir
dans les cirques le résultat d'un soulèvement
occasionné par des matières qui, poussées de
bas en haut, comme celles des éruptions, n'auront pu, à l'instar de ces dernières, se faire jour,
et auront, en conséquence, soulevé la masse
sous laquelle ces matières faisaient leur effort;
de là, le nom de cratères de soulèvement donné
à ces cirques. M. de Buch n'y trouve donc que

le résultat du premier effort de la nature pour
établir un volcan , effort qui est demeuré impar-
fait dans les lieux où il n'y a pas de cratère d'é-
ruption.

Si , d'un côté , les phénomènes volcaniques
font sortir de terre des montagnes entières , ces
phénomènes en font aussi disparaître ; car on
voit quelquefois des parties du sol s'affaisser, et
surtout des cônes volcaniques s'écrouler avec un
fracas épouvantable.

Les éruptions volcaniques sont ordinairement
accompagnées de dégagement de chaleur et de
lumière ; et l'on conçoit aisément qu'une coulée
de laves qui se répand sur le sol doit développer
une chaleur considérable et paraître, pendant
la nuit, comme un torrent de feu. Il en est de
même des matières lancées à l'état solide , qui ,
sans être assez chaudes pour conserver ou pour
prendre l'état liquide , le sont encore assez pour
être lumineuses pendant la nuit ; aussi , l'on a
souvent parlé de flammes qui s'échappent des
volcans , tandis qu'il ne s'agissait généralement
que de l'état d'incandescence des matières pierreuses. Au reste , comme les volcans produisent
également du gaz hydrogène et quelquefois des
matières fuligineuses , on sent qu'il peut y avoir
de véritables flammes dans le nombre des phénomènes que présentent leurs éruptions. Très-

souvent aussi les éruptions sont accompagnées de fortes pluies, d'éclairs multipliés, de violents coups de tonnerre, etc. Ces phénomènes paraissent avoir pour double cause la grande quantité de vapeur aqueuse qui s'échappe du volcan, et le développement d'électricité occasionné par le frottement des nuages épais qui roulent les uns sur les autres.

Les volcans ne sont pas toujours en activité; ils ont, au contraire, des interruptions plus ou moins longues; et l'on désigne par le nom de volcans éteints ceux que les hommes ne se souviennent pas d'avoir vus en état d'éruption, et qui, cependant, ressemblent aux volcans en activité. Ces derniers sont beaucoup moins abondants que les volcans éteints, et le plus souvent ils se trouvent au milieu d'un groupe de ceux-ci, dont ils semblent être les restes. Néanmoins, les intermittences qui existent entre les éruptions des volcans en activité, sont cause qu'on ne peut point assurer qu'un volcan, regardé comme éteint, ne se remettra plus en activité : il paraît même que plus les interruptions sont longues, plus les éruptions sont violentes. En un mot, lorsque les éruptions durent très-longtemps sans interruption, elles n'ont plus autant de caractères dévastateurs, et elles se resserrent dans de certaines limites.

Les tremblements de terre ne donnent pas matière à des descriptions aussi poétiques, ni aussi effrayantes que les courants de feu qui s'échappent des volcans ; mais ils sont souvent plus désastreux pour les habitants de la terre. Ces phénomènes (Pl. VIII, fig. 10) consistent dans une agitation plus ou moins violente du sol, ordinairement accompagnée de bruits que l'on compare à celui du canon, au fracas de voitures roulant sur le pavé, ou bien à d'immenses éboulements. Quelquefois, cette agitation ne dure qu'un instant, et elle est si faible qu'elle ne laisse aucune trace de son passage, et qu'on la ressent à peine. D'autres fois, les secousses sont de plus longue durée, se renouvellent à la suite les unes des autres, et sont si violentes que les édifices sont renversés, que le sol se fend en divers sens, que des lacs sont desséchés, que des rivières sont arrêtées dans leur cours, que des montagnes entières s'écroulent, qu'il s'en élève de nouvelles, etc., etc.

Le même tremblement de terre peut se prolonger à des distances immenses et agiter une surface considérable, comme il peut se concentrer dans une localité très-resserrée. On a observé que les tremblements de terre sont plus fréquents dans les contrées où il y a des volcans, que dans celles où il n'y en a pas ; ils sont plus communs aussi dans les pays de montagnes que dans ceux de plaines; enfin, ils ont une certaine tendance à agir de préférence dans les lieux qu'ils ont déjà secoués.

Les tremblements de terre se prolongent sous les eaux de la mer, comme dans les autres parties du globe, et l'on sent que, si la croûte sur laquelle reposent les eaux est agitée, celles-ci participent au mouvement. Ces mouvements sont sensibles principalement sur les côtes : on voit la mer s'agiter, s'éloigner de la terre, y revenir avec violence et submerger des populations entières.

La cause des tremblements de terre n'est pas susceptible d'être reconnue d'une manière aussi positive que celle des volcans. Nous dirons seulement que les relations qui existent entre ces phénomènes, ainsi que la facilité que nous trouvons à expliquer les mouvements du sol par l'hypothèse indiquée pour l'explication des phénomènes volcaniques, nous porte à voir dans les premiers un résultat de la même cause qui produit les seconds. En effet, admettons que la partie solide du globe ne soit qu'une croûte peu épaisse, par rapport à l'étendue du rayon terrestre, au-dessous de laquelle se trouve une masse liquide tendant à se solidifier, et que ce passage de l'état solide à l'état liquide donne lieu à la for-

mation de gaz. Alors nous concevrons aisément
que ces gaz étant sollicités, par leur nature
expansive, à faire des efforts pour gagner la surface extérieure de la terre, il doit résulter de
leurs mouvements et des obstacles qui s'y opposent, des secousses et des agitations suffisantes
pour produire les effets que nous observons dans
les tremblements de terre. Dans le nombre de
ces obstacles, on peut citer en premier lieu les
inégalités qui existent probablement à la surface
interne de l'écorce du globe ; car on sent que, si
les montagnes sont le résultat du soulèvement
d'une partie de la croûte terrestre, le fond de nos
mers doit correspondre à des inégalités en relief
sur la surface interne. On conçoit également
que, abstraction faite de cette circonstance, la
différence de conductibilité pour la chaleur des
matières qui composent la croûte solide, suffit
pour rendre fort inégale la surface interne de
cette écorce. M. Cordier croit même que ces inégalités sont beaucoup plus grandes que celles de la
surface extérieure ; et il ajoute que l'on pourrait
conclure de ses observations sur la température
intérieure que l'écorce du globe aurait quelques
myriamètres de plus à tel endroit qu'à tel autre, tandis que les plus grandes inégalités de la
surface extérieure ne paraissent pas beaucoup
dépasser un myriamètre.

D'un autre côté, M. Boussingault, frappé de la manière dont certains grands tremblements de terre sont indépendants des éruptions volcaniques, attribue ces tremblements à un tassement qui s'opérerait dans les montagnes. D'autres hypothèses encore ont été tentées; ainsi, des physiciens attribuent les tremblements de terre à des phénomènes électriques; mais l'hypothèse qui donne aux tremblements de terre une cause analogue à celle des volcans, nous semble avoir le mérite d'être plus générale et de mieux rattacher l'ensemble des grands phénomènes géologiques.

Le phénomène produisant le soulèvement lent d'une contrée a beaucoup occupé les naturalistes, sans qu'ils aient pu, jusqu'à présent, obtenir des données bien positives à ce sujet. Ce phénomène a été longtemps désigné sous le nom d'abaissement de la mer; exprimé de cette manière, il doit être tout à fait rejeté, puisque, à côté de quelques cas d'abaissement plus ou moins susceptibles d'être contestés, on peut citer une foule de faits prouvant que, dans beaucoup de localités, la surface de la mer a conservé la même élévation depuis plus de 2000 ans. Or, la tendance des eaux à prendre un même niveau ne permet pas de supposer que la surface de la mer ait pu baisser dans certains lieux et conserver son élévation dans d'autres localités peu éloignées. Mais, depuis qu'on voit dans les volcans et dans les tremblements de terre un effet du refroidissement de l'intérieur du globe, on a senti qu'il était très-possible que la même cause, qui secoue brusquement de grandes portions de cette écorce, et qui fait jaillir de puissantes coulées de laves à l'extérieur, pût soulever, d'une manière lente et successive, une contrée plus ou moins étendue. On conçoit surtout ce phénomène avec beaucoup de facilité, dans l'hypothèse qui assimile l'écorce du globe à une voûte composée d'éléments imparfaits et s'affaissant; puisqu'alors, l'arc formé par cette voûte se resserrant, il doit y avoir quelques versoirs qui se relèvent par rapport aux autres. Si, au contraire, on admet, avec M. Elie de Beaumont, que la croûte du globe, au lieu de se contracter comme une voûte qui s'affaisse, conserve son développement, tandis que le noyau intérieur diminue de diamètre, on sent, vu la flexibilité de cette écorce, qu'il doit s'y former des rides.

Les phénomènes nommés salses, volcans de boue, volcans d'eau, volcans d'air (Pl. VIII, fig. 11), ne sont, pour ainsi dire, que des fontaines, où la sortie de l'eau est accompagnée de matières gazeuses et solides qui, le plus ordinairement, sont lancées par intervalles avec des circonstances rappelant, mais sur une très-petite échelle, les éruptions volcaniques.

L'origine de ces phénomènes peut se rattacher à la cause qui produit les éruptions des volcans. En effet, dès que l'on admet que ces éruptions sont occasionnées par des gaz se formant en dessous de la croûte extérieure du globe, on concevra aisément que, si de petits tuyaux traversés par ces gaz sont susceptibles de s'obstruer, les gaz s'accumuleront et se comprimeront jusqu'à ce que leur force expansive puisse expulser les objets qui s'opposaient à leur passage. On sent alors qu'il y aura une éruption dont la force sera en rapport avec la puissance de l'obstacle.

On a aussi attribué aux salses une origine moins liée avec les grands phénomènes géologiques, et l'on a supposé que le gaz qui fait jaillir l'eau, la boue et les pierres, se forme à de petites profondeurs au moyen de la décomposition de matières végétales. Nous convenons qu'il n'est point impossible que des décompositions de ce genre donnent parfois naissance à des phénomènes qui ont plus ou moins de rapport avec ceux des salses; mais nous avons de la peine à concevoir une cause de décomposition assez constante pour entretenir pendant des siècles ces phénomènes sur un même point et avec une intensité à peu près uniforme.

Quoiqu'il en soit, on doit éviter de confondre les phénomènes des salses avec les éjaculations boueuses qui ont quelquefois lieu, lors de l'affaissement des montagnes volcaniques. De pareilles éjaculations semblent devoir être uniquement attribuées à ce que les voûtes d'une vaste cavité souterraine venant à s'affaisser, les eaux et les boues qui se trouvent dans cette cavité sont obligées de jaillir en dehors. On comprend, en effet, que les éruptions volcaniques ordinaires laissent des vides à leur suite ; car, il se forme des gaz, quand le liquide intérieur passe à l'état solide. Or, ces gaz doivent être capables de produire des effets analogues à ceux qui ont lieu lors de la combustion de la poudre à tirer, qui expulse le projectile d'un canon. On conçoit également que ces vides se remplissent d'eau ; et, si l'on pouvait avoir des doutes à cet égard, la présence des poissons dans les éruptions boueuses les lèverait bientôt. On voit enfin que de nouvelles secousses, et peut-être le seul ramollissement des masses qui forment, pour ainsi dire, les pieds-droits de ces voûtes, peuvent amener leur chute et celle des matières qui les recouvrent.

Les émanations gazeuses sont, ainsi qu'on l'a vu, un des accessoires des phénomènes que présentent les volcans et les salses. Mais, comme il y a des localités où il ne se dégage que des gaz, ces émanations doivent aussi figurer d'une manière particulière dans l'énumération des phénomènes naturels. Il est bien probable que les différents gaz que nous avons cités dans les éruptions volcaniques, forment également des émanations particulières; cependant on n'a, en général, observé que celles qui sont caractérisées par la présence du grisou, du soufre et de l'acide carbonique.

Les émanations les plus communes et les plus remarquables, sont ordinairement désignées par les noms de fontaines ardentes, parce que le grisou qui sort de terre, s'enflammant par des causes accidentelles, continue à brûler comme celui qui s'échappe de nos appareils pour l'éclairage. On remarque ces émanations le plus communément dans le voisinage des salses. Il se dégage aussi du grisou dans des lieux où rien n'annonce, comme dans les volcans, les salses et les fontaines ardentes, une communication avec le siége de grands phénomènes géologiques : tel est celui qu'on rencontre souvent dans les mines de houille, et dont l'inflammation accidentelle cause quelquefois de si grands désastres. L'origine de ce gaz n'est pas bien connue; les uns croyent qu'il se trouve enfermé dans la houille; d'autres pensent qu'il est le résultat de décompositions qui s'opèrent dans cette dernière, lorsqu'elle est mise en contact avec l'air extérieur. Enfin, une troisième sorte d'émanations de grisou se produit, pendant les saisons chaudes, dans les marais et les mares; mais elles sont peu importantes, et leur origine s'explique aisément par la décomposition des matières organiques qui se trouvent enfouies dans la vase.

Les émanations gazeuses qui déposent du soufre, sont ordinairement désignées par le nom de solfatares : elles ont le plus souvent lieu dans des volcans éteints, ou plutôt à peu près éteints, puisque le dégagement de gaz est encore un reste d'activité. Ces émanations contiennent toujours une grande quantité de vapeur d'eau, et l'on ignore dans quel état le soufre s'y trouve; il paraît néanmoins qu'il y existe, soit à l'état simple, soit à celui d'acide sulfhydrique, et que l'acide sulfureux qu'on y remarque provient de la combustion au jour tant de la vapeur de soufre que de l'acide sulfhydrique.

Les émanations d'acide carbonique désignées souvent par le nom de mofettes, se produisent principalement dans les terrains volcaniques. On trouve aussi dans les mines, dans les puits et dans d'autres cavités souterraines, de l'acide carbonique, dont l'origine semble devoir être attribuée à la décomposition de matières organiques ou d'autres substances contenant du carbone, et que, par cette raison, il n'est pas permis de confondre avec celui qui, formant des courants à peu près constants, paraît être le résultat des causes des éruptions volcaniques.

Les sources de pétrole, de bitume, etc., sont également des phénomènes très-rapprochés des salses et des fontaines ardentes; car ces matières ne diffèrent, pour ainsi dire, du grisou que parce qu'elles sont à l'état liquide, au lieu d'être à l'état gazeux; d'ailleurs les gaz qui traversent l'écorce du globe peuvent quelquefois se liquéfier. On a aussi attribué l'origine du pétrole à des décompositions ou à des distillations de dépôts superficiels; mais on conçoit difficilement comment des phénomènes de semblable nature donneraient naissance à des produits constants et sans qu'on voye des traces d'incendie. Il paraît, au contraire, beaucoup plus simple d'admettre dans l'origine du pétrole un effet de la même cause qui produit les phénomènes ignés : cette manière de voir, si conforme à la simplicité des opérations de la nature, a encore, dans le cas actuel, l'avantage de nous expliquer pourquoi les sources de pétrole et des bitumes en général, se trouvent presque toujours dans le voisinage des salses, des fontaines ardentes et des dépôts volcaniques.

Les incendies de roches combustibles, telles

que la houille, l'anthracite, le lignite, etc., ont été rapprochés des grands phénomènes ignés dont nous venons de parler, et sont ordinairement désignés par l'épithète de spontanés, parce qu'effectivement ils doivent assez communément leur origine à la décomposition des pyrites. Or, comme celles-ci ne se décomposent qu'autant qu'elles sont exposées au contact de l'air, comme, en outre, les roches combustibles ne peuvent brûler qu'autant qu'elles aient également le contact de l'air, les incendies ne prennent ordinairement naissance que dans les lieux où les travaux des mineurs ont préparé ces deux circonstances ; aussi parvient-on quelquefois à les éteindre en interrompant toutes les communications entre l'air extérieur et les couches combustibles. Mais on croit souvent avoir atteint ce but, lorsqu'on a seulement arrêté la marche de l'incendie, car, si l'on rouvre des communications avec l'air extérieur, le feu reprend toute sa force. Enfin, ces incendies peuvent durer un très-grand laps de temps.

D'après l'ensemble des considérations précédentes, on voit que les phénomènes volcaniques de l'époque actuelle représentent seulement le dernier terme d'une longue série d'émissions ignées qui ont eu lieu depuis que le globe terrestre se trouve dans les conditions astronomiques où il est maintenant. Or, le problème des éruptions volcaniques considérées isolément, se réduit à trouver les raisons qui permettent qu'un orifice, traversant la croûte extérieure du globe, vienne aboutir, par sa partie inférieure, dans une lave incandescente et pénétrée de toutes les matières qu'on voit s'en dégager, quand elle coule à la surface du sol. L'existence momentanée ou permanente de la lave, dans ou bien sous l'écorce du globe, étant une fois admise, et un canal de communication étant supposé produit entre elle et la surface, on conçoit aisément le mécanisme des éruptions. En effet, les substances gazeuses, au sein de la masse liquide qui fournit les courants de laves renfermées, constituent le principal agent mécanique de l'émission. Ensuite, lorsqu'un point de la masse fluide interne se trouve mis en communication avec l'extérieur, ces gaz venant à se dégager dans tous les points de la masse qui ne sont pas trop éloignés de l'ouverture, poussent à travers le nouvel orifice une partie de cette masse, devenue elle-même plus légère par la quantité de bulles gazeuses dont elle est pénétrée.

Quand on regarde l'ensemble des terrains ignés, le point de vue s'agrandit, et l'on est conduit à rechercher l'origine de l'émission des roches ignées dans un agent plus général et plus puissant que l'action des gaz. En effet, cette action déjà très-contestable dans les basaltes dont la compacité est si constante, ne peut être admise pour les masses extrêmement pâteuses qui se sont élevées plutôt qu'elles n'ont coulé à la surface du globe. Or, en suivant pas à pas les terrains ignés, on les voit augmenter de puissance, de telle sorte que des phénomènes actuels à ceux qui sont relatifs aux terrains porphyrique et granitique, il y a évidemment diminution d'intensité et d'énergie, ou plutôt augmentation d'obstacles à la force expansive qui les pousse au dehors. Aussi nous ne voyons plus la terre se crevasser et donner issue à d'énormes masses pâteuses, qui s'amoncèlent à de grandes hauteurs, afin de parvenir jusqu'à nous pour atteindre la surface du sol ; il faut maintenant que la matière des laves soit fluide et qu'elle reçoive l'impulsion des gaz.

En poursuivant plus loin notre raisonnement dans le domaine de la théorie, nous dirons : l'action volcanique résulte-t-elle de phénomènes chimiques ou de phénomènes dynamiques ? Telle est la seule question actuellement pendante, et que, selon toute apparence, des considérations assez récentes ont résolue de telle manière que la question peut être ainsi formulée : les phénomènes ignés résultent-ils de l'oxidation des couches successives dont se compose le globe, ainsi que l'a supposé Davy ? ou bien n'est-ce, comme le prétend M. de Humboldt, que l'action de l'intérieur, encore en fusion, d'une planète sur son écorce solide ou oxidée, c'est-à-dire un simple phénomène de refroidissement?

Or, M. Arago a démontré que ce refroidissement s'opérait depuis un laps de temps immense. En effet, il a constaté, d'après des considérations astronomiques, que, dans l'espace de 2000 ans, la température générale de la masse de la terre n'a pas varié de $\frac{15}{10}$ de degré. La suite des temps apportera de grandes modifications dans les températures intérieures ; mais à la surface, tous les changements peuvent être regardés comme presque accomplis, car les calculs de Fourier ont prouvé que l'effet thermométrique, produit à la surface par la chaleur centrale, n'est plus aujourd'hui que $\frac{1}{30}$ de degré.

Après avoir démontré qu'à une certaine distance de la surface du globe toutes les roches doivent être en fusion, et que cette distance doit être de 30, 40 ou 60 kilomètres au plus, comment concevoir le mécanisme général des éruptions ignées ? Aussitôt que le globe, à l'état de fluidité incandescente, fut amené dans les circonstances de refroidissement, il dut se former rapidement une première croûte solide. Cette croûte, se contractant par l'effet de l'abaissement de la température, comprima l'intérieur, encore liquide, jusqu'à ce qu'il se produisit des fractures, par lesquelles cet intérieur fut éjaculé et s'épancha à la surface : tel fut le mécanisme de l'émission des roches ignées anciennes. Mais, à mesure que le refroidiss ment faisait des progrès, les résultats se modifièrent. Il arriva une période, dans laquelle nous sommes actuellement, où la température de la croûte superficielle ne s'abaissant plus d'une manière sensible, cette croûte cessa de se contracter, et, par conséquent, de comprimer l'intérieur fluide. Ensuite, tandis que l'enveloppe extérieure conserve ses dimensions, la masse fluide, en contact avec elle, continuant à se refroidir d'une manière beaucoup plus sensible, et par conséquent à se contracter, il se forme des vides intérieurs, de telle sorte que l'enveloppe superficielle, tendant à s'appliquer autant que possible contre la partie intérieure qui se contracte, se déforme, se fracture et se ride. Dès lors, la partie intérieure fluide se trouve mise en communication, à la faveur de ces dislocations, avec la surface du globe, et l'on peut avoir une idée du mécanisme général des éruptions.

Pendant les premiers âges de la terre, les phénomènes chimiques, dus à la condensation des matières qui étaient tenues à l'état de vapeurs dans l'atmosphère et à leurs réactions avec les substances pâteuses ou même solidifiées, purent exercer une influence notable sur les modifications successives de la surface du globe. Mais tout porte à croire que, depuis une époque très-reculée, ces phénomènes furent tout à fait secondaires, et que les phénomènes dynamiques ont seuls présidé aux émissions ignées.

L'hypothèse qui attribue l'origine des volcans à la réaction des eaux sur des métaux alcalins ou sur les sulfures et les chlorures de ces métaux, ne soutient pas un examen approfondi. Néanmoins, cette hypothèse, au premier abord, s'accorde bien avec la position d'un grand nombre de volcans actuels, relativement aux mers, avec l'énorme quantité de vapeur d'eau rejetée pendant les éruptions, et l'acide hydrochlorique de plusieurs volcans; enfin, elle n'est pas infirmée par la position continentale de certains volcans, parce qu'on peut substituer à l'eau de la mer les infiltrations des eaux continentales.

L'émission des roches ignées n'est pas, à la surface de la terre, le seul résultat du refroidissement du globe. En effet, comme nous l'avons déjà indiqué, les mouvements du sol, c'est-à-dire les soulèvements et les affaissements, doivent être évidemment attribués aux mêmes influences dynamiques : ce sont deux résultats différents d'une même cause.

Nous pouvons donc admettre que l'écorce du globe est brisée en fragments de diverses grandeurs, maintenus en contact les uns des autres par leur gravitation vers le centre de la terre. Mais les terrains récents, considérés en masse, doivent nécessairement avoir été moins fracturés que les anciens, pris en masse aussi; car, puisque les terrains récents reposent sur les terrains anciens, toute action de l'intérieur à l'extérieur disloquerait aujourd'hui également les uns et les autres, tandis que les terrains anciens peuvent avoir été disloqués, et l'ont même été sans aucun doute, avant le dépôt des terrains plus récents. Il s'ensuit que, dans une région composée de terrains modernes, les fractures de ces terrains n'indiqueraient point la somme totale des dislocations auxquelles a été exposée cette portion de l'écorce de la terre, les couches inférieures pouvant avoir été fortement brisées avant que les terrains superficiels fussent déposés. En conséquence, quand on suit des lignes de dislocation, il faut observer, avec un grand soin, si elles se terminent à la rencontre de couches plus récentes que celles où on les a remarquées, et examiner alors si on les retrouve dans les terrains anciens, au delà de la surface occupée par les terrains récents, ou bien si ces lignes de dislocation ne se sont jamais étendues au delà du point où l'on en perd la trace, la fracture de l'écorce s'étant terminée naturellement à ce même point. Dans le premier cas, il est évident que la ligne de dislocation est produite antérieurement au dépôt des terrains récents ; dans le second, la date relative des phénomènes reste incertaine.

D'après cela , il est possible de connaître l'âge relatif de divers dépôts qui se trouvent associés. Ainsi supposons (Pl. V, fig. 4) que A représente des couches de gneiss, B des couches de phyllade, C un massif de granite, D des couches de grauwacke, E un massif de porphyre , F un lit d'argile, G un banc de sable, H des couches de calcaire ; il est évident que les couches de calcaire H, le banc de sable G et le lit d'argile F se sont déposés après les couches de grauwacke D, puisque ces dernières sont inclinées, tandis que les dépôts précédents sont sensiblement horizontaux. Il est encore évident que le gneiss A et le phyllade B sont plus anciens que la grauwacke D , car , sans cela , les couches de grauwacke D auraient la même inclinaison que les couches du gneiss A et du phyllade B , ayant été soumises depuis le même temps à un nombre égal de mouvements.

Il est donc parfois important de connaître la direction et l'inclinaison des couches cachées sous terre, qu'on a traversées simplement par quelques trous de sondages. Pour arriver à cette connaissance, on peut se servir d'un moyen graphique ou du calcul.

Supposons que le plan (pl. V, fig. 5) sur lequel on a foré soit horizontal , et que les trous de sonde soient A, B, C, leurs éloignements étant p, p', p'', et leurs profondeurs q, q', q''; il s'agit de déterminer l'inclinaison et la direction de la couche M N. L'angle A F I donne l'inclinaison, quand A F et I F sont perpendiculaires sur D E, nous le nommons x; la direction est déterminée par la connaissance de la position de D E, ou de la ligne d'intersection de l'horizon avec la couche K L, relativement au triangle A B C.

on a, dans le plan ADI, $AD : p' :: q : q - q''$;

donc $AD = \dfrac{qp'}{q - q''}$; de même $AE = \dfrac{qp''}{q - q'}$;

de plus $\overline{DE}^2 = \overline{AD}^2 + \overline{AE}^2 - 2AD \times AE \times \cos A$; donc

$$\overline{DE}^2 = q^2 \left(\frac{p'^2}{(q - q'')^2} + \frac{p''^2}{(q - q')^2} - \frac{2p'p'' \times \cos A}{(q - q')(q - q'')} \right).$$

Mais $DE \times \sin ADE = AE \times \sin A$; par conséquent

$$\overline{\sin}^2 ADE = \frac{\dfrac{q^2 p''^2}{(q - q')^2} \times \overline{\sin}^2 A}{q^2 \left(\dfrac{p'^2}{(q - q'')^2} + \dfrac{p''^2}{(q - q'')^2} - \dfrac{2p'p''}{(q - q')(q - q'')} \times \cos A \right)}$$

$$= \frac{p''^2 \times \overline{\sin}^2 A}{\left(p'^2 + \left(\dfrac{q - q'}{q - q''} \right)^2 p^2 - 2 \dfrac{q - q'}{q - q''} p'p'' \times \cos A \right)};$$

or, cette équation déterminera le sens de la direction.

En substituant la valeur de sin ADE dans l'équation AD $\times$ sin ADE $\times$ tang $y = q$, on obtient

$$\frac{q^2 p'^2}{(q-p'')^2} \times \frac{p''^2 \times \overline{\sin}^2 A}{p''^2 + \left(\dfrac{q-q'}{q-q''}\right)^2 p'^2 - 2\dfrac{q-q'}{q-q''} p' p'' \times \cos A} \overline{\tang}^2 \gamma = q^2,$$

ou

$$\frac{p'^2 p''^2 \times \overline{\sin}^2 A}{p''^2 (q-q')^2 + p'^2 (q-q')^2 - 2(q-q')(q-q'') p' p'' \times \cos A} \overline{\tang}^2 \gamma = 1;$$

d'où l'on tire

$$\overline{\tang}^2 \gamma = \frac{p'^2 (q-q')^2 + p''^2 (q-q'')^2 - 2 p' p'' (q-q')(q-q'') \cos A}{p'^2 p''^2 \sin^2 A},$$

ou bien

$$\overline{\tang}^2 \gamma = \frac{1}{\overline{\sin}^2 A}\left[\left(\frac{q-q'}{p''}\right)^2 + \left(\frac{q-q''}{p'}\right)^2 - 2\left(\frac{q-q'}{p''}\right)\left(\frac{q-q''}{p'}\right)\cos A\right].$$

Une autre équation s'obtient de $\cos \gamma = \dfrac{ABC}{IHG}$, quand

ABC et IHG sont les aires de triangles semblables, d'où l'on tire

$$\overline{\tang}^2 \gamma = \frac{1 - \overline{\cos}^2 \gamma}{\overline{\cos}^2 \gamma} = \frac{\overline{IHG}^2 - \overline{ABC}^2}{\overline{ABC}^2};$$

mais $\qquad \overline{ABC}^2 = \dfrac{4 p^2 p''^2 - (p^2 - p'^2 + p''^2)^2}{16}$,

et $\qquad \overline{IHG}^2 = \dfrac{4 \pi^2 \pi''^2 - (\pi^2 - \pi'^2 + \pi''^2)^2}{16}$,

π, π', π'', étant les côtés du triangle IHG, et qu'on peut déduire des équations suivantes :

$$\pi^2 = p^2 + (q-q'')^2, \quad \pi'^2 = p'^2 + (q-q')^2, \quad \pi''^2 = p''^2 + (q-q')^2.$$

Dès lors, en introduisant ces valeurs dans l'expression de $\overline{\tang}^2 \gamma$, on obtient

$$\overline{\tang}^2 \gamma = \frac{p^2 (q-q')(q-q'') + p'^2 (q'-q'')(q'-q) + p''^2 (q''-q)(q''-q')}{4 \overline{ABC}^2}.$$

Enfin, la comparaison des inclinaisons des différentes couches de terrains stratifiés qui entrent dans la composition d'une montagne plus ou moins importante, peut conduire à préciser les époques des soulèvements qui ont coopéré au relief actuel de la montagne. Néanmoins, il est quelquefois très-difficile d'indiquer rigoureusement les divers soulèvements relatifs à une montagne, car de ces vibrations complexes sont résultées des surfaces gauches et des directions à plusieurs courbures, dont on ne possède pas toutes les coordonnées, et dont on découvre à peine des éléments compliqués encore par les affaissements et d'autres phénomènes qui ont suivi les premiers.

On peut connaître l'âge relatif d'un dépôt, d'une montagne, en un mot d'une protubérance plus ou moins grande, non-seulement au moyen des inclinaisons des couches des terrains stratifiés, mais encore par les directions des couches et celles des protubérances. La position, par rapport à leur plus grand axe, des fragments roulés qui se trouvent dans des couches, permet aussi d'apprécier la direction et le sens de l'inclinaison des couches dont la situation est peu caractérisée ; au reste, il y a encore quelques autres moyens que le géologue multiplie selon ses besoins.

Les redressements et les contournements des

couches , prouvent comme leurs fractures , que des forces disloquantes ont agi sur les divers terrains après leur formation. Dans des contrées très-étendues, les couches des terrains sont redressées suivant des directions déterminées et constantes. Ce fait , qu'on observe souvent dans les pays de montagnes , ne leur est nullement particulier. De telles lignes de dislocation , considérées , ainsi qu'on est porté à le faire , d'après nos idées générales de distance , paraissent avoir des longueurs immenses ; mais quand on les compare à la circonférence de notre sphéroïde , la plupart de ces lignes perdent leur importance apparente. On voit alors que plusieurs d'entre elles sont si courtes , que les fissures , ou les soulèvements des couches qui en marquent la direction , peuvent facilement être rapportées à des forces d'une intensité relativement très-petite. C'est peut-être faute d'avoir fait attention aux proportions relatives entre le rayon de la terre et la hauteur des montagnes, entre la longueur des chaînes de montagnes et la surface entière du globe , qu'on a accusé les géologues qui regardent ces lignes de dislocations et de redressement des couches comme résultant d'un petit nombre de mouvements plutôt que d'une infinité de petites secousses , d'appeler à leur aide l'action de forces dont l'immensité épou-

vante l'imagination , tandis qu'ils n'ont recours
en réalité qu'à des forces relativement insigni-
fiantes.

La figure 6 (Pl. V) peut donner une idée de la
proportion qui existe entre l'épaisseur de l'écorce
de la terre et son diamètre. En supposant que le
cercle entier soit une coupe de notre planète qui
passe par son centre, la ligne noire extérieure représentant la coupe de l'écorce de la terre n'aura
que 160000 mètres d'épaisseur, tandis que le
rayon moyen de notre globe a 6366397 mètres.
En outre, il suffit de rappeler que les montagnes
les plus élevées de la surface du globe n'atteignent pas une hauteur de 10000 mètres, pour
qu'on soit convaincu que de telles aspérités ,
quand même elles seraient aussi fréquentes
qu'elles sont rares, peuvent avoir été produites
par des contractions ou par des expansions dans
la masse du globe lui-même, et que les fractures
et dislocations qui les ont accompagnées ne sont
relativement que des accidents sans importance.

En admettant, comme nous l'avons déjà indiqué, que l'état de notre globe est tel que, dans un
temps donné, la température de l'intérieur s'a-
baisse d'une quantité beaucoup plus grande que
celle de la surface, l'écorce solide devra se briser
pour ne pas cesser d'embrasser exactement la
masse interne. Ces fractures auront lieu d'une

manière imperceptible, si l'on a égard au temps
et à la masse de la terre ; mais elles paraîtront
considérables relativement aux idées générales
que nous nous faisons de ce genre de phénomènes. Il devra donc se former des lignes innombrables de fractures, et telles que nous les
trouvons ; en outre, les dislocations récentes
auront eu lieu de préférence suivant les lignes
des fractures plus anciennes ; enfin, dans des
circonstances favorables, des massifs fracturés
et redressés auront été soulevés de manière à
produire des arêtes et des chaînes de montagnes. Si, dans la figure 7 (Pl. V) (où l'on a
exagéré les accidents), la ligne extérieure représente l'écorce terrestre à une époque donnée, et si une nouvelle contraction de la masse
intérieure, qui ne produira point un effet équivalent sur l'écorce déjà refroidie, met cette
écorce dans la nécessité de diminuer de capacité et de descendre jusqu'au cercle intérieur, il
en résultera des dislocations et des contournements de couches ; de plus, des massifs se trouve-
ront pressés les uns contre les autres, de manière
que l'ancienne surface puisse être comprise dans
ses nouvelles limites. On aura donc un profil
offrant une ressemblance grossière à celui qu'on
a tracé entre les deux cercles de la fig. 7, (Pl. V.);
bien entendu qu'il n'y a aucune proportion en-

tre les inégalités de ce profil et le diamètre du cercle intérieur ; car, pour que ces inégalités soient en même temps sensibles et proportionnées, il faudrait un cercle beaucoup plus grand.

Si, dans la contraction de l'écorce terrestre, les arêtes d'une grande fente venaient à être pressées latéralement, elles se trouveraient soulevées relativement au niveau de la mer, qui devrait s'abaisser afin de remplir les dépressions nouvellement formées. En calculant la quantité de matière solide qui est nécessaire pour produire une augmentation considérable dans une chaîne de montagnes, on verra que la soustraction d'un égal volume d'eau (qui serait reçue dans la dépression de la surface correspondante au nouveau soulèvement), répartie sur toute la masse de l'Océan, y produirait un abaissement de niveau moins considérable qu'on ne le supposerait.

Il ne faut point avoir recours, à chaque instant, à des actions d'une énergie extraordinaire pour expliquer les phénomènes géologiques, lorsqu'une petite force, ou une accumulation de petites forces peut donner une explication satisfaisante des faits observés. Dans tous les cas, des idées préconçues ne doivent point nous montrer les choses autrement qu'elles ne sont en réalité.

Ainsi, toutes les fois qu'on a voulu expliquer la formation des chaînes de montagnes par les fractures et les dislocations des roches qui les composent, il a fallu rechercher dans des phénomènes souterrains la cause des accidents de la surface. En adoptant même la théorie de M. Lyell sur les variations de climats produites par la différence d'élévation et de position des continents, les changements supposés dans la situation relative des diverses parties de la surface solide doivent avoir eu pour cause des phénomènes inférieurs à cette surface. Les changements de climats ne seraient donc qu'un effet secondaire, tenant à des déplacements antérieurs de la surface solide de la terre. Or, comme les mêmes effets doivent être produits par les mêmes causes, et que les montagnes, loin d'être un accident local, sont distribuées sur toute la surface du globe, il s'ensuit que la cause qui les a produites et qui a donné lieu aux grandes dislocations et aux déplacements de terrains qu'on observe sur les continents, s'étend tout au moins à la surface d'un sphéroïde placé immédiatement sous l'écorce du globe.

Lorsqu'il s'est formé des fractures dans l'écorce terrestre, les soulèvements postérieurs, qu'ils aient eu lieu soit par la pression des bords des fentes l'un contre l'autre, soit par l'effort d'une matière intérieure tendant à se faire jour, devront se produire plutôt sur les lignes des fractures préexistantes que sur toute autre, car ces lignes seront en même temps les lignes de moindre résistance. Il ne serait donc pas étonnant qu'une suite de secousses de tremblements de terre agît sur une même ligne, ou, pour mieux dire, que les plus grands effets de pareilles secousses se manifestassent suivant cette ligne. Dès lors, si les chaînes de montagnes ne portaient point l'empreinte du déploiement d'une énergie plus intense que celle des tremblements de terre de nos jours, la simple élévation de leurs masses à des hauteurs relativement considérables au-dessus du niveau de la mer, pourrait être due tout aussi bien à une accumulation d'effets de ces petites secousses qu'à toute autre cause. Mais un examen attentif des phénomènes que présentent les chaînes de montagnes, nous montre qu'il faut avoir recours pour leur explication à des actions plus énergiques et telles que nous les avons indiquées précédemment.

La surface de la terre s'étant fendillée, pendant son refroidissement, en fragments nombreux, ces fragments auront surnagé ou plongé dans la matière liquide inférieure, suivant leur densité relative. En effet, si nous prenons 2, 6 pour la densité moyenne de la croûte terrestre, des fragments ayant cette densité auront plongé dans une lave feldspathique ou trachytique et flotté sur une lave basaltique. Mais la densité de la lave, soit trachytique, soit basaltique, etc., sera tellement diminuée par l'effet de la chaleur, que des masses froides de la densité de 2, 6 y couleront à fond. Il s'ensuit donc que l'action de la pesanteur tendra à rassembler tous les fragments en une seulemasse; et comme cette action ne peut cesser d'exister, on ne voit pas du tout que les fragments puissent se séparer, à moins qu'ils n'y soient contraints par une force d'expansion.

A l'égard des soulèvements des masses formant les protubérances de la surface du globe, nous ne nous en sommes occupé jusqu'ici que dans la supposition que ces soulèvements avaient lieu dans l'atmosphère. Néanmoins, s'il se formait une chaîne de montagnes, il y aurait probabilité que le soulèvement s'effectuerait sous les eaux de l'Océan, vu que les mers ont une étendue plus grande que celle des terres. Or, s'il se produisait, sous les eaux, une ligne de fractures longitudinales, accompagnées de dislocations transversales, ces eaux

seraient agitées nécessairement avec plus ou
moins de violence, selon la rapidité du soulèvement, et selon le volume ainsi que la hauteur des
masses redressées et disloquées. Tous les fragments détachés seraient entraînés à des niveaux
inférieurs; le fond des vallées serait rempli de
débris, et une grande quantité en pourrait
être transportée de chaque côté aux pieds de
la chaîne de montagnes sous-marines. Plus l'eau
serait dense et chargée de matière tenue en
suspension mécanique, plus les courants pourraient transporter avec facilité des fragments
volumineux, d'après la moindre différence de
pesanteur spécifique entre les blocs et l'eau qui
les charrie. La surface de la chaîne offrirait de
grandes aspérités; mais s'il y avait une profondeur d'eau suffisante, les détritus mécaniquement suspendus se déposeraient successivement,
les plus ténus se plaçant à la partie supérieure des
nouvelles couches.

En admettant qu'une chaîne de montagnes
ainsi formée sous les eaux vînt à être émergée
graduellement, c'est-à-dire par des mouvements
successifs de bas en haut, elle serait d'abord assujettie, près de la surface, à l'action des marées,
des courants et des vagues, et il y aurait encore
un grand déplacement de matériaux, surtout
dans les parties non consolidées. Si l'émersion

s'opérait plus brusquement, l'action destructive serait plus grande encore; mais, dans les deux cas, dès que la chaîne de montagnes paraîtrait au-dessus des eaux, elle serait assujettie aux actions atmosphériques et à toutes les dégradations qui en sont les conséquences. Les inégalités des grandes vallées donneraient naissance à des lacs, qui seraient peu à peu remplis au moyen des détritus charriés par les eaux; les flancs des montagnes seraient entamés, et l'ensemble des effets produits après un certain laps de temps ressemblerait tellement à ceux que nous avons rapportés plus haut, qu'on ne pourrait guère décider si les dislocations originaires ont eu lieu dans l'atmosphère ou sous les eaux. Cependant, si des dépôts détritiques s'étaient formés dans les grandes lignes des vallées, et si ces dépôts contenaient des fossiles marins, on ne pourrait révoquer en doute que le fond au moins de ces vallées ait fait partie jadis d'une chaîne de montagnes sous-marines, et qu'un tel état de choses ait duré un temps assez considérable pour permettre le dépôt tranquille des couches observées.

Dès lors, soit que les chaînes de montagnes surgissent au fond des mers ou sur les continents, il doit y avoir une grande quantité de matières solides enlevée à leurs masses; mais cela arrivera principalement dans le cas de dislocations qui auront porté immédiatement dans l'atmosphère une partie du fond des mers, puisqu'il se produira, dans ce cas, des vagues d'une grande puissance destructive et d'une hauteur proportionnée à la force disloquante, qui s'engouffreront dans les fentes nouvellement formées, et qui en arracheront des débris. Cependant, les cours d'eau qui ont produit les effets nombreux qu'on observe dans les chaînes de montagnes, doivent provenir en général de causes atmosphériques ; car les érosions y portent l'empreinte d'une action longtemps continuée de petits cours d'eau doués d'une grande rapidité, et les matières de transport qu'on trouve dans les montagnes mêmes y sont disposées ainsi que le seraient naturellement les dépôts de ces cours d'eau. On pourrait en conclure que nous avons là un moyen de mesurer le temps depuis lequel une chaîne de montagnes est émergée, en le calculant d'après la quantité de détritus accumulée dans une position donnée. Mais un peu de réflexion nous montrera facilement que de semblables résultats sont beaucoup trop compliqués pour donner lieu à autre chose qu'à des conclusions très-générales.

Nous avons vu que le redressement des couches qui forment en partie les chaînes de montagnes et plusieurs autres aspérités, peut résulter de deux causes différentes : il peut tenir à la pression, de bas en haut, des côtés d'une fente l'un contre l'autre, et produite par une dépression inégale des extrémités d'une masse étendue, ou bien à l'intercallation de matières venues de l'intérieur de la terre au moyen de forces élastiques souterraines.

Le rayonnement de la chaleur de la masse terrestre devrait nécessairement diminuer le volume de cette masse par le rapprochement des molécules qui s'ensuivrait, tandis que, si l'on suppose l'oxidation d'un noyau métallique ayant la même température que les espaces planétaires environnants, le volume de ce noyau serait augmenté. Dans ce second cas, le noyau métallique absorberait l'oxigène de son enveloppe liquide ou gazeuse, et diminuerait par conséquent la masse de ces enveloppes. En même temps, la surface du noyau métallique acquerrait une haute température par l'union de l'oxigène avec quelques unes des bases métalliques ; mais l'expansion causée par l'élévation de la température diminuerait graduellement, et il n'y aurait d'autre augmentation permanente de volume que celle provenant de la nouvelle combinaison des bases métalliques avec l'oxigène.

Un noyau métallique froid serait bientôt oxidé, qu'il fût entouré d'eau ou d'une atmosphère oxigénée, surtout si le sodium, le potassium et des métaux analogues, abondaient à la surface du noyau. Mais l'oxidation de la surface une fois achevée, en admettant de plus que des fissures et des craquements nombreux eussent été produits dans la croûte superficielle, par l'infiltration de l'eau dont l'oxigène se serait uni aux bases des métaux, tandis que la force élastique de l'hydrogène mis en liberté aurait produit les aspérités du sol, on ne voit pas trop comment il aurait pu résulter d'une telle action quelque chose d'analogue à ces longues lignes de soulèvement, si communes à la surface de la terre. La chaleur développée par la combinaison de l'oxigène avec des métaux, tels que le potassium et le sodium, dans le cas de l'infiltration de l'eau, n'aurait pas pour seul effet d'augmenter la tension de l'hydrogène, et de produire ainsi des fractures dans l'écorce terrestre ; car elle serait souvent capable de fondre les parties inférieures de la croûte oxidée, et cette matière liquide pourrait jaillir à la surface, à travers ces mêmes fractures.

En examinant avec attention les groupes de montagnes, on parvient ordinairement à les décomposer en un certain nombre d'éléments diversement entre-croisés les uns avec les autres, dans toute l'étendue de chacun desquels la position de la ligne de démarcation entre les couches inclinées et les couches horizontales est la même. Le plus souvent, la ligne de démarcation, relative aux différents chaînons qui sont parallèles entre eux, est semblablement placée, et elle change lorsqu'on passe à ceux qui ne sont pas dirigés dans le même sens. On peut donc dire, d'une manière générale, que chacun des systèmes de chaînons parallèles a été produit d'un seul jet, et presque d'un seul coup.

Les fractures opérées dans la croûte extérieure du globe ont déterminé l'élévation et le redressement des couches dont cette croûte se compose, et les arêtes de ces couches brisées et redressées sont devenues les crêtes de ces aspérités de la surface du globe qu'on nomme chaînons de montagnes; d'où il résulte que les expressions, direction moyenne d'un système de fractures, direction moyenne d'un système de couches redressées, direction d'un système de montagnes, sont à peu près synonymes. Il n'y a d'exception que pour des fractures qui se sont produites dans un terrain où la plupart des couches étaient déjà fortement dérangées. Ces sortes de croisements ont généralement donné lieu à des complications dont on doit chercher à faire

abstraction dans la recherche des lois générales du phénomène du redressement des couches.

Parmi les résultats d'observations, qui ne permettent point de considérer les dislocations de
couches qui caractérisent les pays de montagnes
comme les résultats de phénomènes locaux qui
se seraient répétés d'une manière successive et
irrégulière, on doit placer au premier rang la
constance des directions moyennes suivant lesquelles les couches de sédiment se trouvent
redressées sur des étendues souvent immenses.

Les faits précédents ont conduit à concevoir
que les divers systèmes de montagnes ont pu être
produits par des phénomènes indépendants les
uns des autres, tandis que l'étroite liaison que
présentent le plus souvent entre elles, aussi
loin qu'on puisse les suivre, les dislocations dirigées dans le même sens, devait naturellement
faire supposer qu'elles ont toutes été formées
par une même action mécanique. Déjà, en
combinant les observations faites dans un grand
nombre de mines, Werner était arrivé à cette
belle conclusion que, dans un même district,
tous les filons d'une même nature doivent leur
origine à des fentes parallèles entre elles, ouvertes en même temps, et remplies ensuite durant

une même période. Cette notion de la contemporanéité des fractures parallèles entre elles et
de la différence d'âge des fractures de directions
différentes, ayant ainsi été établie par l'illustre
professeur de Freyberg, pour le cas particulier
des fentes où se sont amassés les filons métalliques, rien n'était plus naturel que de songer à
la généraliser et à l'étendre à toutes les dislocations présentées par l'écorce de notre globe.

Dans le cas où cette induction serait exacte,
le nombre des phénomènes de dislocation
que le sol de chaque contrée aurait éprouvés,
serait à peu près égal à celui des directions
des chaînes de montagnes réellement distinctes
et indépendantes les unes des autres. Ce nombre n'est jamais très-grand; il est à peu près
du même ordre que celui des changements de
nature et de gisement que présentent les dépôts de sédiment de chaque contrée, changements qui les ont fait distinguer, depuis Werner, en un certain nombre de formations, et
qui ont été considérés comme étant chacun le
résultat d'un grand phénomène physique. Il devenait donc naturel de chercher à rapprocher
l'une de l'autre ces deux manières d'énumérer
les changements que la surface de notre planète
a éprouvés, et il suffisait presque de songer à
ce rapprochement pour être conduit à l'idée que

les deux séries parallèles de faits intermittents dont on retrouve ainsi les termes successifs par deux voies différentes, doivent rentrer l'une dans l'autre. Mais pour sortir à cet égard des aperçus généraux et vagues, il était nécessaire de mettre en rapport un certain nombre de lignes de démarcation que présente la série des dépôts de sédiments européens, avec un pareil nombre de systèmes de chaînes de montagnes européennes.

Les couches inclinées de chaque contrée et les crêtes que ces couches constituent, n'offrent pas indifféremment toutes sortes d'orientations; elles se coordonnent, au contraire, à un nombre limité de directions générales. Cette circonstance, dont toutes les cartes un peu exactes présentent des exemples frappants, a paru, à M. Elie de Beaumont, constituer, dans l'étude des montagnes, un fait d'une importance analogue à celle que montre, dans l'étude des dépôts de sédiment successifs le fait de l'indépendance des formations. Or, l'indépendance des formations de sédiment successives est une conséquence et même une preuve de l'indépendance des systèmes de montagnes diversement dirigés.

L'indication d'une tendance générale au parallélisme, que présenteraient les rides et les fractures de l'écorce terrestre produites à une même époque, semble, au premier abord, n'avoir pas besoin de commentaire, surtout lorsqu'on se borne à l'appliquer aux accidents observés dans le sol d'une contrée assez limitée pour que la courbure de la terre y soit peu sensible. Cependant, comme on ne voit rien qui limite la distance à laquelle il serait possible de suivre des accidents constamment soumis à une même loi, on sent bientôt la nécessité d'analyser cette première notion d'un certain parallélisme avec assez d'exactitude pour que l'étendue de l'espace sur lequel ce parallélisme pourrait exister, ne soit jamais dans le cas d'en mettre la définition en défaut. Afin d'y parvenir, il faut, avant tout, se rappeler que, lorsqu'on trace un alignement sur la surface de la terre avec un cordeau, avec des jalons ou de toute autre manière, la ligne qu'on détermine est la plus courte qu'on puisse tracer entre les deux points extrêmes auxquels elle s'arrête, et qu'abstraction faite du léger aplatissement que présente le sphéroïde terrestre, une pareille ligne est toujours un arc de grand cercle.

Deux grands cercles se coupant nécessairement en deux points diamétralement opposés, ne peuvent jamais être parallèles dans le sens ordinaire de ce mot; mais deux arcs de grand cercle d'une étendue assez limitée pour que cha-

cun d'eux puisse être représenté par une de ses
tangentes, pourront être considérés comme parallèles, si deux de leurs tangentes respectives
sont parallèles entre elles. C'est ainsi que tous
les arcs de méridien, qui coupent l'équateur, sont
réellement parallèles entre eux aux points d'intersection. En général, deux arcs de grands cercles peu étendus, sans être même infiniment
petits, pourront être dits parallèles entre eux,
s'ils sont placés de manière à ce qu'un troisième
grand cercle les coupe l'un et l'autre à angle
droit dans leur point milieu. Par la même raison, un nombre quelconque d'arcs de grands
cercles, n'ayant chacun que peu de longueur,
pourront être dits parallèles à un même grand
cercle de comparaison, si chacun d'eux en particulier satisfait à la condition ci-dessus énoncée par rapport à un élément de ce grand cercle
auxiliaire. Pour cela, il est nécessaire et il suffit
que les différents grands cercles, qui coupe-
raient à angle droit chacun de ces petits arcs
dans son milieu, aillent se rencontrer, aux
deux extrémités opposées d'un même diamètre
de la sphère. Si cette condition est remplie,
et si tous les petits arcs de grands cercles,
dont il s'agit, sont éloignés des deux points
d'intersection de leurs perpendiculaires, s'ils
sont concentrés dans le voisinage du grand

cercle qui sert d'équateur à ces deux pôles, ils pourront être regardés comme formant sur la surface de la sphère un système de traits parallèles entre eux.

L'examen de la surface de l'Europe a déjà conduit à distinguer douze systèmes de montagnes d'âges différents et de directions généralement différentes, ainsi qu'à les rapprocher de douze des lignes de partage observées dans la série des dépôts de sédiment. Il est bien probable que ce nombre douze, qui, dans tous les cas, ne serait relatif qu'à l'Europe, n'est pas définitif; car il reste encore dans la série des terrains de sédiment de l'Europe plusieurs lignes de démarcation assez tranchées, qui, dans cet arrangement, ne se trouvent rapprochées d'aucun système de dislocations. Peut-être quelques unes de ces lignes de partage se lient-elles à des systèmes de fractures et de rides qui, bien qu'observables en France, en Allemagne, en Angleterre, n'y ont pas été suffisamment distingués et restent encore confondus avec les dislocations appartenant aux autres systèmes dans lesquels ils sont censés former des anomalies; peut-être aussi ces mêmes lignes de partage se rattachent-elles à des commotions qui n'ont eu que peu d'énergie dans les contrées dont nous venons de parler, mais qui auront laissé des traces plus visibles dans le sol de contrées adjacentes.

Jetons les yeux sur la figure 2 de la planche VI , et nous verrons comment les divers systèmes des protubérances qui existent à la surface du globe se sont formés successivement ; nous verrons en même temps que plus les montagnes sont modernes , plus elles sont élevées. 1° A représente le système du Westmoreland et du Hundsruck; 2° B, le système des ballons et des collines du Bocage ; 3° C, le système du nord de l'Angleterre; 4° D, le système des Pays-Bas et du sud du pays de Galles; 5° E, le système du Rhin ; 6° F, le système du Thuringerwald, du Bohmerwald-Gebirge et du Morvan ; 7° G , le système du mont Pillas, de la Côte-d'Or et de l'Erzebirge; 8° H , le système du mont Viso ; 9° I, le système des Pyrénées ; 10° K, le système des îles de Corse et de Sardaigne ; 11° L, le système des Alpes occidentales; 12° M, le système de la chaîne principale des Alpes. Tous ces systèmes et toutes les protubérances qui s'y rattachent n'ont pas toujours rigoureusement la même direction mathématique , car souvent on y remarque des déviations relativement à l'axe principal; mais avec de l'attention, il est facile de trouver une direction moyenne qui, à la vérité, s'écarte peu des autres, et qui est regardée comme la direction générale, ou bien la direction de repaire.

La figure 1 de la planche X, est une rose des directions des protubérances de la surface du globe ; elle représente chaque direction moyenne des douze systèmes admis par M. Elie de Beaumont. Cette figure montrera comment les divers systèmes sont liés entre eux et quel est leur rapport de situation. Ainsi la direction moyenne, *aa*, des protubérances du système A, a lieu du N.-E. un peu E. au S.-O. un peu O ; celle, *bb*, du système B, a lieu de l'E. un peu S.-E. à l'O. un peu N.-O.; celle, *cc*, du système C, a lieu du N. un peu N.-O. au S. un peu S.-E.; celle, *dd*, du système D, a lieu de l'E.-N.-E. à l'O.-S.-O.; celle, *ee*, du système E, a lieu du N.-N.-E. un peu N. au S.-S.-O. un peu S.; celle, *ff*, du système F, a lieu du S.-E. un peu E. au N.-O. un peu O.; celle, *gg*, du système G, a lieu à peu près du N.-E. au S.-O.; celle, *hh*, du système H, a lieu du N.-N.-O. au S.-S.-E.; celle, *ii*, du système I, a lieu à peu près de l'E.-S.-E. à l'O.-N.-O.; celle, *kk*, du système K, a lieu du N. au S.; celle, *ll*, du système L, a lieu du N.-N.-E. un peu N.-E. au S.-S.-O. un peu S.-O.; celle, *mm*, du système M, a lieu de l'E.-N.-E. un peu E. à l'O.-S.-O. un peu O.; de plus, la direction moyenne de la chaîne des Andes qui, probablement, forment encore un système et qui seraient le résultat du dernier grand soulèvement éprouvé par la croûte terrestre, a lieu sensiblement du N. au S.

Actuellement, nous allons essayer d'indiquer les époques des principaux soulèvements qui ont donné à la surface du globe son relief général. Quand la température originaire de la terre se fut assez abaissée pour qu'il se formât à la surface du sphéroïde incandescent une pellicule solide, il résulta bientôt de ce refroidissement immédiat du globe, comme nous l'avons déjà dit, des rides superficielles dont l'ensemble, après un certain laps de temps, donna lieu aux bassins des océans immenses, mais peu profonds, qui couvraient presque toute la surface de la terre. Alors se produisirent les terrains les plus anciens ; et probablement, durant cette époque, de nouveaux mouvements compliquèrent encore le relief de l'écorce terrestre ; cependant il paraît que ces rides n'ont pas été d'une très-grande intensité, puisqu'il nous est impossible de les reconnaître pour les lier en systèmes distincts. Ainsi, dans l'état actuel de la science, la date de notre premier système de grands soulèvements ne peut être reportée qu'après la formation des grouges gneissique et phylladique ; il est vrai qu'il est permis, en théorie, d'admettre au moins un système après la formation de la première pellicule, et un second après celle du groupe gneissique. Quoi qu'il en soit, la date du premier, A, de nos systèmes de soulévements reconnus d'une manière positive, doit probablement être antérieure au dépôt de landeiloflags ou à la formation du groupe grauwacique, mais toujours au moins au dépôt de ludlowrock, et postérieure à la formation du groupe phylladique ; le 2ᵉ systéme, B, de soulévements s'est effectué immédiatement après la formation du groupe grauwacique et avant celle du groupe carbonique, c'est-à-dire qu'il a produit la ligne de démarcation entre les deux formations ; le 3ᵉ systéme, C, après la formation du groupe carbonique et avant celle du groupe triasique ; le 4ᵉ systéme, D, après le dépôt du zechstein et avant celui du grès des Vosges, c'est-à-dire avant le dépôt du second membre du grès bigarré ; le 5ᵉ systéme, E, après le dépôt du grès des Vosges, ou du second membre du grès bigarré, et avant le dépôt du premier membre ; le 6ᵉ systéme, F, après le dépôt du grès bigarré et avant la formation du groupe oolitique ; le 7ᵉ systéme, G, après la formation du groupe oolitique et avant celle du groupe crétacique ; le 8ᵉ systéme, H, après le dépôt glauconieux et avant le dépôt crayeux ; le 9ᵉ systéme, I, après le dépôt coquillier et avant la formation du groupe palæothériique ; le 10ᵉ systéme, K, après le dépôt éocéne et avant le dépôt miocène ; le 11ᵉ système, L, après le dépôt miocène et avant le dépôt pliocène ; le 12ᵉ système, M, après le dépôt pliocène et avant la formation du groupe erratique ; le 13ᵉ système, N, qui serait celui des Andes, et qui aurait produit le phénomène du transport des blocs erratiques, etc., après la formation du second membre du dépôt perdiluviique, c'est-à-dire de la partie la plus ancienne de ce dépôt, et avant la formation du premier membre, avant aussi la formation du dépôt diluviique. Enfin, nous pouvons réunir dans un seul système tous les mouvements du sol qui sont plus ou moins lents et de diverses intensités, qui sont postérieurs à la formation du groupe erratique et qui se sont produits jusqu'à ce jour, ainsi que tous ceux qui se manifesteront par la suite et qui seront terminés par un soulèvement dont l'effet apportera des changements notables à la surface du globe et d'où datera une nouvelle époque dans l'histoire de la terre.

La figure 2 de la planche VI nous montre encore que les protubérances formées à la surface du globe sont d'autant plus élevées qu'elles résultent de soulèvements plus modernes ; on conçoit en outre que les obstacles à vaincre par les phénomènes volcaniques et de soulèvements, sont d'autant plus grands, que l'é-

corce du globe est plus épaisse, et par conséquent à mesure que la terre vieillit. Aussi, ces
phénomènes sont-ils aujourd'hui moins nombreux et plus terribles.

Si l'on considère avec attention, sur un globe
terrestre figuratif d'une dimension suffisante et
d'une exécution soignée, chacun des systèmes
de montagnes les plus proéminents et les plus
récents qui sillonnent la surface de l'Europe,
on peut remarquer que chacun d'eux fait partie d'un vaste système de chaînes parallèles, qui
s'étend bien au delà des contrées dont la structure nous est connue. Mais, comme, dans
toutes les portions de chacun de ces systèmes
qui sont situées dans les parties bien observées
de l'Europe, on a reconnu, de proche en proche, que les chaînons parallèles sont en général
contemporains, on n'a aucune raison pour supposer que cette loi, vérifiée sur tant d'exemples, dût s'interrompre brusquement, si l'on
en poussait la vérification plus loin. Il est donc
naturel de croire, jusqu'à ce que des observations directes aient montré le contraire,
que chacun de ces vastes systèmes, dont les
systèmes européens sont respectivement des
portions, doit son origine à une seule époque
de dislocation.

D'après cette considération, on serait conduit

à supposer, par exemple, que les crêtes du système des Pyrénées font partie d'un système plus étendu dont les Alleghanys et peut-être les Gotes du Malabar formeraient les deux anneaux les plus éloignés. Ces deux termes extrêmes de la série se trouvent, à la vérité, considérablement détachés du reste; mais, depuis le cap Ortégal, en Espagne, jusqu'à l'entrée du golfe Persique, sur une longueur de seize cents lieues, on peut suivre une série d'aspérités allongées, toutes parallèles à un même grand cercle de la sphère terrestre, et dont le parallélisme et la proximité s'accordent avec l'idée qu'elles auraient été produites en même temps et pour ainsi dire du même coup.

Les directions des petites chaînes de montagnes, que les cartes les plus récentes indiquent dans la partie septentrionale du grand désert de Sahara, au sud de Tripoli et de l'Atlas, et dont quelques unes se poursuivent même à travers l'Atlas jusqu'à la mer, ainsi que la direction de la côte septentrionale de l'Afrique, entre la grande et la petite Syrie, sont exactement parallèles à la direction des Pyrénées et à celle des accidents du sol de la Provence, de l'Italie, de la Morée. Les observations de M. Rozet prouvent en même temps qu'il existait déjà des montagnes près d'Alger, lors du dépôt des

couches paléothériiques. La direction du système pyrénéo-apennin, que nous avons déjà
suivi jusqu'en Grèce, et dont certains chaînons
semblent se poursuivre jusqu'à la mer de Mar-
mara, pour reparaître au delà dans l'Anatolie,
se retrouve exactement dans la direction de la
grande vallée de la Mésopotamie et du golfe Persique, ainsi que dans celle des chaînes qui s'élèvent
immédiatement au N.-E. de cette grande vallée
et qui vont se rattacher au Caucase. La direction
de beaucoup de cours d'eau qui descendent du
Caucase, et celle de plusieurs des principaux
chaînons de ce système, notamment celle du
chaînon qui borde la Mer Noire, au N.-E. de
l'Abasie et de la Mingrélie, est encore exactement
celle du système pyrénéo-apennin. Cette direction du chaînon le plus occidental du Caucase
est en quelque sorte continuée à travers les
plaines de la Russie, de la Pologne, de la Prusse,
jusqu'à l'île de Rugen, par les dislocations que
M. Dubois de Montperreux y a signalées dans le
terrain crétacé. Elle se rattache ainsi de proche
en proche aux dislocations pyrénéennes des
Carpathes et du pied N.-N.-E. du Hary.

La direction du système des ballons et des
collines du Bocage étant sensiblement la même
que celle du système des Pyrénées, la considération des directions permettrait de rapporter

une partie des chaînons de montagnes dont nous venons de parler au système des ballons, aussi bien qu'à celui des Pyrénées; mais, dans l'état actuel de la surface du globe terrestre, tous les systèmes de montagnes d'une date ancienne sont trop morcelés, trop usés, trop peu saillants pour qu'on puisse leur rapporter des systèmes de crêtes aussi proéminents que ceux mentionnés plus haut. Il est toutefois naturel de penser que, si réellement le système dont les Pyrénées font partie se prolonge depuis les États-Unis jusque dans l'Inde, en traversant l'Europe, il doit en être de même du système des ballons, auquel il paraît que les Alleghanys doivent probablement une partie de leur configuration.

Si nous passons au système des Alpes occidentales, nous pouvons voir que le prolongement mathématique de la ligne tirée de Marseille à Zurich se trouve être parallèle à des accidents très-remarquables de la surface du globe : accidents que l'induction de contemporanéité déduite de la direction des chaînons de montagnes conduirait à regarder comme de la même date, quoique l'état des connaissances géologiques ne donne pas encore le moyen de vérifier complétement cette conjecture. Ainsi, en tendant sur la surface d'un globe terrestre figuratif un fil qui passe par Marseille et par Zurich, on peut voir que ce fil, qui passe aussi vers le nord par l'embouchure de l'Obi, et vers le midi par l'archipel des nouvelles Shetland du Sud, se trouve à peu près parallèle à la chaîne du Kiol, rameau le plus étendu des Alpes scandinaves, aux chaînons principaux, aux vallées les plus remarquables de l'Empire de Maroc, et même à la Cordillère littorale du Brésil, qui borde le rivage de l'Océan Atlantique, depuis le cap Roque jusqu'à Monte-Video.

Cette même direction est parallèle, non-seulement à la ligne générale des côtes orientales de l'Espagne, depuis le cap de Gates jusqu'aux environs de Narbonne, mais encore à la ligne générale du littoral de l'ancien continent, depuis le cap Nord de la Laponie jusqu'au cap Blanc d'Afrique. Le Mont-Blanc, situé à peu près à égale distance de ces deux points extrêmes, forme comme le pivot de la charpente de la partie de l'ancien continent qui est comprise entre eux, et dont il est en même temps le point le plus élevé.

Au sud du Cap-Blanc, la côte de l'Océan Atlantique est basse et sablonneuse sur une grande étendue; et, à l'est du Nord-Ryn, voisin du Cap-Nord de la Laponie, la côte est de même assez peu élevée. Dans l'intervalle de ces deux points, au contraire, les côtes qui regardent la haute mer sont généralement formées par des terres élevées qui, lorsqu'elles ne sont pas composées de roches anciennes, opposent du moins à l'Océan une barrière de couches redressées : disposition qui semble indiquer que le long de cette ligne tous les terrains plats et peu élevés ont été submergés.

Passant ensuite au système de la chaîne principale des Alpes, on peut observer que les crêtes du Mont-Pilate, de la chaîne principale des Alpes, du Ventoux, du Leberon, de la Sainte-Baume, etc., font partie d'un vaste ensemble de chaînons de montagnes qui, répandus à l'entour de la Méditerranée, et se prolongeant à travers le continent asiatique, paraissent se lier à la fois les uns aux autres par leur parallélisme et par la similitude de leurs rapports avec les grandes dépressions du sol, remplies par les eaux des mers, ou peu élevées au-dessus de leur surface. Outre les chaînes déjà mentionnées, ce système comprend l'Atlas, la chaîne centrale du Caucase, couronnée par le pic de l'Elbrouz, ainsi que la longue série de montagnes qui, sous les noms de Paropamissus, d'Indoukosh, d'Hymalaya, borde, au nord, les plaines de la Perse et du Bengale,

et renferme les cimes les plus élevées de la terre. Toutes ces chaînes courent parallèlement
à un grand cercle qu'on représenterait sur un
globe figuratif par un fil tendu du milieu de
l'empire de Maroc au nord de l'Empire des Birmans.

Il existe un rapport de disposition difficile à
méconnaître, entre la situation de l'Hymalâya,
a nord des plaines du Gange, et celle de la
chaîne principale des Alpes, au nord des plaines
du Pô. Les cours d'eau qui s'échappent de l'une
ou de l'autre chaîne de montagnes s'infléchis-
sent de la même manière dans la contrée basse
qui la borde, pour tomber, les unes dans le
Gange, les autres dans le Pô; ce qui semble
indiquer que la première plaine doit être,
comme la seconde, formée par une vaste alluvion descendue des montagnes voisines. Le
système de la presqu'île occidentale de l'Inde
s'élève au midi des plaines du Bengale, à peu
près comme celui des Apennins au midi des
plaines de la Lombardie ; et on pourrait, par
suite de cet ensemble de rapports, remarquer
des analogies de situation géographique et com-
merciale entre Milan et Dehly, entre Venise et
Calcutta, entre Ancône et Madras, entre Gênes
et Bombay. Ces rapports deviendraient plus frappants encore si, le cours de l'Indus étant barré

par des montagnes comparables en position à celles qui vont de Gênes au col de Tende, les eaux de ce fleuve et celles de la rivière Setledge et de ses autres affluents étaient obligées de franchir le seuil peu élevé qui les sépare de la grande vallée du Gange.

Les systèmes de montagnes qui viennent d'être mentionnés sont bien loin de comprendre toutes les chaînes qui sillonnent la surface du globe; mais les chaînes qui n'y sont pas comprises jouissent aussi de la propriété de pouvoir être groupées par systèmes, dans chacun desquels tous les chaînons partiels sont parallèles à un certain grand cercle de la sphère terrestre, et embrassent, de part et d'autre de ce grand cercle, une zone plus ou moins large et presque toujours d'une grande longueur. Ainsi, par exemple, la chaîne qui forme l'axe de l'île de Madagascar, et celle beaucoup plus étendue, mais semblablement orientée, qui borde, au S.-E., le continent africain, forment deux anneaux d'un système qu'on peut suivre, à travers l'Asie, jusqu'aux bords du lac Baïkal et de la Léna. Nous pourrions citer une foule d'autres exemples du même genre, si cet extrait ne dépassait déjà de beaucoup les bornes dans lesquelles il aurait dû être renfermé.

L'apparition d'une chaîne de montagnes qui,

à en juger par quelques résultats de l'observation, a produit, dans les contrées voisines,
des effets violents, a pu, au contraire, n'in-
fluer sur des contrées très-lointaines que par
l'agitation qu'elle a causée dans les eaux de
la mer, et par un dérangement plus ou moins
grand dans leur niveau : événements comparables à l'inondation subite et passagère, dont
on retrouve l'indication à une date presque
uniforme dans les archives de tous les peuples.
Si cet événement historique n'était autre chose
que la dernière des révolutions de la surface du
globe, on serait naturellement conduit à demander quelle est la chaîne de montagnes
dont l'apparition remonte à la même date, et
peut-être serait-ce le cas de remarquer que le
système des Andes, dont les soupiraux volcaniques sont encore généralement en activité,
forme le trait le plus étendu, le plus tranché,
et pour ainsi dire le moins effacé de la configuration actuelle du globe. En donnant le nom
de système des Andes à ce système que nous
supposons être le plus récent de tous, nous
prenons la partie pour le tout, comme nous
l'avons fait dans le cas des Pyrénées et des Alpes. En effet, nous parlons ici de cet énorme
bourrelet montagneux qui court entre l'Océan
Pacifique d'une part, et les continents des deux
Amériques et de l'Asie de l'autre, en suivant,

depuis le Chili jusqu'à l'Empire des Birmans, la direction d'un demi-grand cercle de la terre, et en servant comme d'axe central à une ligne volcanique tracée en zig - zag. Cette ligne suit çà et là des fractures plus anciennes, sans s'écarter de la zone littorale; elle forme, ainsi que l'a remarqué M. de Buch, la limite la plus naturelle du continent de l'Asie, et peut même être regardée comme séparant la portion aujourd'hui la plus continentale du globe terrestre de sa partie la plus maritime.

Des crises violentes, accompagnées d'élévations de chaînes de montagnes, et suivies de mouvements impétueux des mers, capables de désoler de vastes étendues de la surface du globe, paraissent avoir, pendant un laps de temps probablement immense, fait partie du mécanisme de la nature. Il n'y a donc rien d'absurde à admettre que ce qui est arrivé à un grand nombre de reprises, depuis les périodes les plus anciennes jusqu'aux périodes les plus modernes de l'histoire de la terre, soit arrivé une fois depuis l'apparition de l'homme. Ainsi, comme le remarque avec justesse M. Sedgwick, nous nous trouvons avoir écarté tout ce que présentait d'incroyable la tradition d'un déluge récent. Dès lors, tout nous conduit à supposer que les causes qui ont produit les phénomènes géologiques subsistent encore, et que la tranquillité dont nous jouissons aujourd'hui est due plutôt à leur sommeil qu'à leur anéantissement.

On a essayé d'expliquer, par la répétition prolongée des effets lents et continus que nous voyons se produire actuellement sur la surface du globe, l'ensemble des phénomènes qu'on observe dans les pays de montagnes; mais on n'est parvenu de cette manière à aucun résultat général complétement satisfaisant. Tout annonce, en effet, que le redressement des couches d'une chaîne de montagnes est un événement d'un ordre différent de ceux dont nous sommes journellement les témoins.

Tâchons actuellement de résumer quelques unes des principales questions relatives aux mouvements de la croûte du globe.

Par suite des propriétés de l'intérieur du globe, sa croûte a subi des mouvements qui ont produit des redressements, des soulèvements, des affaissements et des fendillements; ces accidents sont chacun une conséquence nécessaire des autres. Ils sont restreints à de petites localités, ou ils embrassent de grandes étendues de pays; ils ont une disposition linéaire, ou bien ils décrivent des courbes, des ondulations ou des coudes qui peuvent aller jusqu'à l'angle droit. Lorsque plusieurs se rencontrent, ils s'entrecroisent, ce qui produit des modifications de configuration difficiles à débrouiller.

Les soulèvements et les affaissements ont donné à la majeure partie des couches leur inclinaison et leur plissement; ils ont formé presque la totalité des rides et des cavités de la surface terrestre. Vu la forme sphéroïdale du globe, les soulèvements et les affaissements décrivent à sa surface des arcs de cercles : c'est donc sur une sphère, et non sur une carte, qu'il faut étudier ces accidents. Alors on apercevra des liaisons entre des chaînes, en apparence sans aucune connexion, comme entre des golfes, des baies, des détroits ou des lacs. Les redressements les plus extraordinaires sont ceux où il y a eu renversement complet des terrains.

Les affaissements et les fendillements ont donné lieu surtout à la formation d'une grande quantité de cavités, de filons, de gorges, de défilés, de cluses, de vallées, de lacs et peut-être même à une partie des bassins des mers. Le caractère du pourtour des portions affaissées du sol est de présenter des escarpements ou des coupes verticales tournées vers les mers, les lacs ou les dépressions quelconques.

De plus, des soulèvements en masse ont émergé de grandes portions du fond des mers. Or, s'il s'était formé des dépôts, ou s'il y avait des récifs de polypiers, etc., ces massifs émergés auraient produit sur la terre

formé des collines, des chaînes droites ou ondulées, à couches horizontales ou très-peu inclinées.

Lorsque des soulèvements se sont combinés
avec des redressements, ils ont formé des cavités elliptiques, des cirques de soulèvement ou
des vallées circulaires, dans lesquels les couches inclinent en plusieurs sens, à partir d'un
point central. Des affaissements ont pu aussi
produire des cavités du même genre, sans dé-
ranger les couches, ou bien en imprimant à ces
dernières des inclinaisons diverses et conver-
gentes vers le fond d'une espèce d'entonnoir.

Les entrecroisements de ces divers accidents
du sol laissent des traces plus ou moins obs-
cures; il n'en est point ainsi des failles accompagnées de soulèvements, d'abaissements ou
de redressements. D'un autre côté, des masses
soulevées ou redressées, s'entrecroisant, offriront des problèmes plus ou moins compliqués, suivant que ces deux mouvements auront été séparés ou concomitants. Si des
couches bouleversées sont simplement exhaus-
sées par un soulèvement qui est venu à les
croiser, il n'en résultera que deux failles, une
montagne plus élevée que le reste de la chaîne; si, au contraire, il y a eu élévation et
redressement nouveau, on trouvera dans la
masse une direction des couches qui ne sera pas

différente de celle du système traversé et du système traversant.

M. Gras a construit des formules pour calculer les cas possibles de ces accidents, toutes les fois que l'intervention de deux soulévements linéaires sera bien caractérisée, ainsi que la direction et l'inclinaison de leurs couches.

Appelons A le premier soulèvement linéaire, B le second, i l'inclinaison des couches de A, d leur direction par rapport à B, r l'angle qui mesure la rotation imprimée par le dernier soulèvement. Au point de croisement, les angles d et i seront modifiés et deviendront x et y; or, si l'on cherche leur valeur en fonction des quantités connues d, i et r, on est conduit aux deux formules suivantes :

$$\text{Tang. } x = \frac{\text{Sin. } d \sin. i}{\sin. i \cos. d \cos. r - \sin. r \cos. i},$$

$$\text{Cos. } y = \sin. r \sin. i \cos. d + \cos. i \cos. r.$$

Enfin on a aussi la relation $\sin. x \sin. y = \sin. i \sin. d = \sin. k$, k étant l'angle formé par l'axe B avec le plan des couches de A; on déduit de là que k est la plus petite valeur numérique que puissent obtenir les angles x et y.

Pour conserver à ces formules toute leur généralité, il faut faire r positif ou négatif, suivant que la rotation a lieu de droite à gauche, ou de gauche à droite, et affecter les lignes trigonométriques de signes convenables, en comptant toujours les angles de la même manière et dans le sens du mouvement rotatoire.

Les parties de la terre où il y a eu plusieurs entrecroisements offriront un véritable dédale de directions et d'inclinaisons; et même, un soulèvement peut replacer sensiblement les couches dans la position originaire où elles étaient avant le soulèvement précédent.

La hauteur des chaînes étant la résultante de soulèvements multiples, plus une même partie du globe a éprouvé de mouvements semblables, plus ses montagnes seront grandes et élevées, plus ses vallées seront profondes et vastes au pied des principaux redressements.

Les mouvements éprouvés par le sol peuvent être divisés en époques, pendant chacune desquelles il y en a eu un certain nombre; de manière qu'en disant qu'une chaîne, un affaissement, ou une fente a été produite d'un seul jet, on veut simplement exprimer qu'il ne s'est écoulé qu'un temps très-peu considérable entre le commencement et la fin de ces divers groupes d'accidents. On peut les comparer ainsi, jusqu'à un certain point, aux effets destructeurs produits par un tremblement de terre, qui se décompose presque toujours en plusieurs chocs.

L'appréciation exacte de l'âge relatif de ces mouvements de la croûte du globe est très-difficile, et souvent impossible. Ainsi, dans le cas des redressements, supposant qu'on ait observé deux dépôts, passant l'un à l'autre d'une manière insensible, et en stratification concordante, si on les trouve ailleurs en stratification transgressive, on sera en droit de penser que le redressement des premières couches a eu lieu dans cette partie du globe, avant la formation des secondes. Mais ce redressement peut avoir été accompagné d'un soulèvement ou d'un changement de niveau dans les plus anciennes masses; en ce cas, le dernier dépôt n'aura pu que s'adosser à l'autre, et, au lieu d'une stratification transgressive, on aura un exemple de stratification discordante.

Si, d'une autre part, les dépôts ont été formés à des époques très-distantes, les conclusions tirées de la stratification n'ont de valeur qu'autant qu'elles montrent que telle ou telle partie de la terre a été sous les eaux ou bien émergée à telle ou telle époque; mais l'âge des redressements ou des soulèvements reste indéterminé. Il peut aussi arriver qu'un soulèvement porte une masse de couches à une certaine élévation sans redressement sensible; dans ce cas encore, les stratifications discordantes des dépôts adossés fixeront l'âge du soulèvement, en tant que ces derniers auront été vus, sur d'autres points de la terre, placés en gisement concordant sur le dépôt formant la sommité des masses soulevées.

Le nombre des systèmes de montagnes ou des soulévements généraux ne doit point être regardé comme définitivement arrêté, car il est probable qu'il sera diminué ou augmenté. Dans la première supposition, plusieurs des soulévements admis jusqu'ici ne seraient que des cas particuliers, des éléments ou des conséquences de grands soulévements correspondant à chacun des groupes de terrains; dans la seconde supposition, le nombre des groupes de terrains devrait être augmenté et dépasser d'un le nombre des soulévements. En effet, si nous connaissions parfaitement le nombre réel des soulévements généraux, nous pourrions diviser les époques de l'histoire du globe depuis la formation de sa première pellicule solide jusqu'à ce jour, ou bien la croûte terrestre formée pendant ce laps de temps, en un nombre exact d'époques ou de groupes de terrains, car après chaque grande catastrophe, il a dû arriver un temps de calme et y avoir un ordre de phénomènes constituant un ensemble. Or, comme il nous a été impossible jusqu'à présent de déterminer, avec rigueur, ces époques ou tous ces phénomènes, nous avons été obligés, pour établir nos groupes de terrains, d'avoir recours aux données fournies par les soulévements, les fossiles et quelquefois même par les roches et les minéraux.

Quant aux affaissements, comme cet accident

tend à produire plutôt des cavités que de légères aspérités, si les dépôts subséquents à un affaissement remplissent le vide formé, on ne peut connaître l'âge de ces derniers que lorsque l'abaissement s'est effectué au milieu ou sur une portion d'un dépôt. Dans le premier cas, les deux côtés de ce dépôt seront restés à leur niveau originaire; dans le second, la même chose sera arrivée pour une partie des masses. Deux failles et une stratification discordante seront la caractéristique du premier accident; une faille et une stratification semblable, celle du second. Mais il peut aussi arriver que la partie non abaissée ait chevauché : alors, le dépôt subséquent pourra se placer sur elle, tantôt en stratification contrastante, tantôt en couches concordantes. Or, dans ce dernier cas, si le redressement est faible, il sera difficile d'acquérir une connaissance complète de l'accident, ou du moins son âge ne sera pas aisé à déterminer.

On reconnaît l'époque des fendillements exactement comme celle des redressements. Si une fente s'est formée dans un dépôt, celui qui lui succède se placera en stratification discordante dans la cavité formée; mais les fendillements n'étant que des accidents secondaires des redressements, des soulèvements et des affaissements, cette complication rendra souvent difficile la détermination de l'âge de leur formation.

Nous venons d'exposer les cas les plus simples des accidents de mouvements qu'a éprouvés le sol; mais en général, ces modifications dynamiques ont été plus compliquées, parce qu'elles ont été plus ou moins concomitantes les unes des autres. Puis, les données tirées de l'opposition des stratifications des dépôts cessent d'être un guide exact, car elle ne s'établit très-souvent que pour des terrains d'âges fort éloignés. Or, dans ce cas, on se trouve dans le vague sur l'époque des mouvements du sol, quoiqu'elle soit restreinte entre certaines périodes de temps. Il faut donc recourir à des considérations plus ou moins probables tirées de la distribution de certaines alluvions anciennes ou modernes, de celle des poudingues ou des blocs, de l'éruption de dépôts ignés, de leur genre d'association avec les roches stratifiées, et déduites même de la palæontologie.

Cette relation mutuelle de quatre séries de phénomènes est une donnée importante pour juger à priori de la fréquence des mouvements de la croûte du globe. Dès lors, si nous ne pouvons point assigner un nombre limité d'époques pour la formation des blocs et des poudingues, pour les diverses éruptions, ainsi que pour les contrastes les plus frappants entre les flores et les faunes anciennes et modernes, il est évident que les plus grandes modifications éprouvées par

la surface terrestre doivent aussi avoir été res-
treintes à un nombre analogue. Mais les opposi-
tions étendues de stratification dépendent des
mouvements du sol; donc ceux-ci doivent également être peu nombreux.

On voit que c'est, en quelque sorte, un problème à cinq termes dont on peut à volonté
déterminer l'un d'eux au moyen des autres.
En effet, un soulèvement de continent émerge
un fond de mer, change un climat tropical en
une zone tempérée, occasionne des dépôts de
débris; il altère par conséquent considérablement la surface du globe. Mais, outre ces grands
changements, le sol a dû en éprouver beaucoup d'autres plus petits, dont les traces auront pu souvent s'effacer. Ainsi, comme nous
voyons aujourd'hui des tremblements de terre
produire des soulèvements, des redressements,
des fendillements et des affaissements, de
même ces accidents ont dû se présenter d'autant plus souvent dans les époques anciennes,
qu'elles semblent nous indiquer dans la terre
une plus grande tendance à leur production.
Or, pour prendre des exemples extrêmes, des
fendillements, des soulèvements et des affaissements ont pu avoir lieu dans une terre émergée, à une époque fort reculée, sans que nous
puissions déterminer leur âge, parce qu'ils ne
se sont pas étendus aux dépôts qui se for-

maient au même moment sous les eaux marines.

Il résulte donc de ces considérations cette conséquence importante, savoir : le nombre de tous
les mouvements du sol a été grand, et, s'il n'est
pas possible de préciser, on peut arriver du
moins à déterminer approximativement les plus
grandes oscillations de la surface, qui, du reste,
se réduisent à un petit nombre.

L'irrégularité de stratification prouve une irrégularité de formation, il devient donc nécessaire de s'occuper de cet incident dans les
recherches sur le mode de production d'une
roche stratifiée quelconque. Si l'on admet,
pour un instant, que toutes les couches ont été
déposées dans l'eau, il semblerait que des couches ayant leurs surfaces supérieure et inférieure
presque parallèles, ont dû exiger une tranquillité extraordinaire pendant leur dépôt. Cela serait également vrai soit que le dépôt se fit par
voie chimique, soit qu'il se fit par voie mécanique. L'inverse devrait se dire de toute stratification irrégulière qu'on pourrait croire avoir résulté de changements, ou bien de perturbations
dans l'action chimique ou mécanique qui a produit les roches présentant ce caractère.

Les dépôts chimiques peuvent se produire,
soit dans une solution saturée d'une substance, soit au moyen de changements parmi les

substances dissoutes, ou bien encore par l'introduction d'une nouvelle matière qui donnerait lieu à des composés insolubles. Du moment qu'une substance devient insoluble, elle est suspendue mécaniquement dans le liquide qui la contient, et elle doit se précipiter plus ou moins rapidement suivant sa densité et son volume. Tout changement chimique dans un liquide ne produit point nécessairement un dépôt horizontal ; car on sait que les tuyaux de conduite des eaux minérales se trouvent souvent incrustés tout autour de leur surface intérieure. Ce phénomène peut certes être dû au calme provenant de la friction, qui ne permet point à l'eau de passer aussi rapidement contre les parois que dans le centre du tuyau ; mais l'incrustation au sommet suffit pour prouver qu'un dépôt chimique peut avoir lieu en sens inverse de la densité. Il arrive souvent, dans les solutions salines, que des cristaux se précipitent à la fois contre les parois et au fond des récipients qui les contiennent, quoique les cristaux puissent être en plus grande quantité vers le fond. Si des dépôts chimiques s'effectuent sur de grandes échelles, les couches qui en résulteront peuvent donc donner lieu aux apparences les plus trompeuses par la manière dont elles s'appuieront sur d'autres dépôts.

Un dépôt mécanique peut aussi produire, quoique à un moindre degré, de fausses apparences. Si un courant d'eau, chargé d'une matière tenue en suspension mécanique, et doué d'une vitesse médiocre, passe subitement d'un bas-fond à une eau profonde, la stratification qui en résultera pourra, dans des circonstances favorables, atteindre jusqu'à 40° d'inclinaison.

En supposant que le courant transporte à la fois du gravier, du sable et des détritus plus fins encore, ces différentes matières tendraient à former des couches diversement inclinées : celles de gravier prenant des angles plus considérables, et celles de vase approchant le plus de l'horizontalité.

Si, au lieu d'un courant capable de transporter des cailloux, nous en supposons un qui ne puisse faire avancer que des grains de sable jusqu'à la limite d'un bas-fond terminé abruptement, de manière que le sable tombât grain à grain, les uns se plaçant sur les autres, sans être tenus en suspension mécanique par l'eau, il pourrait en résulter des couches de sable inclinées sous un angle comparativement fort grand.

De semblables circonstances se rencontrent dans la nature plus souvent qu'on ne pourrait le supposer. M. J. Yates a observé que dans certains lacs, sur des points où les escarpements se prolongent sous l'eau à de grandes profondeurs, le charriage des détritus pourrait produire des couches fort inclinées. Cet auteur remarque en outre que le même effet doit avoir lieu à la limite des deltas, où le fond de la mer s'abaisse abruptement. Il y a pourtant plusieurs cas, à la limite des sondages ou bas-fonds, sur de grandes étendues de côtes, où l'on peut imaginer que les courants n'aient que la force nécessaire pour pousser les grains de sable par-dessus des escarpements sous-marins; d'où il résulterait des couches de sable inclinées de 20° à 30°. Lorsqu'une rivière change son lit, on a constamment lieu d'observer dans les coupes de ses bords des effets analogues aux précédents, mais sur de moindres échelles, et il n'est presque point de roche arénacée qui n'en présente des exemples. Nous sommes donc autorisés à admettre la possibilité, dans des circonstances favorables, de la formation, sur une grande échelle, de couches ayant une certaine inclinaison.

Lorsqu'on veut déterminer, avec un fil à plomb, l'inclinaison d'une couche, c'est-à-dire l'angle que son plan fait avec un plan horizontal, il faut prendre garde de ne pas se laisser induire en erreur par de petites irrégularités locales sur le plan de la couche. Il est donc utile de tenir l'instrument à une petite distance. Pour arriver à des déterminations exactes, il faut aussi répéter les observations sur plusieurs points et dans plusieurs sens. La manière dont on voit les couches peut introduire en erreur ; quand on ne les voit pas en profil, mais en face, elles paraissent horizontales, lors même qu'elles sont fort inclinées. Il ne faut faire les observations d'inclinaison que dans le plan de stratification, c'est-à-dire dans la direction des têtes de couches.

On croyait autrefois que l'inclinaison forte était le propre des couches anciennes, et que l'horizontalité ou de petites inclinaisons appartenait aux dépôts moyens et récents. Maintenant, il est reconnu que cette distinction n'est point aussi tranchée, que l'inclinaison est toujours en rapport avec les redressements, les dislocations et les soulèvements éprouvés par les masses, et que ces derniers phénomènes ont eu lieu à toutes les époques. D'une autre part, plus les terrains sont anciens, plus ils ont dû éprouver de semblables effets, et vice versâ ; il est donc évident que les inclinaisons fortes doivent y être plus fréquentes que dans les couches modernes.

Les protubérances ou les inégalités qu'on remarque à la surface de la terre, ne sont point particulières à notre globe ; tous les astres qui ont une enveloppe solide présentent le même fait, et, par conséquent, la théorie des soulèvements des montagnes, ainsi que beaucoup d'autres questions traitées dans notre livre, leur sont ap-

32

plicables : elles le sont donc à tous les corps petits ou grands qui se refroidissent après avoir été
en fusion. Déjà on a essayé de classer les montagnes de la lune; mais on conçoit que , si le
problème est compliqué pour la terre , il est encore plus difficile pour des astres qui sont loin
de nos investigations.

CHAPITRE SECOND.

Des Phénomènes qui appartiennent à l'époque anté-historique.

———

Les phénomènes géologiques qui ont précédé toute époque historique sont très-compliqués, et d'autant plus difficiles à débrouiller qu'ils sont plus reculés dans l'histoire ancienne du globe; au reste, quoiqu'ils se soient produits parfois sur une très-grande échelle, nous reconnaissons qu'ils résultent de causes analogues à celles qui, de nos jours, manifestent leur existence. Nous voyons, en outre, que cette histoire de la terre se compose, comme l'histoire des peuples, de périodes de repos, ou du moins d'une tranquillité assez grande pour que la surface du globe se peuplât d'habitants de diverses sortes, et de périodes de révolutions pendant lesquelles des forces puissantes bouleversaient son écorce, élevaient des montagnes, déprimaient et creusaient le sol, submergeaient les terres précédemment émergées, et faisaient sortir du sein des eaux celles qui formaient auparavant le fond des mers. Mais l'exposé complet d'une semblable succession de phénomènes ne saurait trouver place ici ; nous nous bornerons donc aux considérations les plus générales.

Afin de procéder avec un certain ordre dans ce second chapitre de la géogénie, nous avons essayé, comme nous l'avons fait précédemment, de classer les sujets dont nous allons parler, et d'établir des divisions ; mais ici nous suivrons un ordre inverse de celui que nous avons adopté jusqu'à présent, c'est-à-dire que nous partirons de l'époque la plus reculée, et que nous arriverons de cette manière jusqu'à la nôtre que nous dépasserons même pour entrevoir ce qui pourra arriver plus tard. Dès lors, nous diviserons le chapitre second en trois parties : dans la première, nous partirons des causes premières et nous arriverons par gradations jusqu'à l'instant où le globe a présenté une première écorce solide ; cette partie renfermera les sujets de notre *première époque* ; dans la deuxième partie, nous prendrons le globe après la formation de sa première pellicule, et nous examinerons la série des phénomènes qui se sont manifestés jusqu'à nos jours et qui se seront ainsi succédés pendant notre *deuxième époque* ; enfin, dans la troisième partie, nous ferons entrevoir les principaux phénomènes qui pourront advenir dans la suite des temps, c'est-à-dire pendant notre *troisième époque.*

PREMIÈRE PARTIE.

Première époque.

Que l'homme naisse berger ou roi, sa première pensée se portera sur la variété des objets qui composent l'univers, sur les changements qu'ils subissent, et la moindre attention lui fera reconnaître que la vie est partout; puis une observation un peu plus réfléchie lui montrera que des causes animent en quelque sorte la matière. Alors, non content de surprendre la nature en travail, il désirera découvrir ces causes et pénétrer ces secrets. Peut-être même espérera-t-il aller plus loin, aussi loin qu'une spéculation d'esprit peut conduire; mais, hélas! atôme du néant, que trouvera-t-il, que verra-t-il, que comprendra-t-il? rien! oui, rien! si ce n'est partout mystère, et toujours mystère!

Quant à nous, ne discutons pas longtemps sur l'essence des choses pour ne point franchir les bornes que tracent nos études et que nous oppose notre ignorance; d'autant plus qu'il est probable, en admettant même la possibilité de découvrir des causes finales qui satisferaient notre raisonnement, que nous n'aurions pas encore la véritable clé des secrets de la nature. Quoi qu'il en soit, l'étude de la nature exige une forte contension d'esprit, lorsqu'il n'est plus question d'en faire simplement l'inventaire : ainsi que dans le vague de la métaphysique, l'imagination a besoin de venir à notre secours; ainsi que dans les sciences de calcul, la précision doit être recherchée.

Nous voulons dévoiler l'histoire ancienne de la terre! Or, le nuage qui couvre le lointain de son origine ne peut être pénétré que par la pensée. Il est impossible d'émettre aucune idée nouvelle sur les questions de la métaphysique naturelle, s'il est permis de s'exprimer ainsi : tout a été dit ou soupçonné par les philosophes anciens ou modernes; néanmoins, rarement ils ont pu, en systématisant leurs idées, les rendre appréciables, parce qu'ils manquaient de ces faits qui sont indispensables pour persuader les esprits ordinaires, mais qui n'étaient pas nécessaires pour imprimer une vive conviction dans ces hautes intelligences !

On s'est élevé contre les systèmes; cependant nous sommes obligés d'y revenir, mais avec des moyens plus puissants pour convaincre, la science étant plus riche de faits : on s'est longtemps moqué des atomes d'Epicure, et l'on ne parle plus que de la théorie atomistique ! C'est donc en vain qu'on opposerait, pour éloigner de toute considération d'un ordre élevé, qu'au delà d'une certaine limite de l'entendement humain, on tombe dans les rêves de l'imagination. Nous avancerons même sans crainte que les sciences physiques actuelles ont des liaisons avec l'infini, le néant, l'éternité, etc., que ces idées abstraites reposent ou non sur l'instinct du sentiment.

Il n'est personne qui, à la vue de tout ce qui l'entoure, ne se soit demandé s'il y a une puissance qui gouverne le monde ; car faire honneur de cette harmonie à quelques causes fortuites, qui entraîneraient la négation d'un plan, ce serait repousser les inductions de la nature de celles sur lesquelles l'esprit humain se repose avec confiance et sans hésitation, dans tous les événements ordinaires de la vie comme dans toutes les investigations physiques et métaphysiques.

Les philosophes de tous les temps ont formé des systèmes ; nous verrons s'il est possible de faire ressortir une vraisemblance de ces inspirations de la pensée. Dans tous les cas, comme nous devons raisonner d'après ce que nous percevons, c'est-à-dire d'après ce qui frappe directement nos sens, et par analogie lorsque le secours de l'observation, de l'expérience et du calcul nous manque, il est logique d'adopter les idées qui sont en harmonie avec nos impressions ou qui sont leur résultat, et de rejeter

celles qui, loin de satisfaire notre esprit, répu-
gnent au contraire à notre jugement. Suivant
cette manière de voir, la matière aurait toujours
existé; elle changerait seulement d'états, de
formes, en un mot de propriétés immédiates.
Sans cette doctrine, il faudrait nier l'infini, car
nous circonscririons le temps et l'espace : or,
ces deux ordres d'abstractions doivent être illi-
mités pour que l'univers soit lui-même illimité,
et pour que l'ensemble de toutes choses ou
l'âme de cet infini que nous sommes obligés
d'admettre, soit réellement infini. Nous devons donc croire à ce centre unique qui est
partout et qui règle le mouvement universel,
c'est-à-dire la permanence du mouvement dans
l'univers. Mais, sans restreindre en rien la
puissance infinie, nous ne sommes nullement
obligés d'admettre un néant, un commencement et une fin dans le monde. Au contraire,
la divinité, car il faut être compris, devient encore plus mystérieuse et plus infinie à nos yeux
en croyant à l'éternité de toutes choses. Néanmoins, puisque les phénomènes ne sont perceptibles pour nous que pendant un laps de
temps limité; puisque de plus, notre esprit ne
peut comprendre l'essence des causes finales,
nous devons, pour concevoir les phénomènes,
admettre des causes secondaires et des faits partiels. Dès lors, voilà les ordres de causes et de

faits dont les sciences naturelles peuvent s'occuper, et rechercher, en un mot, les théories.

Actuellement, la force est-elle une propriété inhérente à la matière ? ou bien est-elle indépendante, isolée de manière à mouvoir la matière comme un levier qui soulève un corps résistant ? Telle est la question qui restera probablement toujours sans solution ; cependant, l'hypothèse de l'existence de la force et de la matière, formant deux ordres d'individualités, se trouve plus en harmonie avec notre raisonnement. Dans tous les cas, n'oublions point que nous parlons en admettant que l'intelligence de l'homme est susceptible d'être initiée aux véritables questions de la nature ; or, ce serait un don aussi grand que l'infinité des mondes pour nous, qui sommes des corpuscules en comparaison de l'univers ! Serions-nous donc des êtres organisés pour des conceptions d'un ordre aussi élevé ? Ou bien tout ce qui est doué d'un entendement plus ou moins perfectionné, a-t-il une conception spéciale à une destination invariable en résultat ? Dans ce cas, nous serions nous-mêmes des espèces d'individualités d'un tout, et nous ne concevrions que ce qui affecte notre individualité et non le tout, tandis qu'il n'y aurait que l'ensemble capable de saisir ce qui affecte l'ensemble ; dès lors, la fidélité de notre conception serait relative et non absolue !

Peu importe la manière d'envisager la force et la matière, puisque nous pouvons et nous voulons seulement expliquer les phénomènes secondaires dans le cercle de nos conceptions.

La nature intime de la matière nous est donc entièrement cachée; on a imaginé, néanmoins, beaucoup d'hypothèses à cet égard, car on a même soutenu que la matière n'existait pas, et que tout ce qui frappait nos sens n'était dû qu'à une espèce de vision chimérique. Quoique la matière soit réelle, nous ignorons s'il y a plusieurs sortes de matières ou s'il n'y en a qu'une seule, c'est-à-dire si la matière dans son essence est une ou plurielle. En d'autres termes, toute la nature a-t-elle pour principe élémentaire un ou plusieurs corps? Le système de quelques philosophes de l'antiquité tendait vers cette dernière opinion. Cependant, on croyait généralement autrefois, a-t-on avancé, qu'il existait quatre espèces de matières ou quatre éléments : la terre, l'eau, l'air et le feu : on avait ainsi interprété la pensée d'Aristote. Or, il est probable que ce philosophe voulait dire que la matière pouvait affecter quatre états : la solidité (la terre), la fluidité (l'eau), la gazéité (l'air) et l'impondérabilité (le calorique). Maintenant, nous sommes certains que la terre, l'eau et l'air ne sont point des substances élémentaires, mais nous ignorons totalement ce qu'est le calorique.

On compte aujourd'hui 54 substances élémentaires, ou mieux, 54 substances qui ont résisté
jusqu'à présent à nos épreuves les plus puissantes ; au reste, il est possible que plus tard
le nombre de ces substances augmente ou diminue, car on peut en découvrir de nouvelles,
comme il peut se faire aussi qu'on parvienne par
la suite à en décomposer plusieurs.

Ce qui conduit à soupçonner que tous ces
corps élémentaires doivent être ramenés à un
plus petit nombre que la chimie n'a pu le faire,
c'est la différence qui existe entre certains corps
dont nous connaissons très-bien la composition, et qui cependant sont à peine distincts
entre eux par les éléments composants : le sucre,
la fécule, le bois, la résine, le vinaigre, etc.,
nous semblent des choses bien différentes ; et
malgré leur dissemblance, quelques molécules de
plus ou de moins de l'un des principes constituants, le carbone, l'hydrogène et l'oxigène,
sont tout ce qu'on peut trouver de différenciel.
Ne peut-on pas en conclure que les quarante et
quelques métaux observés ne sont qu'une seule
substance, à quelques atomes près, en plus ou en
moins, ou bien dans la manière d'être de ceux-ci ?
De plus, si l'on compare les propriétés et les caractères de l'iode avec les métaux si légers fournis par la potasse et la soude, y verra-t-on de
ces différences éloignant toutes espèces de rap-

prochement ? De l'iode au phosphore, de celui-
ci au soufre, la distance est probablement bien
minime. Du phtore, du chlore à l'oxigène, ne
peut-on pas soupçonner une sorte de paren-
té, etc., etc. ? Si l'agent vital, le fluide galvani-
que, l'électricité, la lumière et le calorique sont
un même principe comme on commence à le
penser, qui sera tenté de croire à un aussi grand
nombre d'éléments premiers ? En dernière analyse, tout dans la nature, les phénomènes aussi
bien que les lois, lorsque nous parvenons à découvrir les véritables secrets, nous montre une
extrême simplicité et nous ramène à un système
d'unité. Unité et simplicité, voilà donc le propre de la nature ! Puisque telle est la loi première de la nature, il est étrange qu'on veuille
l'obliger à se servir d'une aussi grande diversité
de matière ; dès lors, nous devrions seulement
accuser nos illusions et les défauts de notre conception, si nous ne pouvons voir de suite cette
unité.

Dans le système atomique, on admet que la
matière se compose de parties indivisibles nommées atomes, que ceux-ci donnent lieu, par leur
réunion, à des molécules, et ces dernières à des
particules, et enfin aux corps. Avec ce système,
l'indivisibilité infinie, l'impénétrabilité et la porosité deviennent des propriétés essentielles des
corps ; les atomes sont maintenus à distances

par de certaines forces attractives et répulsives ;
dans le volume de chaque corps, il y a beaucoup plus de vide que de matière ; et l'on peut expliquer les variétés matérielles des corps, soit par une différence matérielle des atomes, soit par une différence dans leur forme, leur grandeur, leur position et leur distance.

Dans le système dynamique, on regarde, au contraire, chaque corps comme un espace rempli d'une manière continue. La porosité devient alors une propriété accidentelle, tandis que la dilatabilité, la compressibilité et la pénétrabilité sont des qualités essentielles de la matière. Les états des corps dépendent uniquement de certaines forces attractives ou répulsives, et leurs volumes doivent changer aussitôt que les rapports de ces forces ne sont plus les mêmes. Dans ce système, on explique les variétés de la matière en admettant l'existence de quelques substances primitives simples dont les combinaisons différentes produisent tous les corps de la nature.

Dans la rigueur, on ignore si les combinaisons ont lieu entre les atomes, ou bien si elles s'effectuent entre les molécules ; dans ce dernier cas, il deviendrait assez facile et assez naturel d'interpréter l'unité de la matière première et la complexité de la matière composée. Quoi qu'il en soit, la plupart des chimistes d'aujourd'hui admettent que, dans chaque corps d'espèce différente, les atomes sont différents, et que les corps se combinent d'atome à atome et par juxtaposition de ceux-ci.

La divisibilité des corps peut être poussée assez loin pour que les dernières parties qui en résultent échappent à nos sens. Mais la division est-elle infinie? C'est ce qu'on ne saurait admettre dans le système atomique, car les propriétés chimiques des particules entre lesquelles les combinaisons s'effectuent, seraient nécessairement altérées par les changements survenus dans leur forme, leur grosseur, etc. : or, les résultats de la chimie prouvent le contraire. Cependant, il ne serait pas impossible que les chimistes fussent dans l'erreur, lorsqu'ils admettent à l'atome la limite de la division; il est même probable selon nous, et d'après l'examen de l'ensemble des phénomènes et des lois de la nature, pris dans leur essence, que la matière est divisible à l'infini, et que l'idée des atomes est une conception inexacte, surtout si les hypothèses émises sur l'existence de l'éther sont dans la vérité.

Les causes secondaires qui servent de véhicule, ou d'âme, si l'on veut, à la matière, ont reçu le nom d'agents; pour le physicien qui ne s'occupe pas de métaphysique, ce sont les causes premières. Dans l'état actuel des connaissan-

ces humaines, on considère cinq agents: le principe de la vie des êtres organisés, l'attraction, le
calorique, la lumière et l'électricité. Ces cinq
agents peuvent même être groupés et ne former
que trois agents généraux qui sembleraient être
chacun d'un ordre différent : le principe de la
vie des êtres organisés, l'attraction, et la cause
unique du calorique, de la lumière et de l'électricité. Il est encore possible que dans les siècles
à venir on prouve que tous les agents admis aujourd'hui ne sont réellement qu'un seul agent,
ou qu'en un mot, tous les effets divers qu'ils
nous présentent ne sont que des modes d'action
différents d'une même cause. En effet, l'ensemble des phénomènes lumineux que l'on connaît aujourd'hui, signale l'existence d'un fluide
universel, étranger à la matière telle qu'elle s'offre à nous, avec tout autant de certitude que
l'impénétrabilité et la gravitation font conclure
l'existence de la matière pondérable.

On suppose dès lors qu'il y a transport d'un
agent matériel à de grandes distances; mais
on admet que les vibrations des molécules
des corps lumineux, autour de leurs positions
d'équilibre, sont communiquées aux molécules
d'un fluide éthéré répandu partout. Ce fluide
doit avoir une densité et une élasticité variables
d'un milieu à un autre, et éprouver conséquemment des actions diverses de la part des substances pondérables.

On est donc porté à admettre l'existence d'un fluide infiniment subtile, c'est-à-dire l'extrême division de la matière, et universellement répandu.

Au reste, nous arriverons à concevoir l'éther en passant insensiblement des corps les plus solides aux corps mous, de ces derniers aux liquides, des liquides aux vapeurs, des vapeurs aux gaz, des gaz aux substances plus divisées encore et qui échappent aux analyses des chimistes, telles que les aromes, et de celles-ci à l'éther, qui, dans la réalité, n'est peut-être aussi subtile que par rapport à la faiblesse de nos organes.

Mais, quoique des phénomènes transitoires prouvent que les agents ont une origine commune, on n'est pas encore parvenu à saisir réellement l'hypothèse unique qui doit les embrasser tous.

En résumé, jusqu'ici nous n'avons pu apprécier directement par nos sens les agents eux-mêmes; nous n'admettons leur existence que d'après des effets. Il y a plusieurs opinions sur la manière d'envisager les agents : certains savants croient que les agents sont des causes immatérielles; d'autres pensent le contraire; il en est qui s'imaginent que ce sont des propriétés inhérentes à la matière; d'autres ne voient que des phénomènes; et d'autres enfin font varier leurs opinions suivant les divers agents.

Pour nous, les agents seront les causes secondaires et inconnues des phénomènes dans l'univers. De plus, si nous devions formuler une opinion, nous serions porté à croire que les vibrations de l'éther donnent naissance aux agents,
et que ces mouvements proviennent d'une force
première, immatérielle, unique, et modifiée selon une loi de la nature.

Tout, dans l'univers, concourt à prouver que
le monde est gouverné par des lois générales :
c'est un même système, ce sont les mêmes ar-
rangements qui se manifestent à nous ; c'est la
même unité d'objet, ce sont les mêmes relations de causes finales que nous retrouvons partout, et qui, partout, proclament la puissance
de la source divine ! L'ensemble des phénomènes que nous avons exposés, loin de nous montrer, dans la nature, confusion et désordre,
au contraire nous a certainement dévoilé des
preuves en nombre infini d'ordre et d'harmonie !

Toute matière doit nécessairement avoir pris
cette forme ou une autre, et, par conséquent,
le hasard a pu faire qu'elle ait pris celle sous
laquelle elle nous apparaît maintenant. Tel est
le raisonnement qui a été fait par certains philosophes ; mais, dans cette hypothèse, nous devrions rencontrer toutes sortes de substances se
présentant à nous au hasard, sous un nombre
infini de formes extérieures, et combinées sui-

vant des proportions non définies. Or, l'observation a prouvé que les corps minéraux cristallisés n'offrent qu'un nombre fixe et limité de
formes.

Dès lors, si l'on ramène tous les corps minéraux aux conditions premières et les plus simples de leurs éléments constituants, on voit que
ces éléments ont été à toutes les époques régis
par un système unique des lois fixes et univer-
selles, qui règlent encore maintenant les mécanismes du monde matériel. En étudiant l'action
de ces lois, nous y reconnaîtrons une subordi-
nation constante des moyens à leurs fins, une
harmonie, des prévisions parfaites dans les propriétés, dans les proportions numériques, dans
les fonctions chimiques des éléments inorgani-
sés, etc. De plus, nous verrons, chez les êtres
organisés, un retour systématique tellement
constant de plans analogues, produisant des résultats divers par les diverses combinaisons de
mécanismes multipliés jusqu'à l'infini dans
les détails, bien que tous construits sur le
même petit nombre de principes fondamentaux qui règlent encore sous nos yeux les formes vivantes des êtres organisés, qu'il est raisonnable de conclure que toutes ces combinaisons passées et présentes ne sont que des parties
d'un seul tout immense et plein d'ensemble.
En supposant qu'il en fût autrement, qu'une ou

plusieurs des lois fondamentales n'existassent point, alors le monde matériel serait tout différent. Si l'attraction par exemple n'existait pas, l'atmosphère se dissiperait dans l'espace, l'eau se vaporiserait, et les particules solides n'auraient plus d'adhérence entre elles : tout serait confondu, le chaos, pour cette fois, régnerait jusqu'à ce qu'il plût à la cause première des choses de créer de nouveaux mondes, en rétablissant de nouveaux centres d'attraction.

En définitive, pour un système d'univers tel qu'il est, il faut que les lois premières soient exactement ce qu'elles sont, car, avec d'autres lois, il y aurait un autre univers. En un mot, l'ensemble des lois et l'univers sont tellement liés que le changement de l'un amènerait nécessairement le changement de l'autre. Or, pouvons-nous raisonnablement concevoir un autre univers ?

Dieu seul connaît les premières phases par lesquelles notre monde est passé pour arriver à son état actuel, et les motifs des lois qui se sont accomplies. Ainsi, nous ne considérerons l'univers qu'au moment des transformations que nos investigations sont capables de saisir.

Mille et une hypothèses ont été proposées pour expliquer les diverses questions géogéniques dont nous allons parler. Nous donnerons celles qui sont généralement admises et qui s'accordent le plus avec les faits. Il ne faut donc pas les confondre avec ces systèmes plus ou moins hardis qui reposent seulement sur des idées vagues. Les doctrines que nous exposerons ici sont réellement sérieuses, et le résultat des études les plus approfondies, car elles sont empreintes d'un caractère éminemment scientifique : ce sont, au reste, les conceptions finales de vastes génies.

Il est probable que chaque étoile est le centre d'un système solaire plus ou moins analogue au nôtre ; que tous ces systèmes obéissent à un centre commun, et qu'ils s'harmonisent pour former un seul ensemble. Or, d'après ses recherches sur les nébuleuses disséminées dans l'espace, Herschell pense que cette matière éthérée a pu produire les étoiles, le soleil, les planètes, les comètes et les bolides qui circulent dans l'espace. Il suppose que l'univers était à peu près également parsemé d'étoiles de grandeurs différentes, et qu'en plusieurs points, des étoiles supérieures en force ont condensé autour d'elles les plus voisines ; que, prenant par là même une nouvelle force attractive, elles continueront d'attirer vers un centre commun et par un mouvement, très-lent à la vérité, les étoiles qui ne se trouvent pas contrebalancées par quelque pouvoir central voisin. Herschell a remarqué, à l'appui de cette conjecture, que, dans le voisinage des nébulosités, il y a communément beaucoup moins d'étoiles. Il paraîtrait que notre soleil lui-même fait partie d'une nébuleuse encore très-informe, qui est la voie lactée. De pareilles conjectures doivent nous donner une idée de notre petitesse et de l'immensité de l'univers !

Le système de Laplace vient ajouter une nouvelle force aux hypothèses d'Herschell ; car les idées de l'astronome français peuvent être regardées comme la suite de l'opinion de l'astronome anglais. Après avoir pris en considération toutes les parties de notre système planétaire et tous leurs divers mouvements, Laplace en a déduit une hypothèse qui ne se trouve en opposition avec aucun des faits astronomiques observés jusqu'ici, et qui, de plus, en explique un grand nombre. L'observation des mouvements planétaires nous conduit à penser, dit-il, qu'en vertu d'une chaleur excessive, l'atmosphère du soleil s'est étendue au delà des orbes de toutes les planètes, et qu'elle s'est resserrée successivement jusqu'à ses limites actuelles, ce qui peut avoir eu lieu par des causes analogues à celle qui fit briller du plus vif éclat, pendant plusieurs mois, la fameuse étoile qu'on vit tout à coup, en 1572, dans la constellation de Cassiopée. Les planètes auraient été formées, aux limites successives de cette atmosphère, par la condensation des gaz qu'elle aurait abandonnés dans le plan de son équateur, en se refroidissant et en se condensant à la surface de l'astre. Les zones de vapeurs auraient pu produire, par leur refroidissement, des anneaux liquides ou solides autour du corps central ; mais elles se seraient généralement réunies en plusieurs globes, et quand l'un d'eux aurait été assez puissant pour attirer à lui tous les autres, leur réunion aurait donné lieu à une planète considérable ; enfin les satellites auraient été formées d'une manière semblable par les atmosphères des planètes.

Ainsi, d'après ces systèmes, la matière éthérée, d'abord répandue dans toute l'immensité, aurait, par ses divers degrés de condensation, produit les nébuleuses, les étoiles ou les soleils, les comètes, les planètes, les satellites, et cette infinité de bolides qui semblent errer dans l'univers, mais qui cependant nous apparaissent plus particulièrement à certaines époques, et qui suivent des directions déterminées. En un mot, ces hypothèses rendent compte de tous les astres, petits et grands, qui peuplent l'espace. Néanmoins, ces hypothèses, à la fois ingénieuses et simples, n'ont été présentées, par leurs auteurs, qu'avec la défiance que doit inspirer tout ce qui n'est point un résultat de l'observation, de l'expérience ou du calcul.

En résumé, le premier état de l'élément, probablement unique , qui devait être répandu partout, était l'expansion au plus haut degré ; le second fut vraisemblablement une modification arrivée dans l'état d'une partie au moins de son étendue, au moyen de laquelle se formèrent les nébuleuses , puis les matières gazeuses , et enfin les masses incandescentes.

En admettant l'existence à l'état gazeux de la matière qui compose notre globe , on aurait dans le calorique une force qui s'opposerait à la condensation de cette matière, en résistant non-seulement à l'action de la pesanteur , mais encore à celle des affinités chimiques. Or , s'il est probable que la chaleur s'oppose jusqu'à un certain point à l'action de la gravitation dans le soleil , dans Jupiter , etc. , il est logique d'admettre également que la chaleur a résisté autrefois , et peut continuer à résister encore, dans notre planète , à l'action de la gravitation. Il est donc aussi probable que cette résistance à la contraction de la matière se soit manifestée jadis avec une plus grande énergie. Mais il serait excessivement difficile d'apprécier les effets présumables qui résulteraient d'un mélange de toute la matière terrestre à l'état de gaz ou de vapeur, d'autant plus que nous ne connaissons point la matière qui se trouve au-dessous de l'écorce de notre globe.

Des milliers d'années et peut-être des myriades de siècles, suivant le volume et la situation des astres (car pour la nature un siècle n'est rien), durent s'écouler avant que la masse fluide et incandescente de chaque astre de notre système fût formée. Pendant longtemps notre globe dut avoir un éclat vif, avant de passer à l'état rutilant. Alors nos métaux, nos pierres, etc., projetaient une lumière scintillante dans l'espace, comme le font maintenant les étoiles et notre soleil lui-même.

D'après les considérations précédentes, nous voyons comment, avec le temps, notre planète, par une perte de chaleur extraordinaire, a dû se condenser de manière à ne former qu'un sphéroïde doué d'une fluidité incandescente et entouré d'une immense atmosphère. Ensuite, toujours d'après les lois de la chaleur rayonnante, il est arrivé une époque où la partie extérieure incandescente aura tendu à se refroidir davantage. Alors, un premier effet de cette diminution de chaleur a dû produire la coagulation d'une pellicule solide autour de la masse incandescente, d'où il est résulté une première formation de roches qui s'opère de haut en bas, et qui doit se continuer jusqu'à ce que l'abaissement de la température intérieure du globe, qui tend à se mettre en équilibre avec les effets que la chaleur solaire occasionne à la surface, ait permis la consolidation de toute la masse. Mais ce phénomène a dû aller plus rapidement dans les commencements qu'il ne va maintenant, puisque la partie extérieure d'un bain de matière fondue se refroidit plus rapidement que la partie intérieure. Dans tous les cas, nous avons vu qu'il fallait un très-long espace de temps pour que les laves incandescentes fussent complétement refroidies après leur sortie des cratères ; actuellement, qu'on calcule, à l'égard de la terre entière, le temps immense qui a dû s'écouler avant que la première pellicule pût être formée, et le temps qui serait nécessaire à la solidification de tout le globe !

Nous rappellerons ici que le refroidissement a dû se faire d'abord à l'équateur, et que des masses de la croûte solidifiée auront flotté à la surface du fluide incandescent. De plus, la masse fluide était nécessairement soumise à l'action des marées ; et, par suite, tant que la croûte figée était trop mince pour résister à cette action, elle devait se briser en fragments.

Quand la surface du globe était assez chaude pour que sa masse fût à l'état de fluidité ignée, elle devait être entourée d'une atmosphère qui, indépendamment des fluides élastiques de notre atmosphère actuelle, contenait l'eau qui est maintenant à la surface de la terre et une foule d'autres matières sublimées. Puis, la première pellicule solide une fois formée, l'oxigène aura pu se combiner plus facilement avec les métaux à la surface supérieure de cette croûte qu'à l'inférieure, d'après la différence de température qui aura existé entre ces deux points; les oxides auront dû se consolider plus vite à la partie supérieure et y former comme un enduit, qui préservait le reste des métaux contre l'action de l'oxigène. Il sera donc résulté de toutes ces opérations, ainsi que nous l'avons dit, une enveloppe solide, qui définitivement n'est qu'une croûte oxidée.

Dès que la température se sera suffisamment abaissée, les matières sublimées auront commencé à se précipiter à la surface de la terre, et auront ainsi contribué à la formation de sa croûte solide par l'addition de nouvelles parties, qui s'ajouteront dans un sens différent de celles résultant de la consolidation intérieure, c'est-à-dire de bas en haut. Ce second mode de formation a dû se prolonger assez longtemps; car, de même que le renouvellement des évaporations a toujours entretenu et entretient encore le renouvellement des pluies, il devait se passer, lorsque des matières humides ou autres touchaient les matières plus chaudes de la surface du globe, des phénomènes chimiques qui ont lancé dans l'atmosphère de nouveaux gaz. Enfin, quoique ce phénomène ait diminué d'intensité aussitôt

que le globe aura été entouré d'une écorce solide assez épaisse , on sent qu'il a dû se continuer avec beaucoup d'énergie pendant tout
le temps que cette écorce a conservé une température élevée , puisqu'il a même encore lieu ,
nos phénomènes météorologiques étant quelquefois accompagnés de la précipitation de matières
solides.

La première pellicule ne devait être formée que
d'une roche, offrant partout à peu près les mêmes
caractères. Mais quelle est cette roche ? Est-ce
le plus ancien granite , ou une roche cachée au-
dessous des autres ? Dans tous les cas , on est
porté à croire que la texture granitoïde est celle
que prenait la matière lors de sa première consolidation ; plus tard , les roches commencèrent
à varier beaucoup dans leurs modes de formation , et , par conséquent , dans leurs caractères.

Pendant la formation de la première pellicule
solide , l'atmosphère qui enveloppait la matière
liquide et solide devait être très-étendue, composée d'une foule de substances diverses ; elle
devait être aussi très-épaisse et probablement
intercepter les rayons lumineux du soleil. Son
aspect était donc différent de celui qu'elle présente aujourd'hui.

Cette atmosphère , conjointement avec la
haute température qui régnait alors, et l'absence

vraisemblable de l'eau, ne permettait point encore l'existence des végétaux et des animaux. En un mot, la vie n'a pu paraître sur le globe qu'aussitôt que les conditions nécessaires ont existé, c'est-à-dire pendant notre deuxième époque.

DEUXIÈME PARTIE.

Deuxième époque.

Aussitôt que le refroidissement de la surface
du globe a été suffisant pour qu'il y demeurât
de l'eau, un nouveau mode de formation sera
venu se joindre aux autres, c'est celui des précipitations et des combinaisons par la voie
humide. On conçoit toute l'énergie avec laquelle ces phénomènes devaient s'opérer ,
quand on fait attention à la haute température
dont ce liquide était doué , et à toutes les substances gazeuses avec lesquelles il était en contact.
Alors , la surface du globe était presqu'entièrement couverte d'eau; mais cet immense océan
était peu profond; plus tard, il se forma des
archipels, des protubérances plus élevées et , par
conséquent, des mers plus profondes. Enfin, un
autre mode de formation qui n'a pas dû tarder
longtemps après la consolidation de la première
pellicule solide , c'est l'éjaculation en grand
d'une portion du liquide intérieur.

Du reste, ces modes de formation n'ont pas
dû produire, dans les premiers temps, des matières aussi différentes les unes des autres que
celles qui résultent maintenant des phénomènes
analogues , parce que l'état des choses , à cette

époque, établissait, entre les divers modes de formations, des rapports qui n'existent plus. En effet, il ne devait pas y avoir beaucoup de différence entre les matières qui, lors du commencement de la consolidation de la première pellicule du globe, se coagulaient à la surface, et celles qui, dégagées par voie de sublimation de la même masse, se précipitaient de l'atmosphère. D'un autre côté, les précipitations atmosphériques ayant dû commencer avant que la masse liquide ait été recouverte d'une croûte solide, les matières précipitées se seront mêlées avec celles qui se coagulaient et auront ainsi augmenté les rapports qui devaient déjà résulter de l'origine commune de ces matières; de sorte qu'il a dû se produire, au point de contact, des systèmes qui participaient autant des caractères des roches formées par coagulation que de celles formées par précipitation. Une autre cause de mélange, et par conséquent de liaison, est résultée des fréquentes ruptures qu'ont éprouvées ces premières croûtes solides. En effet, les mouvements extérieurs de l'atmosphère ont dû rompre les premières croûtes qui se formaient à la surface de la masse liquide du globe; ces fragments solides, nageant dans la masse liquide, se seront mélangés avec cette masse, y seront même quelquefois repassés, en tout ou en partie, à l'état liquide, et d'autres fois se seront amoncelés les uns sur les autres, en se plaçant aussi bien sur leurs tranches que sur leurs bases, de manière à former à la surface du globe des inégalités et des aspérités plus ou moins sensibles. On sent encore que des précipitations atmosphériques, ayant dû être accompagnées de pluies violentes, ne devaient pas différer beaucoup de celles qui se sont faites, quelque temps après, au milieu des eaux. Enfin, quand la croûte aura acquis assez de solidité pour ne plus se laisser rompre par les phénomènes météoriques, les contractions résultant du refroidissement et du desséchement auront produit des fentes, qui auront mis au jour des parties liquides ou molles de l'intérieur et ne devant pas différer beaucoup de celles qui avaient formé les premières assises de l'écorce, puisqu'elles provenaient à peu près des mêmes profondeurs et qu'elles n'avaient pas été dans le cas d'être modifiées par un long trajet.

Il nous reste à rechercher maintenant jusqu'à quel point il pouvait se produire des roches détritiques, après que la surface de la terre se trouva dans de telles conditions. Les courants à la surface des eaux sont produits par les vents, dont le frottement sur l'eau pousse celle-ci dans leur direction; la température uniforme d'une atmosphère chargée de vapeurs aqueuses, fort chaudes, paraît peu favorable à la production de vents capables de déterminer des courants d'une certaine importance. Mais l'action des marées due à une autre cause subsistait dans toute sa force : en sorte que, s'il existait, comme il est probable, à la surface du globe, des inégalités donnant lieu à des bas-fonds et même à des terres un peu élevées au-dessus des eaux, les courants provenant des marées devaient être capables de transporter des matériaux détritiques à des distances plus ou moins considérables, suivant les circonstances. Plus tard, si quelques parties de l'écorce s'élevaient à de grandes hauteurs, les vapeurs aqueuses devaient se condenser autour des cimes plus élevées et donner lieu à des eaux courantes.

Abordons actuellement quelques questions relatives aux êtres organisés qui ont peuplé notre globe. Là commence pour nous un des grands mystères de la nature : comment se sont développés ces êtres nombreux, qui ont ensuite parcouru toutes les phases de l'organisation ! Quoi qu'il en soit, le but général de la création paraît avoir été de multiplier les êtres à l'infini, en partant d'un plan commun et en suivant toujours les mêmes lois d'ensemble. Ainsi, les modifications, qui ont été faites au type commun de tous les mécanismes, sont exactement celles qui étaient nécessaires pour mettre chaque instrument en harmonie avec le travail qu'il

était destiné à exécuter, et pour installer chaque
espèce à la place et dans les fonctions spéciales
qu'elle devait remplir dans l'échelle des êtres
organisés.

La destruction partielle des êtres organisés
a, sans contredit, eu lieu dans certains cas;
ainsi, quand la mer a recouvert une île ou un
continent entier, les animaux terrestres ont dû
nécessairement être détruits et remplacés par des
animaux marins; de même, lorsqu'un fond de
mer a été mis à sec, les animaux marins ont dû
périr, après quoi les animaux terrestres sont
venus s'emparer du sol mis à sec. Enfin, si
l'on consulte seulement ce que nous voyons des
faits, nous devrions admettre qu'il y a eu des
sauts brusques dans les créations, de manière
à rompre les anneaux de passage entre les créations; au contraire, l'ensemble des phénomènes et des lois nous porterait à croire qu'il y a
eu une succession continuelle, et par des nuances
insensibles, dans la création des êtres organisés.

On sent qu'il n'a pu exister d'êtres vivants sur
la terre qu'autant que la température de sa
surface n'était pas trop élevée pour détruire les
tissus organiques; et, quoiqu'il soit très-possible
que les premiers êtres organisés aient pu supporter des températures qui feraient mourir les
animaux et les végétaux actuels, il est infiniment probable qu'il n'a pu en exister avant que

le globe ait été entouré d'une écorce solide, et qu'il y ait eu sur cette écorce des amas d'eaux permanentes; de sorte que certaines roches, ou une au moins, avaient été formées avant l'apparition du mouvement vital. Au reste, cette apparition n'a pas fait cesser la formation des roches; on ne voit même aucun motif pour que la présence des êtres organisés ait apporté, dans la nature et dans la texture des roches, d'autres changements que ceux qui pouvaient résulter du mélange de ces corps ou de leurs débris avec les masses inorganisées qui se déposaient. De plus, on sent que ces changements n'étaient pas très-importants, surtout dans les premiers moments, la vie n'ayant pas dû prendre, au premier instant, tout le développement qu'elle a eu plus tard. Il est à remarquer aussi que la diversité des phénomènes qui se passaient à la surface du globe, et les variations que présentent les différentes masses, par rapport à la transmission de la chaleur, rendent infiniment probable que le mouvement vital ne s'est pas établi sur toute la terre à la fois; car certains lieux devaient déjà avoir acquis une température très-propre au développement des êtres organisés, tandis que d'autres devaient être encore doués d'une température qui ne permettait pas à ces êtres d'y subsister.

Puisque le carbone est essentiel aux êtres

vivants d'aujourd'hui, on est autorisé à penser qu'il en a été de même dès la première existence des êtres organisés. Or, il est à remarquer que la matière calcaire a augmenté dans les couches terrestres avec la première apparition de la vie. Le carbone étant rare dans les terrains stratifiés inférieurs, on est conduit naturellement à se demander quelle en a été l'origine. Aujourd'hui les fissures et les orifices volcaniques dégagent continuellement dans l'atmosphère une quantité considérable de carbone, combiné avec l'oxigène sous forme d'acide carbonique. S'il y a eu un temps où les eaux étaient à une température tellement élevée, qu'elles ne pouvaient absorber l'acide carbonique, et s'il n'existait alors aucun être vivant qui s'appropriât une partie de ce carbone, il est évident que tout l'acide carbonique dégagé de l'intérieur de la terre devait rester dans l'atmosphère, en exceptant toutefois les parties de cet acide qui auront pu se combiner avec les substances minérales se trouvant au-dessus du niveau des eaux, dans le cas où la température de ces substances permit une telle combinaison. A mesure que la surface terrestre se refroidissait, cet état de choses changeait nécessairement : les eaux devaient absorber l'acide carbonique ; et, dès lors, elles devenaient susceptibles d'exercer une action différente sur diverses substances ; elles pouvaient se charger de chaux carbonatée en solution, tandis que cette substance était insoluble auparavant dans les eaux qui ne contenaient point d'acide carbonique. Les êtres vivants auront dû s'approprier, pendant leur première création, une grande quantité de carbone, et un volume correspondant d'oxigène aura été mis en liberté pour contribuer à l'existence des créatures qui venaient d'être douées de la vie. L'atmosphère se serait ainsi purifiée par la soustraction d'une partie de son acide carbonique; en même temps elle aurait été plus propre au maintien de la vie, par la proportion considérable d'oxigène libre qui sera venu s'y ajouter.

Nous ignorons quels furent les premiers êtres qui ont paru sur la terre quant aux animaux, c'étaient peut-être des êtres au corps mou et gélatineux, comme plusieurs de nos zoophytes actuels, ou mieux encore, semblables aux animaux microscopiques. Les plantes étaient peut-être molles et facilement décomposables, sans formes bien déterminées. Dès lors ces matières ont dû se décomposer et disparaître immédiatement après leur mort. Peut-être aussi nous trompons-nous dans ces conjectures. Il est très-probable que c'est sous une température peu différente de 80° à 90°, ou même au-dessus, que

les premiers êtres organisés ont vécu. Ils se
sont d'abord développés dans l'eau ou dans l'atmosphère ; mais quand l'eau a été suffisamment
refroidie pour entretenir la vie des espèces qui
s'y trouvaient rassemblées, des terres étaient
déjà émergées, des végétaux s'en étaient em-
parés, et leurs débris vinrent bientôt se confondre avec les dépôts.

Une autre question se présente à ce sujet,
savoir : les végétaux et les animaux ont-ils
paru en même temps? ou bien l'un des deux
règnes a-t-il précédé l'autre? Or, nous sommes portés à croire que les végétaux et les animaux ont paru simultanément ; mais s'il y avait
eu quelque différence à cet égard, on devrait
supposer que les végétaux ont précédé les animaux. Nous verrons aussi, plus tard, que probablement les êtres vivants se sont primitivement offerts avec l'organisation la plus simple.
En un mot, l'état de conservation dans lequel
nous trouvons les débris d'êtres organisés, et le
mécanisme admirable dont beaucoup de fragments fossiles nous offrent les traces, sont des
preuves en nombre infini que les créatures auxquelles ils appartiennent, ont été créées dans un
but d'harmonie avec la succession de conditions
diverses qui s'est opérée sur le globe, et avec son
aptitude croissante à recevoir des formes orga-

niques de plus en plus compliquées et qui s'a-
vançaient vers la perfection, en passant par des
conditions d'existence de plus en plus élevées.

Déjà les climats devaient être moins uniformes,
cependant ils l'étaient infiniment plus qu'aujour-
d'hui ; car plus la terre vieillit, plus ils sont différents, l'action de l'intérieur du globe ayant
toujours moins d'influence sur la surface. Les
phénomènes lumineux et magnétiques devaient
être aussi très-différents de ceux que nous observons actuellement : il est probable, en effet,
que le magnétisme terrestre, de concert avec une
haute température, a produit autrefois une lumière et des actions inconnues aujourd'hui. Enfin,
des cours d'eau assez étendus coulaient peut-être
déjà sur les terres émergées ; en un mot, les
phénomènes suivaient leur marche pour arriver
à leur état actuel, et par conséquent se mo-
difiaient continuellement, mais d'une manière
insensible pour notre mesure du temps.

Après avoir exposé ces considérations, voyons
ce qui s'est passé en général à l'époque de la formation du terrain houiller. Les caractères les
plus remarquables de ce terrain sont l'abondance des végétaux qu'il recèle, les dimensions
gigantesques qu'atteignent plusieurs d'entre eux
et leur différence avec les végétaux de l'époque
actuelle. Selon M. Adolphe Brogniart, sur 258

espèces reconnues dans le terrain houiller, 219 appartiennent aux cryptogames vasculaires, 18 aux phanérogames monocotylédons ; et quoiqu'on n'ait pas encore pu déterminer les classes des 24 autres espèces, elles paraissent aussi se rapprocher beaucoup plus de ces deux classes que des autres. De sorte qu'il semble que la classe des phanérogames dicotylédons, qui compose plus des $\frac{2}{3}$ des végétaux vivants, n'existait pas à cette époque reculée, au lieu que les cryptogames vasculaires, qui forment, au maximum, $\frac{1}{15}$ de la végétation actuelle, constituent à elles seules les $\frac{2}{3}$ de la flore houillère. En outre, tandis que les cryptogames vasculaires, qui vivent maintenant dans nos zones tempérées, sont généralement des plantes basses et rampantes, celles du terrain houiller se distinguaient par des tiges de très-grandes dimensions. Enfin, autant qu'on puisse en juger par le petit nombre d'échantillons observés jusqu'à présent, la flore houillère de la zone glaciale offre les mêmes caractères principaux que celle de notre zone tempérée, et l'on a quelques indices pour penser que celle de la zone torride est aussi dans pareil cas.

Actuellement, si nous comparons la flore houillère à celles des diverses régions de la surface du globe, nous verrons que non-seulement nous lui trouverons moins de différence avec la végétation de la zone torride, mais encore que plus les flores actuelles appartiennent à des espaces de terre circonscrits au milieu de vastes étendues d'eau, plus elles se rapprochent de ce que nous connaissons dans le terrain houiller, soit par la proportion numérique des espèces des différentes familles, soit par le développement que prennent ces espèces. On remarquera donc que les fougères et les lycopodiacées sont plus nombreuses et plus développées dans la zone torride que dans la zone tempérée, et que, sous ce rapport, les îles l'emportent de beaucoup sur les continents. Ainsi, tandis que sur le continent d'Europe ces plantes forment au plus $\frac{1}{40}$ de la végétation totale, elles composent souvent $\frac{1}{20}$ de la végétation de la zone torride; dans les Antilles, elles approchent de $\frac{1}{10}$; dans les îles de l'Océanie, elles atteignent $\frac{1}{4}$ ou même $\frac{1}{3}$; et à l'île de l'Ascension, il paraît y avoir égalité entre les plantes phanérogames et les cryptogames vasculaires.

Une telle comparaison nous conduit à supposer que nos contrées étaient, à l'époque de la formation du terrain houiller, douées d'une température beaucoup plus élevée que celle dont elles jouissent actuellement, et qu'au lieu d'appartenir à de grands continents, elles formaient des archipels composés d'îles peu étendues, au milieu d'une vaste mer. Cette dernière conséquence est encore confirmée par l'absence presque complète de débris d'animaux terrestres ou à respiration aérienne, dans le terrain houiller. En effet, quand il n'y avait qu'un immense océan, parsemé d'îles basses qui étaient fréquemment submergées, et quand la chaleur du globe se réunissait à d'autres puissantes causes, la nature vivante ne devait pas avoir déjà adopté les formes qui, plus tard, sont devenues propres aux êtres des continents.

On a aussi été conduit par l'étude de la flore houillère à des conclusions très-intéressantes sur l'origine de la houille, sur la composition de l'atmosphère dans les temps anciens, et sur le développement des êtres vivants. Les différences qui distinguent la houille des roches ordinaires, les rapports de cette substance avec le charbon de bois, le lignite et la tourbe, ainsi que l'abondance des restes de végétaux qui l'accompagnent, ont fait admettre qu'elle doit son origine à la décomposition de végétaux ; mais on objectait contre cette hypothèse, qu'il était difficile de supposer, surtout dans nos contrées tempérées, une force végétative suffisante pour produire des masses aussi importantes que nos couches de houille. Or, cette difficulté se trouve

en partie levée; car la flore de l'époque houillère est presque exclusivement composée de
plantes simples, dont le développement a lieu
avec rapidité, sous des circonstances favorables,
circonstances dont l'hypothèse de la chaleur
primitive du globe nous donne déjà l'une des
plus nécessaires. Ensuite, la considération de
cette immense quantité de carbone qui a été
fixée dans l'écorce de la terre, conduit à penser
que l'atmosphère contenait alors une proportion d'acide carbonique beaucoup plus forte que
maintenant. On sait que la quantité d'acide carbonique que renferme notre atmosphère est
loin d'être la plus favorable au développement
des végétaux; qu'une proportion supérieure,
jusqu'à 2, 3, 4 et même 8 fois pour cent, rend
la végétation plus active, lorsque les plantes
sont exposées à l'influence de la lumière. Une
quantité d'acide carbonique plus grande que
celle qui se trouve actuellement dans l'air atmosphérique, devait donc produire une végétation plus active et plus indépendante d'un
sol encore stérile et peu chargé de terreau, en
permettant aux végétaux de vivre presque aux
dépens de l'atmosphère; d'un autre côté, la
présence de cette plus grande proportion d'a-
cide carbonique dans l'air, s'opposait à la décomposition des végétaux morts et à leur trans-

formation en terreau, qui est due principalement à la soustraction de leur carbone par l'oxigène de l'air. Les restes de végétaux morts se conservaient donc plus longtemps , et se transformaient ainsi en une matière plus riche en carbone que le terreau.

Après avoir compris facilement que la végétation peut avoir donné naissance à la houille , il nous reste à examiner le mode de formation de cette matière combustible. A cet égard il se présente deux hypothèses : l'une suppose que la houille a été formée comme nos tourbes , sur la place même où croissaient les végétaux; l'autre , que les substances végétales ont été réduites en bouillie et transportées par les eaux. Probablement ces deux hypothèses sont vraies : ainsi , certains terrains houillers auraient été déposés dans la première circonstance , tandis que d'autres auraient été formés dans la seconde.

Suivant l'une des deux hypothèses, le terrain houiller a été formé à la façon des tourbes , dans les îles basses, sujettes à des inondations qui déposaient au-dessus des végétaux les couches de schistes et de grès qui séparent ordinairement les couches de houille. En admettant , selon cette opinion, qu'il y ait beaucoup de terrains houillers dont les couches se sont déposées dans des dépressions existantes à la sur-

face des terres, il devient difficile de conclure,
en raisonnant au moins d'après la manière dont
se forment de nos jours les accumulations des
végétaux, que tous les dépôts houillers ont été
ainsi produits. Il y a donc des terrains houillers qui résultent de dépôts successifs de charriage fluviatile dans des golfes ou des détroits
marins, dans des lagunes ou aux débouchés des
rivières, comme nous en observons aujourd'hui
à l'embouchure du Mississipi. Il est naturel d'admettre que des végétaux aient été enlevés avec
la terre sur laquelle ils étaient fixés, et que,
si la plupart des feuilles ont été écrasées ou
pliées, quelques unes aient été enfouies dans
leur position normale, ou bien développées plus
ou moins complétement, comme on le voit dans
les grandes alluvions.

A l'époque de la formation du groupe carbonique, les glaces polaires ne devaient pas exister, et leur suppression suffisait probablement,
à elle seule, pour élever jusqu'à 0° la température moyenne du pôle, qui est peut-être de 25°
au-dessous de zéro. Lorsque les glaces polaires
n'existaient pas, la mer devait présenter, depuis la surface jusqu'au fond, une température beaucoup moins inégale qu'aujourd'hui,
et la température de la surface ne devait jamais
s'abaisser que d'une très-petite quantité au-

dessous de la température de la masse. Les sources thermales et les jets de vapeurs chaudes étaient plus fréquents , et même, suivant M. Élie de Beaumont, presque toutes les sources étaient nécessairement thermales. Chaque fois que le soleil s'éloignait de l'horizon des pôles , le sol devait se couvrir de brouillards qui détruisaient le rayonnement nocturne et le rayonnement hivernal. Ces brouillards tempéraient le froid des nuits et des hivers , sans rien changer à la chaleur des étés. Ils élevaient donc la température moyenne , et se joignaient à l'influence d'une mer plus chaude et plus difficile à refroidir à sa surface , pour rendre le climat plus doux , plus uniforme , plus équatorial.

Ce ne fut qu'après que l'atmosphère eût été purgée de l'excès d'acide carbonique , que se multiplièrent de grands reptiles et de grands mollusques , qui caractérisent les groupes triasique et oolitique ; mais la proportion de l'acide carbonique était encore trop considérable pour l'existence d'une foule d'animaux à sang chaud qui exigent un air plus pur.

L'ensemble de la flore des terrains oolitiques, ressemblant davantage à la végétation des continents qu'à celle des îles , annonce qu'il existait déjà , à cette époque , des continents étendus , qui plus tard ont été submergés en partie, tandis que des fonds de mers ou de lacs, etc., ont été mis à sec. Ce fut lorsque la végétation eût absorbé une partie du carbone de l'air, que des mammifères commencèrent à peupler différentes contrées du globe.

Déjà de violents soulèvements avaient couvert la terre d'un assez grand nombre d'aspérités pour que des continents étendus se fussent élevés au-dessus des eaux resserrées dans des bassins multipliés, mais peu étendus. L'acide carbonique n'était abondant que dans les sources minérales qui sortaient en plus grand nombre qu'aujourd'hui des entrailles du globe. A cette époque, l'air étant purgé de son excès d'acide carbonique, les végétaux dicotylédons et les mammifères dominèrent sur les terres.

Pendant la formation des dépôts palæothériiques, la température de l'Europe fut de 22° environ, puis elle diminua, et peu à peu elle arriva au degré de celle de notre époque; mais les différences de niveaux ont apporté de grandes modifications pendant les diverses périodes de l'histoire de la terre. Les forêts de ce monde, comme celles de notre époque, servaient de refuge à un grand nombre d'animaux, plus ou moins analogues à ceux qui vivent encore sur le globe. Ainsi, des éléphants, des rhinocéros, des sangliers, des ours, des lions, des cerfs de toutes les formes et de toutes les tailles, les ont successivement habitées ; des oiseaux, des reptiles et même des insectes nombreux complètent ce tableau de la nature, telle qu'elle se présentait, sur les parties de la terre qui s'élevaient alors au-dessus des eaux : nature aussi belle et aussi variée que celle que nous voyons encore actuellement sur le globe.

Au contraire, dans les premiers temps de la création des êtres organisés, la surface terrestre partagée, sans doute, en une infinité d'îles basses et d'un climat très-uniforme, était couverte d'immenses végétaux ; mais ces arbres, peu différents les uns des autres par leur aspect et par la teinte de leur feuillage, dépourvus de fleurs et de ces fruits aux couleurs brillantes qui parent si bien plusieurs de nos grands arbres, devaient imprimer à la végétation une monotonie que n'interrompaient même pas ces petites plantes herbacées qui, par l'élégance de leurs fleurs, font l'ornement de nos bois. Ajoutez à cela que pas un mammifère, pas un oiseau ne venait animer ces épaisses forêts, et l'on pourra se former une idée assez juste de cette nature primitive, sombre, triste et silencieuse, mais en même temps si imposante par sa grandeur et par le rôle qu'elle a joué dans l'histoire du globe.

Il est probable qu'à diverses époques il s'est formé des alluvions, des dépôts de cailloux roulés, de blocs erratiques, etc., des cavernes avec ou sans ossements, des brèches osseuses ou non, etc.; généralement, ces phénomènes ont été produits par les mouvements des eaux; d'autres fois, par exemple lorsqu'il s'agit des cavernes, ils ont pu être produits par des émanations gazeuses, ou par le simple effet des mouvements du sol. Dans tous les cas, il semble être assez démontré actuellement que plusieurs de ces phénomènes sont antérieurs à l'inondation dont parle la Genèse sous le nom de déluge. Ainsi, le transport des blocs erratiques du système alpin résulte probablement du dernier soulèvement des Alpes, bien antérieur à celui qui a produit le déluge. Au reste, le déluge paraît avoir été moins important et moins général qu'on ne le croit habituellement. Quoi qu'il en soit, comme cette tradition se trouve chez tous les peuples de l'ancien et du nouveau continent, avec des circonstances de localité qui annoncent une véritable tradition historique, nous devons y ajouter foi.

Si nous cherchons à connaître quel était l'état de la surface du globe immédiatement avant le

déluge, nous sentirons que sa division en terres
et en eaux tient à des circonstances trop variables, pour que nous puissions dire positivement
quel était l'aspect de la surface du globe à cette
époque. Cependant, si le déluge historique était
dû au soulèvement des Andes, la configuration
du sol de l'Europe devait déjà être à peu près
telle qu'elle est actuellement, puisqu'on regarde
toutes ses principales chaînes de montagnes
comme antérieures à celle des Andes. D'un aurte
côté, la grande quantité d'animaux et de végétaux terrestres qui se trouvent dans le dépôt
diluviique, et leur rapport avec ceux qui existent
maintenant, portent également à croire que
les terres qui correspondent à nos continents
avaient, lors de la formation de ce dépôt, des
dimensions qui les rapprochaient de l'ordre des
choses actuelles. Enfin, il est possible que le
soulèvement de l'immense chaîne de l'Hymalâya ait non-seulement imprimé aux eaux une
impulsion suffisante pour inonder toutes les
plaines de la Sibérie, mais aussi qu'il les ait
élevées à un niveau supérieur à celui qu'elles
avaient auparavant, en même temps qu'il leur
donnait l'exposition vers le nord qu'elles ont
maintenant, et qu'il établissait un obstacle aux
vents chauds du midi.

Il nous reste à examiner jusqu'à quel point
on peut déterminer l'époque où le déluge a eu

lieu. Or, l'on sent, d'après ce que nous avons dit sur le soulèvement des Andes, que nous n'avons pas encore assez d'observations sur ses effets, pour avoir là un véritable point de départ dans cette étude. Mais, si nous examinons les résultats des actions qui ont dû commencer, lorsque les montagnes ont eu pris leurs formes actuelles, telles que la production des éboulis, et celle des moraines, des glaciers; si nous étudions les attérissements formés par les rivières actuelles; et si nous prenons en considération que les talus et les attérissements devaient se faire bien plus rapidement, lorsque les escarpements étaient plus abruptes qu'ils ne sont à présent; alors, nous serons portés à conclure que les révolutions qui ont donné à ces montagnes leurs formes actuelles, et à ces fleuves le cours qu'ils ont maintenant, ne remontent pas à des époques excessivement reculées. De sorte que la distance de 4000 à 5000 ans, du moment actuel, que la Genèse donne à son déluge, pourrait s'accorder avec les conséquences tirées de l'étude des chronomètres naturels, surtout si, comme M. de Beaumont l'a supposé, cette révolution correspond au soulèvement des Andes et était postérieure à celui des Alpes.

Enfin, une autre question importante qui se présente maintenant, c'est de savoir si l'homme existait déjà pendant ces révolutions. Or, le rapprochement du soulèvement des Andes avec le déluge de la Genèse annonce que nous sommes portés à résoudre affirmativement la question, à l'égard de ce qui concerne cette dernière catastrophe. A la vérité, on a nié l'existence de restes de l'homme ou bien de son industrie dans le dépôt diluviique, et les exemples qu'on en cite depuis quelque temps sont loin d'être exempts de contestation. Mais en supposant qu'on n'eût jamais trouvé de traces de l'homme dans le dépôt diluviique, ce ne serait là qu'un fait négatif peu important, quand on fait attention à la petite étendue du globe qui a été explorée, d'autant plus que l'espèce humaine, qui ne paraît pas avoir été douée d'une grande force reproductive, doit avoir été très-peu nombreuse dans les commencements de son existence. Au reste, si le déluge historique est le résultat du soulèvement des Andes, on concevra aisément comment l'homme pouvait déjà exister, et même s'être étendu dans l'Europe à pareille époque, sans que nous voyons de traces de son existence dans le dépôt diluviique de cette partie de la terre. En effet, il est bien probable, dans cette hypothèse, que les principaux dépôts diluviiques de l'Europe doivent leur origine aux deux systèmes de soulèvements qui ont produit les Alpes orientales et les Alpes occidentales;

tandis que le déluge, c'est-à-dire l'inondation causée par le soulèvement du système des Andes, aurait seulement des dépôts peu puissants, qui se confondent souvent avec les alluvions du groupe historique. Il serait donc très-possible que l'homme existât lors du soulèvement des Andes, et qu'il n'eût pas encore paru lors des révolutions antérieures.

Peut-être encore devrait-on attribuer le déluge à un cataclysme très-récent, dont M. Dubois de Montpereux a reconnu des traces manifestes dans l'ancien continent, sur le théâtre même où la tradition biblique place ce grand événement. Selon M. Dubois, la tradition du déluge de l'Ararat coïncide admirablement avec les faits; elle paraît, de plus, parler de la dernière révolution qui a mis à sec le bassin de l'Arménie centrale, événement qui fut sans doute accompagné de quelques éruptions et d'une grande agitation des eaux du lac Sivan. En adoptant cette tradition, ajoute-t-il, le déluge d'Arménie, ainsi que celui de la Thessalie ou de Deucalion, appartiendrait aux temps historiques et serait de beaucoup postérieur au grand soulèvement du Caucase dépendant du système des Andes; ce qui ne rencontre aucune difficulté, dès que nous envisageons l'Arménie centrale comme bassin isolé. Dans ce cas, il est facile d'entrevoir qu'à l'époque récente dont il s'agit, l'Europe et la plus grande partie de l'Asie devaient présenter à peu près la même configuration qu'aujourd'hui, et conséquemment, à peu près la même température et la même végétation.

Depuis cette époque, il paraît que la surface de la terre n'a point été le théâtre de grands phénomènes, et que, par conséquent, des changements très-notables n'ont pas eu lieu. Cependant, l'homme modifie considérablement la surface de la terre, en abattant les forêts, en empêchant l'inondation des plaines basses, en détournant les torrents et conduisant les eaux dans d'innombrables canaux; il éloigne encore de lui les animaux qui pourraient nuire à ses desseins ou ne peuvent y servir, et circonscrit ainsi leur domaine; tandis qu'il couvre le pays de ceux qui lui sont utiles et qui, sans ses soins et sa protection, n'auraient jamais pu se multiplier en aussi grande quantité. Il en résulte nécessairement que la nature des débris organiques qu'on rencontre dans les dépôts modernes, dans chaque contrée, doit dépendre du degré d'accroissement qu'avait pris le pouvoir de l'homme à l'époque où ils ont été enfouis. Une accumulation de ces débris ensevelis actuellement, différera donc beaucoup de celle qui a été enfouie à une époque où le pouvoir de l'homme était plus limité. Quant aux habitants des eaux, l'homme n'a presque aucune action sur eux, excepté sur ceux des rivières, des petits lacs et des environs de quelques côtes. Quoi qu'il en soit, plusieurs animaux, tels que le dodo, ont disparu depuis l'existence de l'homme et même depuis peu de temps.

Après avoir exposé en peu de mots les principales causes qui ont concouru à la formation des terrains, nous devons ajouter ici quelques considérations sur les roches.

Dans les masses sédimentaires, la consolidation s'est opérée d'un côté par le tassement, et de l'autre, par diverses infiltrations dont les principales ont été des eaux chargées de carbonate de chaux, de silice plus ou moins pure, de silice hydratée, d'oxide de fer ou de manganèse hydraté.

La plupart des roches sédimentaires ayant été formées sous l'eau de mer, quelques savants ont pensé qu'on devait y retrouver une petite quantité de matières salines; mais le lavage des infiltrations des eaux superficielles a dû les enlever depuis longtemps. Au reste, les eaux de mer d'autrefois pouvaient bien ne pas être composées comme celles d'aujourd'hui.

Jusqu'ici on n'a pas étudié suffisamment les modifications occasionnées dans les roches stra-

tifiées ou massives, par le passage ou le voisinage des roches plutoniques. Grâce aux anciens
vulcanistes et à l'école huttonienne, la plupart
des géologues actuels reconnaissent certaines altérations, produites par la voie ignée, telles que
le passage du calcaire compacte au calcaire grenu, la transmutation de la marne en une roche
jaspoïde, d'une roche feldspathique en une alunite, etc. Mais il ne règne point la même una-
nimité d'opinions sur d'autres changements,
tout aussi réels et aussi importants; car une
partie des véritables altérations ignées est prise
encore pour des effets de décompositions.

La voie ignée, c'est-à-dire l'action plus ou
moins longue et forte de la chaleur, avec ou
sans épanchement de matière incandescente à
la surface du sol, ainsi que l'action de certains gaz acides et de différentes substances terreuses ou métalliques à l'état de sublimation,
ont donné lieu à plusieurs changements soit
immédiatement, soit en provoquant ou favori-
sant le jeu des affinités électro-chimiques.

Les roches ont quatre genres de coloration :
les unes sont un produit de la dissémination
de particules métalliques, ayant eu lieu lors de
la formation des roches. Ainsi, un porphyre
foncé, en apparence amphibolique, est souvent
simplement noirci par un oxide de fer, de ma-

nière à blanchir au chalumeau et fondre en verre blanc, etc. D'autres colorations sont une suite d'infiltrations postérieures au dépôt des roches : il arrive que divers minéraux perdent certains éléments, et que la dissémination des particules décomposées modifie la couleur de la roche; il arrive aussi qu'une roche renfermant des nids métalliques, les minerais changent un peu de nature par la décomposition, et que des infiltrations, en transportant de ces particules, donnent une couleur particulière à la roche autour de ces amas étrangers. Dans ce cas, on observe parfois un certain arrangement, à l'égard des particules colorantes, qui semblerait avoir été provoqué par quelque jeu des affinités électro-chimiques. Diverses dendrites rentrent peut-être aussi dans ce genre de production minérale. Beaucoup de roches ont été sujettes, après leur formation, à des colorations par infiltration, par suite de leur position au-dessous de certaines masses ou au-dessus de certains liquides, tenant en suspension ou bien en dissolution des matières colorantes. Enfin, un dernier genre de coloration des roches est celui qu'ont éprouvé divers dépôts placés à côté de masses ignées, ou ayant été pénétrés par des émanations acides, des sublimations de fer, de manganèse, etc.

La décoloration des roches a été produite surtout par des gaz acides, et on l'observe aussi bien dans les dépôts stratifiés que dans les dépôts non stratifiés. On la trouve souvent dans le voisinage des roches ignées, qui sont en filons ou en culots, et dans celui des filons métallifères, ou remplis de certains autres minéraux. Mais il arrive aussi que les causes productrices de ce phénomène ne sont pas visibles : un dyke, une faille, etc., n'aura pu se montrer au jour que çà et là; or, entre les points où l'accident est bien manifeste, on observera des bandes de roches décolorées. Les gaz acides qui paraissent avoir généralement occasionné la décoloration, sont l'acide sulfureux, l'acide chlorhydrique, l'acide carbonique et l'acide sulfhydrique, auxquels il faut ajouter les acides fluorique, borique, phosphorique, et probablement les acides arsenique, chromique et molybdique.

La décoloration communique aux roches des teintes blanches, rougeâtres ou violâtres, couleurs qui sont arrangées souvent en zones, et dont les premières, indiquant une action plus forte, sont ordinairement plus voisines de la cause décolorante que les dernières.

Certaines roches ont pris une teinte foncée par suite d'une modification ignée particulière.

On dirait quelquefois qu'un deutoxide de fer
ou un peroxide de manganèse les a pénétrées,
tandis qu'ailleurs ce serait le carbone qui les
aurait colorées. Il y a des roches stratifiées qui
offrent des zones, des bandes colorées en rouge,
probablement par le tritoxide de fer. La cause de
cet accident a été attribuée, suivant des géologues, à une imprégnation ignée, comme dans le
cas de schistes rouges de certaines localités, qui
n'ont paru être que le prolongement d'un filon
plutonique ou métallique. A côté de filons de
mélaphyres ou de basaltes, on a observé dans les
couches du trias des lignes ferrugineuses de
teintes gris foncé ou noires, ce qui provient du
changement du carbonate d'oxidule de fer ou
bien d'oxide de fer avec ou sans eau, en oxidule de fer noir.

Le fendillement, bien différent du retrait des
masses, est une manifestation particulière de
l'action ignée, qui est rarement associée avec
des épanchements plutoniques en rapport avec
le phénomène en question, tandis qu'il est un
accident concomitant des redressements et des
failles. Le fendillement dénote une force considérable, qui nécessite la supposition de l'action
réitérée du gaz comprimé. Il est évident que
la production d'une telle quantité de fentes a
dû exiger l'application de la même force dans

les directions très-différentes, et il est de toute impossibilité de rattacher les grands accidents de fendillements aux petits, ou les réseaux de fendillements à ceux de soulèvements, de redressements et d'affaissements. Ces derniers phénomènes ont produit des fentes nombreuses : la plupart des vallées et un certain nombre de filons métallifères ou pierreux en sont les preuves; mais les réseaux de fendillements n'ont pas eu une cause aussi brusque.

Les masses ont été d'abord traversées de grandes fentes; puis les parties détachées ont glissé en partie les unes sur les autres; d'autres ont eu même, pendant quelque temps, un mouvement alternatif d'ascension et de descente par l'effet de l'échappement des gaz agissant comme dans une machine à vapeur : ainsi se sont formées des fentes remplies en partie de matières pulvérulentes, et des parois polies et striées. Ces premiers changements opérés, les causes modifiantes ont cessé d'agir, ou bien un autre travail igné ou électro-chimique a tapissé de minéraux une partie des fentes. Mais lorsque les causes de fendillements ont continué, pendant que pareils accidents avaient lieu, la force des gaz, aidés par la chaleur, a trouvé le moyen de pratiquer, latéralement aux grandes fentes ou ailleurs, une foule d'autres passages aux fluides élastiques. Si des phénomènes électriques peuvent avoir concouru à la production des fendillements, il nous semble que cela doit avoir été surtout dans les cas de réseaux des fentes en partie remplies de substances minérales.

Un fendillement particulier produit par la voie ignée, est celui qui occasionne dans les roches traversées par les matières plutoniques une espéce de clivage parallèle aux surfaces de ces dernières. Nous supposons qu'on doit attribuer à un semblable accident certains clivages contraires à la stratification. Quoique les éruptions ignées ne soient pas toujours visibles, on comprend qu'un tel fendillement peut avoir lieu par le rehaussement et le refroidissement graduel des masses, et que les fentes sont seulement parallèles à la surface incandescente qui les produit. Suivant que ces dernières coupent les plans de stratification sous des angles droits ou plus ou moins aigus, les couches se trouvent divisées en parties cubiques ou rhomboédriques.

La perte de l'éclat d'une roche est une modification qu'on observe notamment au contact des masses plutoniques, ou qui affecte d'une manière anomale et inexplicable de grandes masses de roches, sans qu'on puisse apercevoir près d'elles des éruptions ignées. Cet

accident doit dépendre quelquefois du refroidissement des masses, qui ont été chauffées ou
fondues. Ailleurs, il peut avoir été aussi produit
en partie par l'introduction de matières disséminées dans la roche en très-petites particules.

L'endurcissement des roches stratifiées par la
voie ignée est un phénomène sur lequel l'école
huttonienne a fort appuyé. Cet accident est
plus facile à connaître dans la nature par un
certain faciès de compacité des roches, qu'à
décrire minutieusement. Dans plusieurs cas, la
pâte compacte des roches a subi une demi-fusion;
d'autres fois, les débris composant une roche
arénacée ou argileuse semblent avoir été fondus
au moins sur leurs bords, et assez souvent
des éléments de la roche ignée adjacente se sont
introduits dans la masse endurcie. C'est, en
général, un accident de contact ou de fragments empâtés dans une roche ignée; il ne prend
de l'étendue que dans les schistes cristallins, où
certaines portions ont été endurcies par une
longue exposition aux effets de la chaleur et des
émanations ignées. Ainsi, beaucoup de grès sont
devenus des quartz près des roches trappéennes;
des schistes anciens offrent une compacité et un
aspect particulier dans le voisinage des syénites,
des porphyres, des trapps : ce sont des roches
cuites, en termes vulgaires.

Les mêmes agents, et surtout la chaleur, ont produit encore la désagrégation ou bien la transition d'une roche compacte ou cristalline à une masse en quelque sorte arénacée; c'est un accident qu'il faut tâcher de distinguer de la véritable décomposition. Quelquefois, les parties composant la roche désagrégée sont colorées par un oxide de fer ou de manganèse; ou bien, si la pâte est feldspathique, elle est devenue stéatiteuse; il y a donc eu séparation et altération des éléments. Ainsi, un filon basaltique empâtera des fragments désagrégés et noirâtres de granite ou de grès; un filon granitoïde dans un granite sera accompagné d'épontes stéatiteuses, etc. Au reste, certains tripolis ne sont que des roches désagrégées, et quelquefois alunifères ou imprégnées de silice.

Au contact des masses plutoniques récentes et des couches neptuniennes, ou dans les débris des dernières roches enveloppées par les premières, on observe quelquefois des parties frittées ou vitreuses. Ces deux modifications dépendent non-seulement de l'intensité de la chaleur et de sa plus ou moins longue application, mais encore du genre de refroidissement. Ainsi, un filon basaltique traversant du basalte, des phonolites, a quelquefois des salbandes ou épontes demi-vitreuses. Des fragments d'argiles renfermés dans un basalte, un phonolite ou bien un diorite, sont devenus jaspoïdes ou vitreux ; des débris de grès, placés de la même manière, sont frittés, etc. Des boursouflures, des scories résultent aussi du contact des roches ignées et des roches stratifiées.

Au contact des roches plutoniques récentes, et surtout des basaltes, les grès, les marnes et les argiles sont changés quelquefois en masses endurcies et divisées en prismes. Alors, les feuillets de la roche sont soudés ensemble ; il y a une demi-fusion et un refroidissement particulier.

La chaleur plutonique a privé diverses roches d'une partie de leurs éléments. Par exemple, dans le voisinage de trapps, de porphyres, les roches carbonifères ont perdu une partie de leur bitume ; la houille s'est changée en anthracite ou bien en coke ; l'anthracite est devenu de la plombagine. Quelquefois le coke, l'anthracite, le graphite ont pris une structure prismée plus ou moins parfaite. Dans certains lieux, le calcaire compacte, empâté dans des brèches basaltiques, est passé à l'état de chaux vive et d'un silicate de chaux, de manière qu'il ne fait plus d'effervescence avec les acides. La silice provient, dans ce cas, de vapeurs aqueuses chaudes, ou bien du sable mêlé mécaniquement au calcaire. M. Turner a montré que, sous une forte pression, les vapeurs aqueuses très-chaudes sont capables de corroder des roches feldspathiques dans lesquelles il entre des alcalis et de la silice. Le diamant serait-il dû à une pareille opération, mais lente, de la chaleur ? ou bien serait-il le résultat d'une action électro-chimique ?

Une chaleur continue sous une certaine pression, et un refroidissement varié, sont capables de modifier très-diversement la texture d'une roche.

Le premier terme, dans le changement de texture d'une roche, est sa transmutation en une roche jaspoïde, souvent imprégnée d'oxide de fer, de manganèse, ou même de protoxide de fer. Il semblerait que des vapeurs chaudes, chargées de silice, ont été quelquefois en jeu dans la production des masses jaspoïdes, qui sont en général jaunes, rouges, noirâtres, verdâtres, violâtres. Ailleurs, le refroidissement particulier des roches en fusion paraît leur avoir donné l'aspect de jaspe. Il est assez singulier que ces roches, au lieu d'être en contact avec des masses ignées, se trouvent aussi à quelque distance d'elles en amas ou bancs réguliers. Il y a des schistes silicifiés par les eaux thermales, des dépôts de roches jaspoïdes

formées sous les eaux, au moyen de l'introduction de la silice dans la masse du liquide; mais
cela n'empêche pas d'admettre des jaspes d'origine ignée, roches qui étaient primitivement
surtout des matières argileuses et feldspathiques,
quelquefois un peu calcarifères.

Les roches calcaires nous offrent dans leur
texture un second terme de modification ignée.
Ainsi, des calcaires compactes ou terreux passent à un calcaire compacte coloré, translucide,
sublamellaire, puis à un marbre souvent nuagé,
enfin à une véritable roche grenue.

Si cet exposé des effets de la voie ignée fait
déjà apercevoir que le changement de texture
dans les roches est accompagné de la production de nouveaux minéraux accidentels, nous
n'avons point encore épuisé la série des modifications. Dans certains volcans, M. Mitscherlich
a observé la production, par voie ignée, du mica,
au milieu des phyllades modifiés. Près des filons
granitiques, le micaschiste se trouve rempli de
tourmaline. Autour d'amas granitiques, les phyllades sont devenus mâclifères, amphiboliques,
ou bien ils sont isolés des granites par des roches quarzifères et talqueuses ou chloriteuses.
Les grauwackes sont séparées des granites par
une zone plus ou moins complète de quarzite,
de schorlrock ou de hornfels.

D'une autre part, il y a dans les Alpes et en

Bretagne un passage incontestable entre des schistes fossilifères et des séries de talcschistes, de roches micacées, quarzeuses ou calcarifères. Des alternats et des passages pareils se montrent jusque dans les roches du groupe crétacique ; des fossiles échappés à la destruction attestent irrévocablement la nature originaire de ces masses. Les gneiss, micaschistes, talcschistes, stéaschistes, etc., ne seraient donc, d'après ces données, que des dépôts neptuniens, modifiés diversement par un travail igné, qui aurait contribué plus ou moins à changer leur contexture, en même temps qu'il produisait de nouveaux composés.

Quoi qu'il en soit, la Bretagne et la Vendée nous montrent sur une grande échelle des dépôts qui se sont opérés dans le sein des eaux par une action, soit simplement mécanique, soit chimique, ou bien à la fois mécanique et chimique, et qui ensuite ont été modifiés par l'apparition de roches de formation ignée : tels sont, pour citer des exemples, les micaschistes, les talcschistes, et d'autres roches plus ou moins analogues à celles-ci, renfermant ou ne renfermant pas de fossiles. La Bretagne, elle-même, nous fait voir des grauwackes ou des phyllades fossilifères passant à des talcschistes cristallins, provenant sans doute d'une modification ignée, postérieure au dépôt. Dès lors, on a une nouvelle

preuve de l'origine aqueuse des roches schisteuses cristallines, et des modifications qu'elles ont
éprouvées ensuite pour arriver à leur état actuel. Néanmoins, il semble aussi que certaines
roches sédimentaires ont pu, à la faveur de la
pression, de nouvelles réactions chimiques, de
courants électriques ou d'autres causes non
ignées, acquérir une texture cristalline pareille
à celle des talcschistes modifiés. Au reste, l'o-
rigine de ces anomalies est trahie généralement
par les caractères que la nature semble avoir
gravés exprès; de sorte que les géologues in-
crédules doivent aller lire dans son livre pour
être convaincus (1).

La chaleur et l'introduction de nouveaux éléments auraient favorisé le jeu de nouvelles affinités chimiques, sous la forme de sublimation ou de
gaz. Ainsi, la production des alternats de schistes
cristallins divers serait due autant à ces dernières
substances introduites, qu'à la différence des
éléments des roches sédimentaires. La formation
des schistes cristallins aurait eu lieu à tous les
âges géologiques, et serait intermédiaire entre
les véritables dépôts neptuniens et les dépôts
ignés : leur texture, plus ou moins feuilletée,

(1) Voyez mon mémoire intitulé : *Études géologiques faites aux
environs de Quimper et sur quelques autres points de la France
occidentale.*

serait encore un reste de leur forme originaire ;
et le dernier terme de modification serait la
production de roches , ayant perdu tout à fait
ou presque totalement leur texture schisteuse ,
pour devenir granitoïdes ou semi-granitoïdes.
Ainsi s'expliqueraient beaucoup d'alternatives
de schistes cristallins, avec des roches amphiboliques, feldspathiques et talqueuses, auxquelles les premiers passent d'une telle manière qu'il
est impossible parfois d'y voir des roches traversées par des éruptions ignées.

Il reste encore à parler de quatre modes particuliers de modifications produites dans les roches stratifiées par la chaleur et l'introduction
de diverses matières. La première est la conversion du calcaire en gypse, au moyen de déga-
gements plutoniques d'acide sulfureux. Ces gypses présentent un mélange tout à fait hétérogène
de carbonate et de sulfate de chaux ; on peut
même suivre la transmutation de l'une de ces substances dans l'autre. Le premier terme consiste
en de petites fentes tapissées de gypse ; puis elles
augmentent, leurs parois deviennent gypseuses ,
et enfin presque tout ce qui était calcaire est changé en gypse : les parties argileuses restent seules
intactes. Ces gypses renferment souvent du quarz
hyalin cristallisé, attestant la présence de vapeurs chaudes siliceuses ; de plus, il y a du fer

oligiste, d'autres substances métalliques, de l'anhydrite et des fragments de roches soulevées. En un mot, de tels gypses sont accompagnés de la production de singulières roches calcaires ou dolomitiques, tantôt à cavités très-angulaires et en partie remplies d'argile marneuse, tantôt à druses tapissées de carbonate de chaux et de magnésie, ou silicifiées.

Le gypse calcarifère, déposé en couches ou en amas par des eaux, ne présente point toutes ces circonstances accessoires ; il en est de même de petites masses de gypse qui proviennent de la décomposition du carbonate de chaux par l'acide sulfureux, dérivé de la décomposition de pyrites.

Lorsque l'acide sulfureux a agi sur des roches alumineuses, feldspathiques, ou des phyllades, outre des décolorations, il y a formation de divers sels alumineux ; et, quand le fer était présent, il est aussi entré comme base dans des produits semblables.

Des roches chloritifères ne semblent être que les résultats d'immenses éruptions boueuses ou salines, qui auraient eu lieu sous les eaux de la mer, ou bien dont les éléments auraient été repris et déposés régulièrement par le liquide marin. Au contraire, le sel gemme igné accompagne souvent le gypse dans les terrains calcaires disloqués ou tourmentés, et il se trouve communément au milieu de substances argileuses, dont probablement une grande partie est sortie de la terre, avec ces émanations salines. D'ailleurs, il renferme quelquefois plus ou moins d'hydrogène.

Si l'on admet qu'une grande dislocation du sol ait lieu sous la mer, les redressements et les écartements des masses qui en résulteront devront produire des vides dans l'écorce du globe, et peut-être des enfoncements séparés de l'Océan. Or, supposant que l'eau de la mer ait trouvé accès dans quelques unes de ces cavités, la chaleur ignée aura dû tendre à faire évaporer le liquide, tandis que celui-ci et les vapeurs aqueuses auront dû délayer les parties peu dures des roches voisines. Alors, il a pu arriver que cette pâte saline soit restée en place et se soit durcie, ou bien elle a pu être poussée vers la surface, par suite d'autres phénomènes de dislocation. Voilà du moins une manière théorique d'envisager le phénomène, si toutefois la composition différente de l'eau de mer actuelle avec celle des argiles muriatifères, ne force pas d'attribuer à tous ou à certains sels gemmes une origine ignée plus immédiate.

Les sectateurs d'Hutton nous avaient bien parlé des calcaires compactes devenus grenus, et mélangés de talc ou de serpentine ; mais aucun d'eux n'avait prétendu que le carbonate de chaux fût devenu un carbonate de chaux et de magnésie, au moyen de vapeurs chargées de cette dernière terre. C'est à Arduino et surtout à M. de Buch, qu'on doit la théorie de la dolomisation qui a excité tant de rumeur parmi les chimistes. Il n'en reste pas moins vrai qu'au contact de certaines roches ignées, les calcaires contiennent quelquefois du carbonate de magnésie, tantôt sous la forme de mélange, tantôt combiné avec le carbonate de chaux ; d'une autre part, la série des terrains présente presque à toutes les époques des couches bien stratifiées, soit calcaires, soit arénacées, qui sont composées de carbonate de chaux et de carbonate de magnésie.

D'après les connaissances chimiques actuelles, il est assez difficile d'expliquer la formation neptunienne de ces derniers mélanges et de ces combinaisons des deux carbonates ; mais il est encore plus difficile d'admettre leur origine ignée dans le premier cas. C'est pour le moment une hérésie en chimie d'énoncer que la magnésie vaporisée se combine avec l'acide carbonique, et puis avec le carbonate de chaux, ou plutôt que l'acide carbonique forme ainsi un sel par une combinaison double. D'autre part, on sait qu'un excès d'acide rend les carbonates de chaux et de magnésie solubles dans l'eau. Or, pendant les époques géologiques assez reculées, aucun acide ne paraît avoir été plus abondant que l'acide carbonique ; il a donc pu se former du calcaire magnésien et des dolomies par la voie aqueuse. Il ne resterait plus qu'à découvrir la source d'une si grande quantité de magnésie : nous croyons que son origine ignée est étayée par la masse des roches magnésiennes déposées pendant les premières époques ; de manière qu'en reconnaissant des dépôts magnésiens neptuniens, on est ramené involontairement à l'idée de la formation immédiate d'autres roches magnésiennes, au moyen de la voie ignée. Confondre les deux classes de produits ; prétendre que les calcaires magnésiens ou dolomitiques se trouvent toujours près de grands dépôts ignés, ou sur les côtes de grandes dislocations ; avancer que ces roches n'existent qu'au fond des vallées, qu'elles ne sont jamais stratifiées, qu'elles n'offrent point de fossiles, et que les vacuoles, les cavernes et certaines formes bizarres sont leurs caractères essentiels, c'est se laisser séduire et aveugler par une théorie peut-être spécieuse pour certains cas.

En résumé, la nature emploie dans ses laboratoires l'eau, le calorique, l'électricité, etc., et elle sait créer souvent les mêmes produits par deux ou même trois voies différentes. Ainsi, puisque la chimie ne peut pas encore expliquer convenablement l'origine ignée des calcaires magnésiens et des dolomies, ne tranchons pas la question, et contentons-nous d'avancer qu'un bon nombre de roches de ce genre paraissent devoir leur composition particulière à des effets immédiats ou subséquents de l'action ignée. Au reste, de grandes séries de couches stratifiées, parfaitement horizontales, très-peu inclinées sur des étendues considérables, et placées sur d'autres masses nullement dérangées ou modifiées, seront toujours pour nous des dépôts formés sous les eaux; et, si par hasard ce sont des calcaires magnésiens, nous n'irons jamais supposer une dolomisation ayant eu lieu latéralement ou de bas en haut. Du moins, nous ne voyons pas encore de faits qui viennent étayer l'idée d'une action si extraordinaire; on comprendrait encore mieux, par ce qui arrive dans les sublimations, qu'une montagne calcaire fût changée en dolomie par des imprégnations magnésiennes gazeuses, sans que sa base fût altérée visiblement partout; mais il nous paraît impossible de supposer une pareille action s'exerçant latéralement sur une étendue de plusieurs lieues, et préférablement sur telle couche que sur telle autre.

M. Élie de Beaumont a dernièrement fait un travail, auquel il a été conduit par l'hypothése de la formation à la faveur de l'épigénie des anhydrites, des gypses et des dolomies. Ces hypothèses d'épigénie, traduites dans le langage rigoureux des formules atomistiques, ont fourni des résultats numériques dont la comparaison avec les faits observés offre un moyen de contrôle pour ces mêmes hypothèses.

Une partie des nids et des petits filons de minerais ne sont que des accidents d'infiltrations aqueuses ; mais il y en a d'autres qui sont des effets de sublimation ignée, ou bien des produits d'affinités électro-chimiques, mises en jeu par la chaleur et la présence de certains éléments. Nous avons vu divers minéraux relégués dans les roches modifiées au point de leur contact avec les masses ignées, de même il est incontestable que des nids ou de petits filons de minerais se trouvent dans une position semblable.

La décomposition des masses minérales a lieu au moyen de l'air, des gaz, de l'eau et des affinités électro-chimiques de leurs différents éléments. Suivant M. Becquerel, ces effets peuvent être le résultat de deux modes d'action, l'un électro-chimique, l'autre chimique pur. Lorsqu'un corps réagit sur un autre, celui qui joue le rôle d'acide, prend l'électricité positive, et celui qui se comporte comme alcali, l'électricité négative : il y a un simple rétablissement d'équilibre, sans production de courant; mais, quand ces deux corps communiquent avec un troisième corps suffisamment bon conducteur, il en résulte un courant et des effets électro-chimiques. Pour la production d'actions semblables, il faut qu'un des trois corps au moins soit liquide, et si l'un est mauvais conducteur, l'action capillaire vient suppléer au défaut de conductibilité.

Les produits de la décomposition sont très-variés. Les nitrates de potasse, de chaux et de magnésie, les sulfates de chaux, de magnésie, d'ammoniaque et de soude, le carbonate de soude, le chlorure de sodium, l'alun, le soufre, etc., sont les substances qui se forment à la surface du sol, aux dépens des matières qu'elles recouvrent et de l'air ou de l'humidité qui est en contact avec elles. Dans les mines et les filons métallifères on rencontre les produits métallifères suivants : l'allophane, le soufre sous la forme de cuivre pyriteux ou pulvérulent, provenant de la décomposition du cuivre, du fer ou du plomb sulfuré; la sélénite, le sulfate de soude et de magnésie, le sulfate double de fer et d'alumine sur les roches pyriteuses et alumineuses; le sulfate et l'oxisulfure de zinc, provenant

de la blende; l'hydrate de peroxide de fer, dérivant des pyrites magnétiques, notamment de
celles qui sont aurifères ; le fer hydraté compacte
et terreux, provenant du fer sulfuré et conservant
sa forme; certaines hématites fibreuses ou es-
quilleuses , ainsi que le fer hydraté pulvérulent,
provenant du carbonate de fer ; le fer oxidé ré-
sinoïde, provenant du fer arsénical ; le fer phosphaté cristallisé et terreux, provenant du fer hydraté ; le fer arséniaté vert-pâle , provenant des
pyrites arsénicales; le plomb carbonaté noir ou
blanc , oxidé, gris et sulfaté, provenant de la
galène ; le plomb oxidé rouge, provenant du
plomb carbonaté ou sulfuré; le cuivre oxidé
noir ; le cuivre carbonaté vert, provenant du cuivre sulfuré ; la chaux arséniatée, le cobalt arséniaté pulvérulent; le cobalt sulfaté, provenant
du cobalt sulfuré; l'antimoine oxidé, provenant
de l'antimoine sulfuré; le peroxide de manganèse; le nickel oxidé et l'arsénic oxidé, provenant
du nickel arsénical; le bismuth oxidé, provenant
du bismuth natif; l'urane oxidé sulfaté; l'urane
oxidulé sulfaté; l'urane oxidé carbonaté, provenant de l'urane oxidulé; enfin, les minerais
stalactitiformes de fer et de cuivre sulfuré , de
calamine et de manganèse oxidé brun et rouge.

Les décompositions subies par les roches
ne sont pas aussi facilement indiquées que
celles des minéraux. L'anhydrite devient du

gypse en se combinant avec l'eau ; des roches alumineuses se changent petit à petit en alun. Les roches cristallines ou agrégées, dans lesquelles il y a beaucoup de feldspath, sont plus aptes à se décomposer que d'autres : ainsi, l'on voit des pegmatites, des granites, des gneiss, des porphyres, passer à un état plus ou moins parfait de kaolin, ou bien de désagrégation, des roches doléritiques, des roches basaltiques passer à la wacke, des diorites devenir stéatiteuses, des phonolites perdre leur dureté et leur éclat.

M. Fournet explique la formation du kaolin par l'action de l'eau contenant de l'acide carbonique, qui réagit sur les silicates en changeant l'élément électro-négatif et s'emparant des bases les plus solubles. De son côté, M. Forchhammer croit voir dans le kaolin l'action de vapeurs aqueuses et chaudes sur des roches granitoïdes.

Si le quarz ne subit qu'une désagrégation, le mica, l'amphibole, le pyroxène, sont aptes à se décomposer, et produisent aussi des taches ou donnent un aspect particulier aux roches dans lesquelles ces minéraux abondent. Certaines zéolites ne sont probablement que des produits de la décomposition des roches qui les contiennent, ou qui sont près de ces dépôts. La terre verte des roches trappéennes dérive en grande partie du pyroxène décomposé et transporté par des filtrations aqueuses ; aussi faut-il bien la distinguer des chlorites , dites terreuses , qui tapissent des druses et qui semblent être de véritables produits de sublimation.

Des phyllades, comme divers porphyres, se décomposent en argiles ; des calcaires foncés deviennent blanchâtres, et ils se réduisent même, extérieurement, en une pâte terreuse ou en une craie blanche ; enfin, sur le rivage des mers , les calcaires sont corrodés par l'action du chlorure de sodium contenu dans les vapeurs s'élevant de la mer. Il y a formation de chloroxicarbonate de chaux et de soude , sel qui est dissous et entraîné par les eaux pluviales.

Il ne nous reste plus maintenant qu'à résumer les principales questions relatives aux êtres organisés , qui ont peuplé la terre aux diverses époques de sa vie : alors , nous aurons une idée plus complète des anciens âges de notre globe.

Jadis on croyait que les phanérogames monocotylédones avaient paru sur la terre bien longtemps avant les phanérogames dicotylédones ; tandis qu'il a existé un mélange de végétaux différents , sinon depuis toute antiquité , du moins depuis une époque très-reculée. Les mammifères n'étaient regardés que comme contemporains de l'époque du groupe erratique , et l'homme ne devait appartenir qu'à l'époque du groupe historique. Or , un grand nombre de mammifères trouvés dans le groupe palæothériique, et des crânes humains dans des alluvions, probablement du groupe erratique, sont venus donner un démenti à ces idées systématiques, qui avaient été poussées trop loin, mais qui, néanmoins, semblent être la traduction générale, et non exclusive, de l'ensemble des faits observés jusqu'ici, et, nous dirons plus, des lois-mères, telles qu'on les entrevoit dans les grands systèmes de la nature.

Le règne végétal se divise en agames, en cryptogames cellulaires et vasculaires, en phanérogames monocotylédones et dicotylédones. La liaison entre les cryptogames vasculaires et les phanérogames monocotylédones s'établit au moyen des cycadées d'un côté, et des conifères de l'autre. Jussieu et Linné avaient placé les cycadées parmi les fougères; Richard fit apercevoir le premier les rapports intimes qui les lient aux conifères, et M. Robert Brown compléta une telle réunion. Avec ces deux familles, M. Ad. Brongniart a formé sa classe des phanérogames gymnospermes, intermédiaires entre les cryptogames et les véritables phanérogames. Quoiqu'elles diffèrent beaucoup par leur aspect extérieur, leurs feuillages et le mode de développement de leurs tiges, ces deux familles sont caractérisées par une structure semblable de leurs organes reproducteurs, analogues à ceux des plantes phanérogames; mais les ovules en sont nus et reçoivent directement l'influence du fluide fécondant. De plus, M. Ad. Brongniart place les équisétacées avant les fougères ; après ces plantes et les characées, il met les lycopodiacées ; et il commence la classe des phanérogames monocotylédones par les naïades.

Actuellement, il s'agit de savoir si l'on doit adopter ou non les idées de M. Ad. Brongniart : 1° doit-on regarder comme parfaitement exact son classement des lycopodites, qui pourraient être quelquefois tout aussi bien des restes de fougères ou même de conifères ? 2° doit-on admettre le genre voltzia parmi les conifères, les calamites, etc., dans les équisétacées, malgré leur ressemblance avec les végétaux monocotylédons arborescents, etc.? La raison que les botanistes donneront à de pareils doutes, ainsi que la détermination de certains végétaux, non classés par M. Ad. Brongniart, régleront les déductions générales qu'il est permis de tirer de la distribution des végétaux fossiles.

Les travaux de MM. Nicol et Witham ont fait connaître au milieu des terrains sédimentaires anciens beaucoup de conifères, qui diffèrent véritablement des conifères de M. Ad Brongniart, et qui offrent surtout dans les coupes longitudinales de leurs bois une grande ressemblance avec les végétaux dicotylédons. Il serait donc établi, contradictoirement aux assertions de M. Ad.

Brongniart, que les couches montrant presque les premières traces de végétation, recèlent, non pas seulement des cryptogames monocotylédones, mais encore des phanérogames gymnospermes. Or, pour ceux qui n'admettent pas la validité des raisons de M. Ad. Brongniart, relativement à la séparation des conifères d'avec les dicotylédonées, cela veut dire que toutes les classes végétales auraient eu leurs représentants sur le globe, du moins depuis l'instant où il y a eu des terres émergées.

Les végétaux phanérogames dicotylédons fossiles n'offrent des genres analogues à ceux actuellement existants, qu'à partir de l'époque du groupe crétacique : ceci est tout à fait conforme à l'aspect étrange que les végétaux fossiles semblent prendre à mesure qu'on s'enfonce dans l'intérieur de l'écorce du globe. Pour les mollusques et les zoophytes, un grand nombre de genres encore existants se retrouvent dans les couches fossilifères les plus anciennes. S'il en est autrement à l'égard des végétaux, on reconnaît la cause de cette différence dans la fixité des plantes sur un point déterminé, et dans leur aptitude plus grande à se modifier suivant les circonstances extérieures.

Dans les groupes grauwacique et carbonique, nous rencontrons, il est vrai, moins d'espèces qu'il n'en existe présentement ; nous con-

naissons aussi des flores insulaires, dont le nombre des espèces remplaçait celui des genres actuels dans les mêmes îles ; au reste, ce sont très-
souvent des genres totalement différents. Ainsi,
des végétaux conifères de genres particuliers, et
rappelant quelquefois les araucaires de l'Océanie, y sont associés à des cryptogames vasculaires de genres extraordinaires.

Il existe encore plus d'hétérogénéité relativement aux genres des végétaux phanérogames monocotylédons, qui sont tout nouveaux, témoins
les flabellaires, les nœggerathia, etc. de la famille
des palmiers, les cannophyllites de celle des
cannées, les sternbergies, les amulaires, les
astérophyllites, les volkmannies, etc. L'analogie générique des végétations ancienne et moderne n'a presque lieu que pour les fougères et
les marsilacées ; car les prêles fossiles s'éloignent
considérablement des espèces vivantes ; il en
est de même de beaucoup de lycopodytes, de
paocites, etc. A l'égard des plantes marines, on
trouve des fucoïdes dans tous les dépôts marins, depuis les plus anciens jusqu'aux plus modernes ; mais ce ne sont point des espèces de
notre époque, et l'analogie ne devient un peu
sensible que dans le groupe palæothériique.

Les découvertes de M. de la Bèche, dans le
Devonshire, certains dépôts charbonneux d'Allemagne et de la France occidentale ont démon-

tré la difficulté, sinon l'impossibilité, de distinguer la végétation des groupes carbonique et grauwacique.

Ensuite, nous trouvons dans le conglomérat rouge principalement des troncs de fougères ou de rhizomates, des troncs appelés méduloses et calamitées par M. Cotta. Voilà donc encore à peu près la même végétation que dans les terrains antérieurs, si ce n'est que la nature grossière du dépôt n'a pas permis la conservation des parties délicates des végétaux. Enfin, on ne connaît jusqu'ici dans le zechstein que des débris de fougères et le cupressites Hulmanni.

Le petit nombre de végétaux conservés dans le trias supérieur et le lias indiquent une diminution, relativement au nombre des fougères, ainsi que l'apparition de quelques genres nouveaux de ces plantes, beaucoup de calamites particulières, des lycopodiacées, des liliacées, et une quantité considérable d'equisetum, de voltzia et de mantellia, deux genres appartenant, l'un aux conifères, l'autre aux cycadées, etc.

L'époque végétale des groupes oolitique et crétacique semblerait dater du dépôt du grès du lias; en effet, ce sont les couches de grès qui présentent, pour la première fois, cette abondance de cycadées des genres zamia, pterophyllum et nelsonia, cette quantité de conifères des genres taxites, thuites, brachyphyllum, etc.

D'après les localités explorées en Europe, on a remarqué, dans les fougères, des espèces nouvelles, ou bien des espèces nouvelles réunies avec celles des houillères anciennes, et avec des stygmaires, des lépidodendrons, des astérophyllites, des calamites, etc. Il est tout naturel que, suivant les bassins et les localités, on pourra établir des différences de végétation entre les plantes de certaines couches des groupes oolitique et crétacique. Les dépôts pélagiques abonderont en plantes maritimes, tandis que ces dernières seront rares dans les dépôts de delta, ou fluviatiles et marins.

Le groupe palæothériique est essentiellement caractérisé par une végétation continentale, dont la plus grande partie des genres, si ce n'est tous, se trouvent encore maintenant dans la zone tropicale ou tempérée. Auparavant, la végétation avait presque exclusivement un caractère équatorial ; depuis cette époque, on reconnaît évidemment que la zone tempérée de l'hémisphère boréal présentait au moins deux climats : l'un propre à la vie des palmiers, des cocotiers, etc., et l'autre à celle des pins, etc. La classe des phanérogames dicotylédones incontestables, avait augmenté sensiblement et progressivement ; il y avait encore des genres éteints ; mais on observe que les fougères ont pour ainsi dire disparu, comparativement à la masse des autres végétaux.

Au contraire, d'autres genres, tels que les taxites, les junipérites, parmi les conifères et d'autres familles, comme les amentacées, les juglandées, les acérinées, etc., semblent avoir augmenté en espèces.

Plus on remonte dans la série des couches, plus est grande l'analogie des plantes fossiles avec la végétation des contrées qui les recèlent. Néanmoins il faut se défier de ces comparaisons, faites trop légèrement, d'impressions de feuilles avec celles du pays où on les observe. Une telle remarque s'applique, à fortiori, aux impressions semblables trouvées dans le grès vert; car, il y a même de ces feuilles qui proviennent de plantes monocotylédones, et qu'on dirait cependant avoir appartenu à des arbres dicotylédons.

Les dépôts palæothériiques marins et ceux formés dans les eaux douces présentent, comme cela doit être, des végétaux différents. Néanmoins, à Bolca, on trouve beaucoup de fucoïdes mêlés à des débris de végétaux terrestres; tandis que le calcaire, la marne d'eau douce de Paris, de l'île de Wight, offrent des characées ou des nymphéacées. Certains dépôts auront été plus favorables que d'autres à la conservation des parties végétales délicates; il y a donc des localités riches en graines fossiles, comme on en connaît dans le groupe palæothériique, dans le terrain houiller, le trias, etc. Enfin, des mousses ont pu se conserver çà et là ; d'ailleurs, de pareils phénomènes n'excluent point les cryptogames cellulaires des premières époques, quoiqu'on ne les y ait pas encore observées.

En résumé, on peut dire qu'on est parvenu jusqu'ici à distinguer sur la terre, ou plutôt dans la zone tempérée de l'hémisphère boréal, cinq espèces de végétation, savoir : celle qui existe actuellement, celle de l'époque du groupe palæothériique, celle de l'époque des groupes crétacique et oolitique, celle de l'époque du groupe triasique, et celle des temps antérieurs. Toutes ces végétations se lient ensemble par des passages ; des familles ou des genres disparaissent petit à petit, pour être remplacés par d'autres ; en un mot, les diverses périodes ne sont que des abstractions, analogues à celles au moyen desquelles on distribue en régions les végétaux actuels.

Si l'on compare les déductions de M. Ad. Brongniart à celles que nous venons de présenter et qui sont dues au savant M. A. Boué, on n'y observera point de différence essentielle, à l'exception de l'idée de M. Ad. Brongniart, qu'on peut formuler ainsi : Il n'y a eu, nulle part sur le globe, de continents, lors des dépôts du grès rouge, du muschelkalk et de la craie. Quoique notre terre montre les traces évidentes de grandes révolutions locales, l'hypothèse de M. Ad.

Brongniart semblerait être démentie, selon
M. Boué, par tous les faits géologiques, puisque
tous, d'après ce dernier géologue, indiqueraient
une suite non interrompue et successive de créations inorganiques et organiques.

Or, la formation locale et littorale des houillères ainsi que des lignites, est la meilleure preuve
de l'assertion de M. Boué; en effet, ces dépôts
de combustibles sont composés, les plus récents,
principalement de conifères, les plus anciens,
généralement de fougères arborescentes, de lycopodes, de prêles, etc.; tandis que d'autres
sont des débris de cycadées, de conifères et de
végétaux dicotylédons. L'ensevelissement de
ces masses végétales a nécessairement exigé
des circonstances rares; car sans cela, de pareils dépôts se seraient répétés à toutes les époques et dans tous les lieux. Il est indifférent
qu'on les regarde comme provenant de tourbières, de débâcles ou d'alluvions fluviatiles;
leur enfouissement n'en est pas moins une anomalie qui ne s'est reproduite que de temps à
autre, mais vraisemblablement par suite de révolutions locales.

Passons maintenant de la vie végétative à la
vie animale : nous remarquons dans la distribution comparative des plantes et des animaux fossiles, les mêmes relations réciproques que ces
deux divisions de la création conservent encore

aujourd'hui. Dans la plus ancienne période, la végétation exigeait une chaleur au moins tropicale ; elle était activée probablement par l'acide carbonique, qui était alors répandu dans l'atmosphère en bien plus grande quantité qu'à présent. En effet, les êtres qu'on a reconnus dans les couches formées pendant cette époque, répondent tout à fait à une pareille condition d'existence.

Nous voyons d'abord des zoophytes, des infusoires, des annelides, des crustacés, des mollusques représentés par des genres intertropicaux ou éteints ; puis des poissons en partie sauroïdes, tels que le mégalichthys. Plus tard, apparaissent d'énormes reptiles, comme le phytosaure, l'iguanodon ; ils participent quelquefois des caractères des poissons : dans ce cas, nous citerons les ichthyosaures et les plésiosaures ; et quelquefois de ceux des oiseaux, tels que les ptérodactyles. Ensuite les insectes semblent avoir augmenté ; la terre nous offre les mers habitées par divers cétacés, et les continents couverts de mammifères en partie de genres maintenant éteints, savoir : des palæothères, des anoplothères, des lophiodons, des mastodontes, etc. Elle nous présente aussi un mélange d'animaux de climats chauds et tempérés, ce qui montre que les animaux habitaient des lieux situés à différentes hauteurs. Enfin, les genres éteints disparaissent peu à

peu, et les animaux actuels, ainsi que les hommes, prennent possession du globe divisé en
zones et climats, selon les latitudes, les longitudes et les hauteurs.

Mais, chose digne de remarque, les genres
éteints comprennent presque tous des restes fossiles des classes supérieures, tandis qu'ils sont
peu nombreux pour les rayonnés et les mollusques, du moins comparativement à ceux des
plantes fossiles. Ces deux dernières classes d'animaux paraissent avoir été formées de toute ancienneté, à peu près comme nous les trouvons
encore, principalement entre les tropiques; or,
l'échelle inférieure de leur organisation étant plus
apte à se plier à des changements de milieux, et à
résister à des révolutions terrestres que les autres
classes d'animaux et même que les plantes, on
comprend facilement l'anomalie que semble
présenter l'extinction de certains êtres organisés. Dans tous les cas, il a pu se multiplier
un nombre immense d'animaux mous, dont il
ne reste aucune trace.

On a appuyé spécialement sur six propositions
savoir : 1° la progression du simple au composé
dans la succession des créations, depuis les
époques les plus anciennes jusqu'à nos jours;
2° l'apparition des reptiles après celle des poissons, et après l'époque du groupe carbonique ;

3° la création des insectes terrestres, des oiseaux, et des mammifères après l'époque crétacique; 4° la création de l'homme après la période du groupe erratique; 5° les différences palæontologiques observées d'un dépôt à l'autre; 6° l'identité d'aucun animal des terrains anciens avec ceux existant actuellement. Quant aux premières propositions, des découvertes récentes semblent leur avoir porté un rude échec. D'abord, plus on a étudié en zoologiste les dépôts anciens, plus on a trouvé de restes de poissons à formes équatoriales; on en a même vu dans les grauwackes et divers schistes; ils y sont associés avec des trilobites, dont le brongniartia trilobitoïdes et une espéce de sérole des plages magellaniques semblent nous offrir encore les analogues. En outre, MM. Fleming, Murchison et Sedgwick ont reconnu, dans le grès pourpré, des poissons d'eau douce et des débris de tortues voisines des trionyx.

Comme en Écosse et en Angleterre, les couches du groupe carbonique ont décélé des ossements d'êtres moitié poissons, moitié reptiles, au milieu d'un dépôt de delta, pétri quelquefois d'entomostracés, de coquilles d'eau douce et de végétaux terrestres, ne faut-il pas nous attendre à trouver bientôt de véritables reptiles dans les terrains plus anciens? D'ailleurs, ce fait était

déjà rendu probable par la présence de poissons
et de mollusques d'eau douce dans certaines couches houillères, et par celle d'amphibies, tels
que le protorosaurus speneri dans le zechstein.
Les végétaux terrestres, les animaux d'eau douce de la période houillère, ainsi que des terrains
antérieurs, sont des preuves patentes qu'il y
avait alors des terres émergées, ou, au moins,
de grandes îles. Or, rien ne s'oppose, dans la
vie des insectes terrestres et même des oiseaux,
à ce que certains genres aient pu s'accommoder
à l'atmosphère qui convenait aux amphibies. On
a découvert, dans le groupe carbonique du
Shropshire et du Northumberland, des arach-
nides, des coléoptères et des névroptères très-
voisins du genre mantispe, qui forme le passage
des orthoptères aux mantes. Petit à petit, on
en trouvera peut-être d'autres ; au reste, il est
bien établi que les insectes terrestres ont existé
presque aussitôt qu'il y a eu des continents
émergés.

La plupart des restes de cétacés ont été trouvés jusqu'ici dans le groupe palæothériique et les
supérieurs ; nous y voyons des lamantins, des
dugongs, des dauphins, des narvals, des xi-
phius, des rorquals et des baleines (1). Certains

(1) Voyez ma note sur un énorme fossile trouvé à la Louisiane,
brochure in-8°.

ossements des terrains plus anciens qu'on leur avait attribués, ont été reconnus plus tard pour appartenir à des reptiles; néanmoins, on en cite encore des restes dans la craie verte et dans le groupe oolitique. Les amphibies des genres phoque et trichecus accompagnent naturellement les cétacés; il en est de même du genre dinotherium, qui nous offre une espèce, le dinotherium giganteum, aussi remarquable par ses formes que par ses dimensions extraordinaires.

Quant à l'apparition des mammifères non amphibies avant l'époque de la formation du groupe palæothériique et même du groupe crétacique, on s'était fondé sur les ossements trouvés à Stonesfield et qui étaient généralement regardés comme appartenant à des didelphes. Or, M. de Blainville et d'autres zoologistes prétendent qu'ils appartiennent à des reptiles et non à des mammifères. Dès lors, les géologues ne doivent-ils pas s'affliger en voyant autant d'incertitude ou de divergence d'opinion chez des zoologistes, dont les travaux devraient leur servir pour faire l'histoire de la terre, comme les médailles servent aux publicistes pour retracer l'histoire des peuples? Dans cette circonstance, ne convient-il pas de dire: de deux choses l'une; ou les ossements fossiles en question sont réellement indéterminables dans l'état actuel de nos connaissances, ou bien des anatomistes, s'ils sont habiles, ne peuvent voir différemment. Dans le premier cas, des hommes sages et placés au premier rang dans la science doivent s'abstenir ou savoir douter; dans le second, ils doivent être unanimes dans le but de faire avancer la science. Reste ensuite la tâche du géologue : il s'empare des découvertes des zoologistes; et, certes, pour qu'il n'erre point, il importe qu'on lui fournisse des documents positifs; autrement il est toujours dubitatif, comme nous le sommes aujourd'hui à l'égard des déterminations des fossiles de Stonesfield. En effet, parmi ces savants, lequel croire dans une question aussi capitale? C'est alors que le géologue, assez sujet malgré lui à rendre élastiques les faits et les opinions, adopte les idées qui sont le plus en harmonie avec les siennes propres. Maintenant, depuis cette polémique, et dans le vague où elle nous laisse, nous préférerions la détermination de M. Blainville, si nous pouvions nous prononcer; car elle flatte davantage les systèmes géogéniques que nous professons. L'avenir prouvera-t-il mieux? il faut l'espérer.

Tout récemment, d'anciennes plages sableuses, changées en couches de grès bigarré, ont offert à Hildburghausen en Thuringe et en Angleterre, des traces de pas d'animaux. Leur marche devait avoir quelque chose de particulier. Au reste, jusqu'à présent, on n'a pu se faire une opi-

nion exacte sur ces empreintes ; car des zoologistes habiles les ont regardées comme des traces
de végétaux , tandis que les botanistes n'y trouvent aucun rapport avec les plantes !

Dans les groupes palæothériique, erratique et
historique , on a reconnu jusqu'ici plus de trois
cent soixante espèces de mammifères , dont près
d'un quart sembleraient être propres à l'époque
palæothériique.

Les quadrumanes et l'homme n'ont point paru
en même temps que cette foule de grands mammifères de la période erratique : telle est la pro-
position soutenue par bien des géologues. Or ,
les dernières découvertes de M. Lartet ont prouvé
que le genre gibbon existait à l'époque du groupe palæothériique. Les os et les crânes humains
trouvés en Saxe , dans le pays de Bade et en Autriche , dans le limon argileux déposé probablement lors de la formation du groupe erratique ,
semblent donner encore un nouveau démenti à
l'opinion de la création très-récente des hommes.
Au reste , la forme de ces têtes paraît étrangè-
re à celle des crânes des races blanches ; elle se
rapproche au contraire de celle des crânes des
races du sud de l'Amérique. Ensuite , pourquoi
ne pas admettre, sauf rectification , le mélange
de ces restes humains au milieu d'ossements
d'animaux éteints ? Ne reconnaît-on pas qu'il
peut y avoir eu çà et là des remaniements de pa-

reils dépôts ; de manière que des ossements de différentes races humaines , comme des os d'animaux vivants encore , se seront mêlés avec les couches supérieures des dépôts ossifères anciens. Enfin , des cavernes ont pu être habitées à plusieurs reprises ; elles ont pu servir de sépulture ou recevoir des alluvions modernes par les cours d'eau qui les traversent fréquemment. Cependant , quand nous voyons Schmerling mettre le plus grand soin dans l'examen des cavernes de Maëstrich , et trouver non-seulement des têtes rappelant les formes africaines , mais encore des poteries grossières , des aiguilles en os, etc., ne devons-nous pas nous demander s'il n'est pas dans les lois de la nature que la race humaine ait commencé par des espèces analogues aux nègres ou aux hommes qui habitent le voisinage de l'équateur? Quoiqu'il en soit, si l'on trouve une grande probabilité à l'existence de l'homme lors de l'époque du groupe erratique , il ne faut point cependant trancher une pareille question, et surtout ne pas rejeter les diverses explications au moyen desquelles on a rendu compte des détails paléontologiques, des figurines et des monnaies romaines , des poteries celtiques , etc. , à l'égard des cavernes de la France méridionale.

Les animaux qui sont ensevelis dans la terre ou qui flottent à la surface des eaux, se décomposent avec le temps et ne laissent souvent à leur place

ni fossiles, ni le cachet de leur cadavre. Ce
n'est donc pas des hommes morts avant l'événement d'un grand cataclysme dont il faudra espérer de rencontrer en général les ossements à
l'état fossile ; car on ne contestera pas la supposition que leurs restes étaient recueillis et re-
cevaient la sépulture d'une manière quelconque
par leurs semblables. Cet usage instinctif n'a été
méconnu par aucun peuple, pas même les an-
thropophages. Ainsi, il n'y aurait de fossiles
humains que les restes des hommes qui furent
victimes de la submersion subite de leur séjour.
Or, une telle condition ne paraît pas la plus favorable à la formation des fossiles. Il ne faut pas
croire, en effet, que tous les ossements qui se
trouvent à cet état, particulièrement ceux du
dépôt diluviique, ne proviennent que des animaux tués par le cataclysme, ni qu'ils les représentent tous ; au contraire, plusieurs considérations rendent probable qu'ils sont aussi les
restes d'une partie des animaux morts antérieurement et gisant à la surface du sol, où ils ont
pu, pendant un grand laps de temps, se conserver intacts. Il est possible que ces os aient été
entraînés avec les terres qui, se précipitant des
collines, sont venues d'abord les ensevelir dans
les vallons et sur les plaines que les eaux ont dû
submerger les premières ; car les amas les plus
considérables de fossiles se trouvent dans les

lieux de ce genre que fréquentaient les espèces
dont ils proviennent. Qu'un grand nombre de
ces animaux, qui vivaient alors, aient été sai-
sis par les eaux et enveloppés dans les terres
qu'elles emportaient, on doit l'admettre évidemment; mais il est certain aussi que la plupart
de ceux qui auront flotté sur les eaux, auront
été détruits. Tel a été le sort principalement des
espèces qui habitaient ou qui auront pu gagner
les hauteurs. Les fossiles des animaux doués de
cet avantage sont, en effet, beaucoup moins
nombreux ; peut-être encore ne proviennent-
ils que des ossements épars sur le sol, et qui
auraient été entraînés dans les vallées. Or,
n'est-il pas à présumer que l'homme, vu son
intelligence et ses habitudes, se soit trouvé
occuper une position plus avantageuse que celle
d'une multitude d'animaux, et qu'à l'approche de
l'inondation il ait cherché à gagner les hauteurs
ou à fuir le danger d'une manière quelconque ?
En outre, il n'est pas absurde de dire que des faits
portent à croire que l'espèce humaine ne vivait
point, en général, dans les pays où l'on découvre des ossements fossiles, à l'époque des dernières révolutions qui ont enfoui ces ossements.
Mais nous ne voulons pas conclure que l'homme
n'existait pas du tout avant cette époque ; car il
pouvait habiter quelques contrées peu étendues,
d'où il a repeuplé la terre après ces événements

terribles. D'autres considérations viennent encore nous recommander de ne rien conclure de positif à l'égard de l'apparition relative du genre humain sur le globe. Les contrées de l'Europe sont-elles celles où il faut chercher les preuves irrécusables de l'existence de l'homme avant le groupe historique? Ne serait-ce pas aussi bien dans les régions de l'Asie ou dans celles d'une autre partie du monde? Or, les connaissons-nous toutes parfaitement? Les a-t-on creusées avec attention et à loisir? Ne devrait-on pas de plus, avant de conclure d'une manière affirmative, avoir vérifié ce qui se trouve au-dessous des mers? Il est en effet des personnes qui soutiennent que des lieux où l'homme vivait ont été abîmés, et que ses os sont ensevelis au fond des mers actuelles, à l'exception du nombre d'individus qui ont continué son espèce.

Dans toute hypothèse, on doit s'attendre à trouver des fossiles humains beaucoup plus rarement que les débris de divers autres habitants de la terre; car les grands animaux de ces temps, d'une végétation active, ont dû être plus nombreux que l'espèce unique du genre humain; et les nations n'étant pas assez répandues sur la terre, ne leur avaient pas encore fait une guerre d'extermination.

Supposons qu'une grande irruption de la mer couvre d'un amas de sables ou d'autres débris le

continent de la Nouvelle-Hollande : elle y en-
fouira les cadavres des kanguroos, des phasco-
lomes, des dasyures, des péraméles, des pha-
langers volants, des échidnés, des ornithorhyn-
ques, et elle détruira entièrement les espèces
de tous ces genres, puisqu'aucun d'eux n'existe
aujourd'hui dans d'autres pays ; que la même
révolution mette à sec les petits détroits multipliés qui séparent la Nouvelle-Hollande du continent de l'Asie, elle ouvrira un chemin aux
éléphants, aux rhinocéros, aux buffles, aux
chameaux, aux tigres et à tous les autres quadrupèdes asiatiques, qui viendront peupler une
terre où ils auront été inconnus ; qu'ensuite un
naturaliste, après avoir bien étudié cette nature
vivante, s'avise de fouiller le sol sur lequel elle
vit, il y trouvera des restes d'êtres tout différents. Il est évident que le naturaliste se trom-
perait si, d'après une première observation ,
il décidait que les éléphants n'ont paru sur
la terre qu'après la disparition des kanguroos, et que ces races différentes appartiennent
à des époques distinctes et successives de la
création.

L'absence de vestiges des uns et la présence de
ceux des autres dans divers terrains, ne seraient
donc qu'un résultat de circonstances qui auraient
favorisé ou empêché d'abord leur émigration ,
et ensuite leur entraînement sur les eaux. En

effet, dans le moment présent, l'Amérique, l'Afrique, l'Europe, l'Asie et la Nouvelle-Hollande ne sont-elles pas habitées par des animaux dont beaucoup sont particuliers à chacune de ces contrées, sans qu'on puisse établir un ordre d'antériorité en faveur d'aucun et sans qu'on puisse assurer que la répartition actuelle sera toujours la même? Mille causes peuvent évidemment produire ce que l'homme a fait depuis un petit nombre d'années, en transportant des chevaux et des bœufs, par exemple en Amérique, où ils étaient inconnus et où ils ont tellement multiplié, que maintenant ils peuplent d'immenses savanes qui auparavant étaient habitées par des tapirs et des cerfs, dont les races timides et craintives pourront finir par disparaître comme ont disparu les mastodontes, les mégathériums, les mégalonix, etc.

Pendant longtemps on a cru que les débris d'éléphants, de rhinocéros et de mastodontes, ne se rencontraient que dans les alluvions les plus modernes; mais nous savons maintenant qu'on les trouve ensevelis plus bas dans la série des terrains, et qu'ils habitaient la surface du globe avant que les palæothères et quelques autres genres de mammifères eussent cessé d'exister. Plusieurs de ces animaux ont pu vivre depuis la dernière grande catastrophe, et avoir été détruits dans les temps historiques, sans que nous puissions le savoir.

Cela est surtout possible pour les gros pachydermes, qui auront inspiré à l'homme plutôt un
sentiment de frayeur que l'idée de les soumettre
à son usage.

Jadis aussi l'on croyait que le cervus giganteus
n'avait existé qu'antérieurement à l'homme;
mais aujourd'hui on reconnait qu'il a vécu en
même temps que lui. D'ailleurs plusieurs animaux n'ont-ils pas disparu du nombre des habitants de la terre, pendant nos temps modernes?
Si l'on ignorait ce fait de leur histoire, et qu'on
trouvât aujourd'hui leurs ossements parmi les
fossiles des terrains des groupes subhistoriques,
on serait en droit de conclure qu'ils viennent des
races indiennes anciennement éteintes, tout
aussi bien que les ossements dont on n'a connu
aucun individu vivant. N'en avons-nous pas un
exemple dans le dronte, qui frappa si vivement par
sa taille et l'impuissance de son vol les habitants
de l'île Maurice, et qui fut entièrement détruit
parce qu'il trompa leur espérance d'en faire un
aliment? L'existence de ce volumineux oiseau, à
laquelle on croyait dans les siècles derniers, a
été, de nos jours, sur le point de passer pour
une fable, si quelques débris de son squelette,
conservés en Angleterre, n'étaient venus réhabi-
liter le dronte, qui, peut-être, existe encore
dans quelque contrée de Madagascar, île imparfaitement connue.

Quant à l'éléphant mammouth, trouvé dans les glaces du nord, et que Cuvier a regardé comme une preuve que la dernière révolution, qui a détruit les mammouths, a été subite, et qu'elle a rendu glaciales les contrées qu'ils habitaient, il n'est pas démontré aussi qu'un tel individu n'ait pas vécu après cette dernière catastrophe. Puisqu'il est certain que le mammouth est d'une espèce particulière, couverte de deux sortes de poils, et, par conséquent, très-capable de supporter le froid, il n'y a point de raison pour croire qu'il n'ait pas vécu dans les climats mêmes où l'on en déterre les os. S'il n'a pas existé précisément dans le lieu où il a été enseveli, il a pu vivre à quelque distance de là, et avoir été transporté, après sa mort, par les eaux qui l'auront jeté sur le rivage, où il aura été enveloppé par les glaces; du moins, les circonstances dans lesquelles s'est trouvé son cadavre le rendent présumable.

L'étymologie du nom de mammouth mérite d'être marquée, en ce qu'elle semble indiquer que l'animal a été connu à une époque ancienne de l'histoire. Les uns le font venir du mot mamma, qui, dans certains idiomes tartares, signifie la terre; d'autres le dérivent de mehemoth, épithète que les Arabes ajoutent souvent au nom d'éléphant, quand l'animal est d'une grande taille; d'autres encore le tirent de behemoth, qui est employé par Job pour désigner un très-grand animal, dans la description duquel divers commentateurs ont cru reconnaître l'hippopotame. Behemoth n'est au reste que mehemoth; car le *b* et l'*m* se remplacent fréquemment, étant caractères de même organe, ainsi que cela est dit en linguistique.

Enfin, nous le répétons : à mesure que les populations civilisées se répandent sur les points inhabités du globe, elles emmènent avec elles certains animaux utiles; c'est ainsi qu'une partie des animaux domestiques de l'Europe actuelle, tels que le cheval, l'âne, le bœuf, le coq, etc., paraissent être venus des régions centrales de l'Asie; c'est ainsi que le cheval et le bœuf, qui peuplent maintenant les plaines immenses de l'Amérique, et qui se répandent également dans l'Australie, ont été amenés d'Europe. D'autres animaux qui, loin d'être utiles à l'homme, lui sont au contraire préjudiciables, se sont aussi propagés partout où il a pénétré. Nous citerons comme exemple, le rat, le surmulot, la souris, la blatte orientale, etc., que l'on rencontre sur tous les points où l'homme a fondé des établissements. D'un autre côté, l'homme détruit journellement certaines espèces qui lui nuisent et qui étaient indigènes des climats qu'il a envahis : les loups n'existent plus en Angleterre, et diminuent rapidement en Europe à mesure que la population s'accroît et que de nouveaux défrichements s'effectuent ; d'autres carnassiers, des reptiles venimeux, etc., sont refoulés vers des régions moins habitées. Les auteurs anciens ne mentionnent-ils pas de grands carnassiers, comme existant dans les parties méridionales et orientales de l'Europe, et en Asie? La présence de l'homme a fait également fuir certains animaux dont il eût pu tirer parti, mais qui ne s'accommodaient point de son voisinage : les castors, par exemple , ont presque disparu de l'Europe ; en Amérique, ils ont considérablement diminué et se retirent de plus en plus devant lui. Ainsi la présence de certains êtres contribue à multiplier divers animaux, tandis que le contraire a lieu pour d'autres. De plus, il n'est pas démontré d'une manière irrévocable que certains individus des espèces dites éteintes n'existent point encore sur quelques points de la terre. Il faudrait, pour nier cela , que nous connussions toutes les espèces qui peuvent vivre à la surface du globe. Or, puisqu'il est certain que les naturalistes n'ont pas encore traversé tous les continents et ne connaissent pas même tous les mammifères qui habitent les pays qu'ils ont traversés, pourquoi y aurait-il donc, comme on le dit, peu d'espérance de découvrir de nouvelles espèces de grands quadrupèdes?

On voit donc que les fossiles semblables ne caractérisent peut-être pas absolument des terrains de même âge dans des contrées éloignées les unes des autres. Mais on peut objecter à de telles considérations que l'état des milieux ambiants et la chaleur étaient plus uniformes pour toutes les parties de la surface du globe, dans les temps anciens, et que dès lors il devait y avoir moins de différence chez les êtres tant végétaux qu'animaux. D'ailleurs, les espèces animales, qui sont choisies comme caractéristiques des terrains, appartiennent à des classes inférieures et se trouvent généralement où elles ont vécu.

Les forces créatrices de la nature auraient été les mêmes à toutes les époques, et sont encore ce qu'elles étaient avant l'apparition de l'homme sur la terre ; mais, pour s'exercer avec plus ou moins d'énergie, elles exigent telles ou telles circonstances accessoires, comme, par exemple, certains milieux ambiants, certaines intensités et activités de calorique, de lumière, d'électricité, etc. Or, d'après de semblables idées, toutes les classes de végétaux et d'animaux, y compris l'homme, auraient été créées dès les premiers temps de l'histoire de la terre, si la nature ou l'organisation particulière à chacune d'elles le leur eût permis ; mais les circonstances accessoires étant telles, que la vie d'une ou plusieurs de ces classes devenait impossible, il en est résulté que toutes n'ont pas pu paraître en même temps, que quelques unes n'ont pu être créées qu'à certaines époques, et que celles qui ont pu se former les premières, n'ont joui de cet avantage que par suite de modifications particulières apportées à leur organisation actuelle. Maintenant, elles sont propres seulement à la création des derniers échelons des êtres.

Selon certains auteurs qui s'appuient sur diverses considérations précédentes, les rapports observés jusqu'à présent entre les fossiles et l'ancienneté relative des terrains qui les renferment, pourraient n'être regardés que comme un fait sans généralité et sans conséquence absolue pour l'histoire philosophique de la création des êtres vivants. Le passé peut être lié au présent par une chaîne non interrompue; il est possible que des espèces aient cessé d'exister pour toujours, tandis que d'autres auront continué leur succession, sans qu'il soit besoin de recourir à de grands changements réitérés à de longs intervalles dans la nature, ni de supposer que le Créateur ait, à plusieurs reprises, recommencé son œuvre. Dans tous les cas, nous manquons nécessairement de beaucoup d'anneaux intermédiaires : dès lors, qu'il y ait eu passage continu dans l'organisme animal et végétal, ou qu'il y ait eu,

au contraire, des sauts brusques dans les diverses créations, il nous est impossible de trancher
actuellement, et peut-être jamais, la question.
Savoir comment l'auteur de toutes choses a procédé dans ce prodigieux et incompréhensible
travail, est un problème plus complexe qu'il ne
paraît de prime abord, et qui sera peut-être,
comme celui de l'origine de la vie, toujours insoluble pour l'esprit humain. Néanmoins, quoique les données soient insuffisantes pour se former à posteriori une opinion raisonnable et bien
distincte, il semble qu'à priori tout porte à penser qu'il y a eu, sauf les exceptions produites
par les troubles plus ou moins généraux qui ont
détruit par instants l'harmonie existante, passage progressif et continu dans les créations, en
vertu de lois premières régissant l'univers, et
que les êtres s'appropriaient au monde extérieur, qui lui-même, en fonctionnant selon des
lois aussi immuables, obéissait de cette manière
à la volonté suprême pour accomplir la grande
œuvre.

Dans toutes les créations, le philosophe aperçoit certains plans généraux d'après lesquels la
nature a travaillé, comme à son ordinaire, d'une
manière uniforme, simple et plus ou moins sy-
métrique. De là sont nées ces similitudes entre
les formes des classes et beaucoup de genres de
différentes classes d'êtres. Tout le monde est

d'accord sur ce point, et le dissentiment n'a lieu que pour l'extension plus ou moins grande que tel ou tel savant veut donner au développement d'une pareille idée. Or, ces plans généraux ou ces modes de manifestation des forces créatrices ont dû nécessairement, et doivent encore s'adapter aux circonstances dans lesquelles se trouve le globe. D'ailleurs, si nous considérons la question sous le point de vue de la métaphysique religieuse, il nous paraît qu'une bien plus grande étendue est accordée aux puissances divines, en leur concédant une faculté créatrice illimitée pour le temps, mais seulement modifiée par les circonstances accessoires, qu'en leur fixant des bornes à telle ou telle époque.

M. Deshayes a dit le premier qu'il fallait appuyer les distinctions des terrains, non point sur les fossiles les plus communs, mais bien sur ceux qui se présentent constamment dans le même terrain, dussent-ils être très-rares. Cette thèse est excellente à soutenir dans un cabinet ; mais dans la nature, le géologue préférera toujours s'attacher aux espèces communes plutôt qu'aux espèces rares et qui nécessiteraient parfois beaucoup de temps pour leur découverte. Il en serait autrement si l'on pouvait, d'un coup d'œil, voir tous les fossiles d'un dépôt ; alors rien de mieux. D'un autre côté, loin d'être d'accord sur la définition de l'espèce, tout le monde

se demande comment on doit limiter l'espèce;
il y a même des naturalistes qui n'admettent
aucuns caractères tranchés dans les espèces, et
qui, au contraire, aperçoivent des passages insensibles d'une espèce à une autre. M. Deshayes,
après avoir réuni un grand nombre d'individus de beaucoup d'espèces, les a comparés, et
ayant éliminé les particularités individuelles, a
trouvé, assure-t-il, des caractères assez nets,
communs à chaque individu d'un groupe d'êtres,
pour admettre des espèces diverses, et pour les
reconnaître avec précision et sans difficulté. Au
reste, nous avions déjà, nous-même, entrevu
les anomalies individuelles et les rapports qui
existent entre quelques genres et quelques espèces, circonstances qui ont induit en erreur
plusieurs naturalistes.

A quelles conclusions l'exposé de ces diver-
gences d'opinions peut-il conduire? Afin de rester dans la voie de la logique, nous croyons que,
jusqu'à présent, on ne possède point assez de
documents certains, et qu'il faut attendre un
contrôle fait avec conscience, de part et d'autre,
pour décider la question d'une manière satisfaisante. Cependant, il paraîtrait, d'après les
derniers travaux de M. Deshayes, que chacun
des groupes de terrains, depuis le groupe palæothériique jusqu'au groupe grauwacique,
n'a aucune espèce animale identique, et que

le nombre des espèces augmente en progression
rapide, depuis le premier groupe fossilifère jusqu'au groupe de l'époque actuelle. Cette différence d'espèce dans chaque groupe vient donc
confirmer les divisions que la nature a établies
dans l'histoire des grands phénomènes mécaniques du globe et dans celle des générations qui
se sont succédé sur la terre. Peut-être aussi à
chacune de ces époques correspond-il un grand
phénomène de soulèvement? Dès lors, on aurait
autant de soulèvements généraux qu'il y a eu
de générations et de groupes différents de terrains. De cette manière, plusieurs des soulèvements admis jusqu'ici ne seraient que des cas
particuliers, ou des éléments des grands soulèvements correspondant à chacun des groupes de
terrains.

Mais, si les résultats des recherches de M. Deshayes sont d'accord avec nos divisions établies
par groupes de terrains, depuis le groupe palæothériique jusqu'au groupe grauwacique, on
doit voir que, vers les limites inférieures et supérieures des terrains, ils ne sont plus en harmonie avec les divisions des géologues; car, à
partir du groupe carbonique jusqu'aux terrains
les plus inférieurs, M. Deshayes ne trouve qu'un
seul groupe, de même qu'il réunit le groupe erratique au groupe historique. D'où proviennent
de telles anomalies? Est-ce la traduction d'une

loi naturelle, ou bien un défaut de connaissance des fossiles qui gisent dans les terrains situés aux deux limites supérieure et inférieure?

Or, il ne faut pas oublier que les principes sur lesquels repose l'établissement des espèces fossiles d'annélides, de mollusques et de zoophytes, en histoire naturelle, ne sont pas bien fixes; d'ailleurs, sans la présence des animaux, et avec de simples tests, ne court-on pas le risque de multiplier les espèces inutilement, en confondant avec elles des variétés résultant des différences dans l'habitation, le climat, ou d'autres circonstances extérieures, etc.? Ne court-on pas aussi le risque de tomber dans l'excès contraire? De la réponse péremptoire à cette question dépendraient vraisemblablement des différences zoologiques établies sur des restes organisés, souvent incomplets pour des déterminations exactes. Dans tous les cas, nous pouvons affirmer que tous les individus de l'ostrea beaumontii, recueillis par nous en très-grand nombre, diffèrent assez les uns des autres; il en est même qui se rapprochent beaucoup des gryphées. Nous croyons donc, avec plusieurs naturalistes, qu'on devrait ne faire qu'un genre des gryphées et des huîtres; si l'on comparait, en effet, les échantillons de l'ostrea beaumontii qui diffèrent le plus entre eux, on serait tenté de créer plusieurs espèces; et si, en outre, certains zoologistes voyaient les aspects variés de l'ostrea edulis, qui forme la majeure partie des buttes coquillières de Saint-Michel-en-l'Herm, ils prendraient peut-être les accidents extrêmes pour des espèces distinctes. Ces différences proviennent, soit de l'instabilité d'états des milieux dans lesquels vivaient ces animaux, soit aussi d'une multitude d'influences accidentelles, et qu'il est difficile de préciser. Ce sont, au reste, des résultats qui s'accomplissent également sous nos yeux, lorsque nous avons assez de patience pour étudier les coquilles sur les côtes, et suivre ainsi la nature dans ses travaux plus ou moins compliqués pour notre intelligence, mais toujours conduits d'après des lois simples et en harmonie.

Les créations végétales et animales ne paraissent pas avoir été renouvelées plusieurs fois en totalité sur la terre. Au contraire, la succession des genres et peut-être aussi des espèces fossiles, leur remplacement les uns par les autres indiquent un changement gradué qui n'a été brusque que çà et là, à certaines époques et par suite de soulèvements, d'affaissements et d'inondations considérables. Il y aurait donc eu des cataclysmes capables d'embrasser une grande partie du globe sans, pour cela, le dépeupler tout à fait.

La formation et la nature des masses minérales dépendent souvent du climat plus ou moins

chaud, et des êtres dont l'existence est toujours
liée intimement à une certaine température. Il
devient donc encore possible qu'à la même époque il se soit formé, à différentes distances de
l'équateur, des dépôts séparés, non-seulement
par leurs dépouilles fossiles, mais encore par
leur nature minéralogique.

Ces différences dans les terrains ont pu résulter de la situation des contrées, de leur hauteur
au-dessus de l'océan, de leur éloignement des
mers, de leur soulèvement, de leur émersion, de
leur submersion plus ou moins modernes, des
répétitions de pareils accidents, etc. Or, toutes
ces causes ont pu et dû agir conjointement avec
celles précédemment indiquées ; de manière
qu'il ne faut pas oublier les effets d'aucune
d'elles, lorsqu'on cherche à appliquer l'étude
des fossiles à la géologie. Tel est le seul moyen
de s'expliquer complétement, d'un côté la distribution des restes fossiles des animaux et des
végétaux, et, de l'autre, la distribution des
créations végétales et animales actuelles.

Enfin, pour nous résumer, il résulte que le
géologue a cru reconnaître un développement
successif dans l'organisation, depuis les temps
les plus anciens jusqu'à l'époque actuelle. Les
types de l'organisation animale la plus simple
se montrent d'abord presque exclusivement :
ce sont des animaux invertébrés, tels que des

rayonnés, des annélides, des crustacés et des mollusques; puis les animaux vertébrés viennent peupler les eaux de poissons, et couvrir le globe de reptiles; ensuite les oiseaux et les mammifères se multiplient; l'homme, enfin, termine jusqu'ici l'œuvre de la création. Le développement que le règne végétal a pris successivement est aussi un résultat très-curieux; car, pendant les premières époques, on trouve presque exclusivement des cryptogames vasculaires, c'est-à-dire des végétaux d'une structure assez simple; plus tard, le nombre des végétaux phanérogames gymnospermes et des phanérogames monocotylédons devient proportionnellement plus considérable; puis, les phanérogames gymnospermes semblent prédominer; et enfin, les végétaux phanérogames dicotylédons viennent se placer au premier rang. Nous pouvons donc admettre que vraisemblablement, parmi les végétaux comme parmi les animaux, les êtres les plus simples ont précédé les plus complexes, et que la nature a créé successivement des êtres de plus en plus parfaits. Il est à remarquer que les grands changements de la flore et de la faune ont eu lieu presque simultanément : ainsi, les animaux dont l'organisation est supérieure ont commencé à exister, ou du moins à devenir plus fréquents, en même temps que les végétaux dicotylédons, également regardés comme les plus complets.

Cette marche progressive de l'organisation qu'on déduit de la flore fossile comme de la faune fossile, et le renouvellement de certaines espèces dans chaque système de terrains fossilifères, ont donné lieu à des questions du plus haut intérêt : on s'est donc demandé si ce dernier phénomène provenait de créations successives ou de modifications lentes des types primitifs. Nous dirons que l'espèce a dû varier avec les changements survenus dans l'atmosphère, les eaux, la chaleur, et, en un mot, dans l'état physique de la terre. Ainsi, les modifications successives des êtres organisés sembleraient provenir de l'instabilité d'état des milieux dans lesquels les êtres existaient, et seraient la conséquence nécessaire des changements que le globe a subis.

Or, qu'il y ait eu succession perpétuelle et immuable des espèces créées, ou simplement transformation successive ou même formation autochtone et locale, la nature n'a pas moins tracé de grandes époques par l'existence de certains végétaux et animaux ; mais on conçoit que, jusqu'à ce jour, nous ne pouvons qu'essayer de les rétablir.

Quoi qu'il en soit, dans tout le groupe historique, nous voyons seulement les animaux et les végétaux qui vivent maintenant avec l'homme, sauf quelques êtres, tels que le dodo, qui ont été détruits depuis l'époque historique.

Dans le groupe erratique, nous ne trouvons peut-être plus de traces de l'homme; mais nous y voyons des chauve-souris, des ours, des gloutons, des hyènes, des tigres, des chiens, le megatherium, le megalonyx, le pangolin, le castor, le lièvre, le campagnol, le cheval, le cerf, le bœuf, l'éléphant, le mastodonte, le mammouth, le rhinocéros, le porc, des marsupiaux, des oiseaux, etc., ainsi que la plupart des végétaux qui ornent actuellement la surface du globe.

Dans le groupe palæothériique, nous avons des tigres, des martes, des renards, des sarigues, des civettes, des loirs, des chéropotames, le dinotherium, le mastodonte, l'hippopotame, l'elasmotherium, le sivatherium, le rhinocéros, l'anthracotherium, l'adapis, l'anaplotherium, le palæotherium, le xiphodon, le dichobune, le lophiodon, le cheval, le porc, le tapir, le musc, le cerf, l'antilope, le mouton, le lamantin, le ziphius, le requin, des oiseaux, des tortues, des crocodiles, le basilosaure, des poissons marins et lacustres en très-grand nombre, une immense quantité de coquilles marines et fluviatiles, le cerithium giganteum, le notidan, des lamies, des carcharias, des crustacés, des insectes, des oursins, des polypiers, des saules, des peu-

pliers, des platanes, des chamærops, des palmiers, des pins, des charas, etc.

Dans le groupe crétacique, nous ne trouvons
peut-être plus de mammifères ; mais nous y
voyons le mosasaure, le crocodile, l'iguanodon,
le saurocephale, le saurodon, l'hyléosaure, le
leptorynque, des poissons de tous les ordres :
ptichode, spinax, lamie, galæus, chimère, ma-
cropome, pycnode, béryx, acanus, osméroï-
de, enchode, anenchelum, palæonrhynque ;
des crustacés macroures, des hamites, des baculites, des turrilites, des schaphites, des ammonites, des bélemnites, des nucules, des trigonies, des inocérames, des plagiostomes, des
dicérates, des peignes, des gryphées, des huîtres, des sphérulites, des hippurites, des cra-
nies, des térébratules, des serpules, des anen-
chytes, des galérites, des spatangues, des apiocrines, des polypiers, des infusoires, des varecs,
des cycades, des thuites, etc.

Dans le groupe oolitique, nous voyons l'animal de Stonesfiel, des ichthyosaures, des plésiosaures, des ptérodactyles, le géosaure, le
mastodonsaure, le phytosaure, le staneosaure,
le pleurosaure, le lacerta, le racheosaure, le
ganthosaure, le téléosaure, le mégalosaure,
l'iguanodon, l'hyléosaure, l'aleodon, la sala-
mandre, le lépidote, le pholidophore, le tetra-
gonolepis, le dapedius, le leptolepis, l'urœus,

le sauropsis, l'aspidorhynque, le sphérode, le
pycnode, le gyrode, l'hybode, l'acrode, le leptacanthe, le myriacanthe, le ceratode, des chimères, les spinachorins, des ammonites, des
scaphites, des rhyncolites, des nautiles, des
belemnites, des posidonies, des plagiostomes,
des limes, des gryphées, des exogyres, des jambonneaux, des huîtres, des peignes, des térébratules, des gervilies, des pernes, des trigonies,
des nucules, des astartes, des isocardes, des
modioles, des pholadomies, des aptycus, des
ampullaires, des natices, des toupies, des turbos,
des ptérocères, des nérinées, des serpules, des
crustacés, des pentacrines, des apiocrines, des
rhodocrines, des ophiures, des astéries, des comatules, des oursins, des cidaris, des astrées,
des scyphies, des tragos, des agaricias, des prêles,
des fougères, des lycopodes, des cycadées, des
conifères, des liliacées, etc.

Dans le groupe triasique, nous avons le monitor, le nothosaure, le mastodonsaure, le phytosaure, le protosaure, des placodes, des palæonisques,
des pygoptères, des platysomes, des acrolepis,
des cœlacanthes, des acrodes, des psammodes,
des crustacés, des ammonites, des rhyncolites,
des nautiles, des leptènes, des térébratules, des
delthyris, des plagiostomes, des avicules, des
moules, des posidonies, des trigonies, des huîtres, des natices, des turritelles, des serpules,

des encrines, des prêles, des calamites, des ptérophylles, des anomoptéris, des voltzies, des lépidodendrons, etc.

Dans le groupe carbonique, nous trouvons des céphalaspis, des amblyptères, des palæonisques, des acanthodes, le mégalichthys, l'oracanthe, le cténacanthe, des entomostracés, des trilobites, des serpules, des insectes, des goniatites, des gastéropodes, des moules, des brachiopodes, des crinoïdes, des polypiers, des prêles, des fougères, des marsiléacées, des lycopodes, des palmiers en immense quantité, quelques monocotylédons, etc.

Dans le groupe grauwacique, nous voyons des poissons, des trilobites, des serpules, des céphalopodes, des gastéropodes, des brachiopodes, des acéphales, des crinoïdes, des polypiers, des varecs et quelques autres cryptogames.

Dans le groupe phylladique, nous trouvons à peu près les mêmes fossiles que dans le groupe précédent; mais ils s'y présentent en moins grande quantité, et finissent même par disparaître dans les parties inférieures.

Nous ne pouvons rapporter ici la liste de tous les végétaux et de tous les animaux des anciens mondes, tantôt d'une organisation extraordinaire, tantôt se rapprochant des êtres actuels, et tantôt enfin identiques à ces derniers; nous nous contenterons de donner les noms des fos

siles qui sont figurés sur les planches XI et XII.
Là, nous avons essayé de reproduire quelques
types de végétaux et d'animaux fossiles recons-
truits, depuis la plante la plus inférieure jusqu'à
l'homme. Par l'examen de ces planches, on aura
une idée de l'organisme des êtres qui ont successivement peuplé la surface du globe.

Série des Végétaux fossiles reconstruits.

1. Fucoïdes circinatus , Ad. Brongniart.
2. Fucoïdes recurvus, Ad. Brong.
3. Equisetum, Ad. Brong
4. Scolopendrium , Buckland.
5. Osmunda , Ad. Brong.
6. Aspidium, Buckl.
7. Pteris aquilina , Buckl.
8. Cyathea glauca, Ad. Brong.
9. Lycopodium alopecuroïdes, Mirbel.
10. Lycopodium cernuum, Mirb.
11. Lepidodendron sternbergii, Ad. Brong.
12. Lepidodendron gracile , Buckl.
13. Dracæna , Buckl.
14. Calamites nodosus, Lindley.
15. Elæis guineensis, Martius.
16. Chamæros humilis, Buckl.
17. Mauritia aculeata , Mart.
18. Cocos nucifera , Mart.
19. Cycas circinalis , Buckl.
20. Cycas revoluta, Buckl.
21. Zamia horrida , Buckl.
22. Pinus , Buckl.
23. Pinus pinea , Buckl.
24. Araucaria , Buckl.
25. Thuia , Buckl.
26. Ulmus, Buckl.
27. Populas , Buckl.
28. Salix , Buckl.
29. Asterophyllites foliosa, Lind.
30. Asterophyllites comosa , Buckl.

Série des Animaux fossiles reconstruits.

1. Cristatella, G. Cuvier.
2. Caryophyllia , Lamarck.
3. Astrea, Lam.
4. Turbinolia , Lam.
5. Echinus , Linnée.
6. Ophiura , Lam.
7. Asterias, Lin.
8. Actinocrinites, Miller.
9. Platynocrinites , Mil.
10. Apiocrinites , Mil.
11. Apiocrinites, Mil.
12. Libellula , Lin.
13. Buprestis, Lin.
14. Calymene , Al. Brongniart.
15. Paradoxide, Al. Brong.
16. Asaphus , Al. Brong.
17. Limulus , Lin.
18. Astacus , Lin.
19. Cancer mœnas , Lin.
20. Serpula contortiplicata, G. Cuv.
21. Pecten fibrosus, Sowerby.
22. Plagiostoma gigantea, Sow.
23. Gryphæa virgula, Defrance.
24. Gryphæa dilatata , Lam.
25. Gryphæa cymbium, Lam.
26. Gryphæa columba , Lam.
27. Gryphæa carinata , Lam.

28. Ostrea gregarea, Sow.
29. Ostrea deltoidea, Sow.
30. Productus aculeatus, Sow.
31. Spirifer trigonalis, Sow.
32. Trigonia, Bruguières.
33. Pyrula, Brug.
34. Cerithium, Brug.
35. Cassis, Lam.
36. Conus, Lam.
37. Bulla, Lam.
38. Limnæa longiscata, Al. Brong.
39. Planorbis, Lin.
40. Nummulites lævigata, Lam.
41. Eumphalus pentagonus, Sow.
42. Ammonites bucklandi, Sow.
43. Ammonites walcotii, Sow.
44. Belemnites mucronatus, Al. Brong.
45. Nautilus pompilius, Lin.
46. Orthocera simplex, Nobili.
47. Loligo, Lam.
48. Orodus, Buckl.
49. Cestracion philippi, Buckl.
50. Hybodus, Buckl.
51. Acanthodes, Agassiz.
52. Catopterus, Agas.
53. Amblypterus, Agas.
54. Pygopterus, Buckl.
55. Dapedium, Buckl.
56. Salamandroides giganteus, G. Cuv.
57. Pterodactylus brevirostris, Buckl.
58. Pterodactylus crassirostris, Buckl.
59. Iguanodon, Buckl.
60. Gavial, G. Cuv.
61. Plesiosaurus, Buckl.
62. Ichthyosaurus, Buckl.
63. Crocodilus, Lin.
64. Trionyx, Al. Brong.
65. Testudo, Lin.
66. Emydes, Al. Brong.
67. Testudo mydas, Lin.
68. Emys, Lin.
69. Anas, Lin.
70. Phalacrocorax, Buckl.
71. Tringa, Lin.
72. Scolopax, Lin.
73. Ibis, Lin.
74. Didus, Lin.
75. Coturnix, Lin.
76. Corvus, Lin.
77. Alauda, Lin.
78. Columba, Lin.
79. Strix, Lin.
80. Buteo, G. Cuv.
81. Balæna, Lin.
82. Delphinus, Lin.
83. Manatus, Lin.
84. Bos taurus, Lin.
85. Bos urus, Lin.
86. Alces, Lin.
87. Elaphus, Lin.
88. Equus, Lin.
89. Palæotherium magnum, G. Cuv.
90. Palæotherium minus, G. Cuv.
91. Rhinoceros, Lin.
92. Anaplotherium commune, G. Cuv.
93. Anaplotherium gracile, G. Cuv.
94. Sus, Lin.
95. Hippopotamus, Lin.
96. Elephas, Lin.
97. Lepus, Lin.
98. Myoxus, Lin.
99. Castor, Lin.
100. Sciurus, Lin.
101. Didelphis, Lin.
102. Didelphis, Lin.
103. Didelphis, Lin.
104. Trichechus, Lin.
105. Phoca, Lin.
106. Felis, Lin.
107. Hyæna, Lin.
108. Genelta, G. Cuv.
109. Canis lupus, Lin.
110. Canis vulpes, Lin.
111. Mustella, Lin.
112. Procyon, Storr.
113. Ursus spelæus, Buckl.
114. Gulo, G. Cuv.
115. Vespertilio, Lin.
116. Hilobates syndactyla, Fr. Cuvier.
117. Homo, Lin.

Il serait excessivement intéressant de dresser un atlas qui représentât la surface de la terre , c'est-à-dire les rapports des terres , des eaux , des montagnes, des îles, des fleuves, etc., aux diverses époques qui correspondent aux différents groupes de terrains. Mais on comprend combien ce travail serait pénible et long à faire; il serait même impossible de l'exécuter actuellement : aussi nous sommes-nous contenté de quelques exemples. La figure 8 de la planche V donnera une idée de l'aspect de la partie de la surface de la terre occupée par la France à l'époque de la formation du terrain houiller; tandis que la planche IX représentera l'aspect de la partie de la surface de la terre occupée par l'Europe à l'époque de la formation du terrain éocène ; et la planche VII celui du sol de l'Europe telle qu'elle est actuellement. De même la figure 2 de la planche X nous retracera un paysage avec ses habitants, du temps des ichthyosaures , et la figure 3 un autre paysage avec ses habitants , du temps des palæothères.

Avant de terminer cette partie de la géogénie, nous dirons un mot sur l'âge de la terre , et nous présenterons une courte discussion à l'égard des doctrines géologiques en rapport avec les doctrines religieuses.

L'homme est habitué à mesurer le temps par

de petites fractions, qui répondent à ses besoins.
Quelques milliers de révolutions de la terre dans
son orbite, lui paraissent embrasser des périodes si considérables, qu'il éprouve de la difficulté à concevoir l'immensité des temps que la
géologie nous apprend avoir dû s'écouler avant
que la surface de la terre pût arriver à son état
actuel. En effet, rappelons-nous la quantité
prodigieuse de végétaux et d'animaux qui ont
peuplé tour à tour la terre, et qui ont contribué, en grande partie, par leurs dépouilles, à la
formation de ces immenses dépôts stratifiés.
Rappelons-nous aussi le temps qu'il a fallu pour
que les matières inorganiques aient pu produire
ces puissants sédiments, et celui qu'a exigé le refroidissement de la matière ignée du globe qui
est actuellement solide, refroidissement dont
l'effet, pendant l'époque historique, est inappréciable : alors nous comprendrons qu'il a dû s'é-
couler des milliers de siècles depuis le moment
du passage de l'état incandescent de la partie
superficielle du globe à l'état solide, ou de la
formation de la première pellicule solide à la
surface du fluide incandescent ; mais alors nous
verrons encore que, d'après ces considérations,
en remontant plus haut dans les premiers âges
de la terre, la date du passage de l'état gazeux
de notre planète à l'état igné est réellement in-

calculable, et que l'époque de son état nébuleux surpasse toute idée.

Quant à l'homme, tous les faits géologiques concourent à prouver qu'il est une créature comparativement récente, et qu'avant lui aucun être n'avait possédé, à la surface de notre planète, une intelligence aussi développée. Il est donc probable que l'époque de sa création remonte tout au plus à vingt ou trente mille ans ; peut-être même la date de six à dix mille ans, qu'on assigne ordinairement à l'apparition de l'homme, est-elle exacte.

Faute d'avoir pénétré assez loin dans les sciences et de les avoir sainement appréciées, des esprits timides ont craint des contradictions entre les phénomènes naturels et l'histoire de la création, telle que les doctrines religieuses nous la racontent. Mais nous voici arrivés à une époque où chacun peut hautement proclamer ses opinions scientifiques, qu'elles touchent ou non les doctrines religieuses et politiques ; et, plus nous avancerons en civilisation, plus la liberté d'opinions étendra son empire !

Toutes les religions, quel que soit leur perfectionnement, sont essentiellement fondées sur la philosophie naturelle : l'état social obéit aussi à la même loi. Dès lors, il doit y avoir accord entre la philosophie naturelle et les vrais principes religieux ; seulement, quand la philosophie naturelle avance, la religion doit suivre le même progrès. Le but final des plus grands génies est donc de mettre constamment en harmonie ces deux sciences, de les pousser aussi loin que l'intelligence humaine le permet, et de montrer la grandeur infinie de Dieu par ses œuvres qui nous sont perceptibles. D'après cela, si l'étude nous conduit à l'unité des sciences, elle nous conduit également à l'unité des religions et des états sociaux dans l'essence de leurs principes fondamentaux.

Probablement les anciens avaient, sur la philosophie naturelle, des idées mieux arrêtées qu'on ne le suppose généralement. Ce qui nous le prouve, c'est l'analogie de principes en même temps religieux et scientifiques que nous découvrons partout dans les traditions parvenues jusqu'à nous, et d'après lesquelles les peuples modernes ont établi leurs doctrines religieuses et scientifiques, en modifiant plus ou moins celles qui avaient précédé. Il est donc curieux d'examiner comment les principes de la philosophie naturelle de notre époque s'accordent avec ceux de la philosophie ou des croyances religieuses des époques les plus reculées; c'est ce que nous allons tenter à l'égard de la création de la terre. Or, toutes les doctrines à la fois géogéniques et

religieuses sainement établies, étant à peu près
conformes à celles de Moïse, en parlant de l'une
nous parlerons des autres. Ainsi, nous considérerons la Genèse qui renferme les croyances les
plus généralement connues.

Si nous le dépouillons de ce caractère de prophète, tel qu'on l'entend vulgairement et qui
voue à la vénération des siècles l'auteur de la Genèse, Moïse sera pour nous un homme doué
d'un puissant génie, et possédant les connaissances répandues de son temps chez les savants
les plus instruits de l'Égypte. Son histoire de
la création, fragments d'un recueil reconnu
par plusieurs critiques judicieux comme formé
principalement par la réunion de morceaux d'ouvrages antérieurs, ne sera plus aussi à nos
yeux que le récit fait pour instruire le peuple
juif d'une tradition admise déjà par quelques
savants, et, surtout, pour préserver les Juifs du
polythéisme et de l'idolâtrie des nations qui les
entouraient, en proclamant que tout ce qui compose l'ensemble de l'univers ne devait point être
adoré par eux, puisqu'ils étaient l'ouvrage d'un
dieu unique et tout-puissant auquel seul devait
s'adresser l'adoration des hommes.

Ceux qui veulent trouver dans la Bible une
histoire complète et détaillée des phénomènes
géologiques, d'après leurs impressions actuelles,

exigent trop , car ils doivent se tenir dans l'esprit de généralité de la Genèse et s'identifier avec la couleur du style éminemment poétique de la langue hébraïque de ces temps reculés.

Beaucoup d'hypothèses ont été proposées dans le but de mettre d'accord les phénomènes géologiques avec la narration concise que Moïse nous a faite de la création. La plus accréditée a été émise en même temps par des savants théologiens et par des hommes versés dans les études géologiques , et sans qu'ils y aient été conduits par les mêmes considérations. Elle consiste à dire que les jours dont il est question dans le récit génésiaque, ne sont point des intervalles égaux à ceux que le globe emploie pour opérer une rotation sur lui-même , mais bien des périodes se succédant entre elles et d'une grande étendue. On a, de plus , soutenu que l'ordre suivant lequel se succèdent les débris qui nous sont restés d'un monde antérieur au nôtre, était en tout d'accord avec l'ordre de création raconté dans la Genèse. Cette assertion , malgré son exactitude apparente dans les généralités , ne s'accorde pas encore dans son entier avec les faits géologiques.

Selon d'autres savants , à la tête desquels se trouve M. Buckland , le mot commencement a été appliqué par Moïse, dans le premier verset de la Genèse, à un espace de temps d'une durée indéfinie et antérieure à la dernière grande révolution qui a changé la face de notre globe. Durant ce temps, de longues séries de révolutions diverses ont pu s'exécuter; mais elles ont été passées sous silence par l'historien sacré, comme étant entièrement étrangères à l'histoire de la race humaine. Dans tous les cas, est-ce que Moïse a jamais dit que Dieu, en créant le ciel et la terre, ait fait autre chose qu'une transformation de matériaux déjà existants?

Le récit de Moïse déclare donc que, dans le commencement, Dieu créa le ciel et la terre selon le sens que nous avons expliqué ci-dessus. Ce peu de mots peuvent être reconnus par les géologues comme l'énoncé concis de la création des éléments matériels dans une durée qui précéda distinctement les opérations du premier jour. D'ailleurs, nous ne trouvons affirmé nulle part que Dieu créa le ciel et la terre dans le premier jour, mais bien dans le commencement. Or, ce commencement peut avoir eu lieu à une époque reculée au delà de toute mesure, et qu'ont suivie des périodes d'une étendue indéfinie, durant lesquelles se sont accomplies toutes les révolutions dont la géologie a retrouvé les traces.

Ainsi, le premier verset de la Genèse nous paraît renfermer explicitement la création de l'univers tout entier : du ciel, ce mot s'appliquant à l'ensemble des systèmes sidéraux ; et de la terre, notre planète étant l'objet d'une désignation spéciale, parce qu'elle est la scène où vont se passer les événements des six jours. Quant aux phénomènes sans rapport direct avec l'espèce humaine, qui ont eu lieu sur le globe, depuis l'époque indiquée par le premier verset et pendant laquelle furent créés les éléments qui entrent dans sa composition, jusqu'à celle dont l'histoire est résumée dans le second verset, il n'en est point fait mention ; aucune limite n'est imposée à la durée de ces événements intermédiaires, et des millions de millions d'années peuvent s'être passés dans l'intervalle compris entre ce commencement où Dieu créa le ciel et la terre, et le soir où commence le premier jour du récit de Moïse.

Le second verset décrirait donc l'état du globe au soir du premier jour, car Moïse ayant divisé le temps d'après la méthode judaïque, chaque jour se compte du commencement d'une soirée au commencement de la soirée suivante. De plus, ce premier soir peut être pris pour la fin de l'espace de temps indéfini qui suivit la création première annoncée par le premier verset, et pour le commencement des six jours qui allaient être employés à peupler la surface de la terre, ainsi qu'à la placer dans des conditions convenables, afin qu'elle pût recevoir l'espèce humaine. Ce second verset mentionne distinctement la terre et les eaux comme existant déjà, et comme enveloppées dans les ténèbres. Ce fut alors que se terminèrent les périodes indéfinies qui font l'objet de la géologie ; une nouvelle série d'événements commença, et l'œuvre de la première matinée de cette nouvelle création fut de faire sortir la lumière des ténèbres temporaires qui avaient enveloppé les ruines de l'ancien monde.

Plus loin, dans le neuvième verset, nous retrouvons une mention de cette ancienne terre et de cette ancienne mer. Il y est dit que les eaux reçurent l'ordre de se rassembler en un seul point, et le sec, d'apparaître. Or, le sec est cette même terre dont la création matérielle est annoncée dans le premier verset, et dont le second verset décrit la submersion et les ténèbres temporaires. Ces deux faits de l'apparition du sec et du rassemblement des eaux sont les seuls sur lesquels le neuvième verset prononce : nulle part il n'y est dit que le sec ou les eaux aient été créés le troisième jour.

On peut interpréter de la même manière le quatorzième verset et les quatre suivants. Ce que Moïse raconte sur le soleil et la lune paraît avoir trait seulement à leurs rapports avec notre planète, et plus spécialement encore avec l'espèce humaine qui allait y prendre place. Nulle part il n'est dit que la substance même du soleil et de la lune ait été appelée à exister pour la première fois le quatrième jour. Le texte peut également signifier que ces corps célestes furent alors spécialement adaptés à des fonctions d'une grande importance pour l'espèce humaine : à verser la lumière sur le globe, à régner sur le jour et sur la nuit, à fixer les mois, les saisons et les années. Quant au fait même de leur création, il avait été annoncé d'avance, dès le premier verset. La Genèse mentionne aussi les autres astres, mais en trois mots seulement, comme si elle ne se fût proposé d'autre but que de nous rappeler qu'ils avaient tous été créés par la même puissance. Ce principe paraît également dominer la description de la création, quant à ce qui concerne notre planète; telle est en résumé l'opinion de M. Buckland et des savants de son école.

L'interprétation précédente semble résoudre la difficulté qui, sans ce secours, paraît résulter de ce qu'il est dit que la lumière existait dès le premier jour, tandis que c'est au quatrième seulement qu'apparaissent le soleil, la lune, les étoiles, etc. Si nous supposons que la terre et les corps célestes aient été créés à cette époque, dont la distance reste indéterminée et que l'Écriture désigne par le commencement; si nous supposons, de plus, que les ténèbres, qui couvraient le soir du premier jour, n'étaient

que des ténèbres temporaires produites par
l'accumulation des vapeurs denses sur la face
de l'abîme ; alors, on peut concevoir comment
un commencement de dispersion de ces vapeurs rendit, le premier jour, la lumière à la surface de la terre, sans que pour cela les causes
qui produisaient cette lumière cessassent d'être
obscurcies ; alors aussi nous concevrons comment, au quatrième jour, la purification complète de l'atmosphère permit que le soleil, la
lune et les astres apparussent dans la voûte des
cieux et se trouvassent dans de nouvelles relations avec la terre.

Quoi qu'il en soit, la lumière existait durant
toutes ces périodes longues et distantes entre
elles, pendant lesquelles se succédèrent toutes
les formes animales qui se sont manifestées sur
le globe, et que nous retrouvons maintenant
à l'état fossile. Nous en avons la preuve dans
l'existence d'yeux chez les animaux fossiles, appartenant à des terrains de divers âges. D'ailleurs, la présence de la lumière est tellement
indispensable à l'accroissement des végétaux actuels, que nous avons le droit de la regarder
comme une condition non moins essentielle du
développement de ces nombreuses espèces végétales fossiles, qui accompagnent les débris animaux dans les couches des terrains. Dans tous
les cas, si la lumière résulte d'une série de vibrations de l'éther, il ne serait pas exact de

croire, et la Genèse ne le prétend pas, que la lumière fut créée, bien qu'on puisse dire littéralement qu'elle fut mise en action.

La Genèse place la création des végétaux avant celle d'aucun animal : c'est, en effet, ce que nous fait entrevoir la géologie. La création d'êtres organisés qui suit, dans la Genèse, est celle des animaux aquatiques ; c'est encore ce que nous montre la géologie. Dans le texte hébreux viennent ensuite les oiseaux. Eh bien ! n'en est-il pas de même dans la science ? Puis, la Genèse fait paraître les mammifères. Enfin, c'est après tous ces animaux que l'homme vient régner sur le globe.

Nous voyons donc, sans aller plus loin dans nos comparaisons de la Genèse avec la géologie, qu'en mettant les détails de côté, et qu'en faisant la part de la différence de l'état des sciences à l'époque de l'écrit de Moïse et de celui des sciences actuelles, nous trouvons un certain accord entre les résultats de la géologie et les doctrines du prophète hébreux. Probablement encore trouverions-nous plus de similitude, si le texte de Moïse n'avait pas reçu des altérations par la transmission de siècle en siècle, et si nous pouvions interpréter la langue hébraïque comme les Israélites de ce temps-là !

TROISIÈME PARTIE.

Troisième époque.

————

Pour terminer la discussion des sujets que doit embrasser la géologie spéculative, prise dans l'acception la plus large, nous allons exposer quelques considérations sur l'avenir des choses dans l'univers.

Une sorte de sentiment irraisonné fait dominer l'opinion d'une fin des choses ; mais, si nous voyons chaque jour des changements s'opérer dans le monde, tout nous porte à croire que la nature persistera indéfiniment. Qui pourrait, en effet, admettre une mort absolue dans l'univers !

D'après ces idées, voyons dans la supposition de la continuation des mêmes lois, les principaux phénomènes qui pourront arriver dans la suite des temps.

L'éther une fois admis, il s'ensuit que tous les corps planétaires avec leurs satellites doivent finir par tomber sur le soleil, et que, par conséquent, il n'y a réellement aucune stabilité dans le système solaire, qui se trouve dans un état constant de changement, très-lent à la vérité, mais devant se continuer indéfiniment. Il se passera des myriades de révolutions de la terre autour du soleil, avant que notre globe cesse de se mouvoir comme planète ; néanmoins, si ce mouvement s'effectue réellement dans un milieu résistant, et si la série générale des événements ne vient point à être interrompue par quelque cause extraordinaire, la terre doit un jour faire partie constituante du soleil, qui lui-même est probablement destiné à être plongé avec d'autres corps semblables dans quelque masse de matière encore plus grande.

On ne peut songer à ce terme de l'existence de la terre sans s'apercevoir qu'il doit nécessairement s'ensuivre un changement lent dans les conditions de sa surface, même en supposant qu'il n'y a point de causes intérieures d'un tel changement. Toute l'organisation animale et végétale qui existe aujourd'hui sur le globe, est appropriée de la manière la plus convenable aux conditions sous lesquelles elle se trouve placée. Il est probable qu'une grande partie des êtres organisés pourra s'adapter jusqu'à un certain point à des changements notables ; mais il y a des limites à cette faculté de s'adapter aux circonstances ; et la vie, qui se trouve assujettie à de certaines conditions, doit périr quand ces conditions cessent d'exister. Il est évident que, lorsque l'orbite de la terre ne serait pas plus grande que celle de vénus, il y

aurait à sa surface un grand changement dans
les conditions de la vie ; que ce changement deviendrait plus prononcé à mesure que l'orbite
terrestre diminuerait encore ; de sorte que, s'il
y avait alors des êtres vivants à la surface du
globe, ainsi qu'on est en droit de le supposer,
ces êtres devraient être appropriés aux nouvelles
conditions qui régneraient. Il n'est pas plus
difficile de concevoir l'existence d'une telle organisation, que d'admettre qu'il existe aujour-
d'hui des animaux comme des végétaux desti-
nés à vivre sous la zone torride, et d'autres des-
tinés aux régions polaires, qui tous périraient,
si on les sortait des climats pour lesquels ils ont
été créés, et des conditions auxquelles leur organisation est adaptée.

D'après nos connaissances sur la matière qui
compose la partie accessible de notre planète,
nous sommes en droit de conclure qu'un décroissement général dans la chaleur du globe,
produirait une diminution dans son volume, et
par suite que la vélocité de son mouvement en
serait augmentée. Cette accélération suffirait
pour occasionner un changement dans les circonstances desquelles dépend l'organisation qui
existe à la surface de la terre. Mais lorsqu'on ajoute
d'un côté la diminution progressive de la température de cette surface par des causes intérieures, ainsi que l'augmentation qui en résulte

dans l'action de la chaleur solaire, et de l'autre l'influence de la basse température des espaces planétaires, on a une série de conditions qui rendent presqu'impossible qu'un ensemble déterminé d'animaux ou de végétaux puisse continuer à exister à travers tous ces changements.

Nous ne saurions nous former l'idée, même la plus éloignée, de la nouvelle création qui viendra remplacer l'homme, lorsque, suivant la théorie de la résistance du milieu dans lequel circule notre planète, la surface de la terre se trouvera dans des conditions à rendre impossible l'existence du roi actuel de la création. Mais il semble certain que, d'après son organisation actuelle, l'homme doit disparaître de la surface de notre planète, comme tant de créatures en ont disparu avant lui, si les causes que nous avons mentionnées plus haut, existent réellement et continuent d'agir sans interruption.

Aussi longtemps que la vie pourra exister à la surface de la terre, il serait en opposition avec la sagesse qui se manifeste dans le plan de la nature, de croire que le globe circulera dans l'espace sans être habité par des êtres organisés ; il serait également contraire à la grandeur de ce plan de croire que la terre est le seul astre sur lequel règne la vie. Nous pouvons donc conclure que, quels que soient les changements que notre

planète aura à subir, tant que les conditions de
cette planète seront compatibles avec la vie, la
terre sera habitée par des êtres appropriés à
ces conditions, même après que l'homme et les
animaux et végétaux contemporains auront cessé
de vivre à sa surface.

Au reste, nous sommes porté à croire, d'a-
près ce que présentent les régions polaires, que
la diminution du calorique et de l'eau, probablement après des siècles presque sans nombre,
amènera la fin de toute organisation animale et
végétale, et que l'atmosphère condensée viendra
remplacer les eaux, alors fixées jusqu'à de nouveaux temps. En effet, nous savons que, sous
un point de vue général, il y a beaucoup de
causes qui concourent à la diminution des eaux ;
par exemple celles qui résultent de l'augmentation progressive des glaces, de la neige, vers les
pôles et sur les hautes montagnes, de la décomposition de l'eau par l'oxidation des métaux et
la transformation des roches sur la surface du
globe et dans la croûte solide, etc. Les nuages,
qui nous cachent si souvent la lumière du soleil,
se précipiteront donc pour toujours ; l'acide carbonique, l'hydrogène répandus dans l'air, toute
l'atmosphère elle-même disparaîtront ; et, si primitivement il n'y avait point d'hiver ni nuit,
dans les siècles futurs il ne régnera plus, peut-
être, qu'un hiver sombre et une nuit profonde.

D'un autre côté, qui nous dit que notre planète n'est pas un être doué d'un organisme particulier, et qu'elle n'est point destinée à parcourir
une vie analogue à celle des êtres organisés, mais
que, vu notre petitesse d'organes et de conceptions, nous ne pouvons apprécier, comme il
nous est aussi impossible de nous rendre compte
du dernier échelon en petitesse des êtres organisés; car les êtres que nous dévoilent les microscopes sont peut-être des mondes par rapport à d'autres! Il ne nous est donc pas permis
de comprendre la destinée que la terre doit accomplir dans l'ensemble harmonieux qui compose l'univers, seul organisme complet, puisque tout concourt à sa formation.

Quoi qu'il en soit de l'ordre d'organisme de
la terre et des lois finales, notre planète,
comme tout être plus ou moins organisé, vieillit, c'est-à-dire qu'elle est soumise comme tout
être aux lois des changements. Aussi avons-nous
vu que plus le globe vieillissait, plus il devenait
froid, plus les dislocations étaient violentes,
mais plus rares, plus les mers étaient resserrées, plus elles étaient profondes, plus les
êtres étaient organisés sur une échelle élevée.
Or, il arrivera une époque où ces progressions
seront remplacées par d'autres, car nous savons
que le propre de la nature est de varier à l'infini
ses actes, au moyen de transitions plus ou moins

insensibles et qui conduisent à l'opposé ou bien à une autre classe des phénomènes.

Mais si nous entrevoyons que la mort doit arriver sur le globe, si nous pressentons une fin à l'ordre de chose actuel, la terre, ainsi que les autres corps de l'univers, n'en parcourra pas moins son cours, qui est tracé pour former un nouvel ordre de choses et pour accomplir une nouvelle vie, car la vie dans l'univers est éternelle, comme l'univers et la puissance suprême !

LIVRE QUATRIÈME.

GÉOTECHNIE.

La géotechnie, ou la géologie industrielle, comprend l'exposition des principales applications de la géographie et de la géogénie à la recherche ainsi qu'à l'exploitation des mines, minières et carrières, à la construction des bâtiments, à la sculpture, à l'agriculture, aux arts du sondage, du tracé des routes, des chemins de fer, du creusement des canaux et des ports, à la navigation, au commerce, à la tactique militaire, à la politique, à l'archéologie, à l'histoire, à la peinture, à la médecine, etc. Mais on concevra facilement que nous ne pouvons entrer dans aucun développement à cet égard, d'autant plus qu'il nous faudrait l'espace d'un volume au moins pour satisfaire complétement les personnes que cette partie de la géologie intéresse. Aussi renverrons-nous, pour les détails, au traité de géotechnie que nous nous proposons de publier bientôt.

La géologie enseigne à distinguer les dépôts

renfermant des substances minérales exploitables de ceux qui sont stériles. De plus, dans chaque groupe de terrains ou même dans chaque terrain, les matières exploitables diffèrent par leurs propriétés. Ainsi, la houille du groupe crétacique n'est pas celle du groupe oolitique, ni celle du groupe carbonique; le lignite du groupe oolitique n'est pas celui du groupe palæothériique et diffère du bois bitumineux des alluvions; le fer hydraté des divers terrains est loin de présenter les mêmes qualités métallurgiques, etc., etc. C'est pourquoi il importe que les mineurs abandonnent désormais leurs routines, afin de diriger leurs travaux d'après les préceptes de la géologie moderne.

Le mineur ne devra donc plus se guider par la découverte de certains minéraux insignifiants, par la poursuite de différents petits filons, ou par d'autres indications vagues. Avant de faire des fouilles ou d'exploiter, il importe qu'il recherche toutes les données que peut lui fournir la géologie, car c'est elle qui doit constamment présider aux travaux des exploitants. Ainsi, il faudra qu'ils fassent une application rationnelle des relations des roches d'origine ignée et des roches d'origine aqueuse, de la théorie sur les effets du contact ou du voisinage de ces deux genres de dépôts, des hypothèses relatives aux matières formées soit par sublimation, soit par déplacement électro-chimique, du système des soulèvements, etc. La direction et l'inclinaison des couches, les failles, les vallées, la configuration des montagnes, deviendront aussi pour eux un champ précieux d'observations. Éclairés par ces travaux préliminaires bien conçus, ils pourront souvent prédire d'avance les couches cachées sous le sol de tout un pays, les allures de chacune d'elles ou bien celles des amas, des filons, etc. De cette manière, il est possible de relever des établissements, d'en créer de florrissants, et de changer la face d'une contrée.

Les principales substances usuelles qui font l'objet des recherches du géologue industriel sont : les métaux, les pierres précieuses, l'ocre, la sanguine, le graphite, la plombagine, les bitumes, l'anthracite, la houille, le lignite, la tourbe, le soufre, le gypse, le sel gemme, les marbres, les albâtres, les pierres lithographiques, la craie, la pierre à chaux, la chaux hydraulique, les marnes, les argiles à briques, à poteries et à porcelaine, les porphyres, les granites, les pierres à fusil, à meules et à rasoirs, les ardoises, les grés à paver, divers matériaux de construction, les matières propres à la fabrication des couleurs, des verres, des cristaux, des mortiers, des mastics, des vernis, les ponces, les tripolis, etc., etc. Or, ne pouvant nous arrêter sur chacune de ces matières, nous ne dirons un mot qu'à l'égard de la houille.

La houille appartient au groupe carbonique ; cependant, il paraît qu'elle s'étend depuis le groupe phylladique jusqu'au groupe palæothériique. Elle se présente ordinairement en couches, en filons et en amas au milieu de ces terrains. Or, comme elle se trouve, sinon exclusivement, du moins le plus souvent, dans le terrain houiller proprement dit, nous allons exposer quelques généralités industrielles sur ce terrain.

On distingue la houille principalement en houille sèche ou maigre, et en houille grasse ou collante. Celle-ci est riche en bitume ; elle brûle avec une flamme blanchâtre et semble se fondre en se consumant ; la substance bitumeuse qu'elle renferme lui donne la propriété de s'agglutiner facilement et de brûler avec plus d'activité, lorsqu'on l'humecte avec de l'eau. L'autre est plus pesante, moins friable et moins noire ; elle brûle aussi moins facilement, et on ne la voit point se boursoufler et s'agglutiner comme la précédente ; d'ailleurs, sa flamme est bleuâtre, et son résidu ou coke, c'est-à-dire le charbon léger qui reste quand la flamme s'éteint, est moins considérable que celui de la houille grasse. Mais tandis que la houille grasse est recherchée pour les travaux de forge, la houille maigre convient

beaucoup à la fonte et au service des verreries,
des fours à chaux, etc.

Dans l'état actuel de notre civilisation industrielle, la houille est devenue une des matières
les plus utiles à l'homme, car on s'en sert comme
combustible, on en retire du goudron pour en-
duire les objets exposés à l'humidité, du gaz
pour l'éclairage, etc. Or, si l'on calcule la
quantité de charbon consommée par les machines, dont le nombre n'est encore rien aujourd'hui relativement à ce qu'il sera plus tard,
selon toute apparence, on trouvera des résultats surprenants.

La quantité de houille qu'on extrait actuellement en Angleterre est immense, et c'est à cette
substance, ainsi qu'au minerai de fer qui se
trouve dans le même dépôt, que l'Angleterre
doit une grande partie de sa prospérité commer-
ciale. C'est, en effet, à l'abondance et au bas prix
de ces deux matières sur divers points de son
territoire, qu'elle est redevable de ses chemins
de fer, de la plupart de ses manufactures et du
nombre prodigieux de bateaux à vapeur qui sillonnent la Tamise, la même série de couches
fournissant non-seulement le combustible pour
l'alimentation des machines à vapeur, mais encore le fer pour leur construction. Ne faut-il pas
aussi attribuer au bienfait de la houille et du fer,
le mouvement industriel et progressif qu'on re-

marque à Saint-Étienne, dans le nord de la France et dans presque toute la Belgique? Ainsi, le terrain houiller est, nous le répétons, le plus utile à l'industrie; c'est du moins celui dont les avantages sont les plus immédiats, puisque beaucoup de contrées tiennent leur richesse de l'abondance du combustible qu'elles possèdent. Au reste, le tableau suivant donnera une idée de la consommation de houille faite dans divers pays, par la quantité approximative de ce combustible qui est extraite chaque année.

	Quintaux métriques.
Angleterre.	75000000
Belgique, Prusse rhénane.	31000000
France.	18000000
Silésie, Prusse.	3000000
Hanovre, Confédération germanique.	3000000
États-Unis	1500000
Saxe	600000
Autriche.	340000
Bavière	160000

A l'époque où nous sommes arrivés, ces nombres sont plutôt au-dessous qu'au-dessus de la vérité, puisqu'ils datent déjà de plusieurs années, et que, depuis lors, les besoins croissant journellement ont exigé une plus grande quantité de charbon.

Le développement que l'industrie manufacturière prend de jour en jour, comparé à la rareté du bois de chauffage, prédit donc aux exploitations de houille un brillant avenir. Cependant, il est vrai de dire aussi que, probablement, des houillères enfouies sous d'autres dépôts, seront plus tard mises en exploitation dans des pays privés de bois, et donneront ainsi une vie nouvelle à des contrées jadis délaissées.

D'après ces faits, on ne doit point s'étonner que les capitalistes éclairés ne songent plus actuellement qu'aux exploitations de houille ; car s'ils ne dédaignent point les autres spéculations, du moins ils ne les entreprennent qu'à défaut de meilleures. Il faut avouer que toutes les entreprises de ce genre n'ont pas réussi ; mais, lorsqu'on cherche à reconnaître la cause d'un pareil désappointement, on voit toujours qu'il faut accuser la mauvaise direction donnée aux travaux, ou bien l'ignorance des entrepreneurs, qui souvent s'opiniâtrent à vouloir trouver de la houille exploitable où il ne peut en exister. Aussi, les protecteurs éclairés de l'industrie, et les hommes guidés par l'amour de leur pays, doivent-ils prendre à cœur de favoriser les exploitations basées sur de véritables et bonnes espérances, en apportant des fonds à des sociétés sincères et sagement dirigées ; autant qu'il leur convient de refuser leur appui à des compagnies ignorantes ou de mauvaise foi, et qui sont le fléau du commerce.

Les constructeurs de bâtiments et les sculpteurs sont trop routiniers dans l'emploi des matières premières. L'étude de la géologie pourrait leur être très-utile, en ce qu'elle les amènerait à découvrir et à utiliser des roches qu'ils regardent comme impropres pour l'exploitation. Jusqu'ici, il faut que les roches affleurent pour qu'elles aient attiré l'attention, tandis que la géologie donne des présomptions rationnelles relativement à la rencontre d'une foule de matériaux utiles, dont la vue nous est dérobée par des dépôts superficiels.

Il appartient plus au géologue qu'à l'agriculteur d'étudier la couleur, la densité, la qualité argileuse, calcaire ou sableuse des terres, leur plus ou moins grande facilité de dessication, la quantité de leur humus végétal, des parties excrémentielles des animaux, etc. Le géologue est aussi plus à même que l'agriculteur de trouver, dans une contrée donnée, les ingrédients nécessaires pour améliorer le terroir ou bien pour le rendre propre à telle culture voulue. L'agronome ne voit absolument que la superficie de la terre; la tâche du géologue est de connaître non-seulement le sol qu'il foule, mais encore ce qu'il recouvre jusqu'à une profondeur limitée par les bornes de la puissance humaine.

L'étude attentive des bassins agricoles déter-

minés par les grands cours d'eau et par les chaînes
de montagnes qui leur servent de contreforts,
apprend à l'agriculteur les améliorations profi-
tables qu'il peut adopter et celles qu'il faut modifier ; elle lui indique l'art d'échelonner ses
différents essais, les plantes exotiques à demander aux autres climats, et les termes qu'on ne
franchit jamais sans courir les risques d'une
tentative inutile et ruineuse.

Dans la suite, les cartes géologiques détaillées
feront la base de l'agriculture de tous pays ; mais,
pour cette industrie, les cartes actuellement existantes sont insuffisantes ; il faut attendre qu'on
ait dressé des cartes sur une très-grande échelle,
et qu'on ait indiqué non-seulement les terrains,
mais encore les dépôts individuels, les roches qui
les composent et même certains accidents ; enfin on devra y désigner parmi ces roches celles
qui sont nécessaires aux amendements. En attendant mieux, l'agriculteur peut tirer de précieux
renseignements pour son art, en apprenant à
connaître la marche de la décomposition dans
les diverses roches, et la manière dont se produisent les différents terroirs.

Le sol végétal se divise ordinairement en une
couche superficielle et en une ou plusieurs couches inférieures : c'est surtout l'étude de ces dernières qu'on néglige, tandis que l'agriculteur y
trouverait souvent des matières propres à modifier plus ou moins des terres ingrates. Ensuite ,

on n'a pas donné assez d'attention à l'effet différent de quelques végétations, sur la production de l'humus ou bien sur la décomposition plus ou moins prompte des roches. Enfin certains animaux étant attachés en quelque sorte à certaines plantes, sont une autre source d'accélération pour la formation de l'humus.

En général, les meilleures terres végétales sont celles formées d'un mélange de sable, d'argile, de calcaire et d'une certaine quantité de terreau. L'art de la culture cherche à donner artificiellement cette composition aux terres qui sont naturellement composées d'une autre manière. Il est à remarquer, à ce sujet, que, quoiqu'on parle ordinairement de l'aridité des sables et de la fertilité des terres argileuses ou calcaires, le sable pur est plus favorable à la végétation que l'argile pure ou le calcaire pur. La manière dont on s'exprime à cet égard provient de ce que, la nature présentant abondamment des dépôts de sable pur, et rarement des dépôts superficiels d'argile pure ou de calcaire pur, on est dans l'habitude d'appeler terres argileuses ou terres calcaires, celles dans lesquelles l'argile et le calcaire sont déjà mélangés avec le sable. Enfin, de tous les dépôts superficiels naturellement stériles, le sable est celui qu'on peut le plus aisément rendre fertile.

Il y a encore des substances, autres que celles

indiquées ci-dessus, qui, par leur nature ou bien
par l'état dans lequel elles se trouvent, favorisent
la végétation d'une manière plus ou moins puis-
sante ; et, sans parler des cendres et de quelques engrais particuliers que l'expérience ou le
raisonnement ont fait connaître aux cultivateurs,
les terrains volcaniques contiennent parfois des
matières terreuses extrêmement favorables à la
végétation.

Il est superflu d'insister sur l'utilité de connaître les dépôts dont le sol est composé, pour
employer ses matériaux de manière à diminuer la
sécheresse d'un sol aréneux, en y mêlant de l'argile ou de la marne, ou bien à dessécher une
terre trop humide, au moyen de sable, de tranchées dans des couches perméables à l'eau, en
mettant à découvert les têtes de couches inclinées, etc. ; mais nous dirons que la connaissance exacte des failles et des fissures d'une
contrée peut être parfois employée au desséchement du sol, sans occasionner autant de dépenses
que des forages pour l'écoulement des eaux.

Les courants d'eaux souterraines et la faculté
que possèdent ces eaux de reprendre des niveaux
plus ou moins élevés, sont des faits dont l'expérience seule peut donner la certitude. Mais, lorsque nul antécédent ne fournit des indications, il
y a incertitude complète sur le succès d'un puits
artésien. Or, c'est ici que les connaissances géolo-

giques deviennent d'un grand secours, car, dans aucune circonstance, si elles ne peuvent suppléer à l'expérience et indiquer d'avance la réussite, du moins elles serviront à calculer les chances et à présenter des probabilités; tandis que, dans d'autres cas, elles prononceront nettement qu'il ne doit point exister d'espoir. En effet, les eaux artésiennes, d'après ce que nous avons dit de leur origine, circulent généralement dans un milieu perméable et entre deux surfaces imperméables. Cette première donnée implique nécessairement des conditions de composition : ainsi l'on sait, par exemple, que les sables sont essentiellement perméables, tandis que les argiles sont imperméables; donc, les alternances de sables et d'argiles deviendront les plus favorables à l'établissement des puits artésiens. Les terrains cristallins, qui sont imperméables et souvent non stratifiés, devront, au contraire, être placés à l'autre extrême : bien plus, un sondage, commencé dans une masse de granite ou de porphyre, n'offrira pas les moindres chances de succès, à moins que, par le plus grand des hasards, il ne rencontre quelque filet d'eau ascensionnelle, qui existait dans les fissures.

Il importe que le sondeur artésien soit guidé, non-seulement par la composition du sol, l'allure des couches, celle des failles, les soulèvements, etc., mais aussi par sa forme et par son niveau relatif à celui des eaux courantes sur la terre. Il faut donc toujours choisir, pour une tentative de ce genre, un point peu élevé dans une plaine ou une vallée; car il est évident que les plateaux isolés, les crêtes qui déterminent les limites des bassins sont des lieux où il n'y a aucune chance favorable. Au contraire, on devra chercher des espaces plus ou moins encaissés par des saillies dominantes, vers lesquelles les couches de la plaine ou de la vallée se relèvent quelquefois de manière à présenter leurs tranches. Il résulte, en effet, de pareille disposition, que les eaux extérieures s'infiltrant dans les couches perméables qui affleurent, en venant s'appuyer sur les coteaux de bordure, et suivant avec ces couches des inflexions du fond, sont d'autant plus susceptibles d'être rencontrées par les trous de sonde, et de donner naissance à des fontaines jaillissantes, que les points d'infiltration sont plus élevés. Cela est si vrai, que la majorité des puits artésiens actuellement connus se trouve dans les alternances argilo-sablonneuses, qui, depuis le commencement de la formation du groupe palæothériique, se sont déposées dans les dépressions du sol.

Dans les pays bas, il y a des cavités dans lesquelles des rivières s'engouffrent; il arrive même que, dans ces bassins, il se crée des fontaines jaillissantes naturelles, ou, en d'autres termes, que les eaux, qui circulent intérieurement, remontent par des fissures, de manière à produire des sources bouillantes, rejetant les sables et les pierres au moyen desquels on tenterait de les obstruer. Un grand nombre de marais et de lacs sont ainsi alimentés, et lorsque, dans les temps de sécheresse, l'évaporation a baissé leur niveau, on peut souvent distinguer les points de jaillissement à un bouillonnement plus ou moins prononcé qui agite la surface des eaux. En outre, on a vu dans la mer des Indes une abondante source d'eau douce à environ trente-six lieues de la côte la plus voisine. Il y a donc aussi dans l'Océan des sources d'eau douce qui jaillissent verticalement à la surface, et qui viennent évidemment des terres par des canaux naturels situés au-dessous du lit de la mer.

Le forage est un art nouveau auquel on peut prédire de grands perfectionnements, autant que d'heureuses influences sur l'agriculture, et par contre-coup, sur la civilisation des contrées maintenant stériles. On trouvera, sans doute, des moyens de pousser des forages à de bien plus grandes profondeurs qu'on ne l'a encore essayé en Europe; en même temps, on acquerra par l'expérience des données précieuses sur les effets de forages très-voisins, sur les trous de sonde servant à l'écoulement d'eaux inutiles et sur la place occupée dans la terre par les eaux minérales, etc. Jusqu'ici, les forages ont été surtout pratiqués pour la recherche d'eaux ascendantes, d'eaux salées et de couches combustibles. Peut-être doit-on espérer de faire arriver par ce moyen des eaux chaudes à la surface de la terre, ce qui serait d'un immense avantage.

Les constructeurs de routes et de monuments sont encore peu versés en géologie. On ne voit que trop souvent amenés de loin et à grands frais, des matériaux qui se trouvent dans le pays même, si ce n'est à sa surface, du moins sous des masses dont le percement n'aurait pas occasionné une dépense aussi forte que celle du transport. Dans le tracé des routes, l'ingénieur a pour but principal d'aller, autant que possible, en ligne droite pour abréger les distances. Or, il arrive, de cette manière, qu'il s'éloigne quelquefois de bons matériaux. Il les aurait rencontrés en déviant un peu de la ligne droite ; sa route aurait été meilleure, et les frais en auraient été moindres. La perte de temps occasionnée par l'état médiocre de sa route, équivaut peut-être à celle produite par le détour avec lequel elle aurait été toujours bonne. Ailleurs, on voit de mauvaises routes, parce qu'on n'a pas su dénuder le sol d'une couche imperméable à l'eau pour les établir sur un terrain constamment sec. Quelquefois, la manie de rendre les routes aussi planes que possible, amène l'ingénieur à être obligé d'entretenir à grands frais une chaussée sur des couches limoneuses. S'il avait connu la géologie, il aurait préféré faire décrire à sa route une petite courbe autour de l'obstacle, au lieu de pratiquer un déblai. D'autres fois, l'inclinaison des couches, ou la nature des roches est telle, qu'on rencontre beaucoup de fentes, des sources, etc., ce qui occasionne des détériorations journalières, et, par suite, des frais continuels de réparation. En détournant certains ruisseaux à la surface des buttes ou des plateaux, ou bien en préparant aux eaux pluviales des conduits convenables d'écoulement, on préviendrait fréquemment ces désastres. C'est surtout dans les routes de montagnes où le géologue déplore souvent l'aveugle négligence et l'économie mal entendue des ingénieurs. En effet, une route a été établie à peu de frais sur des pentes sujettes aux éboulements durant chaque grande pluie, ce qui produit des dépenses se renouvelant sans cesse. Si l'on avait bâti la route sur le flanc opposé de la vallée, cela aurait occasionné, dans le principe, plus de dépense : il aurait fallu faire jouer la mine ou construire peut-être des murs et des ponts ; mais, une fois achevée, cette route aurait été moins coûteuse que l'autre.

La durée diverse des cailloux dont on charge

les routes , est une autre particularité qui est du domaine du géologue. Les meilleurs matériaux sont souvent plus chers, que les médiocres ; mais après quelques années , la dépense inégale des réparations fait disparaître cette différence.

L'étude des bassins est indispensable à l'ingénieur qui doit exécuter de grands travaux hydrauliques ; alors il lui est souvent possible d'apprécier l'époque des débordements des rivières , la rapidité , la profondeur , le volume des eaux , leurs propriétés , et de rendre par ce moyen un service signalé au commerce et à l'humanité , quelquefois victime des inondations.

Ce que nous avons dit des routes , s'applique en partie aux chemins de fer , ainsi qu'au creusement des canaux et aux constructions de ports , de digues , etc. Lorsqu'on creuse un canal , il faut non-seulement faire une cavité à parois solides , mais encore y augmenter l'afflux de l'eau. La connaissance des couches perméables et imperméables à l'eau est donc de la première importance. Au reste, le tracé des canaux exige , plus que celui des routes , des données bien exactes , non pas sur les exploitations existantes , mais sur celles qui pourraient être entreprises avec profit dans telle ou telle localité ; or, qui donnera ces renseignements, si ce n'est l'ingénieur géologue ? Quant à l'établissement d'un port, personne mieux que lui ne peut désigner le lieu propice, car il faut connaître la plupart des phénomènes que présentent les eaux sur les rivages.

On n'ignore point les avantages que plusieurs arts, notamment la navigation, tirent de l'existence des vents, et combien ils ont influé, par ce moyen, sur le développement du commerce en particulier, et de la civilisation en général. Ainsi, les vents alisés sont très-favorables à la navigation, lorsqu'il s'agit d'aller de l'est à l'ouest ; mais les navires qui doivent se rendre de l'ouest à l'est, sont obligés de sortir de la zone où règnent les vents alisés. Les moussons sont aussi très-favorables à la navigation ; mais quand on veut parcourir des mers où elles règnent, on est obligé de coordonner les traversées avec leur direction. De plus, les marins étudient avec soin la direction, ainsi que la vitesse des courants, et indiquent ces circonstances sur leurs cartes. Enfin, on peut, d'après les mouvements de la lune, calculer les principaux phénomènes de la marée dans un même lieu ; or, comme ces circonstances sont très-importantes pour la navigation, on a soin de faire ces calculs et de les publier pour chaque jour, de même qu'on calcule le moment du lever et du coucher du soleil et de la lune.

Tout le monde connaît les matières que la

géologie fournit au commerce, et le développement que cette science lui procure, soit directement, soit indirectement; nous ne nous ar-
rêterons donc point sur cette vérité.

Les notions générales de géologie sont, pour
l'homme de guerre, une source précieuse de renseignements par rapport à la stratégie. S'il est arrivé souvent que des avantages soient devenus le
partage de celui qui savait bien la géographie générale, une connaissance approfondie des détails
de la géographie peut en procurer d'autres non
moins importants. Les points de campements,
d'attaque et de défense, les obstacles présentés
par les passages des rivières ou des torrents,
la nature et le nombre des défilés, etc., peuvent être mieux prévus, et les difficultés être
surmontées ainsi d'avance. Il est possible encore
de calculer avec plus de certitude les jours de
marche nécessaires pour franchir telle ou telle
chaîne, tel ou tel pays, etc., suivant les diverses
saisons de l'année. Enfin, d'après ces données,
on peut trouver à composer, et munir différemment les corps envoyés dans des directions diverses.

L'homme politique, éclairé par les connaissances géologiques, peut apprécier sainement ce
qui est le propre d'un pays, et ce qui lui convient
ainsi qu'à ses habitants. En un mot, il s'iden-
tifie mieux qu'un autre avec la contrée qui fait

l'objet de ses méditations. D'ailleurs, l'étude des bassins lui devient très-utile, lorsqu'il est chargé de tracer les limites des États. De la même manière, le jurisconsulte découvrira parfois dans la configuration du sol , dans sa composition , dans le climat, etc., la cause des différences de la moralité entre diverses provinces.

Les peintres trouvent dans l'étude de la géologie des moyens d'apporter plus de vérité dans leurs tableaux ; car il arrive aux plus grands peintres de figurer des masses non stratifiées comme composées de couches régulières, de donner aux montagnes des formes qu'elles n'ont pas dans la nature, et de représenter faussement des inondations , des phénomènes volcaniques , etc. En indiquant dans les montagnes de petits accidents, ils négligent quelquefois ceux qui sont caractéristiques : léur but est bien plus souvent de produire du pittoresque que de rendre toute l'âpreté et le grandiose sauvage des rochers entassés, l'aspect riant , monotone ou languissant d'une vallée, etc. Enfin le géologue trouve même à redire aux coloris qu'ils donnent aux sites vus dans divers pays , à différentes saisons et à différentes heures. .

Les connaissances géologiques , non-seulement se lient aux études historiques , mais encore elles empêchent l'archéologue de commettre des erreurs dans ses déterminations. Alors , des blocs de pierres ne seront plus cités faussement comme des monuments celtiques ou autres ; alors, certains rochers ne seront plus pris pour des ruines, des surfaces de rochers à singulières ciselures pour des inscriptions, etc ; alors aussi on connaîtra les gisements des matériaux des constructions anciennes, et par conséquent on pourra apprécier les principales circonstances qui se rapportent à ces faits. Enfin, l'historien se livrant à la géologie, voit son cadre s'étendre, car les phases de la vie de chaque peuple deviennent plus faciles à saisir pour celui qui connaît les détails de la géographie et les causes géogéniques.

La médecine tire déjà d'utiles renseignements de la géologie. Au reste, il n'est pas douteux qu'il existe un rapport très-direct entre le climat, la nature du sol, les végétaux qui le recouvrent et les animaux qui l'habitent. L'assainissement de certains pays peut y changer la constitution des animaux et des hommes ; or, la géologie donne les moyens les plus directs pour arriver à ce but. Dans les localités où il est impossible d'apporter ces modifications, ou bien en attendant qu'elles soient opérées, le médecin trouvera par l'étude du sol, du climat, etc., des motifs pour appliquer à ses malades tel ou tel traitement. Les infirmités auxquelles l'humanité est sujette varient beaucoup selon les localités, ce qui pro-

vient souvent autant de la nature du terrain
que du climat. Ensuite, plusieurs maladies,
comme les fièvres, le goitre, etc., sont endé-
miques dans certaines contrées, et leurs causes
tiennent en partie à la constitution de ces pays.
Diverses dispositions du sol peuvent même expliquer pourquoi des maladies non contagieuses
dans quelques lieux, le deviennent dans d'autres, etc., etc.

LIVRE CINQUIÈME.

GÉOSYNONTONOMIE.

Dans la géosynontonomie, nous allons nous occuper des relations qui existent actuellement entre le monde inorganique et le monde organique de notre planète; en d'autres termes, nous exposerons quelques considérations à l'égard des lois d'influence qu'exercent, pendant notre époque, les climats, l'état de l'atmosphère, les eaux, les terrains, etc., sur la distribution des êtres organisés vivants, la station des végétaux, les habitations des hommes, sur les transports des végétaux, les migrations des animaux, sur les modifications que subissent ces êtres, sur la civilisation des peuples, leurs religions, leurs habitudes, etc. Mais, puisque nous avons été obligé, d'après notre plan, de nous limiter dans les livres précédents, nous ne pourrons présenter ici qu'un canevas des principaux sujets que doit comprendre la géologie comparative.

Les êtres organisés ne sont pas dispersés au hasard ou d'une manière uniforme sur le globe, car plusieurs causes influent sur leur distribution : les principales sont la température, la lumière, l'air, l'eau et la nature du sol.

Les êtres organisés cessent de vivre à une profondeur plus ou moins grande au-dessous du niveau des mers, ou bien à une hauteur plus ou moins grande au-dessus de ce niveau; ainsi, le polype secrète sa demeure pierreuse dans les abimes de l'Océan, tandis que le condor plane à plus de 6000 mètres au-dessus des sommets du Chimboraço. Au reste, la fig. 3 de la planche III nous montrera en p la limite des plantes, en v celle des volcans, en h le point le plus élevé de la surface de la terre où l'homme soit parvenu, en o celui que le vol d'un oiseau peut atteindre, en a celui auquel est arrivé l'homme au moyen d'un aérostat, et en n la limite des neiges.

Les créations végétales, comme les créations animales, se trouvent groupées sur le globe dans un ordre résultant des grandes lois géologiques qui ont présidé et président encore à la formation des continents et aux changements des mers relativement à leur place, leur niveau et leur profondeur. Les phytologistes ont admis cette vérité, en reconnaissant sur la terre des régions végétales; mais, faute de savoir à fond la géologie, cette donnée n'a pas pu les conduire à toutes les déductions intéressantes qu'elle fournit aux géologues.

Tout le monde sait que les végétaux diffèrent par leur forme, les époques de leur développement, et l'on pourrait même dire par leurs habitudes, depuis le fond des mers jusqu'à la cime des monts, ou, si l'on veut encore, depuis l'équateur jusqu'aux pôles, car il est permis de regarder notre globe comme la réunion de deux montagnes opposées base à base. Les limites de régions végétales sont les mers, les déserts, les grandes chaînes de montagnes, enfin tout obstacle continu à la dissémination d'une espèce quelconque : par exemple, un grand marais pour les végétaux qui craignent l'eau, une forêt étendue pour ceux qui périssent à l'ombre, un changement de latitude ou de longitude pour d'autres qui ne s'accommodent pas des variations considérables de température.

Dans l'état présent de la distribution des mers et des terres, ces frontières posées à la végétation ne sont franchies qu'au moyen du transport des plantes ou bien des graines par des courants marins ou fluviatiles, par des vents, par des trombes, par les pluies, par les animaux et l'homme ; mais la surface du globe n'ayant pris que successivement sa configuration actuelle, il est arrivé, par suite des changements géologiques,

que la place des régions végétales a dû varier
sensiblement.

A l'égard des plantes terrestres et des plantes marines, il semble que les zones végétales
s'envoient réciproquement quelques espèces
des genres qui dominent dans leurs limites respectives, comme pour essayer un nouveau terrain, afin d'y établir par la suite des colonies
plus nombreuses : les fleuves, les bras de mer,
les mers elles-mêmes, sont franchis par ces plantes beaucoup plus facilement que les montagnes et les déserts.

En général, on peut dire que la station d'une
plante, au-dessus du niveau de la mer, varie
d'autant plus que son habitation ordinaire se
rapproche davantage du climat des zones tempérées ; que les plantes, qui croissent à toutes les
latitudes, croissent aussi à toutes les hauteurs ;
enfin, que les plantes qui croissent seulement à
une latitude déterminée, se trouvent à la hauteur
au-dessus de la mer, dont la température correspond à celle de la latitude.

La lumière agit sur les végétaux avec une énergie d'autant plus considérable que son action est
plus directe. Mais une plante végète avec la plus
grande vigueur dans une situation où une autre
plante s'étiole, se fane et périt. Il en est de
même à l'égard de l'atmosphère, de l'humidité,
de la chaleur, etc.

L'atmosphère agit d'une manière particulière sur la végétation ; mais, aussitôt que des gaz étrangers s'y trouvent mêlés, la végétation cesse, ou bien elle ne persiste que pour des plantes robustes ou avides de ces substances.

Les plantes n'absorbent pas la même quantité d'eau ; cette quantité semble être subordonnée à leur organisation, ainsi qu'à leur forme ; elle varie également suivant les substances que l'eau tient en dissolution : plus elle est pure, plus les plantes en absorbent. Au reste, l'eau pure ne nourrit point le végétal comme l'eau chargée de matières solubles animales, végétales ou minérales, et d'acide carbonique.

Beaucoup de végétaux préfèrent une nature de terrain plutôt qu'une autre, ou ne peuvent croître que dans celui qui leur est propre. Si le climat vient à changer, elles abandonnent ce terrain pour en adopter un second. Enfin, peu de végétaux naissent partout indifféremment.

Il est presque démontré que le nombre des arbres, des plantes polycotylédonées et diclines augmente des pôles à l'équateur, et que les plantes acotylédonées suivent une règle inverse. On pourrait aussi regarder les régions équinoxiales comme la patrie des arbres, et les régions tempérées comme la patrie des herbes ou des plantes bisannuelles. Il n'en est pas de même parmi les animaux ; car les races de ceux dont l'organisation est la plus parfaite, semblent être plus uniformément répandues et plus nombreuses en espèces que celles dont l'organisation est plus simple.

Les formes des végétaux offrent, en général, des rapports constants sous les mêmes lignes isothermes; et, comme ces lignes, dans les zones tempérées, ne sont point parallèles à l'équateur, les zones végétales, déterminées par les degrés de température, les suivent dans leur inflexion. Lorsque deux pays très-éloignés l'un de l'autre jouissent de la même température, ont un sol absolument semblable ainsi qu'une dose égale d'humidité, et sont placés à la même hauteur au-dessus du niveau des mers, les familles, les genres peuvent être identiques, mais les espèces sont différentes. Cette différence est d'autant plus grande que la distance est plus considérable : l'analogie ou les rapports augmentent avec le rapprochement.

Les températures extrêmes déterminent des formes beaucoup plus prononcées, beaucoup plus tranchées que les températures moyennes. Ne serait-ce pas à la température, moins variable dans la mer que dans l'air, que l'on doit la simplicité des formes des plantes marines, les caractères peu sensibles qui distinguent les genres et les espèces, leur organisation plus cellulaire que vasculaire, enfin le petit nombre d'espèces, eu égard aux cent mille que le soleil colore de ses rayons sur les terres ?

Sous la zone torride, la végétation ne cesse jamais, les arbres sont couverts en tous temps de feuilles, de fleurs et de fruits ; la nature y développe une puissance, un luxe, une surabondance de vie qui n'existe point dans les zones tempérées ; on chercherait en vain, sous ce ciel embrasé, les prairies que les fleurs du printemps émaillent de mille couleurs, les pâturages toujours gras et toujours frais, dans lesquels une herbe épaisse engraisse les nombreux troupeaux que l'on y laisse errer. Point de printemps, point d'été, point d'automne, point d'hiver entre les tropiques ; cette variété de saisons y est aussi inconnue que les plaisirs qu'elle procure ! Dans ces pays constamment brûlés, et que des pluies périodiques inondent sans les rafraichir, les genres sont beaucoup plus nombreux en espèces qu'ailleurs. Ceux qui vivent en société s'y plaisent davantage ; il en est de même dans les plaines ; ce phénomène est moins sensible au delà des tropiques, et disparaît graduellement jusqu'au cercle polaire, où l'on ne peut plus l'observer.

D'après ce qui précède, il est démontré que le nombre des végétaux diminue en même temps que les degrés de chaleur. Mais à quel degré de chaleur, à quel degré de froid la végétation doit-elle s'arrêter ? Des agames de la famille des conferves

vivent dans les eaux chaudes , des végétaux microscopiques , tels que ceux de la bière , du lait,
de certaines dendrites , etc., au degré de l'eau
bouillante , peut-être même au-dessus ; tandis
que l'eredo nivalis donne une couleur rouge brillante aux neiges perpétuelles des hautes montagnes et du vieux Groënland. Si les plantes ne
peuvent dépasser ces limites glaciales , la rareté
de l'air et le défaut d'humidité sont la principale cause de la stérilité de ces froides contrées.

Les végétaux ont généralement besoin d'une
certaine quantité de terre végétale pour exister.
Dans tout pays composé de plusieurs espèces de
dépôts , il faut donc prendre en considération
leur composition , leur arrangement et leur accident de formation. En effet , la végétation est
réglée par quelques unes des formes extérieures
du dépôt , par sa plus ou moins grande disposition à réfléchir et absorber la chaleur, à se décomposer, à attirer, absorber ou laisser passer
l'humidité , etc. On remarque non-seulement
des végétaux concomitants de certains sels, mais
encore des diversités de couleurs et d'autres propriétés dans des plantes qui se trouvent sur différents dépôts. Ainsi, l'on a observé une différence entre les végétaux des terrains calcaires
et ceux des terrains granitiques, etc., etc.

Dans les latitudes élevées , le granite est le plus

souvent dépourvu de bois, ou couvert de quelques conifères et plus rarement d'autres arbres ; les vallées donnent çà et là de bonnes prairies. Dans le midi de l'Europe, des bois de chênes et de châtaigniers cachent fréquemment aussi le granite. Le gneis, le micaschiste et les phyllades étant plus aptes à produire de la terre végétale, sont couverts très-souvent de bois, en particulier de conifères. Dans l'Europe centrale, les grès sont favorables à la végétation des forêts ; il en est de même de certains dépôts calcaires, qui forment en Europe le sol du plus grand nombre de vignobles et de champs de céréales : c'est également le terroir par excellence des plantes aromatiques du midi de l'Europe. Les montagnes gypseuses et salifères sont assez stériles, mais leurs vallées montrent une belle végétation. Le trapp et le basalte se décomposant aisément et attirant beaucoup d'humidité, produisent un sol très-fertile. Il en est de même des laves, dont la surface est apte à s'altérer à l'air. Les sables purs sont aussi stériles que les sables mélangés de marne ou d'argile peuvent devenir fertiles, sans égaler néanmoins la richesse des limons de rivières, des deltas ou des polders. Enfin, si l'on se rappelle ce que nous avons dit dans les livres précédents, on reconnaîtra que la nature des terrains influe considérablement sur telle ou telle sorte de végétation.

L'homme seul habite tous les climats, sous le ciel brûlant de la zone équinoxiale comme sous les cercles polaires, et même au delà. Les divers climats possèdent donc chacun leurs animaux, de manière que la surface du globe se laisse diviser en plusieurs régions zoologiques. La vie embrasse pour ainsi dire toute la surface du globe; mais la température de ses différentes parties, l'opposition et la chaleur de ses zones médianes, avec le froid de ses régions polaires, y diversifient à l'infini les productions, tant animales que végétales. Comme pour ce dernier règne, les espèces d'animaux, leurs diversités, le nombre des individus, la beauté des formes et des couleurs de ces êtres diminuent à mesure qu'on s'avance des pôles vers l'équateur, ou du niveau des mers vers les sommités des montagnes. Ainsi, il est bien prouvé que les mêmes animaux ne vivent pas indistinctement sous toutes les zones, et que leur distribution sur le globe est soumise à des lois invariables. Néanmoins il existe plusieurs espèces qui échappent à ces règles; il y a même des animaux qu'une cause inconnue entraîne d'un climat dans un autre, à des intervalles variables ou constants, suivant les espèces. Les uns se dirigent du nord au midi, les autres du midi au nord, de l'orient à l'occident, etc. : aucun d'eux ne revient dans le pays qui l'a vu naître ; cependant quelques années suffisent pour effacer les traces ou réparer les désastres que ces masses animées ont laissées de leur passage, et pour faire disparaître jusqu'au dernier rejeton de ces myriades d'individus étrangers au pays où la colonne s'est arrêtée.

Les modifications dont les espèces animales sont susceptibles par suite du déplacement, du genre d'habitation ou d'éducation, ou bien par suite du travail, etc., sont souvent très-prononcées. Dès lors, si les végétaux varient avec le climat, avec la nature du terrain, etc., les animaux doivent nécessairement être soumis aux mêmes influences, soit parce qu'ils obéissent aux mêmes lois que les végétaux, soit parce qu'ils se nourrissent de végétaux, soit enfin parce qu'ils se servent de pâture entre eux.

Les bassins offrent un fait digne de remarque, c'est que la végétation s'y présente sous des traits analogues, bien qu'elle se développe sur des versants différents, puisqu'ils se joignent au thalweg. Le contraire a lieu sur les versants opposés d'une seule chaîne ou d'un seul plateau. Il suit de là que les animaux doivent trouver dans un même bassin une nourriture analogue, et que, par conséquent, les mêmes espèces doivent s'y réunir. Il suit de là aussi que les mêmes races d'hommes, ou du moins ceux qui ont des mœurs ou un langage de même souche, sont répartis sur tous les points d'un même bassin, en dépit des lignes de démarcation créées par la politique, qui, avec les communications forcées, exerce une influence inverse sur les relations naturelles. Sans les démarcations politiques, les pays séparés par des cours de rivières n'auraient pas de relations aussi fréquentes : des ponts ou tout autre moyen de communication seraient négligés, et, par conséquent, des peuples séparés ainsi n'établiraient ni échanges de commerce, ni échanges de mœurs, etc. ; en un mot, la civilisation marcherait moins rapidement.

Sur les hauteurs, on ne rencontre ordinairement que quelques chaumières, éloignées les unes des autres, des pâtres au caractère indolent, et presque toujours indifférents sur ce qui se passe au delà du cercle tracé à leurs troupeaux. Dans les vallées, au contraire, les villes se touchent ; l'industrie, le commerce, les arts, en un mot la civilisation, se montrent sous toutes leurs faces. Que l'on compare la riante et fertile Touraine, parée de ses jardins, aux monts ridés des Cévennes, de la Haute-Loire, du Puy-de-Dôme, arêtes du même bassin, ces monts imposants et majestueux par la solitude de leurs cimes blanchies de neiges, et hier encore terribles et redoutables par leurs volcans et fleuves de laves qui coulaient sur leurs flancs.

La civilisation pénètre plus aisément dans les chaînes coupées par de profondes et larges vallées transversales, que dans celles où ces derniers sillons sont peu considérables relativement aux vallées longitudinales.

Les terrains anciens n'offrent presque jamais de plaines de quelque étendue : tantôt ils forment des montagnes nues, taillées par échelons, abruptes ou déchirées dans tous les sens ; tantôt ils constituent des montagnes arrondies, peu élevées, émoussées sur toutes leurs arêtes, et séparées par des vallées également arrondies et peu profondes. Dans le premier cas, le pays semble être absolument impropre à l'agriculture ; dans le second, au contraire, il se laisse travailler sur presque toute sa surface, et chaque année le laboureur le couvre de semences variées. Néanmoins, on ne voit généralement sur ce dernier terrain que nonchalance, misère et abrutissement ; tandis que le premier est l'asile des montagnards les plus aisés, les plus actifs, les plus industrieux. Or, cette grande différence résulte immédiatement de la nature du sol, et nous paraît être due tout entière à cette influence inévitable que les formes d'un pays et les travaux qu'il exige exercent toujours sur l'esprit et sur les mœurs des habitants qu'il nourrit. En effet, quoique les contrées anciennes, où dominent les roches abruptes, se refusent à de

grandes cultures, quoique souvent leurs roches
arides n'offrent à la végétation que certaines
anfractuosités où se fixent les plantes les plus
rares, l'habitant de ces montagnes découvre
presque partout quelques portions de roche à
surface horizontale ou modérément inclinée,
susceptibles de retenir l'humus et le terreau ; il
s'en empare, il les ferme de tous côtés, et il y
cultive, selon l'exposition, telle ou telle plante
alimentaire. En outre, les vallées comprises entre
ces roches anciennes sont toujours très-fertiles :
aussi les propriétés sont elles divisées en plusieurs parcelles très-éloignées et à des niveaux
bien différents, ce qui oblige le montagnard à
parcourir sans cesse de grandes distances, à
gravir au milieu de ces montagnes par les sen-
tiers les plus difficiles et les plus périlleux ; dès
l'enfance il s'est fait de l'activité une habitude ;
forcé à réfléchir et à découvrir un nouveau
coin de roche qu'il puisse déblayer et transfor-
mer en champ, son esprit travaille sans relâche,
il devient ingénieux.

D'ailleurs, ces petits coins de terre sont ex-
trèmement productifs ; ils sont en fleurs ou en
fruits pendant tout le temps que la neige les
laisse à découvert, et la végétation y est beaucoup plus active que dans les plaines. Ils se composent presque entièrement d'humus, les agents
atmosphériques étant pour ainsi dire impuis-

sants contre les roches de ces terrains ; enfin,
les pluies n'entraînent guère sur le sol que les
débris de plantes et d'insectes dont elles dépouil-
lent les sommets de ces roches. Il en résulte
une sorte de terreau extrêmement productif ;
aussi, lorsqu'à la réunion de deux vallées se
trouve un élargissement tant soit peu important,
on en voit le sol occupé par un village populeux, et puisant toute sa subsistance dans un
espace de terrain qui suffirait à peine, dans
bien d'autres contrées, à l'entretien d'une simple ferme.

Enfin, chaque sinuosité de la masse raboteuse des terrains anciens donne lieu à plusieurs
sources et à un ruisseau, la couche de transport argileuse ou sablonneuse, en retenant les
eaux, contribue également à rendre le sol humide : d'où résulte la possibilité, pour la population, de vivre éparse dans une multitude de
petits hameaux, entièrement en rapport avec la
division même des cours d'eau et les obstacles
que ceux-ci apportent aux communications.

Il en est bien autrement dans le pays où le
terrain ancien ne forme que des montagnes arrondies et peu élevées ; car ces terrains fournissent un sol accessible sur tous les points et
sans valeur à cause de sa stérilité ; néanmoins,
l'indigence porte l'habitant de ces lieux à en
cultiver le plus qu'il peut s'en approprier. Le

travail qu'il s'impose augmente à mesure qu'il essaie de cultiver davantage de terrain ; alors, embrassant presque toujours un trop grand espace, il ne peut achever ses labours, et sa semence demeure infructueuse. Voyant dès le bas âge ses efforts constamment avortés, n'ayant d'ailleurs rien autour de lui qui puisse exciter ni son zèle ni son industrie, il s'habitue à sa position malheureuse, et s'abrutit dans un travail pénible sans se mettre en peine de le perfectionner.

Les pays dont le terrain appartient aux groupes carbonique et grauwacique, sont ordinairement populeux, ce qui indique un sol productif. Toutefois, leurs calcaires ayant également éprouvé des redressements et des dislocations fréquentes, on les voit former aussi des montagnes très-hautes, très-escarpées, et totalement incultes sur la majeure partie de leur surface ; mais on y trouve de nombreux emplacements que le montagnard exploite encore avec succès.

Les contrées formées par les matières utiles des groupes carbonique et triasique, sont, comme on doit le présumer, des lieux qui démontrent les bienfaits de l'industrie ; tandis que les localités formées des groupes oolitique et crétacique sont en général uniformément fertiles ; mais ici l'industrie est souvent languissante et le caractère de l'homme peu élevé.

Toutes les grandes capitales et les points cen-
traux du commerce sont établis sur le sol formé
par les terrains palæothériiques peu élevés, ou
aux embouchures des fleuves, ou bien encore
au confluent des rivières. En effet, dans le premier cas, les populations trouvent fertilité à la
superficie du sol, et au-dessous des matériaux
propres aux constructions, soit en pierres de
taille, soit en argile, soit en grès et en sable;
dans le second cas, la configuration du pays et
les cours d'eaux fournissent aux relations commerciales les moyens les plus avantageux pour
leur extension.

Si, dans certaines contrées, les sables sont
emportés par les vents, si les dunes, si les cours
d'eau et les plantes changent de place, les animaux et les hommes transportent ailleurs leurs
habitations; aussi voyons-nous ces peuplades
d'Arabes sans demeure fixe, varier comme les
vents, errer comme les sables mouvants : tout,
dans leurs habitudes, dans leurs caractères, se
conforme à la nature du sol qu'ils habitent et au
climat sous lequel ils vivent. En Orient, ne reconnaît-on pas encore dans le faciès, dans la
langue, dans la poésie, les résultats d'un ciel
brûlant et d'une végétation exaltée? Or, jetez un
regard sur ces peuples qui vivent à l'occident
dans une île étroite, presque inculte, et vous
verrez les différentes tranchées qui les caracté-

risent. Là, en effet, les hommes sont tellement attachés au rocher qui les a vus naître, que la plupart ne pourraient se résoudre à vivre sur le continent, où leur existence deviendrait moins précaire et plus douce : sous ce rapport, ils ressemblent aux habitants de certains marais, qui ne comprennent point qu'il y ait d'autres contrées, un autre monde enfin que la petite plaine inondée au delà de laquelle ils n'ont pas même porté leurs idées. Eh bien ! en poursuivant plus loin notre investigation, l'homme du nord, dans son caractère, dans ses mœurs, dans son intelligence et dans ses habitudes, abstraction faite même de sa taille, ne montre-t-il pas l'influence d'une nature encore plus monotone ? La ténuité de la végétation n'y est-elle pas aussi la conséquence nécessaire de la privation de la lumière et de la faiblesse de la chaleur ? Comparez, enfin, aux habitants des châlets de la Suisse, à l'antique Breton, l'Esquimau avec son traineau, l'anthropophage de l'Afrique, l'Anglais marin, le musulman dans son harem, l'homme des salons de Paris !

Quant à la manière d'habiter de l'homme, ne varie-t-elle pas autant que la nature du terrain sur lequel il vit ? Les flancs de certaines vallées, les bords en calcaire de certaines rivières sont, en effet, souvent très-propices pour construire des demeures à peu de frais : des maisons entières sont taillées par étage dans les rochers, dont la surface supérieure est traversée de nombreuses cheminées. Ailleurs, l'argile ou le bois, et le chaume sont mis à profit pour construire des habitations; tandis que, dans d'autres contrées plus riches et moins isolées de la civilisation, d'immenses assises de rochers servent à élever des monuments plus ou moins imposants, et qui témoignent ainsi de la puissance de l'homme.

Dans un pays de cavernes, les malfaiteurs trouvent facilement un refuge pour se soustraire, pendant le jour, aux poursuites de la justice; au lieu que, dans les pays sans accidents, ils errent, se cachent dans les genêts, ou bien ils vont de chaumière en chaumière quêter un asile.

L'homme est toujours obligé de consulter la nature pour fonder un établissement, quel qu'il soit; car l'eau, le bois, etc., lui sont nécessaires. Voilà pourquoi il cherche constamment la proximité d'une source, d'un cours d'eau, d'une certaine quantité d'arbres, etc., pour fixer sa demeure.

Un des caractères de l'Europe les plus remarquables, qui a sans doute exercé une grande influence sur la civilisation, est le nombre de mers intérieures qu'elle renferme. L'existence de ses cours d'eau a puissamment aussi contribué au développement de sa population.

Les peuples semblent avoir suivi le cours de la lumière du soleil, c'est-à-dire de l'est à l'ouest : aussi l'histoire, les traditions viennent-elles de l'Orient. Mais, s'ils étaient primitivement à peu près tous identiques, actuellement disséminés sur la surface du globe, combien ne diffèrent-ils pas entre eux ? Dans tous les cas, sous le rapport du physique, il est certain que les habitants des diverses parties de la terre diffèrent essentiellement, et que les habitants des plaines, des vallées, des marais, des dunes, des îles, des déserts, des steppes, des savanes, des campos, des bocages, des forêts, etc., ne sont point identiques. Là nous voyons du grandiose dans la pose, de la poésie dans la figure, de la force dans la tête ; ici, au contraire, de la petitesse dans tout l'être.

Si nous abandonnons les différences de formes, de couleurs, de physionomie, etc., pour examiner spécialement l'homme moral, nous retrouvons à faire les mêmes remarques. L'industrie, le commerce, les arts, la littérature, les religions, les idées philosophiques, les lois, les mœurs, sont parvenus au plus haut degré dans telle contrée ; tandis que, dans une autre, ils sont encore à leur première ébauche. Au reste, mettant de côté l'état de perfectionnement de l'intelligence humaine, nous devons comprendre que les impressions et les besoins variant dans des pays différents, l'homme doit avoir, dans ces pays divers, des pensées, des conceptions, des doctrines, en un mot, dissemblables. Mais il est des cas qui paraissent offrir des anomalies, en égard à ces règles : par exemple, les juifs de toutes les contrées ont des caractères à peu près identiques ; or, de pareilles similitudes sont le résultat d'une nourriture et des habitudes semblables. Dans tous les cas, ces influences de tous les ordres physiques ou moraux compliquent généralement le problème ; de sorte qu'il faut apporter beaucoup de savoir et de circonspection pour débrouiller la vérité.

Quant aux détails, la géologie trouvera, dans la marche progressive des races plus ou moins civilisées, une source féconde d'observations relativement à l'influence exercée, par l'état actuel des différentes parties de la surface du globe, sur la division d'une même race en peuplades très-diverses, sur la distribution de ces dernières, sur leurs différentes occupations, sur les émigrations de quelques unes, sur leurs navigations, leurs commerces, leurs guerres, leurs langues, leurs maladies, etc. À l'égard de la guerre, les contrées les plus visitées par ce fléau sont les pays de plaines ou de montagnes, et notamment les parties centrales d'un continent, ainsi que les bords des grands fleuves. Enfin, les maladies contagieuses, les fièvres, la fièvre jaune, le choléra, prédominent dans les plaines, sur les terrains des groupes palæothériique, erratique et historique. Plusieurs ne se propagent point dans les montagnes; au lieu que les maladies inflammatoires et nerveuses sont principalement celles que les médecins ont à combattre sur les terrains anciens et redressés. Quoiqu'il en soit, si dans les généralités que nous fournit la géosynontonomie, on doit être très-circonspect, quel soin ne faut-il pas apporter dans la discussion des détails?

D'après les considérations précédentes sur les relations qui existent évidemment entre le monde inorganique et le monde organique, on voit combien il nous resterait à dire, si nous voulions épuiser un sujet géologique aussi élevé : nos bornes étaient fixées d'avance; nous ne devons donc point les franchir. Il est vrai, nous n'avons fait qu'effleurer les principales questions; mais nous en avons dit assez pour exciter l'intérêt sur cette matière éminemment philosophique.

FIN.

TABLE DES MATIÈRES.

—

LIVRE TROISIÈME.

LIVRE QUATRIÈME.

LIVRE CINQUIÈME.

FIN DE LA TABLE DES MATIÈRES.

ERRATA.

Page 3, ligne 11, au lieu de : c'est qu'on peut voir des idées en rapport avec la théorie, des soulévements des montagnes, lisez : c'est qu'on peut voir des idées en rapport avec la théorie des soulévements des montagnes.

Page 6, ligne 1 en remontant, au lieu de : des fortes têtes de nos jours, lisez : des fortes têtes de nos jours?

Page 16, ligne 5, au lieu de : il est plus rationel, lisez : il est plus rationnel.

Page 54, ligne 2, au lieu de : et qui se dessinent sur des nuages représentant, lisez : qui se dessinent sur des nuages et qui représentent.

Page 102, ligne 12, ajoutez : Enfin, le caractère spécial de la troisième partie de la surface du globe découverte plus récemment encore, est d'offrir un continent tout à fait séparé des autres et entouré d'un grand nombre d'îles, pouvant être groupées en archipels.

Page 103, ligne 3 en remontant, au lieu de : *vattes*, lisez : *buttes*.

Page 429, ligne 1 en remontant, au lieu de : l'état solide à l'état liquide, lisez : l'état liquide à l'état solide.

Page 509, ligne 8 en remontant, ajoutez : les autres systèmes sur la constitution des corps rentrent dans les deux dont nous venons de donner une idée.

Page 455, ligne 10 en remontant, au lieu de : nous ne nous en sommes occupés jusqu'ici que dans la supposition que, lisez : nous avons supposé jusqu'ici que.

Page 594, ligne 18, ajoutez : Nous savons qu'il ne faut pas toujours ajouter foi à ce qu'on annonce dans des pays situés à une grande distance de nous; mais on reconnaît néanmoins qu'il y a généralement u vrai dans les récits qui viennent de pareilles contrées. Pour notre part, nous sommes loin de croire tout ce qu'on a rapporté sur ces animaux extraordinaires, tels que les immenses serpents, qui ont été rencontrés dans diverses mers; cependant, nous pensons qu'il y a un fond de vérité dans les narrations qui ont été faites à ce sujet. Quoi qu'il en soit, si les poissons et d'autres animaux vivaient dans l'eau comme les oiseaux dans l'air, ainsi qu'on l'a prétendu, il n'y aurait point de raison pour que cela n'eût pas été autrefois. Or, on n'a pas trouvé de ces animaux extraordinaires au milieu des terrains formés dans les anciennes mers.

FIN DE L'ERRATA.

APPENDICE.

Afin de faciliter l'intelligence de notre livre aux personnes qui sont déjà familiarisées avec les noms donnés aux grandes divisions des terrains par d'autres auteurs, ou qui fréquentent les cours publics de Paris, nous allons mettre en regard notre classification des groupes de terrains avec les classifications générales les plus usitées, ou bien celles qui sont ordinairement suivies par plusieurs professeurs dans leurs cours. Pour cela, nous avons été obligé de nous tenir dans les généralités, et encore ne sommes-nous pas toujours rigoureusement vrai dans notre comparaison; au reste, on le concevra sans peine, lorsqu'on saura que M. Cordier est le seul qui renferme explicitement, comme nous, les terrains isolés dans ses grands groupes de terrains.

CLASSIFICATION de L'AUTEUR.	CLASSIFICATION de M. DE LA BÈCHE.	CLASSIFICATION de M. D'OMALIUS D'HALLOY.	CLASSIFICATION de M. BOUÉ.	CLASSIFICATION de M. HUOT.	CLASSIFICATION de M. ÉLIE DE BEAUMONT.	CLASSIFICATION de M. CORDIER.	CLASSIFICATION de M. CONSTANT PRÉVOST.
Groupe historique	Groupe moderne	Terrains modernes	Formation alluviale moderne	Terrain moderne	Terrains modernes	Terrains de la période alluviale,	Terrain tertiaire.
Groupe erratique	Groupe des blocs erratiques	Terrains diluviens	Formation alluviale ancienne	Terrain élysien	Terrains du diluvium	Terrains de la période alluviale	Terrain tertiaire.
Groupe paléothérique	Groupe supercrétacé	Terrains nymphéens et lahniens	Formation tertiaire	Terrain supercrétacé	Terrains tertiaires	Terrains de la période paléothérienne	Terrain tertiaire.
Groupe crétacique	Groupe crétacé	Terrains crétacés	Formation crétacée	Terrain crétacé	Terrains crétacés	Terrains de la période crayeuse	Terrain bélemnitifère.
Groupe oolitique	Groupe oolitique	Terrains jurassique et liasique	Formation jurassique	Terrain jurassique	Terrains jurassiques	Terrains de la période salino-mépaïssienne	Terrain bélemnitifère.
Groupe triasique	Groupe de grès rouge	Terrains triasique et pœnéen	Formation triasique	Terrains leucopyrique et porphyritique	Terrains triasiques	Terrains de la période salino-magnésienne	Terrain ammonitifère.
Groupe carbonique	Groupe carbonifère	Terrain houiller	Formation arénacée	Terrain carbonifère	Terrains carbonifères	Terrains de la période anthraxifère	Terrain carbonifère.
Groupe grauwackique	Groupe de la grauwacke	Terrain anthraxifère	Formation des grauwackes	Terrain schisteux	Terrains siluriens	Terrains de la période ambraxifère	Terrain trilobitien.
Groupe phylladique	Groupe fossilifère inférieur	Terrain ardoisier	Formation primaire	Terrain schisteux	Terrains cambriens	Terrains de la période phylladienne	Terrain talqueux.
Groupe gneissique	Groupe non fossilifère	Terrain taïqueux	Formation des schistes cristallins	Terrain volcanique	Terrains cambriens	Terrains de la période primitive	Terrain azoïque.

fig. 1.

fig. 2.

fig. 11.

fig. 12.

fig. 13.

fig. 3.

fig. 4.

fig. 14.

fig. 15.

fig. 16.

fig. 17.

fig. 7.

f. 9.

fig. 5.

fig. 8.

fig. 18.

fig. 10.

fig. 6.

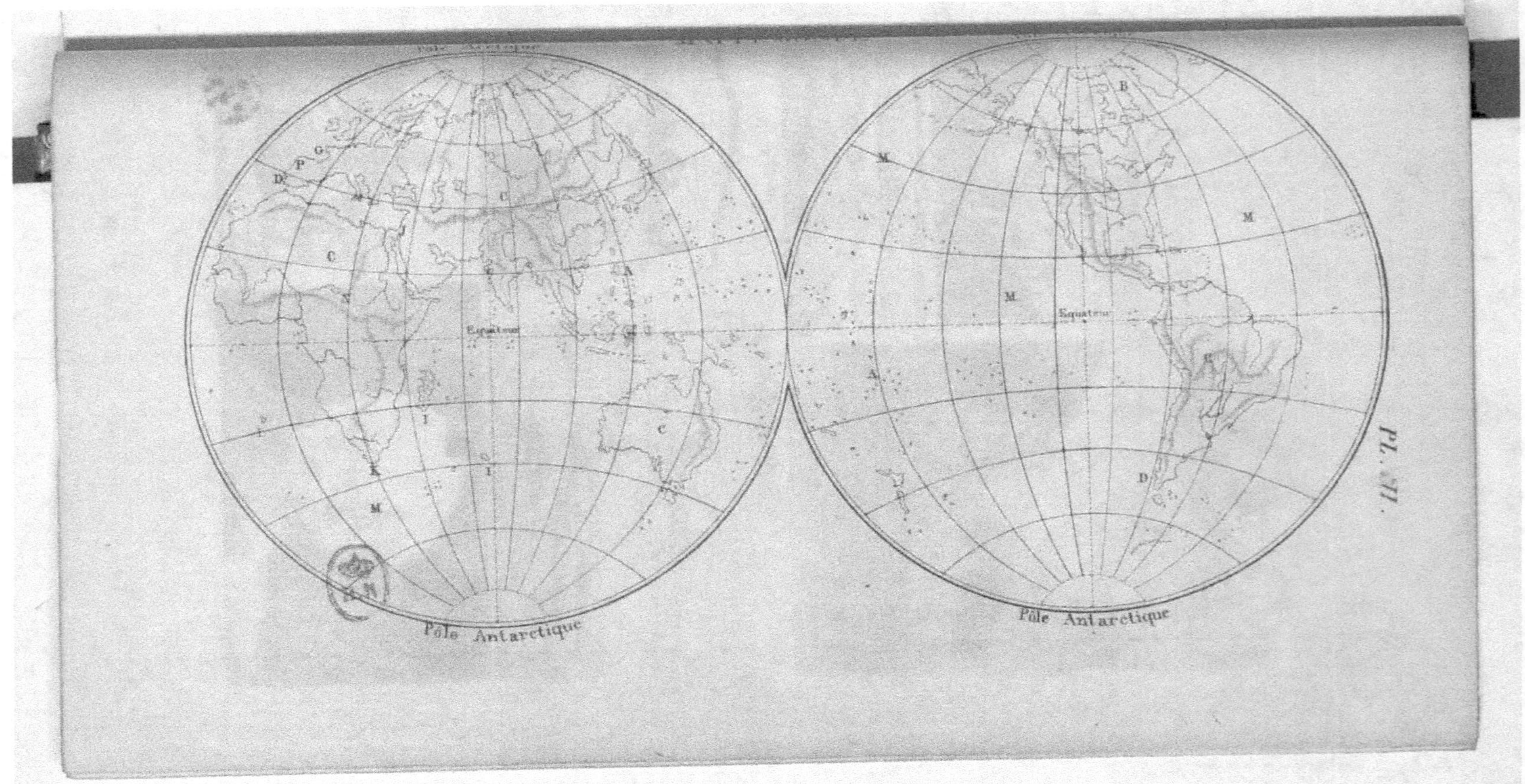
PL. XII.
Equateur
Equateur
Pôle Antarctique
Pôle Antarctique

a
h
n
A
N
P
fig. 4.
fig. 11.
fig. 12.
fig. 5.
fig. 8.
fig. 1.
f. 2.
fig. 7.
fig. 6.
fig. 9.
fig. 10.

fig. 1.
fig. 2.
fig. 3.
fig. 4.
fig. 5.
fig. 6.
fig. 7.
fig. 8.
fig. 9.
fig. 10.
fig. 11.
fig. 12.
fig. 21.
fig. 20.
fig. 12.
fig. 13.
fig. 14.
fig. 15.
fig. 16.
fig. 17.
fig. 18.
fig. 22.
fig. 23.
fig. 24.
fig. 25.
fig. 27.
fig. 29.
fig. 26.

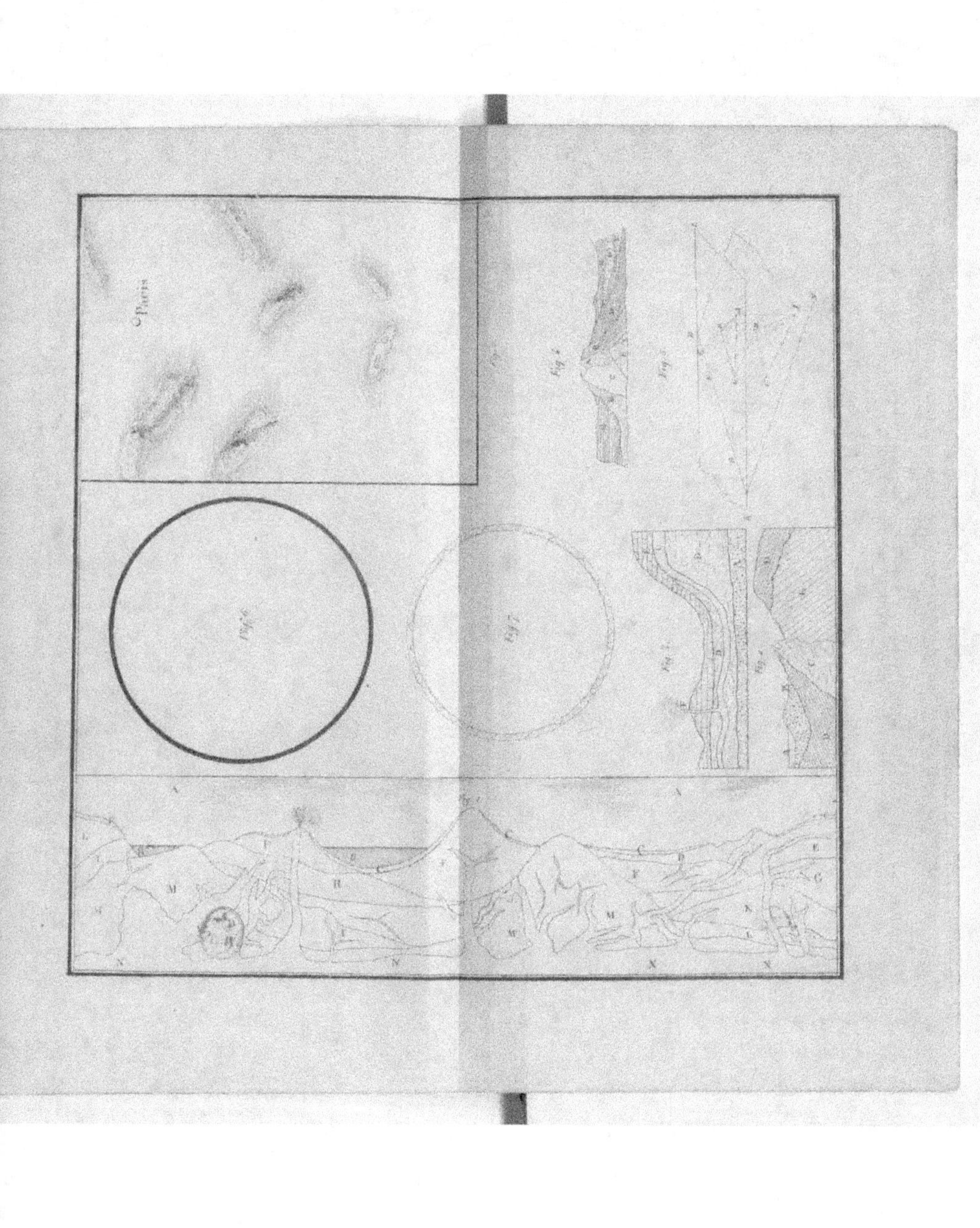

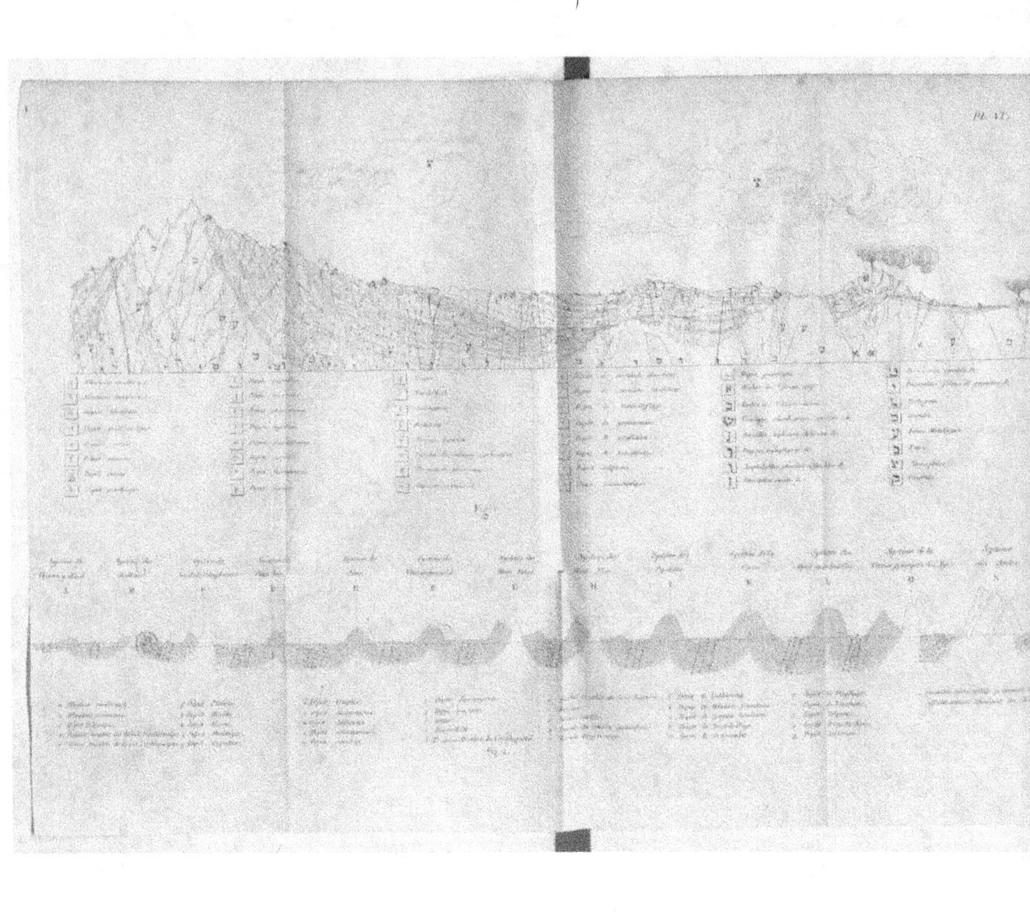

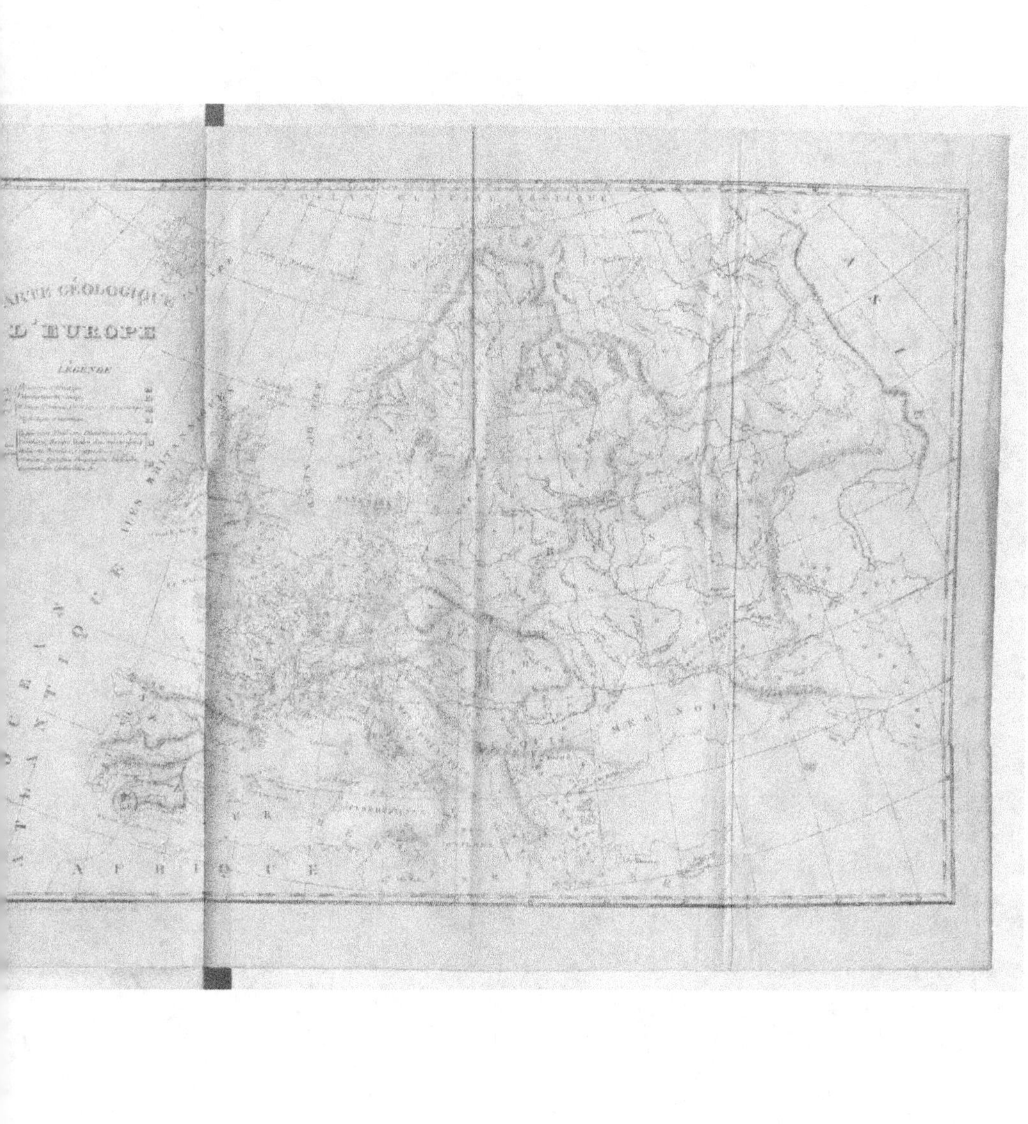

CARTE GÉOLOGIQUE D'EUROPE
LÉGENDE
OCÉAN ATLANTIQUE
MER MÉDITERRANÉE
AFRIQUE
MER NOIRE

fig. 8.

fig. 9.

fig. 11.

fig. 2.

fig. 7.

fig. 3.

fig. 1.

fig. 10.

fig. 6.

fig. 5.

fig. 4.

XI.
N.E.
N.E.

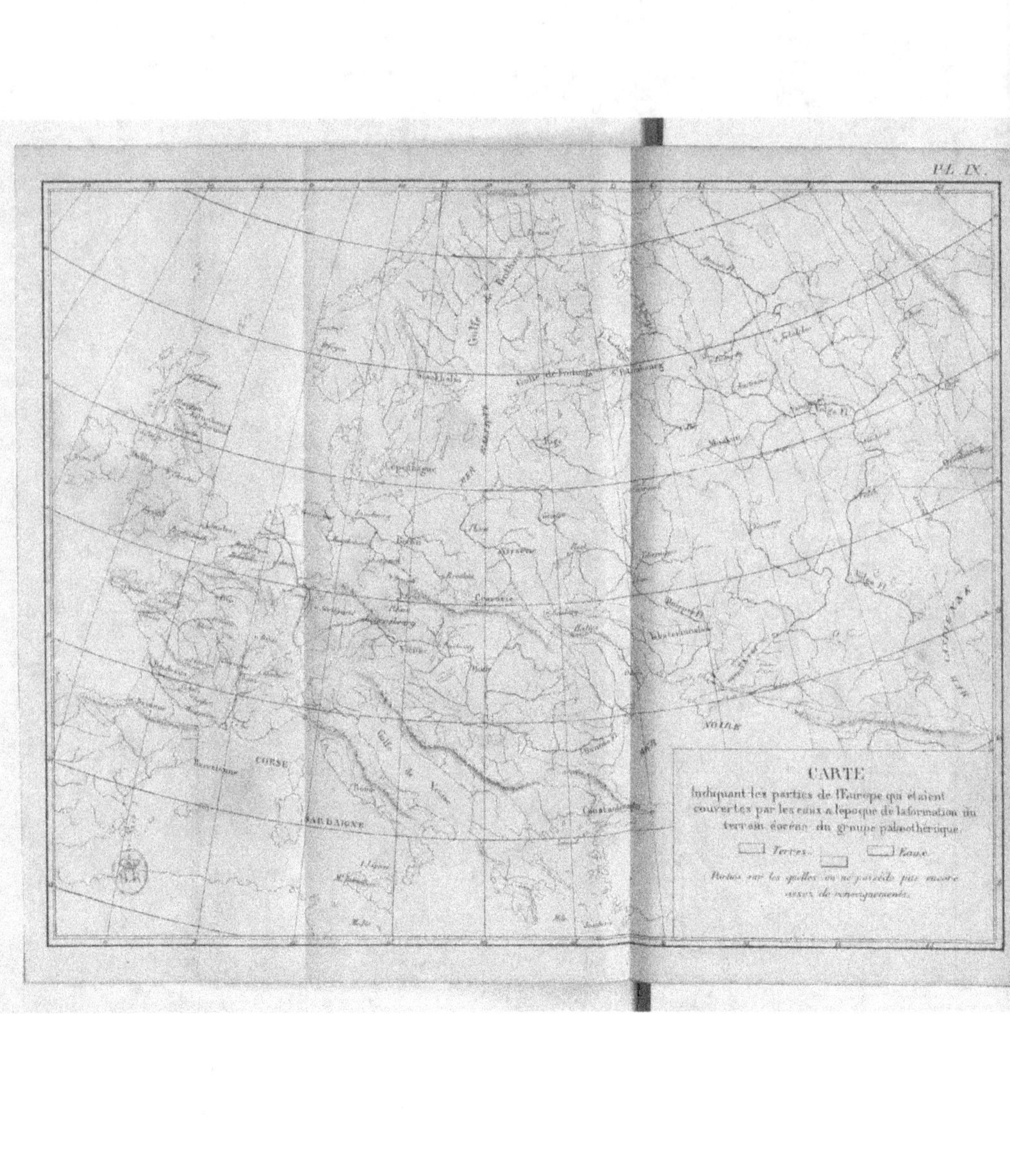
CARTE
Indiquant les parties de l'Europe qui étaient
couvertes par les eaux à l'époque de la formation du
terrain océan du groupe palæothérique.
Terres.
Eaux.
Parties sur les quelles on ne possède pas encore
assez de renseignements.

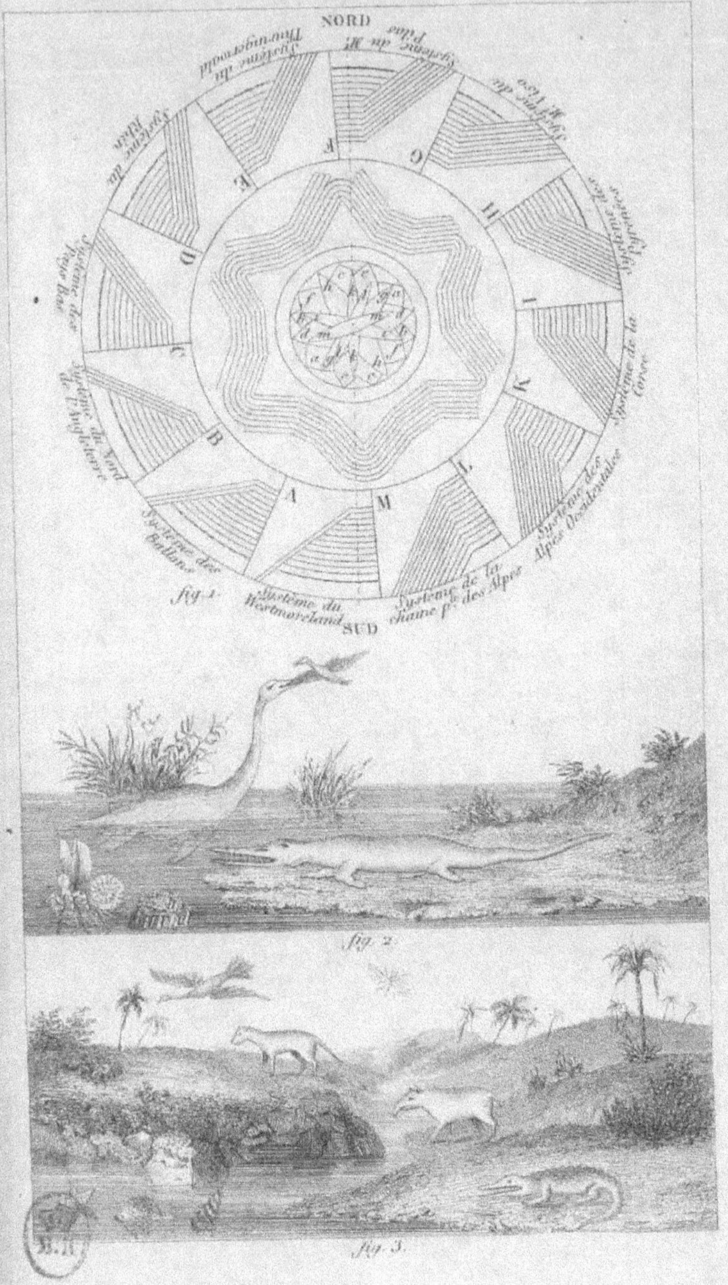

NORD
Systéme du Thuringerwald
Systéme du Sud-Est
Systéme du Rhin
Systéme des Pays-Bas
Systéme de la Corse
Systéme de l'Angleterre
Systéme des Ballons
Systéme du Nord de l'Angleterre
Systéme du Westmoreland
Systéme de la chaine pⁿᵉ des Alpes
Systéme des Alpes Occidentales
SUD
A B C D E F G H I K L M
fig. 1

fig. 2

fig. 3

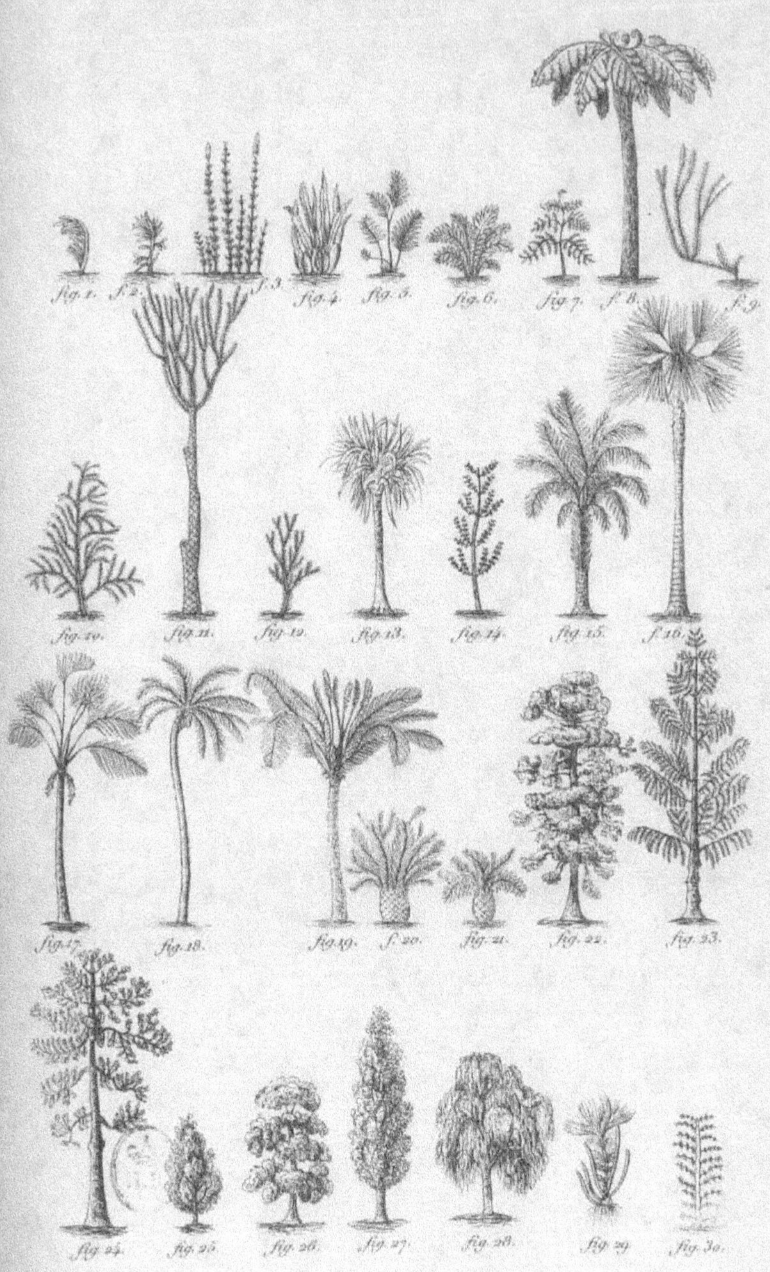

fig. 1.
f. 2.
f. 3.
fig. 4.
fig. 5.
fig. 6.
fig. 7.
f. 8.
f. 9.
fig. 10.
fig. 11.
fig. 12.
fig. 13.
fig. 14.
fig. 15.
f. 16.
fig. 17.
fig. 18.
fig. 19.
f. 20.
fig. 21.
fig. 22.
fig. 23.
fig. 24.
fig. 25.
fig. 26.
fig. 27.
fig. 28.
fig. 29.
fig. 30.

PL. XII.

www.ingramcontent.com/pod-product-compliance
Lightning Source LLC
LaVergne TN
LVHW010554180726
843502LV00001B/27